전기에너지공학

Electric Energy Engineering

오 용 택 저

홍릉과학출판사

Preface

머리말

ELECTRIC ENERGY

인류의 생존과 함께 지구의 장래에 대한 문제로서 에너지 문제는 가장 심각한 문제이다. 국내 에너지 자원이 크게 부족한 우리나라에서는 산업 발전의 원동력인 전기 에너지를 어떻게 확보하고 안전하게 공급하는 것이 국가적으로도 중요한 과제이다.

우리나라의 전기 에너지 발전 부문은 1970년대에 석유 파동을 계기로 탈 석유정책에 따른 에너지의 다변화, 다양한 확보 정책에 따라 원자력 및 석탄을 중심으로 하는 전원개발을 추진하였으나 최근에는 풍부한 부존자원이 있다하여도, 사용 후의 환경문제 유발이 범지구적으로 크나큰 문제로 대두하고 있다.

전 세계 에너지 수요는 IMF 파동으로 주춤하였으나 이제는 회복단계에 들어 크게 증가할 것으로 전망하고 있으며 새로운 21세기를 맞아 에너지 이용에 따른 환경문제가 갈수록 심화하고 있다. 또한 최근에는 규제완화, 시장 경쟁원리 도입으로 인한 전력산업의 구조 개편이 추진됨으로 인하여 우리나라에서도 발전회사의 분리 및 이들의 민영화가 대두되어지고 있다. 특히, 유엔 기후변화 협약 당사국 총회에서 채택한 온실가스 감축방안은 선진국이나 개도국을 막론하고 지구촌의 공동 생존 과제가 되었다.

이와 같은 시대적인 배경 아래에서 지금까지 대학 및 전문대학에서 교재로 사용했던 발전공학 분야의 교재를 기술발전과 시대적인 변화를 고려하여 수정 보완하여 출판하게 되었다. 본 교재의 중요내용은 아래와 같다.

제1편에서는 전기 에너지의 중요성과 개괄적인 이해를 위하여 에너지 자원의 국내외 현황 및 전망을 살펴보고, 제2편에서는 현재 원자력발전과 더불어 전기 에너지의 근간인 화력 발전의 기본이론과 설비를 실무적인 차원에서 이해를 높이고자 하였으며 특히 최근에 이용되고 있는 복합 발전에 대하여 기술하였으며, 제3편에서는 최근 국가적으로 관심이 큰 원자력 발전의 기본 이론 및 각종 원자로에 대한 설명을 기술하였다. 제4편에서는 수력 에너지의 기본사항인 수력학 기본이론 및 설비를 부분별로 기술하였으며, 제5편에서는 국내 에너지 정책의 화두인 녹색성장에 부응하기 위해서 태양광 발전과 풍력 발전을 개괄적으로 다루고자 하였다.

본서는 대학 및 전문대학의 전기공학 및 에너지 관련 학과에서 쉽게 이해가 가능토록 하였으며 그 외 관련인들도 쉽게 접근하도록 구성하였다. 또한, 현장 감각도 익힐 수 있도록 실제 계통 운영에 관련된 기초적이고 핵심적인 문제를 다양하게 예제와 연습문제로 나누어서 쉽게 접할 수 있도록 하였다.

모쪼록, 본서를 통하여 국내의 전기 에너지 기술 발전의 밑거름이 되어 우리나라의 전기 에너지 분야에 기술적 선진국이 되는데 크게 기여하기를 기원하며, 독자 여러분의 끊임 없는 협조로 본서의 부족한 면이 다듬어질 수 있기를 기대한다.

끝으로 본서의 출간함에 있어 원고 정리에 수고하여 주신 한국기술교육대학교 전기공학과 및 대학원생들에게 감사를 드리며 본서의 출간에 물심양면으로 도아주신 출판사 여러분들께 심심한 감사를 드립니다.

2011년 2월 저자 씀.

Contents

차 례

ELECTRIC ENERGY

제3편 원자력 발전 / 213

10. 원자력 발전의 개요 • 215

11. 원자로 • 222

12. 원자로 구성 재료 • 236

13. 원자로의 안전과 방사선 • 246

14. 발전용 원자로 • 251

제4편 수력 발전 / 277

15. 수력에너지의 변환 • 279

16. 수력학 • 281

17. 유량과 낙차 • 290

18. 취수 설비 • 308

19. 도수 설비 • 319

제1편

전기 에너지 발전

ELECTRIC ENERGY

01
에너지의 이용

ELECTRIC ENERGY

1.1 개요

인류가 생겼을 때부터 이용하여 왔던 에너지는 생성물질의 원천일 것이라는 개념은 오래전부터 잘 알려진 사실이다. 이러한 에너지의 이용 또한 문명사회 변천의 원동력으로서, 해를 거듭할수록 기하급수적으로 증가를 가져왔으며, 앞으로도 그렇게 증가하리라는 것을 쉽게 추정할 수 있을 것이다.

이와 같은 에너지 소비의 증대는 현대 문명의 급속한 발전을 가져왔으며, 에너지 수용에 대하여 공급원은 시대와 더불어 변화했다. 현재 우리의 이용 에너지의 대부분이 석탄, 석유, 및 천연가스 등의 화석연료에 의존하고 있는데, 이는 과연 얼마나 계속될 것인지, 화석연료에 대신하여 그 실용화에 노력을 계속하고 있는 대체 에너지의 수요가 오늘날 에너지 소비에 의존하고 있는 문명사회에 사는 우리들의 큰 관심사임에 틀림없다.

에너지 이용을 역사적으로 살펴보면, 인류가 먼 옛날부터 에너지를 이용하고 이를 개발도 하여 왔으나, 1800년까지는 에너지의 본질을 확실히 파악하고 있지 않았다. 1800년대 초기에 와서 에너지원으로서의 불이 그 본질이라고 생각하고, 그리하여 다른 원소와 마찬가지로 열의 원천인 불이 하나의 물질로서 프로지스턴(prosiston)이라고 불러, 이것을 외부로 방출됨으로써 열을 갖게 된다고 생각하였다. 1847년에 자연 과학에 가장 근본적인 법칙이라고 지목되는 '에너지 보존의 법칙'이 헤르만 폰 헬름홀쯔(Hermann von Helmholtz)에 의하여 발견되고, 에너지의 변화를 제한하는 개념이 톰슨(William Thomson)에 의하여 제창되면서부터 에너지 변환이론의 기본 개념이 확립하게 되었다. 즉, 우리가 자연을 이용한다는 것은 결국 자연의 현상을 적당히 일으켜서 그때 일어나는 에너지 형상의 변화를 개개의 목적에 적응하도록 나타나게 하는 것에 불과하다는 것이다. 옛날부터 수력과 풍력을 이용해 왔는데, 그 '력(力)'이라는 것도 역시 에너지를 의미한다. 물이 흐르고 바람이 부는 것은 물과 바람이 운동하는 것인데, 즉 에너지를 갖고 있는 것으로 이 운동에너지를 수차와 풍차를 움직이는 기계적 일로 변화시켜 이용하는 것이며, 불을 피워서 내는 열에너지로 물을 증기로 변화시키고 증기가 팽창하려고 하는 에너지로 하여금 피스톤을 움직이게 하는 일을 하게끔 하는 것이다. 또한 태양에너지도 식물과 동물이 가진 에너지로 상호 변환됨으로써 이것을 우리가 이용하는 것으로 생각하게 되었다.

에너지라는 개념을 본래는 힘이라고 생각한 데서, 에너지를 산업용으로 이용될 때 이를 동력이니 혹은 전력이니 하는 말을 갖게 되었으나, 이러한 것을 에너지라고 최초로 불렀던 사람은 영(T. Young)이고, 이를 보급한 사람이 랭킨(Rankine)이다. 그리하여 에너지라는 개념을 더욱 확실하게 하였다.

1.2 전기 에너지로서의 이용 형태

에너지 소비의 증대로 말미암아 에너지의 이용효율과 에너지 소비에 따른 공해가 문제됨에 따라 에너지의 축적, 전달, 방사, 변환 및 제어 등 여러 분야로 나뉘어 그 처리법이 발달하고 있다. 이상과 같은 처리법에서 볼 때 전력은 가장 좋은 형태의 에너지임을 알게 되었고, 특히 에너지의 이용 중 손실 에너지에 의하여 공해를 유발하지 않음으로써 점차 전기 에너지가 에너지 변환의 중추 역할을 하게 된 동기가 되었다. 전기현상은 옛날부터 여러 사람에 의하여 연구되어 왔으나, 이를 에너지 변환의 한 요소로 이용하게 된 것은 1831년의 패러데이(M. Faraday)의 유도전류의 발견과 그 후 이를 체계화시킨 맥스웰(C. Maxwell)의 전자이론의 확립으로 다른 에너지의 전기 에너지로의 변환이 쉽게, 그리고 효율이 높게 이루어짐을 알게 됨으로써 대량 에너지의 전력으로 변환하는 발전방식이 급속히 발달하였다. 에디슨(E. Edison)의 전등 발명, 지이멘스(B. Siemens)의 발전기 고안은 그 최초의 것이다. 현재 에너지의 전기 에너지로의 변환에는 실제로 이용되는 현상은 다음과 같다.

(1) 자계 내에서 전류가 흐르고 있는 도체, 또는 전류가 흐르고 있는 두 회로 사이에 힘이 작용한다. 자계 내에서 움직이는 회로에는 전압이 유기되므로 이 에너지 변환과정은 가역적이다.

(2) 자계 내의 자성체는 자계방향으로 배열하려고 하거나 또는 자계가 가장 강한 곳으로 이동하려고 하는 힘이 작용한다. 전류가 흐르고 있는 코일에 의하여 자계가 생길 경우에는 자성체가가 움직이면 코일을 쇄교하는 자속이 변화하여 코일에 전압이 유기되므로 이 에너지 변환과정도 가역적이다.

(3) 대전된 축전기의 극판 또는 자계 내에 있는 유전체에는 힘이 작용한다. 반대로 극판 및 유전체가 상대적으로 운동하면 전하 또는 극판 사이의 전압이 변화하게 된다.

(4) 전압이 결정체의 특수한 방향으로 인가되면 미소한 변형을 일으킨다. 반대로 결정체가 변형하면 전하가 나타난다. 이런 현상을 압전기효과라 하며, 전압의 인가로 인하여 일어나는 결정체의 변형은 작지마는 이때 나타나는 힘은 대단히 크다.

(5) 대부분의 강자성체는 자계의 영향을 받으면 약간 변형한다. 반대로 자성체가 기계적으로 변형하면 그 자성이 변한다. 이 현상을 자기왜라 하며, 압전기현상에서와 같이 변형되는 율은 적으나, 변형될 때의 힘을 이용할 수 있다.

(6) 축전지에서와 같이 화학적 에너지를 직접 전기적 에너지로 변환할 수도 있고, 반대로 전기적 에너지를 이에 공급해 주면 화학적 에너지 형태로 저장할 수도 있다.

(7) 태양전지의 경우와 같이 어떤 특정된 에너지를 전기물리적인 변환과정을 통하여 직접 전기적 에너지 형태로 변환시킬 수 있다.

(8) 원자력 발전의 경우와 같이 물질의 형태로 있는 에너지를 열에너지 형태로 변환시킬 수 있다.

(9) 프라스마(plasma) 형태로 있는 물질을 자계 내에 통과시켜 직접 발전을 할 수 있다.

02

전기 에너지 변환의 원리

ELECTRIC ENERGY

2.1 에너지 변환의 종류

초기의 에너지 변환은 직접 변환이었다. 즉, 자연에 산재하여 있는 에너지를 목적으로 하는 에너지로 직접 변환시켰다. 열에너지를 기계적 에너지로 바꾸는 증기기관, 전기 에너지에서 빛에너지로의 변환인 전등 및 태양전지, 화학 에너지에서 전기 에너지로 변환시키는 전지 등으로, 이들은 모두 변환효율이 나쁘고 대량의 에너지로의 변환은 어려운 상태의 것이었다. 그러나, 전자유도법칙에 따른 운동에너지의 전기 에너지 변환이 고효율이며 쉽게 변환되는 원리가 개발됨으로써, 에너지의 변환은 일단 열에너지→기계 에너지로 변화하여 전기적 에너지로 변화시키고, 이를 다시 다른 에너지로 변환시켜 이용하는 것이 점차 보편화되어 왔다. 그리고, 수력에너지도 기계적 에너지→전기 에너지로 변화하는 과정을 밟아 왔다. 이를 전기-기계적 에너지 변환과정이라고 말하는데, 이 중 열에너지→기계 에너지 변환과정에서 열역학적 한계에 의하여 변환효율이 30~40[%]를 초과할 수 없게 되므로, 에너지 이용증대를 극복하기 위하여 이러한 비효율적 과정을 제거하기 위한 직접 에너지 변환과정의 개발에 역점을 두게 되었다. 이러한 직접 에너지의 변환방법은 태양전지, 화학전지와 같이 초기에 그 개발이 진행되어 왔으나, 소용량의 것에 그쳤던 것이 에너지 처리법의 개발로 이들의 대용량화가 각광을 받게 되었다. 그러나, 아직도 일부를 제외하고 그 실용화가 이루어져 있지 않고, 장래의 에너지 변환 방식으로서의 가능성만 인정되고 있는 형편이다.

2.2 전기 에너지 변환

2.2.1 원리

전자유도법칙에 의한 기계적 에너지의 전기적 에너지로의 변환 방식으로서 자계 에너지를 매개체로 하여, 이 자계 에너지의 축적이 최소 저장 성향을 이용하는 발전방식으로 먼저 전기적 에너지에 의하여 저장된 에너지를(이를 여자전력이라고 함)를 기계적 에너지에 의하여 증대하는 방향으로 회전시키면, 이를 최소로 하기 위하여 전기적 에너지로 빠져나가는 성향(性向)에 의하여 발전하는 방식이다.

여기서 다른 에너지의 기계적 에너지로의 변환은 수력과 풍력, 조력과 같은 운동에너지 등이 있으며, 화력과 원자력에 의한 열에너지 등이 있다.

2.2.2 종류

(1) 운동에너지에 의한 발전방식

① **수력 발전**(hydraulic power generation)

높은 곳의 물이 얕은 곳으로 흐를 때의 낙차를 이용하여, 물이 갖는 에너지로 수차를 돌리고, 직결된 발전기로 발전하는 방식이다.

② **조력 발전**(tidal power generation)

만조시와 간조시의 해면 수위에서 얻어지는 위치 및 운동에너지로 발전하는 방식이다.

③ **풍력 발전**(wind power generation)

풍차를 사용하여 발전하는 방식으로 소규모의 것이 대부분이며, 풍력은 일정하지 않고 변화가 많으므로 출력도 일정하지 않는 것이 결점이다.

(2) 열에너지에 의한 발전방식

① **기력 발전**(steam power generation)

석탄이나 중유 등의 연료를 연소시켜 보일러에서 고온, 고압의 수증기를 만들고, 증기 터빈으로써 이를 기계적 에너지로 바꾸어 발전하는 방식이다.

② **내연기관 발전**(internal engine power generation)

디젤기관이나 가솔린기관 등으로 연료에서 직접 기계 에너지를 발생시켜 발전하는 방식이다. 최근에는 연료가 연소된 고온, 고압의 가스로써 직접 터빈을 돌려 기계적 에너지를 얻는 가스 터빈으로 발전하는 방식도 있다.

③ **원자력 발전**(nuclear power generation)

원자로 내에서 핵분열물질 U^{235}, U^{233}, Pu^{239} 등에 연쇄반응을 일으켜서 얻어지는 높은 열에너지로써 기계 에너지를 얻는 발전방식으로 현재 각국에서 실용되고 있으며, 한편으로 초고온에서 일어나는 핵융합반응에 의한 높은 열에너지를 이용하는 에너지 발전방식의 개발 연구가 현재 진행되고 있다. 이는 원료가 바닷물 속에 있는 중수소 D 및 Th로, 화석연료가 고갈 상태가 될 미래 발전방식으로 유망시되며, 여기서 나오는 고온열 에너지는 다음에 설명하는 직접 발전방식의 가장 적합한 에너지원이 될 것으로 내다보고 있다.

④ **지열 발전**(natural steam power generation)

땅 속에서 분출하는 천연의 고온증기를 이용하여 기계적 에너지를 얻는 발전방식이다. 이탈리아 같은 곳에서 실용화되고 있다.

이상의 발전방식에 대하여는 다음 편에서 자세히 다루기로 한다.

03
에너지 현황과 전망

ELECTRIC ENERGY

에너지에 관한 현황 및 전망을 세계 에너지 자원과 우리나라 에너지 자원 개발 및 동향 전망 등으로 구분하여 요약한다.

3.1 세계 에너지 자원의 현황과 전망

세계 1차 에너지 수요는 IEA 자료를 참조하면 2005년까지 평균적으로 2.7[%] 증가하여 2025년에는 2001년 대비 약 54[%]가 증가한 161억[TOE]에 도달할 것으로 전망한다 [그림 3.1]. 여러 에너지원 중에서 석유는 전체 에너지원 수요의 약 38[%]를 점유함으로써 가장 큰 에너지원이다. 에너지원별로 에너지 수요와 시장을 보면, 석유는 2007년 92 백만[배럴/일]에서 2020년까지 104백만[배럴/일], 2030년에는 111백만[배럴/일]에 이를 전망이다. 석유 수요증가의 원인은 OECD의 수송용 에너지 소비증가와 비 OECD 국가들의

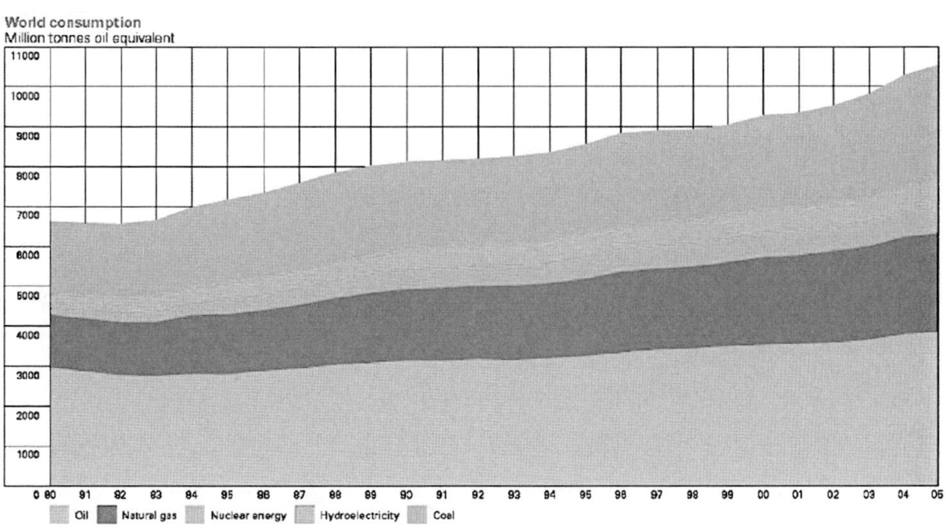

그림 3.1 연도별 세계 에너지 소비 현황

수송, 가정, 산업 영역의 소비증가에 기인 한다. 석유의 가격이 급등하는 것은 1차 에너지원의 주요 고려사항이다.

천연가스 수요는 2025년까지 연평균 2.2[%]씩 증가하여 1차 에너지 수요의 약 28[%]을 점유할 것으로 예상한다.

석탄수요는 연평균 1.5[%] 증가에 머무를 전망으로 2025년에는 1차 에너지 수요의 22.5[%]를 점유할 전망이다. 환경규제 강화로 전력부문에서 석탄 사용이 감소되고, 산업 및 가정에서 석탄을 대체한 천연가스 사용량이 증가에 따라 석탄 수요의 감소는 빠르게 진전될 전망이다.

원자력 발전은 1차 에너지 소비 중 2001년에는 19[%] 점유에서 2025년 12[%]로 하향 점유될 전망이다. 감축 원인은 여러 OECD 국가들이 여전히 원자력 발전에 대한 안전성과 핵폐기물 처리에 대한 우려가 있으며, 최근에는 핵확산에 대한 염려가 높아지고 있다. 또한, 원자력이 다른 화석연료와 경쟁관계에 있고, 천연가스를 이용하는 CCGT의 기술적 우수성이 확보할 수 있다는 점이다.

수력 발전을 포함한 신재생 에너지의 수요는 연평균 1.9[%] 증가하여 2025년은 1차 에너지 소비 중 14[%]에 이를 전망이다. 변화 협약의 이행을 위하여 이의 확대가 요구되나 상대적으로 낮은 화석 연료 가격이 신재생 에너지 수요 확대의 제약으로 되고 있다. 또한 세계 에너지 수요는 세계의 경제 성장, 에너지 가격, 인구증가의 가정하에 전망된다. 이러한 상황에 따라 국제 에너지 기구(IEA)는 세계 1차 에너지 수요가 매년 약 1.8[%]씩 증가할 것으로 전망하고 있다.

또한, 세계 총 에너지 수요 전망에 따라 이산화탄소(CO_2) 배출은 2001년 65억톤에서 2010년 77억톤, 2025년 104억톤으로 늘어날 전망이다. 전망기간 동안 이산화탄소 배출에 대한 비는 비 OECD 국가의 연평균 증가율은 2.9[%]로 OECD 국가의 1.3[%]보다 2배 이상 높다. 비 OECD 국가의 경우 석탄 등 화석 에너지에 대한 의존도가 높으므로 OECD 국가를 중심으로 CO_2 배출을 감소시키려고 노력하더라도 세계적으로 배출량은 상당량 증가할 것으로 예상한다.

IEA 자료를 참고로 세계 에너지 소비량을 연료별로 분류하여 도표로 작성하면 그림 3.2와 같다.

비록 석유가 에너지의 대다수를 차지하지만 세계의 에너지 소비율은 2007년 35[%]에서 2035년도에는 30[%]로 감소될 것으로 예상한다. 이는 높은 에너지 비용으로 인하여 새로운 대체 에너지원을 찾을 것이란 예상이다. 고로, 석유는 수송수단 이외는 감소되거나 완만하게 상승할 수 있다.

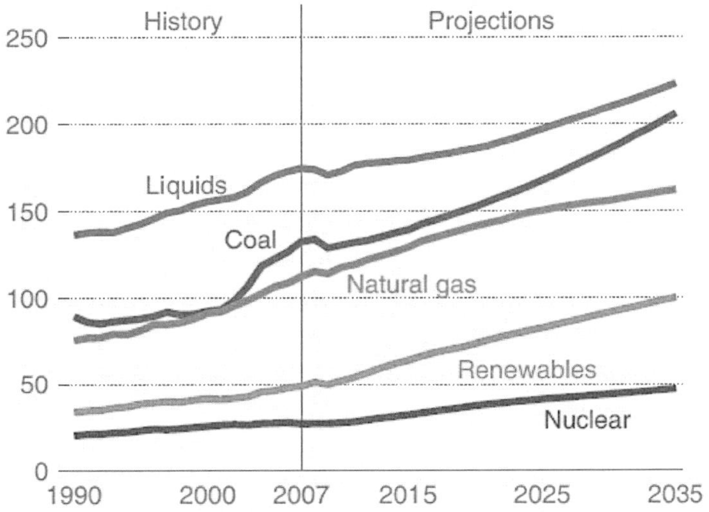

그림 3.2 세계 연료별/연도 에너지 소비량(10^{24} BTU)

세계적으로 천연가스 증가는 44%에 달하고 산업부문에서 석탄과 원자력 에너지에 대한 대체 에너지로 급성장할 것이란 전망에서 비롯된다. 특기할 점은 천연가스 수요의 에너지 비율이 2010년 석탄 수요의 에너지 비율을 초과하여 2035년에는 천연가스의 39[%] 정도가 산업부문에 이용될 것이다. 특히, 신규 발전 설비가 천연가스로 대체될 전망이 높기 때문에 천연가스의 수요증가는 계속될 전망이다. 특히, 발전에서 천연가스의 활용은 2007년 33[%]에서 2035년에는 36[%] 이상이 될 것이고, CCGT의 기술적 발전이 천연가스 수요를 확대하는 계기가 될 것이 분명하다. 뿐만 아니라, 환경문제를 고려하면 천연가스는 석탄에 비교하여 극히 낮은 탄소 및 오염 배출량이 천연가스 수요 확대의 원인이 될 것이다. 그러나, 천연가스 수요 확대를 위해서는 대단위의 인프라에 대한 투자가 선행되어야 한다.

석탄 수요는 수요 증가율이 1.6[%]로 전망됨에 따라서 1차 에너지수요 증가율인 2[%]보다 낮을 전망이다. 이러한 결과, 1997년 1차 에너지 점유율 26[%]에서 2020년은 24[%]로 점유율이 감소될 전망이다. 수요 감소의 원인은 OECD 국가들의 환경정책 강화로 수요처인 발전부문이 수요를 조절할 것이란 전망과 산업부문과 가정부문에서도 수요 대체가 일어나서 수요 감소가 일어날 전망이다. 더해서 러시아, 중국, 인도가 석탄의 대 수요처인 발전부문에서 조차 그 수요가 조절할 것으로 전망되기 때문에 석탄 수요의 증가율이 둔화될 것으로 전망한다.

세계의 전기 발전은 2007년 18.8조[kW]에서 2020년에는 25조[kW]로, 2035년에는 35.2조[kW]로 증가될 전망이다[그림 3.3 참조].

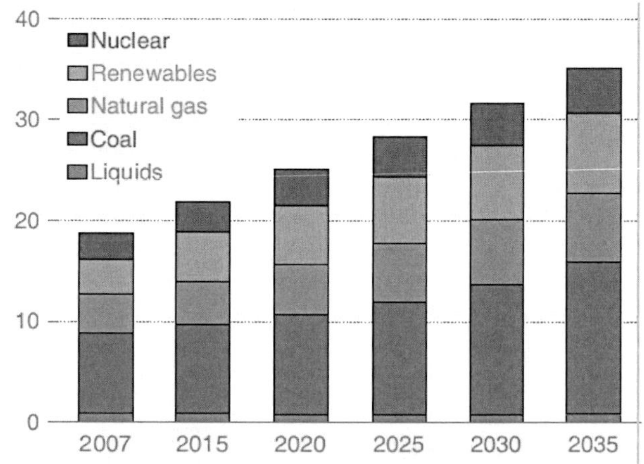

그림 3.3 세계 총 1차 에너지원별 발전량/연도별(10^{18} kWh)

2003년에서 2008년까지 세계 에너지 가격의 급등과 탄산가스 방출의 환경문제가 맞물려 화석 연료의 대체안으로 특히 원자력과 신재생 에너지에 대한 관심이 높아졌다. 원자력 발전은 화석연료를 대체하는 저탄소 연료로 주목받고, 에너지 공급의 다양성을 추구하는 나라들로부터 매혹적인 관심을 받고 있다. 그러나 여전히 핵 발전에 대한 불확실성이 내재되어 있고, 핵 발전의 안전성, 핵폐기물 처리, 초기 건설 투자 비용 및 핵연료 처리과정이 과제로 남아 있다. 현재 1차 에너지 수요의 7[%]를 점유하면서, 세계 전력공급의 17[%]를 담당하고 있는데 2010년에 절정을 이루어서 2020년에는 에너지 수요의 5[%]로 하향 점유될 것으로 전망한다. 1차 에너지 비율이 줄어드는 이유는 아시아 지역에서 소수 국가가 원자력 발전 증대를 시도할 것이라는 전망에도 불구하고 OECD 국가들이 기존 원자로를 축소할 것이라는 전망과 전환 경제권 국가들이 원자력 발전을 축소할 것이란 전망으로 에너지 점유율을 낮출 것이라는 전망이다.

수력 발전은 현재 에너지 수요의 3[%]를 점유하면서 전력 공급의 18[%]를 차지하고 있다. 이 수력 발전이 2020년에 전력 공급의 50[%]로 확대될 전망에 있는데 대부분 개발도상국들이 확대의 주역이 될 전망이고, 수력 발전의 증가에도 불구하고 에너지 점유 비율은 2020년에 현재의 3[%]에서 2[%]로 줄어들 전망이다.

기타 신재생 에너지는 다른 에너지원에 비하여 증가가 빨라서 연평균 3[%]에 이를 전망이다. 이러한 급속한 신재생 에너지 수요의 확대로 세계 발전 에너지 점유 비율은 2007년에 18[%]에서 2035년에 23[%]로 증가될 전망이다. 특히 OECD 국가에서 이러한 수요증가가 예상되는데 기후 변화 협약의 이행이 신재생 에너지에 대한 사용 확대의 계기를 만들 수 있겠지만, 상대적으로 낮은 화석연료의 가격이 신재생 에너지의 수요 확대에 장애가 될 전망이다.

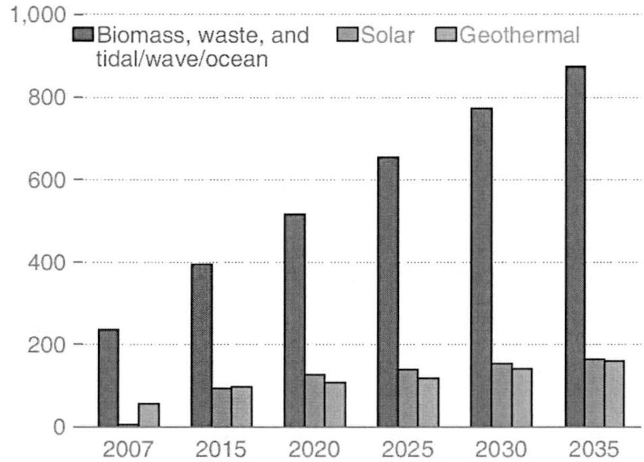

그림 3.4 세계 신재생 에너지원별/연도별 발전량 추세(10억 kWh)

신재생 에너지에 의한 발전량 증가의 대부분은 수력과 풍력으로, 생산전력의 54[%]가 수력이고 26[%]가 풍력이 차지하고 있다. 이를 제외한 신재생 에너지 발전은 아직도 경쟁력이 없고 한정적이다. 이를 해결하기 위해서 정부의 장려책과 신재생 에너지 설치에 대한 건설비 지원을 필요로 한다. 비록 수력이나 풍력을 제외한 신재생 에너지가 적지만 급격하게 증대되고 있음을 알 수 있다[그림 3.4 참조].

3.2 우리나라 에너지 자원의 개발 현황

우리나라는 에너지 자원의 부존 상황이다. 석유 및 천연가스는 대륙붕 중심 탐사추진은 1998년 대륙붕 개발계획 정부주도 개발 탐사 최초로 경제성 있는 양질의 천연가스층 발견하였다. 2009년에는 국내 대륙붕 탐사시추 실시하고 있는 실정이다. 석탄은 생산 수요가 감퇴되고 있다. 국내 석탄 자원 강원도 삼척, 정선, 경북 문경, 충남 탄전, 전남의 호남 탄전 등이 있으며, 채광 가능 매장량 약 6억 5,000만 톤으로 삼척 탄전은 매장량이 많고 석탄의 품질 또한 양호한 편이다. 원자력 발전의 원료인 우라늄은 저품위로서 매장량 1억톤이 충북 괴산에서 대전 남쪽지구 지역에 부존하고 있으며, 회수 가능한 우라늄 정광 약 2만 톤 정도로 예상하고 있다. 이와 같은 국내 에너지 자원의 부족으로 해외 에너지 자원의 개발로 에너지의 자주적 공급을 우선으로 하고 있다. 석유 개발은 2007년 해외유망 프로젝트에 참여 평균 46천 배럴[bbl] 생산하고 있으며 누적 확보량이 168억 배럴[bbl]에 달하고 있다. 석탄 개발은 인도네시아, 호주, 캐나다 등에 진출하여 2007년 3,123만 톤 정도를 생산했으며, 채굴 가능 매장량은 약 12억톤 정도 규모로 공급원 확보에 지속적인 노력을 하고 있다.

3.3 우리나라 에너지 동향 및 전망

우리나라 에너지 동향은 1961년 1인당 GNP 83달러의 절대 빈곤속에 총 에너지 소비량 980만[TOE]에 불과한 가운데 에너지원별 구성도 신탄이 대다수였고 석유는 9.8[%]에 지나지 않았다. 경제개발 계획추진으로 1961~1969년 경제 성장률이 8.8[%], 에너지 수요 평균 증가율이 7.7[%], 그리고 석유 차지 비중이 43.2[%]로 증대되었다. 특히 전력은 1968년 최대 전력 100만[kW] 돌파하였고, 국내 최초의 정유공장이 신설되었다.

1973년 1차 석유 파동은 우리나라 경제에 큰 충격을 주었으나, 세계경제의 빠른 회복에 힘입어 높은 경제 성장을 이루고 1971-1981년 10년간 에너지 수요 약 2.2배 증가하였고, 국내 무연탄 증산으로 신탄 비율이 급격히 감소하였다. 또한 석유의 구성 비율은 1979년 62.3[%]까지 상승하였고, 전력 설비 용량 1970년 250만[kW]에서 1979년 3.2배인 800만[kW]로 증대되었다.

1979년 2차 석유 파동의 영향으로 1980년 GNP 성장률은 -4.8[%], 에너지 수입액은 62.9억 달러나 되어 상당한 부담이 되었다. 1983년부터 국제 유가가 대폭 하락하고, 국제금리 인하로 달러 가치가 하락(3저 현상)하여 침체국면이 회복되었다. 그결과 1980년~ 1987년 소비자 물가 상승률 3[%]로 억제되었고, 연평균 8.8[%] 경제 성장률을 달성하여 6.3[%]로 에너지 소비가 증대되었다.

우리나라의 에너지 소비 현황은 에너지 경제연구 자료를 참조하면 표 3.1과 같다.

표 3.1 각 부분별 국내 에너지 소비 현황

연도	산업 부문	산업 점유율	수송 부문	수송 점유율	가정 /상업	가정 점유율	공공 기타	기타 점유율	합계
2000	83,912	0.56	30,945	0.21	32,370	0.22	2,626	0.02	149,853
2001	85,159	0.56	31,909	0.21	32,893	0.22	2,989	0.02	152,950
2002	89,198	0.56	33,763	0.21	34,298	0.21	3,192	0.02	160,451
2003	90,805	0.55	34,633	0.21	34,965	0.21	3,593	0.02	163,996
2004	92,993	0.56	34,616	0.21	34,807	0.21	3,595	0.02	166,010
2005	94,366	0.55	35,559	0.21	36,861	0.22	4,068	0.02	170,855
2006	97,235	0.56	36,527	0.21	35,986	0.21	3,836	0.02	173,584
2007	104,327	0.57	37,068	0.20	35,917	0.20	4,144	0.02	181,456
2008	105,713	0.58	35,339	0.19	36,547	0.20	4,084	0.02	181,684

표 3.2 우리나라 에너지 소비량 형태

연도	석탄			석유				LNG	수력	원자력	기타	합계
	합계	무연탄	유연탄	합계	에너지유	LPG	비 에너지유					
2000	42,911	3,094	39,817	100,280	59,743	8,644	31,893	18,924	1,402	27,241	2,130	192,888
2001	45,711	3,678	42,033	100,385	59,049	8,676	32,660	20,787	1,038	28,033	2,456	198,410
2002	49,095	4,040	45,055	102,415	58,602	9,398	34,415	23,099	1,327	29,776	2,925	208,636
2003	51,116	4,560	46,556	102,380	57,606	9,140	35,634	24,194	1,722	32,415	3,241	215,067
2004	53,127	4,302	48,825	100,639	54,101	9,153	37,385	28,351	1,465	32,679	3,977	220,238
2005	54,788	4,768	50,019	101,527	53,417	9,484	38,626	30,355	1,297	36,695	3,961	228,622
2006	56,687	5,208	51,479	101,831	51,800	9,689	40,342	32,004	1,305	37,187	4,358	233,372
2007	59,653	5,585	54,068	105,495	50,738	10,127	44,630	34,663	1,084	30,731	4,828	236,454
2008	65,342	5,908	59,435	99,784	45,657	10,646	43,481	34,229	985	32,456	5,389	238,185

표 3.1에서 보는 바와 같이 2000년 이후의 에너지 소비는 주로 산업체가 56[%]이상을 차지하고 있으며 가정이나 상업에 이용되는 점유율은 거의 변화가 없으며 수송 분야의 에너지 소비율은 20[%] 정도를 꾸준히 유지하고 있으며 향후에 주목되는 부문이다. 우리나라는 1970년 원자력 발전소 착공하였고 1980년대 초 본격적인 유연탄 도입 및 천연가스 공급으로 에너지의 다변화시대가 도래하였다. 1990년 이후 에너지 소비증대는 유가하락에 따른 석유의 소비증대에 의하여 촉진되었고 1994년 62.9[%] 최고치를 기록하고 천연가스 소비도 급격하게 증가하였다[표 3.2 참조].

이후 국내 무연탄의 급격한 소비는 감소하다가 2000년 이후 석유 대체 에너지로서 약간 사용이 증가하였다. 이후에 온실가스배출 감소, 지구 온난화 방지 및 기후 환경 변화에 따른 대처로서 저탄소 녹색성장 구현 신재생 에너지 소비증가를 촉진하였고 2008년까지 에너지 소비특성은 총에너지 수요 연평균 3.5[%] 증대하여 총에너지 소비 238.2[MTOE]에 이르렀다.

석유 의존도는 수송부문의 수요 급증 및 산업 및 석유화학 공업의 성장 43.4[%]로 석유 의존도 심화가 문제점이며 민수 용탄의 소비 감소로 무연탄과 신탄의 수요가 감소하였고 천연가스를 포함한 가스의 소비추세가 증가되었다.

단위 산출량당 에너지 투입량[에너지/GDP]은 0.3으로 감소, 그러나 에너지 다소비국인 미국을 제외한 선진 산업국과 비교 시 2배 이상 높은 수치로 향후 선진국형 산업사회 접근으로 이 수치는 더욱 감소 요구 1인당 에너지 소비량 2007년 5.01[TOE/인] 선진국과 유사하게 접근하고 있다[표 3.3 참조].

표 3.3 1인당 에너지 소비량

연도	1차 에너지 소비량 (천toe)	최종 에너지 소비량 (천)toe			인구 (천명)	1인당 에너지 소비량			
		합계	석유 소비량 (천toe)	전력 소비량 (GWh)		1차 에너지 소비 (toe/인)	최종 에너지 소비 (toe/인)	석유 (toe/인)	전력 (toe/인)
2000	192,888	149,853	93,596	239,535	47,008	4.1	3.19	1.99	5,096
2001	198,410	152,950	93,357	257,731	47,343	4.19	3.23	1.97	5,444
2002	208,636	160,451	96,160	278,452	47,615	4.38	3.37	2.02	5,848
2003	215,067	163,996	96,156	293,599	47,849	4.49	3.43	2.01	6,136
2004	220,238	166,010	95,513	312,096	48,082	4.58	3.45	1.99	6,491
2005	228,622	170,855	96,719	332,413	48,138	4.75	3.55	2.01	6,905
2006	233,372	173,584	97,037	348,720	48,297	4.83	3.59	2.01	7,220
2007	236,454	181,456	100,622	368,605	48,456	4.88	3.74	2.08	7,607
2008	238,185	181,684	97,072	385,070	48,607	4.9	3.74	2	7,922

우리나라의 에너지 수급 현황은 해외 에너지 의존도가 2007년 96.6[%]이므로 신에너지 개발의 중요성 부각되고 있고 에너지 확보를 위한 국가 경쟁력 신장에 노력하고 있다 [표 3.4 참조].

표 3.4 우리나라 에너지 의존도

연도	1차 에너지 소비량						원자력 제외 시			
	합계	수입 에너지		국내생산 에너지	수입 의존도 (%)	에너지 자립도 (%)	수입 에너지	국내생산 에너지	수입 의존도 (%)	에너지 자립도 (%)
		합계	석유							
2000	192,888	187,485	100,280	32,645	97.2	16.9	160,244	5,404	83.1	2.8
2001	198,410	193,105	100,385	33,339	97.3	16.8	165,071	5,305	83.2	2.7
2002	208,636	202,671	102,415	35,741	97.1	17.1	172,896	5,965	82.9	2.9
2003	215,067	208,339	102,380	39,143	96.9	18.2	175,924	6,728	81.8	3.1
2004	220,238	213,054	100,639	39,863	96.7	18.1	180,376	7,184	81.9	3.3
2005	228,622	221,408	101,527	43,909	96.8	19.2	184,713	7,214	80.8	3.2
2006	233,372	225,179	101,831	45,380	96.5	19.4	187,992	8,192	80.6	3.5
2007	236,454	228,394	105,495	38,791	96.6	16.4	197,663	8,060	83.6	3.4
2008	238,185	229,673	99,784	40,968	96.4	17.2	197,217	8,512	82.8	3.6

표 3.5 전력수급 현황

구 분	1980	1990	2000	2005	2006	2007	2008	2009
최대수요(MW)	5,457	17,252	41,007	54,631	58,994	62,285	62,794	66,797
발전설비용량(MW)	9,391	21,021	48,451	62,258	65,514	68,268	72,491	73,470
설비예비율(%)	72.1	21.8	16.8	13.0	9.8	7.9	12.0	9.8
1인당 전력 소비량 (kWh/연)	859	2,206	5,067	6,883	7,191	7,607	7,922	8,092

우리나라의 발전설비용량 1990년 2,102만[kW]에서 2007년 6,827만[kW]이고 2010년 7,613만[kW]이며 2005년 7,906만[kW]으로 예상하고 있으며 사용의 편리성과 가격안정으로 전력 소비는 지속적으로 증가하고 있는 실정이다. 1인당 전력 소비량은 1980년 859[kWh/연]에서 2009년 8,092[kWh/연]으로 약 9배가 증가하였고 특히 2000년대 후반에는 예측보다 높은 전력 수요로 수급여건이 어려워지고 있다[표 3.5 참조].

이러한 전력수급은 여건의 불확실성이 지속적으로 확대되고 있고 전력부문의 온실가스 감축에 대비해야 하는 문제점들이 산재하여 있다.

전력공급의 중장기 전력 수요를 전망하여 보면 전력 소비량은 1990년대 이후로 점차 둔화되었으나 2010년 이후에는 경기 회복 및 난방기기 증가로 다소 증가할 전망이다. 이러한 전력 수요에 대처하기 위해서 전원구성은 원자력, 신재생 및 집단 에너지 설비비중은 현재보다 증가하고 석탄 및 LNG 전원은 현재보다 소폭 감소하여야 한다[표 3.6 참조].

표 3.6 전원구성 전망

[설비용량(MW)/구성비(%)]

구 분		원자력	석탄	LNG	석유	양수	신재생	집단	합 계
2005	설비용량	18,716	24,205	49,899	5,383	3,900	2,365	1,668	76,136
	구성비	24.6	31.8	26.1	7.1	5.1	3.1	2.2	100
2015	설비용량	24,516	30,945	23,517	4,108	4,700	4,183	4,314	96,283
	구성비	25.5	32.2	24.4	4.3	4.9	4.	4.4	100
2020	설비용량	31,516	31,945	23,517	4,108	4,700	6,653	4,846	107,285
	구성비	29.4	29.7	21.9	3.8	4.4	6.2	4.6	100
2024	설비용량	35,916	31,445	23,517	4,108	4,700	8,061	4,846	112,593
	구성비	31.9	27.9	20.9	3.6	4.2	7.2	4.3	100

표 3.7 에너지원별 발전량 전망

[단위 : 설비용량(GWh), 구성비(%)]

연 도		원자력	석탄	LNG	유류	양수	신재생	합 계
2010	설비용량	144,856	193,476	100,690	14,693	2,084	5,949	461,747
	구성비	31.4	41.9	21.8	3.2	0.5	1.3	100
2015	설비용량	201,089	220,886	89,891	6,795	2,551	20,009	541,221
	구성비	37.2	40.8	16.6	1.3	0.5	3.7	100
2020	설비용량	259,378	217,454	62,081	3,039	6,256	40,648	588,856
	구성비	44	36.9	10.5	0.5	1.1	6.9	100
2024	설비용량	295,399	188,411	59,201	2,912	8,202	54,467	608,591
	구성비	48.5	31	9.7	0.5	1.3	8.9	100

※ 석탄 : 무연탄+유연탄

※ LNG 발전량은 전력수요에 대한 변동성이 타 전원에 비하여 매우 큼

에너지원별 발전량은 원자력 설비 비중 확대에 따라 원자력의 발전량 비중은 현재보다 17[%] 이상 확대될 전망이다[표 3.7 참조].

발전 설비의 전원 확보계획 방향으로는 친환경 전원구성, 저원가 전력공급체계 구축, 전력수급의 안정성 강화 및 에너지관련 기본 계획과 일치하는 계획을 수립하여야 한다.

신재생 에너지 설비 현황은 2009년 12월 현재 총 2750.9[MW]중 수력 설비가 1,615[MW]의 용량으로 58.7[%]로 최대 비중을 차지하고 있다[표 3.8 참조].

2010년~2024년 기간 동안 신규 신재생 에너지 설비가 건설될 전망은 표 3.9와 같고 그 중 풍력 설비가 8628.1[MW]로 45[%]의 최대 비중을 차지하고 있다.

표 3.8 신재생 에너지 현황

[단위 : 설비용량(MW)]

구 분	수 력		풍 력	태 양 에너지	바이오	폐기물 소 각	부 생 가 스	연 료 전 지	합 계
	일 반	소수력							
'09.12.31 기 준	15,299	84.6	345.9	414.7	86.2	36.8	230.3	22.5	27,509
	55.6%	3.1%	12.6%	15.1%	3.1%	1.3%	8.4%	0.8%	100%

표 3.9 신재생 에너지 설비 건설 전망(2010~2024)

[단위 : 설비용량(MW)]

구 분	수 력	풍 력	해 양 에너지	태 양 에너지	바이오	폐기물 소 각	부 생 가 스	연 료 전 지	지 열	IGCC/ CCT	합 계
사업자 의향	128.7	2309.7	.0.7.5	472.7	240.9	42.6	1134	80	–	900	8346.1
RPS 고려한 설비	103.8	6318.4	–	3340.4	108	329	–	5805	31.2	–	10811.3
총계	262.5	8628.1	3037.5	3813.1	348.9	371.6	1134	660.5	31.2	900	19157.4

※ RPS 고려한 설비는 정부 목표 및 원별 잠재량 등을 고려하여 산정

표 3.6에서 살펴본 바와 같이 우리나라의 전원구성에서 발전량의 상당부분이 기저부하를 분담하고 있는 화력 발전에 의존하고 있는 실정이다. 그러나, 현재는 국가에너지 기본계획인 에너지 저소비 저탄소 사회 구현, 탈 화석 에너지화, 그린 에너지산업의 성장 동력화 및 에너지 자립 에너지 복지실현을 추진하고 있다. 이러한 국가 중장기 에너지정책에 부합하기 위해서 계속해서 증가하는 발전 설비 용량 중 원자력 발전의 비중을 증가시키고, 신재생 에너지 발전 방안도 꾸준히 추진하여야 한다.

이와 같은 전기 에너지 발전에 활용할 수 있도록 화력 발전 및 원자력 발전방식을 세밀하게 기술하고 수력 발전에 대한 기본 이론 및 신재생 에너지의 활용 방안을 학습하도록 한다.

연.습.문.제

01 전기 에너지 변환에 이용하는 현상을 기술하시오.

02 세계 에너지 현황을 분석하고 에너지원별로 소비량을 분석하시오.

03 세계 전기 에너지 발전 현황을 에너지원별로 추세를 검토하시오.

04 우리나라 각 부문별 국내 에너지 소비 현황을 분석하시오.

05 우리나라 전력수급 현황을 조사 분석하시오.

06 우리나라 발전 설비 구성비를 조사 분석하시오.

제2편

화력 발전

ELECTRIC ENERGY

04
열에너지의 변환

ELECTRIC ENERGY

4.1 화력 발전의 기본구성

화력 발전이란 열에너지를 변환해서 전기 에너지를 얻는 방식의 총칭이다. 연료를 연소시켜서 발생한 열로 물을 끓여서 고온 고압의 증기로 바꾸고 증기가 갖는 에너지로 증기 터빈 발전기를 회전시켜서 전기를 발생한다.

특히 증기 터빈이라는 원동기를 사용하고 있으므로 기력 발전이라고도 한다.

기력 발전소의 기본적 구성요소는 그림 4.1과 같이 연소 및 증기 발생장치, 터빈 발전기 및 복수 설비, 급수 및 급수 처리 장치, 기타 연료취급 설비 및 송변전 설비로 구성한다.

이들 기력 발전소의 계통도 및 장치 구성방법은 그림 4.2와 그림 4.3과 같다.

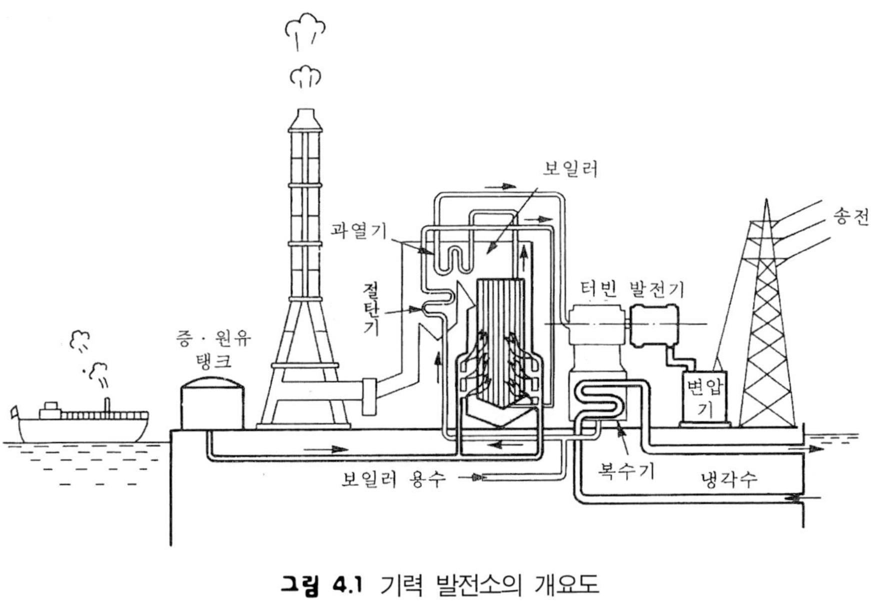

그림 4.1 기력 발전소의 개요도

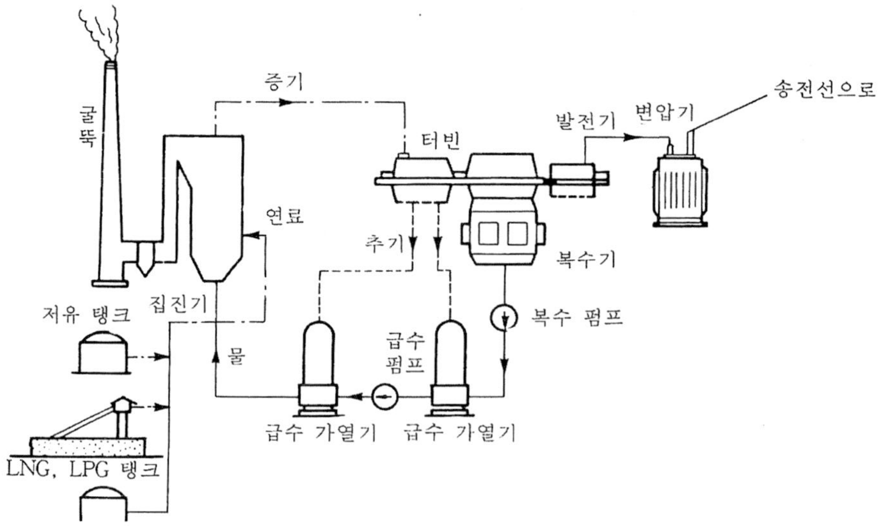

그림 4.2 기력 발전소의 계통도

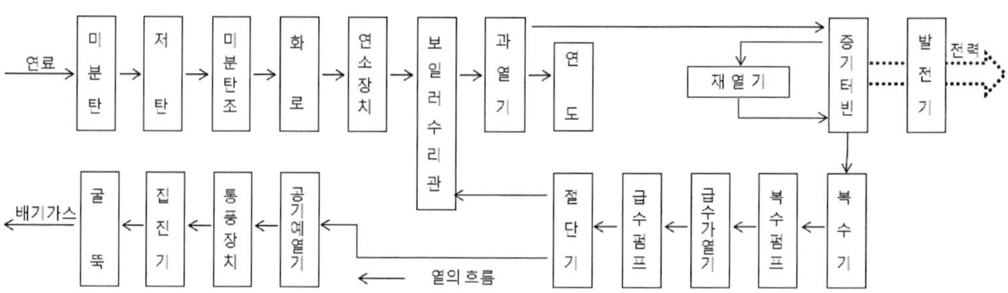

그림 4.3 석탄화력 발전소의 구성 예

4.2 화력 발전의 종류

화력 발전소의 종류는 원동기, 연료 및 용도에 따라 여러 가지로 분류하는데 대표적인 화력 발전소의 계통 운용상의 분류를 살펴본다.

4.2.1 기저 부하 담당 발전소

연간을 통해서 기저 부하를 가지고 하루 종일 전부하 수준으로 운전하는 발전소를 기저 부하 발전소 또는 베이스 부하화력이라고 한다. 이러한 발전소에서는 건설비가 고가일지라도 대용량, 고효율 발전소로 설계해서 연료, 유지비의 감소를 필요로 한다.

4.2.2 중간 부하 담당 발전소

부하곡선의 중간 부하를 공급하는 발전소를 중간 부하 화력 또는 미들 부하 화력이라고 부르는데 일반적으로는 출력 조절이 쉬운 중 용량 화력 발전이 채용된다.

4.2.3 첨두 부하 발전소

부하곡선에서 단시간에 요구되는 첨두 부하를 담당하는 발전소로서 첨두 부하 화력이라고 부른다. 여기서는 단시간에 출력이 증가되도록 설계하는 동시에 연부하율이 극히 낮기 때문에 발전소 건설비를 싸게 하고 연료비 및 운전비를 저렴하게 하는 동시에 부하 변동에 대한 운전의 융통성을 높일 필요가 있다. 최근의 전력계통에서는 고온 고압의 증기를 사용하여 대용량의 기기를 움직이는 신예 기력 발전소나 원자력 발전소에 기저 부하를 부담시키고, 첨두부하는 저수지 또는 양수 발전소 기타 가스 터빈 등으로 부담시키는 추세이다.

그림 4.4는 계통운용상으로 분류한 각 발전소의 공급력 부담에 관한 예를 보여준다.

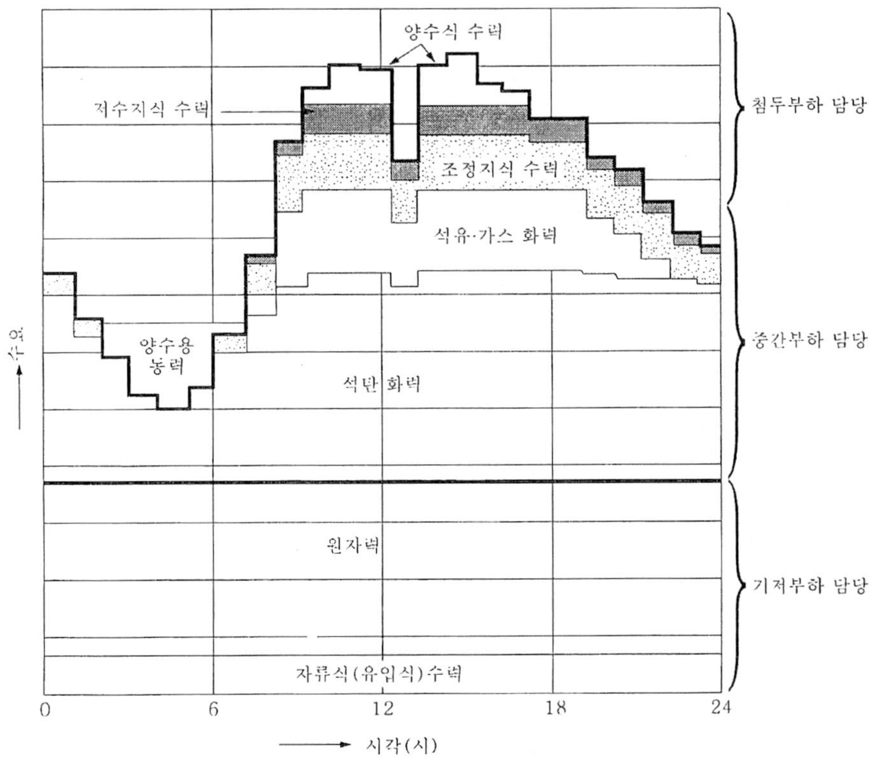

그림 4.4 계통 운용상의 분류(공급력 분담)

4.3 수력 발전과 화력 발전

현재 대용량 발전에 가장 많이 이용하고 있는 것은 석탄, 석유, 천연가스 등의 화석연료와 하천 및 호수 등의 수력 자원인데, 전자는 화력 발전에 후자는 수력 발전에 사용되고 있다.

이들을 비교하면 주요 다른 점은 아래와 같다.

(1) 건설비

최근 주로 개발되는 댐식 수력 발전 설비는 화력 발전보다 건설비가 비싸고 건설기간도 길다.

(2) 운전비

화력 발전은 연료비가 필요할 뿐 아니라 고압, 고온, 고속인 기계를 사용하므로 보수 수선비가 많이 들고, 복잡한 기계의 운전관리 및 연료 처리에 많은 운전원을 필요로 한다.

(3) 설치장소

수력 발전은 하천환경에 따라 설치장소가 결정되고, 대개는 산간이므로 긴 고압송전설비가 필요하다. 화력 발전의 경우는 설치장소의 선택이 소용량이면 비교적 쉽지만 대용량이면 용지, 용수, 연료수송, 공해 등의 관계로 제약을 받는다. 또 최근에는 발전소 건설 용지를 확보하기 어려워 한곳에 집중하여 설치하는 경향이 있다.

(4) 용량

수력은 이용하는 하천의 환경에 따라서 발전소 용량이 설정되지만 화력 발전은 그 제약을 받지 않는다. 최근 단기 용량은 50~60만[kW], 100만[kW] 이상의 용량도 건설 중이다.

(5) 운전의 융통성

수력 발전은 하천의 유량과 낙차로 운전되므로 융통성이 있지만 화력 발전은 고압 고온의 열에너지를 사용하므로 기기에의 열적 영향으로 융통성이 적다.

(6) 공해문제

화력 발전에서는 연돌에서 배출되는 연소가스나 비산하는 강회가 농작물에 해를 준다. 특히, 최근에는 이러한 환경오염문제가 화력 발전소 건설의 장애로 제약하고 있다.

(7) 연료 확보

화력 발전이 많아짐에 따라 국내산 연료로는 충당하지 못하고 수입연료를 사용하게 한다. 이것은 외국에 의존하는 결과가 되어 경제적인 면이나 국가 안보 면에서 문제가 되고 있다.

05

열 사이클

ELECTRIC ENERGY

5.1 열 사이클과 열효율

기력 발전소에서는 연료의 연소로 발생하는 열에너지를 기계적 에너지로 변환하여 발전기를 회전하는데 이 에너지의 변환에는 수증기가 매체로 사용되고 있다. 그림 5.1은 이 변환의 개요도로서 보일러에서 가열되어 발생한 증기는 과열기에서 과열되어 고온 고압으로 되어서 터빈에 보내진다.

이 고온 고압의 증기가 터빈에서 팽창하여 날개차를 돌려서 기계적인 일을 하게 된다. 이 결과 저온 저압으로 된 증기는 복수기에 보내져서 응축되어 물로 된다. 이 복수는 급수 펌프로 다시 보일러에 압입되어 증발해서 폐 사이클을 형성하는데 이 과정으로 열의 흡수 및 방출이 실행된다. 이 사이클을 열 사이클이라고 한다.

열 사이클에서 물 및 증기에 주어진 열에너지 가운데 몇[%]가 터빈의 날개 차에 주는 기계적 에너지로 변환되었는지가 열의 사이클효율이 된다.

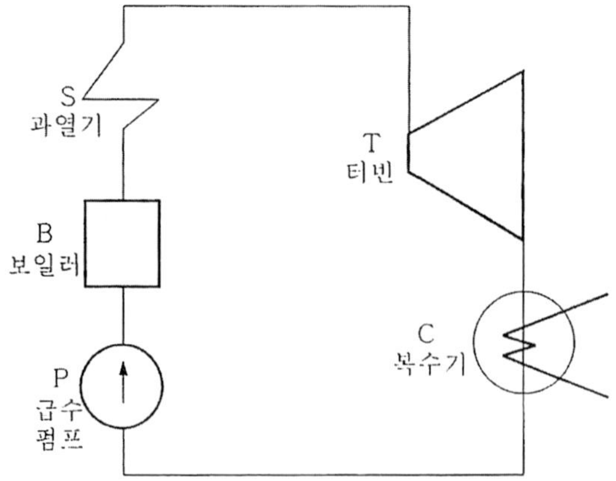

그림 5.1 열 사이클의 블록선도

화력 발전소에서는 발생전력량 [kWh]당 연료 소비량의 크기가 중요한데 이것이 기력 발전소의 종합 열효율이다.

발전소의 종합 열효율 η_p은 식 (5.1)과 같이 주어진다.

$$\eta_p = \eta_B \eta_C \eta_T \eta_G \tag{5.1}$$

여기서, η_B : 보일러효율

η_C : 열 사이클효율

η_T : 터빈효율

η_G : 발전기효율

오늘날 대용량 신예 발전소는 대략 40[%] 전후가 되고 있으며 계속적인 열효율 향상을 위하여 새로운 화력 발전 열 사이클 방식을 시도하고 있다.

5.1.1 연소가스의 흐름

기력 발전소에서 공기의 흐름은 그림 5.2와 같이 외기가 공기 예열기 내에서 보일러의 배기가스로 예열된 후 보일러의 연소장치에 보내진다. 연소장치에서 연료와 연소용 공기를 혼합시켜 점화하여 보일러 내에서 연소시킨다. 연소한 연소가스는 보일러 수관에 통과하여 열을 준 후 과열기, 재열기를 통과하고 다시 공기 예열기를 거쳐서 배기가스로 되어 집진장치로 공기 정화를 한 후에 유인통풍기로 연도를 통해서 외부로 방출된다.

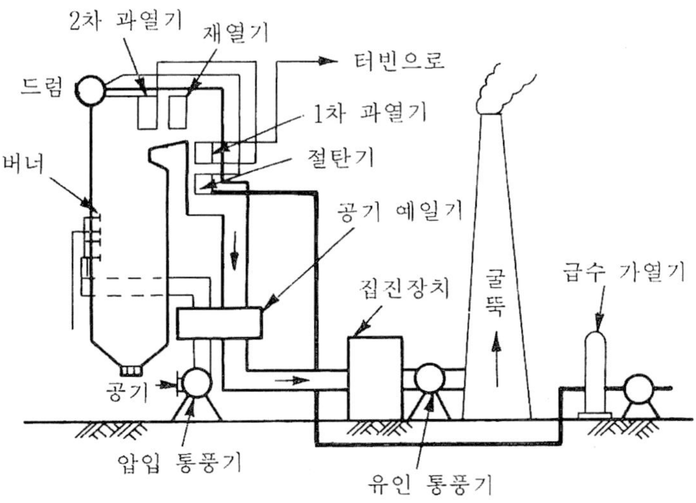

그림 5.2 기력 발전소에서의 공기의 흐름

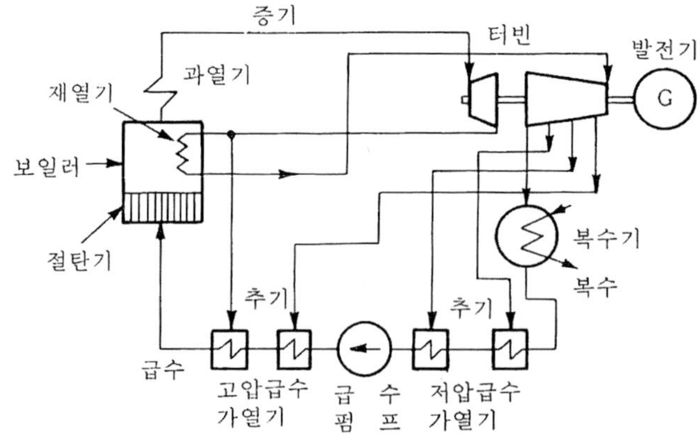

그림 5.3 기력 발전소에서의 증기의 흐름

5.1.2 물 · 증기의 흐름

기력 발전소에서 물의 흐름은 그림 5.3에서와 같이 물은 보일러에 보내지기 전에 터빈으로부터 추기증기로 급수 가열기에서 가열하고 배기가스로 절탄기에서 가열된다. 여기서 가열된 물은 보일러 보내지고 연료의 연소열에 의해 증기로 변환된다.

발생한 포화증기는 다시 과열기에서 과열되어 고온 고압의 과열증기로 된다.

과열증기는 터빈에 유입되어 일을 한 뒤에 복수기에 보내진다. 한편 터빈 내의 일부 증기는 보일러에 들어가는 물을 예열하기 위해 추기되어 급수 가열기로 보내진다. 복수기에서는 증기가 냉각수로 되어 응축해서 물로 복수된다.

현재의 대부분 기력 발전소에서는 이 복수를 재차 급수 가열기로 가열한 후 보일러로 보내는 순환 사이클을 형성한다.

5.2 열역학

본 장에서는 화력 발전에 기초가 되는 에너지 형태의 변환에 대하여 설명한다. 특히 화력 에너지 형태의 기본적인 원리인 열역학의 기본법칙을 이해할 수 있도록 한다.

5.2.1 온도, 압력 및 열량

현재 일반적으로 사용되고 있는 온도의 단위로는 섭씨[℃]와 화씨[°F]가 있는데 이밖에 열역학 이론을 근거로 한 절대 온도[°K]가 있다. 이들 관계는 다음 식과 같다.

$$t[℃] = \frac{5}{9}(t[°F] - 32) = T[°K] - 273$$
$$t[°F] = \frac{9}{5}t[℃] + 32 \tag{5.2}$$

압력의 단위로는 공업상 [kg/m^2] 또는 [kg/cm^2]가 사용되는데 특히 후자의 [kg/cm^2]를 기압이라고 하여 [at]의 기호로 나타내고 있다. 압력측정용 계기는 보통 대기압을 기준으로 한 압력을 지시한다. 이와 같은 측정점의 대기압을 영점 눈금으로 해서 측정한 압력을 게이지압력이라 한다. 이에 대하여 완전진공을 기준으로 측정한 압력을 절대압이라고 말하고 [kg/cm^2a] 또는 [ata]로 나타낸다. 따라서 절대압과 게이지압과의 관계는 절대압=대기압+게이지압이다. 표준기압은 0[℃]에서 수은주 760[mm]의 압력과 같은 [atm]이라는 기호로 나타내고 있다. 즉,

$$1[kg/cm^2] = 1[at] = 735.6[mmHg] \tag{5.3}$$
$$(1.033[kg/cm^2] = 760[mmHg]$$

또 대기압보다 낮은 압력, 가령 뒤에 설명하는 복수기 내의 압력처럼 진공에 가까운 경우에는 진공도를 사용한다. 진공도와 절대압력과의 사이에는 아래 식이 성립한다.

$$P = 1.033X\frac{Pa - Po}{760}[kg/cm^2a] \tag{5.4}$$

여기서, Po : 진공도[mmHg]

Pa : 대기압[mmHg]

P : 절대압[kg/cm^2s]

열량의 단위로는 일반적으로 [kcal]를 사용한다. 1[kcal]는 순수한 물 1[kg]을 14.5[℃]로부터 15.5[℃]로 1[℃] 높이는데 필요한 열량으로서 또 다른 열량의 단위인 [BTU]와 관계는 아래 식과 같다.

$$1[BTU] = 0.252[kcal] \tag{5.5}$$

예제 5.1

22[℃]의 물 1[t]을 100[℃]로 올리는데 필요한 열량은 몇 [kcal]인가? 또 BTU 단위로 환산하면 얼마인가?

풀이

상승온도는 100-22=78[℃],

물의 무게는 1,000[kg]이므로 필요한 열량은 1,000×78=78,000[kcal]

BTU로 표시하면 78,000/0.252=309×10^3[BTU]

예제 5.2

화력 발전소의 과열기 출구의 증기압력이 74[kg/cm^2]이면 이것은 몇 기압인가?

풀이

1기압[ata]=1.033[kg/cm^2]이므로 174/1.033=168.5[ata]

5.2.2 열역학의 기본법칙

열에너지는 물 분자의 운동에너지로, 앞에서 설명한 온도, 압력, 열량 등과 같은 물리량을 사용하여 설명하고 있는 열역학의 기본법칙이다.

5.2.2.1 열역학의 제1법칙

열역학의 제1법칙은 에너지 보존법칙의 열역학적 표현이다. 위치에너지와 운동에너지의 합은 일정하다는 역학적 에너지 보존법칙만 아니고 기타의 에너지 형태인 에너지들이 시스템에 일을 할 때 에너지의 형태는 바뀌지만 에너지 량은 불변이라는 것이다. 또한 열과 일은 다 같이 에너지의 일종이며 상호 간에 변환 가능하다는 것이다.

이 법칙은 열에너지 형태에 관한 법칙으로서 열을 일로, 일을 열로 바꿀 수 있다는 것을 보여준다. 이 경우 1[kcal]에 해당하는 일의 양을 열의 일당량이라고 부른다.

$$W = JQ \tag{5.6}$$
$$Q = \frac{1}{J} W = A W$$

여기서, W : 일[kgm]

Q : 열량[kcal]

J : 열의 일당량= 427[kgm/kcal]

A : 일의 열당량= $1/J = 1/427$[kcal, kgm]

한편 [kWh]=860[kcal]의 관계가 있다.

5.2.2.2 열역학의 제2법칙

이상에서 본 바와 같이 열역학 제1법칙은 열에너지와 일이라는 것은 등가적인 것으로 열은 일로 또한 일은 열로 바꿀 수 있다는 것을 설명하는 것이다. 그러나 여기에서 어떤 제한이 있어 일을 열로 바꾼다는 것은 쉽지만 열을 일로 바꾸는 것은 쉽지 않다는 것을 보여주는 것이 제2법칙이다.

즉, 열역학 제2법칙은 에너지의 흐름이나 형태의 변화에 대한 방향성을 가르키는 경험법칙으로서 일은 쉽게 열로 바꿀 수 있지만 반대로 열은 모두 일로 바꿀 수 없다. 또는 자연상태에서는 열은 고온의 물체로부터 저온의 물체로는 이동하지만 반대로 저온의 물체에서 고온의 물체로 이동하는 것은 불가능하다는 것을 나타내고 있다.

일반적으로 고열원으로부터 열량을 가지고 그 일부를 일로 변환하는 것을 열기관이라고 한다.

예제 5.3

1[HPh] 및 1[kWh]를 열량으로 환산하면 몇 [kcal]가 되는가?

풀이

1[HP]=75[kg m /s]
이것을 [kg m h]로 환산하여 열당량=1/427를 곱하면
1[HP h]=75×60×60×(1/427)=632[kcal]
1[kWh]=1.36[HP h]=1.36×632=860[kcal]

5.2.3 열과 일과의 관계

물질이 갖는 전 에너지 중 운동에너지와 위치에너지를 뺀 것을 내부 에너지라고 한다. 보통 정지하고 있는 물체에서의 운동에너지는 0이다. 그리고 열적 상태 변화 전후에서의 위치에너지 변화는 무시할 수 있으므로 열 현상을 취급할 경우에는 주로 내부 에너지에 대해서만 고찰하게 된다.

어떤 물체에 열을 가하면 그 물체 내에 축적된 내부 에너지는 증가하게 되지만 그와 동시에 외부에 일을 하게 된다. 이 내부 에너지를 증가시킨 열량의 일부는 물체의 온도를 높여주기 위해 사용되는데 이 열을 현열이라고 부른다. 이에 다른 부분의 열은 융해, 증발 등의 상태 변화를 일으키기 위해서 사용하는데 이 열을 잠열이라고 한다.

가령 어떤 물체에 외부로부터 극히 적은 열량 dQ[kcal]를 주었을 때 그 물체의 내부 에너지 U[kcal]는 dU만큼 증가하고 또한 외부에 대하여 dW[kg m]의 일을 하게 되는데 이것을 열역학 제1법칙으로부터

$$dQ=dU+AdW[\text{kcal}] \tag{5.7}$$

처럼 된다. 이것이 열역학 제1법칙의 수학적 표현이다.

이때 물체가 외부에 대하여 한 일이란 외력 $P[kg/m^2]$에 대항해서 용적 V를 dV만큼 증가시킨 것과 같으므로

$$dW=PdV \tag{5.8}$$

따라서,

$$dQ=dU+APdV[kcal] \tag{5.9}$$

로 된다.

기체[kg]에 대해서는 내부 에너지를 u[kcal/kg], 비용적을 v[m^3/kg], 기체 1[kg]당의 열량을 dQ[kcal/kg]라고 하면,

$$dQ=du+APdv[kcal/kg] \tag{5.10}$$

로 된다.

그런데 일반적인 수학 관계 식에서

$$d(Pv)=Pdv+vdP \tag{5.11}$$

이므로 상기 식은 다음과 같이 변형된다.

$$dQ=du+Ad(Pv)-AvdP=d(u+APv)-AvdP \tag{5.12}$$

여기서

$$i= u+APv \tag{5.13}$$

라고 한다면

$$dQ=di-AvdP \tag{5.14}$$

와 같이 된다. 여기서 i를 엔탈피(enthalphy)라고 부른다.

엔탈피는 화력 발전소 열 계산상 중요한 것으로 APdv는 기체 1[kg]이 일정한 압력 P에 대해서 비체적 v를 차지하기 위해서 외부에 하는 일이라고 말 할 수 있다. 즉 압력이 일정하다는 조건에서 열을 가했을 경우 dP=0이므로

$$dQ=di \tag{5.15}$$

로 되어 이로부터 가해준 열량은 그 물체의 엔탈피 증가와 같다는 것을 알 수 있다.

일반적으로 보일러 등에서 기수가 받는 열량의 현상은 위식의 관계가 성립한다.

열역학에서 여러 가지 변화를 취급할 때에 압력, 용적, 온도, 내부 에너지, 엔탈피 외에 엔트로피(entropy)라고 불리는 특성을 다시 하나 추가하면 여러 가지 현상을 설명하

는 데 편리한 경우가 많다. 엔트로피는 직접 측정할 수가 없는 것이므로 정확한 정의를 내릴 수는 없지만 일반적으로 물질이 절대 온도 T[K]에서 얻은 열량 dQ[kcal]를 그 온도로 나눈 것을 엔트로피의 증가라 하고 이것을 ds라 하면

$$ds = \frac{dQ}{T}[\text{kcal/kg}\cdot\text{K}] \tag{5.16}$$

로 표시한다.

가령 상태 1로부터 상태 2로 변화하였을 경우에 엔트로피가 s_1으로부터 s_2로 되었다고 하면,

$$s_1 - s_2 = \int_1^2 \frac{dQ}{T} \tag{5.17}$$

로 된다. 이때 상태 1을 엔트로피의 기준점이라고 하면 상태 2의 엔트로피는,

$$s_2 = \int_1^2 \frac{dQ}{T} \tag{5.18}$$

로 된다.

엔트로피는 열역학의 계산상 물질의 상태를 나타내기 위해서 가상적으로 정한 것으로서 열 사이클을 생각하는 데 매우 편리한 것이라고 하겠다.

5.2.4 기체의 상태 변화

수증기의 일반특성을 살펴보면 포화증기와 일반증기로 대별할 수 있다.

일정한 압력하에서 물을 가열하면 물의 온도는 상승해 가는 데 어느 일정한 온도에 이르게 되면 온도의 상승은 멈추고 가해진 열은 증발하는 데에만 소비하게 된다. 가령 순수한 물을 표준기압 760[mmHg]에서 가열하면 물의 온도는 100[℃]까지 상승해서 정지한다. 이 온도를 그 압력에 대한 포화 온도라 하고 포화 온도에 있는 물을 포화수라고 한다. 포화수의 온도와 압력과의 사이에는 일정한 관계가 있는데 그 압력을 포화압력이라고 한다.

포화수를 다시 가열하면 점차 증기로 바뀌면서 체적은 크게 늘어난다. 이 현상을 증발이라고 하는데, 이때 가열을 급속하게 하면 내부에 기포가 발생해서 물을 약동시키게 된다. 이 현상을 비등이라고 한다. 물이 전부 증발할 때까지 가해진 열은 물을 증기로 바꾸는 데에만 소비되고 온도는 포화 온도에서 머물게 된다. 이 상태에서는 수분과 증기가 공존해 있으므로 습증기라고 하며 다시 이것을 가열해서 완전히 증발시키게 되면 수분이

전혀 없는 증기로 되는데 이것을 건조 포화증기라고 한다(이 양자를 합쳐 포화증기라고 부른다). 습증기 1[kg] 속에 x[kg]의 건조 포화증기가 포함되어 $(1-x)$[kg]이 물일 경우 x를 그 증기의 건조도 $(1-x)$를 습도라고 한다.

건조 포화증기를 다시 더 가열하면 온도는 포화 온도를 넘어서 올라가게 된다. 포화 온도 이상으로 가열된 증기를 과열증기(super heated steam)라 하고 포화 온도와 과열 증기 온도와의 차를 과열도라고 한다.

5.2.5 증기선도

5.2.5.1 $p-v$ 선도

이상 설명한 것을 압력 p[kg/cm^2]를 세로축으로, 가로축에 비용적 v[m^3/kg]를 취해 준 $p-v$ 선도로 나타내면 그림 5.4와 같이 된다.

$b_1 \sim b_3$를 포화수선, $c_1 \sim c_3$를 포화 증기선이라 하고 양자를 합쳐서 포화 한계선 또는 포화선이라고 한다. $b_1 \sim b_3$의 선과 그 왼편이 물, $c_1 \sim c_3$선이 건조포화 증기, $c_1 \sim c_3$의 오른편이 과열증기, $b_1 \sim b_3$와 $c_1 \sim c_3$와의 사이가 포화증기이다.

이때 2개의 포화선 $b_1 \sim b_3$와 $c_2 \sim c_3$는 압력이 높아짐에 따라 점점 접근해서 드디어는 K점에서 일치하게 된다. 이 점을 임계점이라고 하며 이때의 온도와 압력을 각각 임계온도, 임계압력이라고 한다. 물의 임계점의 온도는 374.15[℃]이고 압력은 225.65 [kg/cm^{2}a] 이다.

일반적으로 임계압력 이상을 초임계압(supercritical pressure)이라고 부른다.

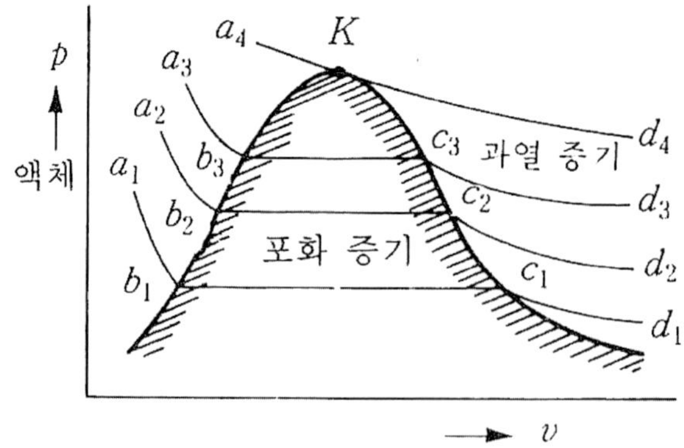

그림 5.4 증발과정의 $p-v$ 선도

임계압 이상의 영역에서는 임계점을 지나는 등온선이 물과 증기와의 경계를 가리키고 가열로 임계점에 달한 물은 용적의 변화없이, 곧 증발과정을 거치지 않고 바로 물로부터 증기로 바뀌게 된다.

5.2.5.2 $T-s$ 선도

$T-s$ 선도는 그림 5.5와 같이 절대 온도 T를 세로축으로 하고 엔트로피 s를 가로축으로 잡아 준 선도로서 K는 임계점이며 이 K를 정점으로 한 산모양을 나타내고 있다. 엔트로피 $ds=dQ/T$의 식으로부터 $ds=T\cdot ds$로 되어 $T-s$ 선도 내의 면적이 열량을 나타내고 있다는 것이 바로 이 선도의 특징이다.

또한, 단열변화는 엔트로피가 일정한 것이기 때문에 $T-s$ 선도에서는 이것이 수직선으로 표시되고 있다.

상태가 1인 물을 일정한 압력하에서 가열하면 포화수 2로 되고 이어서 수평인 습증기의 선 2~3에 따라 증발해서 전부 증기로 되면 상태 3에 달하게 되며 일정한 압력 하에서 다시 가열해 주변 4의 과열증기로 된다.

보일러에서 상태 1의 물을 상태 4의 과열증기로까지 가열하는 데 필요한 열량은 면적 012344'로 표시되며 이중 면적 2'233'가 증발열을 나타내게 된다.

포화선의 가로 간격 2~3을 동분한 점을 연결하면 건조도가 일정한 곡선을 얻게 되는데 일반적으로 이것을 등건조도선이라고 한다.

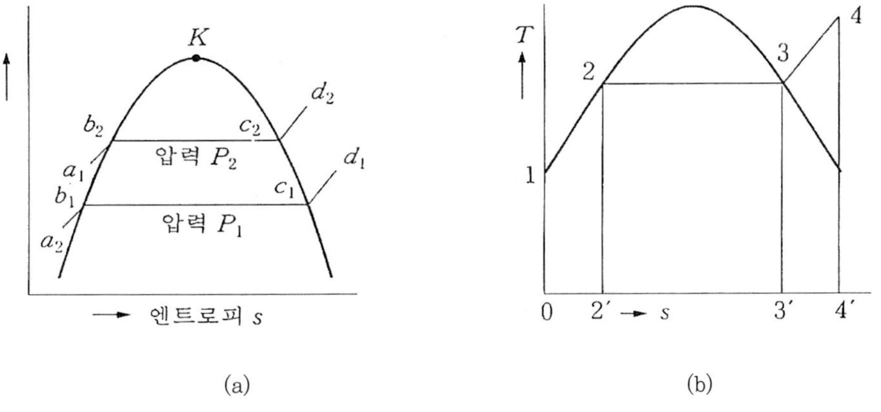

그림 5.5 증기의 $T-s$ 선도

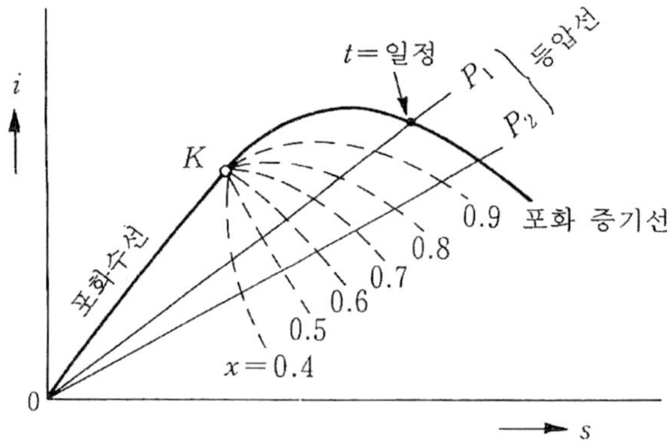

그림 5.6 $i-s$ 선도

5.2.5.3 $i-s$ 선도

그림 5.6에서와 같이 엔탈피 i를 세로축으로 하고 엔트로피 s를 가로축으로 하는 선도로서 창안자의 이름을 따서 몰리에 선도(Mollier chart)라고 부르기도 하는데 이것은 증기 터빈의 효율계산 등에서 널리 사용되고 있다.

이 $i-s$ 선도의 특정은

1. 단열 변화가 수직선으로 표시된다는 것(등엔트로피 변화)
2. 노즐의 스로틀링 팽창은 수평선으로 표시된다는 것(등엔탈피 변화) 등이다.

5.3 기력 발전소의 열 사이클

어떤 시스템이 하나의 상태로부터 출발해서 도중 여러 가지 상태 변화를 거친 다음 다시 출발했던 최초의 상태로 되돌아갈 때 이 과정을 사이클(cycle)이라고 한다. 열역학적 사이클에는 카르노 사이클, 랭킨 사이클, 내연기관 사이클, 가스 터빈 사이클 등이 있다.

5.3.1 카르노 사이클

지금 고온의 열원 온도를 T_H(절대 온도[K]로 나타내는 경우가 많다).

저온의 열원 온도를 T_C라고 할 때, 이들 양열원이 가리키는 고저 온도의 온도 차에 의해 유발될 열 이동을 이용해서 열을 일로 바꾸는 이상적인 열기관을 가정한다. 이와 같은 이상적인 열기관을 카르노 열기관이라고 부르는데, 이때 얻을 수 있는 이 열기관의 열효율을 η_C(첨자 C는 Carnot의 약자임)라 하면 η_C는 모든 열기관 가운데에서 최대의 열효율을 나타내는 것으로서 그 값은 아래 식처럼 표현된다.

일반의 열기관의 열효율

$$\eta = 1 - \frac{Q_C}{Q_H} \tag{5.19}$$

카르노 열기관의 열효율

$$\eta_C = 1 - \frac{T_C}{T_H} \tag{5.20}$$

식 (5.19), (5.20)을 비교해서 알 수 있는 바와 같이 이상적인 카르노 열기관에서는 다음에 보이는 관계

$$\frac{Q_C}{Q_H} = \frac{T_C}{T_H} \tag{5.21}$$

또는

$$Q_H : Q_C = T_H : T_C \tag{5.22}$$

가 성립한다는 것을 카르노가 제시하였던 것이다.

또한, 다른 그 어떤 열기관의 열효율보다도 카르노가 제시한 열기관의 열효율이 가장 크다는 것이 증명되어 있다. 즉,

$$\eta_C > \eta \tag{5.23}$$

의 관계식이 언제나 성립하고 있다.

이처럼 카르노 사이클(Carnot cycle)은 열역학적 사이클 가운데에서 이상적인 가역사이클로서 그림 5.7에서와 같은 2개의 등온 변화와 2개의 단열 변화로 이루어지고 있으며, 모든 사이클 중에서 최고의 열효율을 나타내는 사이클이다.

즉, 이 그림에서

1→2, 등온팽창 : 온도 T_1의 고열원으로부터 열량 Q_1을 얻어 온도 T_1을 유지하면서 팽창한다.

2→3, 단열팽창 : 열절연된 상태에서의 팽창으로서 이 사이에 온도는 T_1으로부터 T_2로 내려간다.

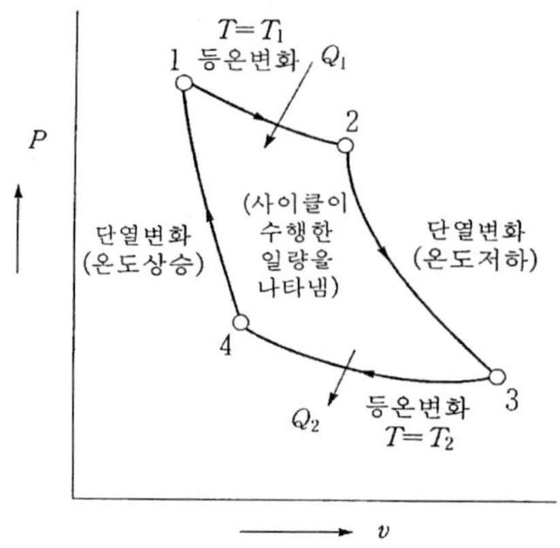

(a) $P-v$ 선도

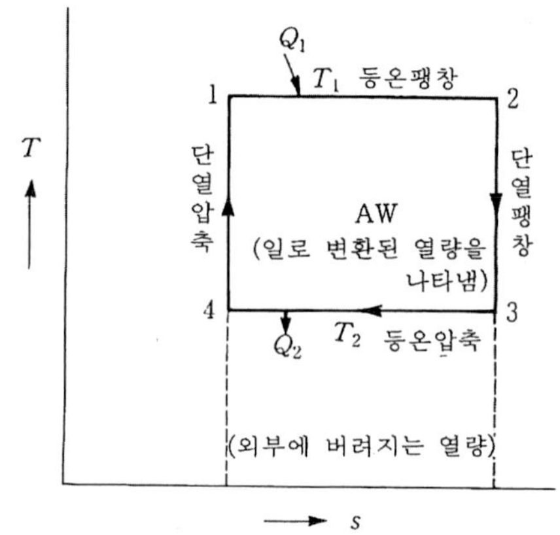

(b) $T-s$ 선도

그림 5.7 카르노 사이클

3→4, 등온압축 : 온도 T_2의 저열원에 열량 Q_2를 방출하여 온도 T_2를 유지하면서 압축된다.

4→1, 단열압축 : 단열 상태에서 압축되어 온도는 T_2로부터 T_1으로 올라간다.

이처럼 카르노 사이클은 2개의 등온변화와 2개의 단열 변화로 성립된다. 이것을 $T-s$ 선도로 나타내면 그림 5.7(b)처럼 되어 등온 변화나 단열 변화의 모습이 명확해진다. 즉, 등온 변화는 온도의 미소한 변화량 dT의 크기가 0이라는 것이므로 $dT=0$, 따라서 등온 변화는 T축에 수직으로 변화한다. 한편 단열 변화는 열량의 미소한 변화량 dQ의 크기가 0이므로($dQ=0$) , 엔트로피의 정의식 $ds=\dfrac{dQ}{T}$로부터 $ds=0$이 된다.

이로부터 단열 변화는 등엔트로피 변화라고도 불리고 있으며 s축에 수직으로 변화한다.

따라서 카르노 사이클은 $T-s$ 선도상에서는 직사각형의 도형으로 되고 있다. 이것이 또한 카르노 사이클 특색의 하나인 것이며, $T-s$ 선도상에서는 사이클 중 일로 변한 열량 Q_1-Q_2가 사이클을 둘러싼 직사각형의 면적으로서 표시되고 있다. 한편 $P-v$ 선도상에서는 사이클을 둘러싼 면적이 1사이클이 수행한 일량의 크기를 나타내고 있다(그림 5.7(a) 참조)

이와 같은 순방향의 카르노 사이클에서는 고온의 열원으로부터 Q_1의 열량을 얻어가지고 $W=Q_1-Q_2$만큼의 일을 외부에 대해서 하고, 저온의 열원에 Q_2의 열량을 방출하고 있다. 따라서 이 경우의 카르노 사이클의 효율 η_c는

$$\eta_C = \frac{W}{Q} = \frac{Q_1 - Q_2}{Q_1} \tag{5.24}$$

로 표시된다. 이것을 앞에서 설명한 절대 온도 T를 사용해서 표현하면

$$\eta_C = \frac{W}{Q_1} = \frac{Q_1 - Q_2}{Q_1} = 1 - \frac{Q_2}{Q_1} = 1 - \frac{T_2}{T_1} \tag{5.25}$$

위 식으로부터 카르노 사이클의 효율은 고온열원과 저온열원과의 절대 온도비로 결정된다는 것을 알 수 있다. 이에 의거해서 위의 식을 고쳐 쓰면

$$\frac{Q_1}{T_1} - \frac{Q_2}{T_2} = 0 \tag{5.26}$$

로 되어 가역 사이클에 있어서는 식 (5.26)의 등식(Clausius의 등식)이 성립된다는 것을 알 수 있다.

한편, 현실의 사이클은 비가역 사이클이므로 그 열효율은 반드시 카르노 사이클의 효율보다 낮아져서

$$\frac{Q_1}{T_1} - \frac{Q_2}{T_2} < 0 \tag{5.27}$$

로 된다. 이것을 비가역 사이클에서의 Clausius의 부등식이라고 한다.

이처럼 카르노 사이클은 수열원과 방열원과의 온도 차가 일정할 경우에는 많은 열 사이클 중 가장 열효율이 좋은 사이클이다. 그러나 이 열 사이클의 과정에 있는 등온 팽창과 단열압축의 양과정은 완전하게 실현하기 어려운 것이므로 이 열 사이클이 실용될 가능성은 없는 것이다. 그렇지만 카르노 사이클은 실제의 열기관이 수행하는 사이클을 비교 연구하는 데 있어서의 이상적인 사이클로서 중요한 것이다.

예제 5.4

고열원 온도가 450[℃], 저열원 온도가 30[℃]인 카르노 사이클의 열효율을 구하시오.

풀이

고열원 온도 T_1, 저열원 온도 T_2라 할 때 카르노 사이클의 열효율 η는

$\eta = 1 - (T_2 / T_1)$

여기서 T_1 =273+450=723[°K]

T_2 =273+30=303[°K]이므로 η=1−(303/723)=58[%]이다.

5.3.2 랭킨 사이클

랭킨 사이클(Rankine cycle)은 카르노 사이클을 증기 원동기에 적합하게끔 개량한 것으로서 증기를 작업유체로 사용하는 기력 발전소의 가장 기본적인 사이클로 되어 있다.

랭킨 사이클을 사용하는 발전소의 장치 선도는 그림 5.8(a)와 같으며, 그림 5.8(c)는 그 $T-s$ 선도를 나타낸 것이다.

그림 5.8에서와 같이 포화수 3은 급수펌프로 단열 압축되어 승압된다. 압축수 4는 보일러 내에서 수 열하여 포화수 4'로 되고 다시 가열되어 포화증기 1'로 된다. 이 포화증기 1'가 과열기에 보내져서 과열증기 1로 되어 증기 터빈에 들어간다. 터번에 유입된 과열증

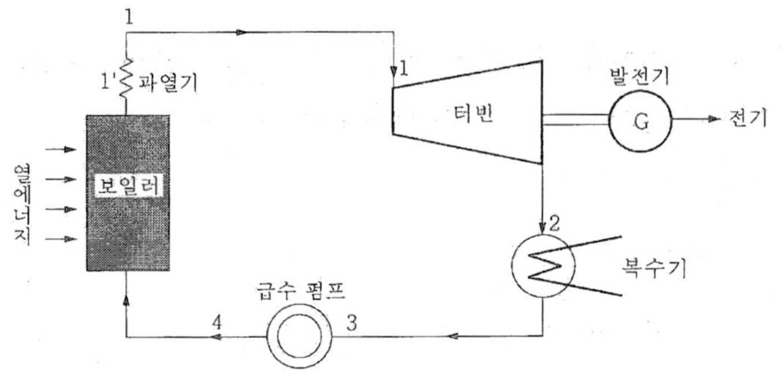

(a) 장치 선도

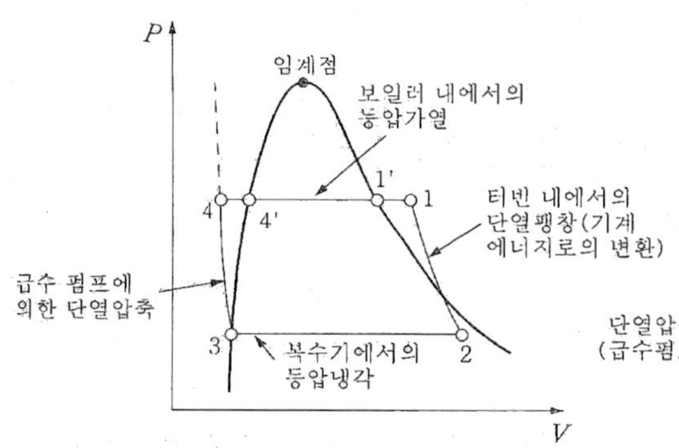

(b) $P-v$ 선도

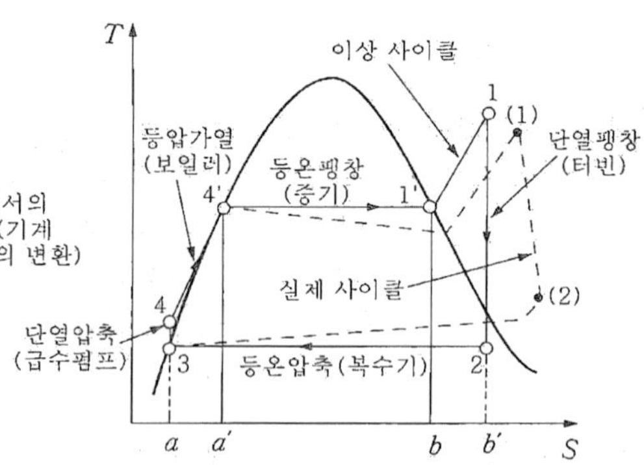

(c) $T-s$ 선도

그림 5.8 랭킨 사이클의 설명도

기는 단열팽창해서 압력, 온도를 강하하여 습증기 2로 된다. 습증기는 복수기 내에서 냉각되어 다시 포화수 3으로 되면서 1사이클을 완료하게 된다.

이 사이클 중 면적 12344'1'가 발생하는 일에 상당하는 열량 AW, 면적 a44'1'1b가 외부(보일러)로부터 공급하는 열량 Q_b, 면적 a32b가 복수기에서 버리는 열량을 나타낸다.

이들은 어느 것이나 1 사이클에 대해서 12344'1'로 둘러싸인 면적이 일에 이용된 부분으로 되기 때문에 가로축으로부터 위의 전면적에 대하여 이 12344'1'의 비율이 클수록 효율이 좋다는 것을 알 수 있다. 이 효율은 다음 식으로 표시된다.

$$\eta = \frac{Q_1}{Q_1 + Q_2} \tag{5.28}$$

지금 AW_t를 증기 1[kg]에 의해서 증기 터빈이 하는 일[kcal/kg], AW_p를 물 1[kg]에 대해서 급수 펌프가 필요로 하는 일[kcal/kg]이라고 하면

$$\begin{aligned} AW_t &= i_1 - i_2 \\ AW_p &= i_4 - i_3 \end{aligned} \tag{5.29}$$

따라서 이 사이클에서 발생하는 순수한 정미의 일 AW는,

$$AW = AW_t - AW_p = (i_1 - i_2) - (i_4 - i_3) \tag{5.30}$$

로 되고 보일러가 공급하는 열량 Q_b는,

$$Q_b = i_1 - i_4 \tag{5.31}$$

로 되므로 이 랭킨 사이클의 이론 열효율 η_{rk}는 식 (5.32)으로 표시된다.

$$\begin{aligned} \eta_{rk} &= \frac{AW}{Q_b} = \frac{AW_t - AW_p}{Q_b} \\ &= \frac{(i_1 - i_2) - (i_4 - i_3)}{i_1 - i_4} \end{aligned} \tag{5.32}$$

한편, 증기압력이 너무 높지 않은 범위에서는 펌프가 하는 일 $(i_4 - i_3)$이 터빈출력 $(i_1 - i_2)$이나 보일러에서의 공급열량$(i_1 - i_4)$에 비해서 훨씬 적기 때문에 이것을 생략한다면 식 (5.32)의 η_{rk}는 다음과 같이 간단한 식으로 나타낼 수 있다.

$$\eta_{rk} = \frac{(i_1 - i_2) - (i_4 - i_3)}{(i_1 - i_3) - (i_4 - i_3)} \fallingdotseq \frac{(i_1 - i_2)}{(i_1 - i_3)} \tag{5.33}$$

여기서, i_1 : 터빈 입구에서의 증기가 갖는 엔탈피

i_2 : 터빈 출구에서의 증기가 갖는 엔탈피

i_3 : 보일러 입구에서 물이 갖는 엔탈피

여기서 이제까지 배운 이상적인 열 사이클인 카르노 사이클과 비교하면 그림 5.9와 같이 된다.

즉, 그림 5.9에서 빗금을 친 부분이 실제의 사이클(랭킨 사이클)과 카르노 사이클과의 차를 나타내고 있다. 랭킨 사이클의 열효율을 향상시키기 위해서는 다음과 같은 방법을 들 수 있다.

터빈 입구의 증기 온도(초기온)를 높여 준다.

터빈 입구의 증기압력(초기압)을 높여 준다.

터빈 출구의 배기 압력(背壓)을 낮게 한다.

이 중 ①의 초기온 상승은 고온용 재료의 강도변에서 제약을 받게 되며 ②의 초기압만을 상승시키면 터빈 출구 부근에서 압력이 내려갔을 때 증기 중의 습도가 높아져서 이것이 손실이나 부식을 낳는 원인으로 된다.

또, 초기압의 상승에 대해서는 어느 압력까지는 그 효과가 커지지만 175[kg/cm^2] 정도부터는 초기압 상승의 효과가 포화하는 경향이 있다. 이 때문에 실제로는 초기압의 상승

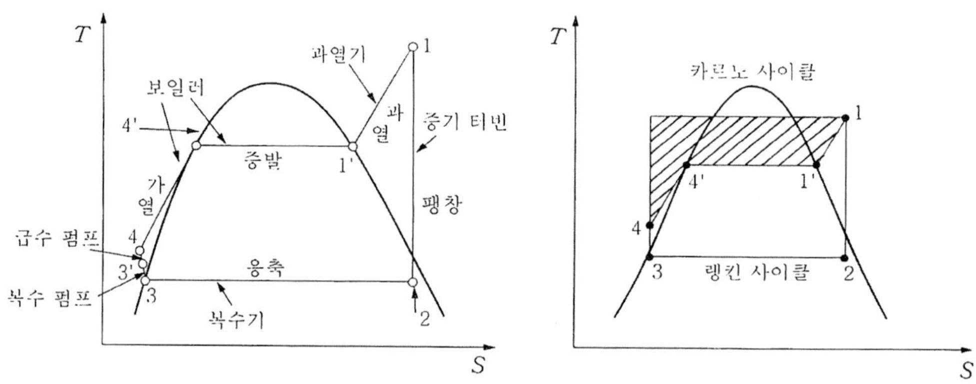

(a) 기본 랭킨 사이클 (b) 랭킨 사이클과 카르노 사이클

그림 5.9 $T-s$ 선도에서의 카르노 사이클과 랭킨 사이클의 비교

만을 단독으로 하지 않고 기온의 상승과 병용해서 효율을 높여 줌과 동시에 배기중의 습도를 낮추어 주는 복합적인 방법을 모색하고 있다. ③의 배기압을 낮추는 것은 터빈에서 일을 마친 증기를 복수기에 유도하여 여기서 냉각해서 물의 상태로 복귀(이것이 곧 복수) 시킴으로써 어느 정도 그 목적을 달성할 수 있겠지만 역시 이때에도 냉각수로 사용하는 바닷물이나 하천수의 온도로 제한된다.

아무튼 열 사이클의 열효율 향상은 상술한 여러 가지 방법을 기본으로 해서 다음에 설명하는 것과 같은 여러 가지 방법이 고안, 채택되고 있다.

예제 5.5

터빈 입구의 증기압력 40[kg/cm^2], 증기 온도 420[℃], 복수기 압력 30[mmHg]일 때 랭킨 사이클의 효율은 얼마가 되는가?

풀이

랭킨 사이클의 열효율은 식 5.33과 같다. 여기서 보일러 입구 급수의 온도를 30[℃]라 가정하면 보일러 입구 급수의 엔탈피는 30[kcal/kg]이고 증기 온도 420[℃] 증기의 엔탈피를 $i-s$ 선도에서 구하면 대략 780[kcal/kg]이다.
복수기 압력 30[mmHg]을 압력으로 환산하면 약 0.04[kg/cm^2]이다. 따라서 $i-s$ 선도에서 배기의 엔탈피를 구하면 490[kcal/kg]이다.
그러므로
랭킨 사이클 열효율={(780−490)/(780−30)}×100=38[%]

5.3.3 재생 사이클

랭킨 사이클에서는 복수기에서 냉각수로 빼앗기는 열량이 많아서 손실이 크다. 그러므로 증기 터빈에서 팽창 도중에 있는 증기를 일부 추기하여 그것이 갖는 열을 급수가열에 이용한다면 열효율을 어느 정도 더 올릴 수 있게 될 것이다. 이 추기증기에 의한 급수가열을 포함한 열 사이클을 재생 사이클(Regenerative cycle)이라고 부른다.

그림 5.10(a)는 2단 추기의 재생 사이클을 사용한 발전소의 장치 선도를, 그림 5.10(b)는 그 $T-s$ 선도를 나타낸 것이다. 단, 여기서는 앞에서 설명한 바와 같이 급수 펌프가 하는 일은 무시할 수 있다고 보아 $T-s$ 선도 중 5와 6, 7과 8, 9와 10을 같은 점으로 표시하였다.

터빈의 일은 점 1, 2, 3', 4' , 6, 8, 10 , 10' , 1', 1로 둘러싸인 면적으로 표시된다. 터빈에서 팽창할 때 1~2 사이에서는 증기 1[kg]이 흐르지만 2~3 사이에서는 m_1[kg]이 추기되므로 (1-m_1)[kg], 3~4 사이에서는 다시 m_2[kg]이 추기되므로 (1-m_1-m_2)[kg]이 흘러서 복수기로 들어간다.

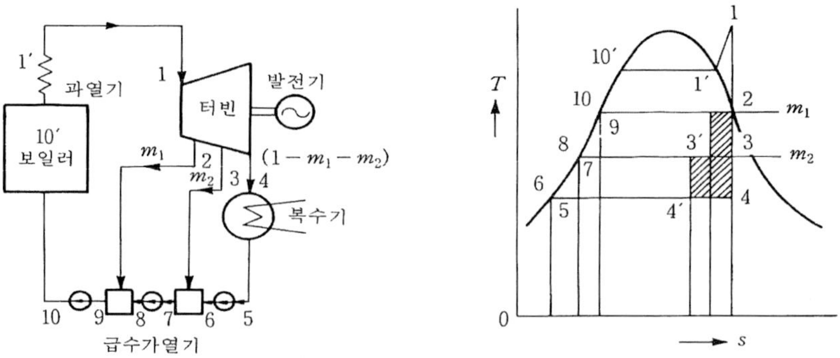

(a) 장치 선도　　　(b) $T-s$ 선도

그림 5.10 재생 사이클

따라서 이 2단 추기 재생 사이클의 이론 열효율 η_{rg}는 다음과 같이 될 것이다.

$$\begin{aligned}\eta_{rg} &= \frac{AW}{Q_b} = \frac{AW_t - AW_p}{Q_b} \\ &= \frac{(i_1-i_2)+(1-m_1)(i_2-i_3)+(1-m_1-m_2)(i_3-i_4)-AW_p}{i_1-i_{10}} \\ &\fallingdotseq \frac{(i_1-i_4)-[m_1(i_2-i_4)+m_2(i_3-i_4)]}{i_1-i_{10}}\end{aligned} \tag{5.34}$$

추기 단수를 늘려감에 따라 열효율이 증대하는 경향이 있지만, 이것도 어느 단수 이상에서는 포화현상을 나타내게 된다. 따라서 추기 단수로서는 보통 4~6단 정도, 일부 대용량의 터빈에서는 9단까지 추기한 예도 있다.

5.3.4 재열 사이클

랭킨 사이클의 열효율을 높여주기 위해서는 증기압력 및 온도를 올려줄 필요가 있다는 것은 앞에서 설명하였다.

가령 증기압력을 올려주면 터빈 출구에서의 배기습도가 증가되어 터빈날개를 부식하거나 증기의 마찰손실이 커져서 터빈의 효율을 저하시키게 된다.

한편, 증기 온도를 높여 주변 습도를 적게 할 수 있는 효과는 있지만 너무 고온으로 한다는 것은 내고온 금속재료변에서 여러 가지 문제가 생긴다. 따라서 실제로는 다음에 설명하는 바와 같은 재열방식을 채용하고 있다. 즉, 이것은 그림 5.11(a)의 장치 선도 또는 그림 5.11(b)의 $T-s$ 선도에서 보는 바와 같이 어느 압력까지 터빈에서 팽창한 증기를 보일러에 되돌려가지고 재열기로 적당한 온도까지 재과열시킨 다음 다시 터빈에 보내서 팽창시키도록 한다는 것이다. 이 재열방식에 의한 열 사이클을 재열 사이클(reheat cycle)이라고 한다. 이렇게 하면 재열증기는, 그 압력은 낮지만 온도가 비교적 높아지기 때문에 팽창종점에서의 습도가 작아져서 어느 정도 열효율을 개선할 수 있게 되는 것이다.

즉, 열효율 향상을 위해서 대용량 화력 발전소에서는 이 재열 사이클을 채택하고 있다. 재열 사이클을 채택한 경우의 이점은 다음과 같다.

- CD 터빈효율이 4~5[%] 상승한다.
- 터빈증기 소비량이 15~18[%] 감소한다.
- 복수기의 용량이 7~8[%] 작아진다.
- 터빈배기의 습도가 감소한다.

한편 결점으로서는

- 보일러의 재열기가 비싸지고 재열 증기관이 증가한다.
- 운전제어가 약간 복잡해진다.
- 보조 조속기 동의 증가로 터빈이 비싸진다.

재열 사이클의 이론 열효율 n_{rh}는 급수펌프의 일을 무시할 경우 다음과 같이 된다.

$$\eta_{rh} = \frac{AW}{Q_b} = \frac{AW_t - AW_p}{Q_b} \fallingdotseq \frac{(i_1 - i_2) + (i_3 - i_4)}{(i_1 - i_6) + (i_3 - i_2)} \tag{5.35}$$

대용량 터빈에서는 2단 이상의 재열을 하고 있는 것도 있는데 이 재열단수에 의한 열효율을 개선하고자 한 것이다.

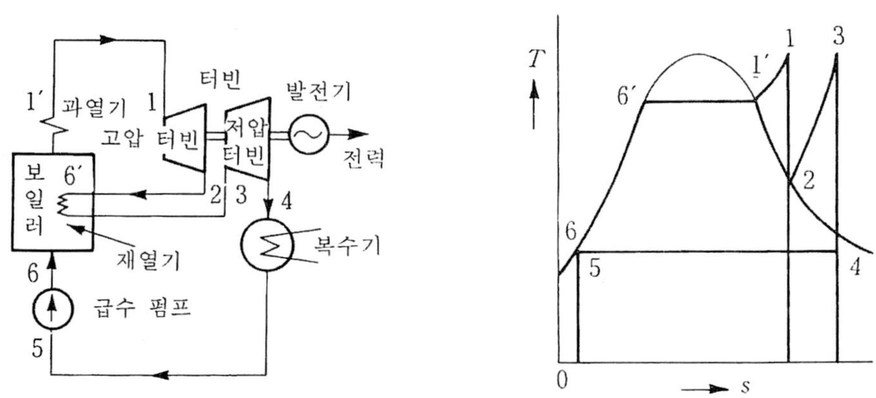

(a) 장치 선도　　(b) $T-s$ 선도

그림 5.11 재열 사이클

5.3.5 재열재생 사이클

재열 및 재생 사이클은 어느 것이나 열 사이클의 효율을 증가시키는 것을 그 목적으로 하고 있는 것에는 차이가 없으나 그 근본방침은 서로 다른 것이다. 즉, 전자의 재열 사이클에서는 터빈의 내부손실을 경감시켜서 효율을 높이는 것이 그 주목적이며 후자의 재생 사이클은 열효율을 열역학적으로 증진시키는 것을 주목적으로 하고 있다. 따라서 이 양자는 서로 저촉되지 않으므로 각각의 특징을 잘 살리면 전 사이클 효율을 더 증진시킬 수 있다.

이와 같은 사이클을 재열재생 사이클이라고 한다.

그림 5.12(b)는 1단 재열, 2단 추기급수 가열의 재열재생 사이클 장치 선도를, 그림 5.12(c)는 $T-s$ 선도를 나타낸 것이다.

이 경우 열효율 η_{rhg}는 그림의 $T-s$ 선도를 참조해서 다음과 같이 나타낼 수 있다.

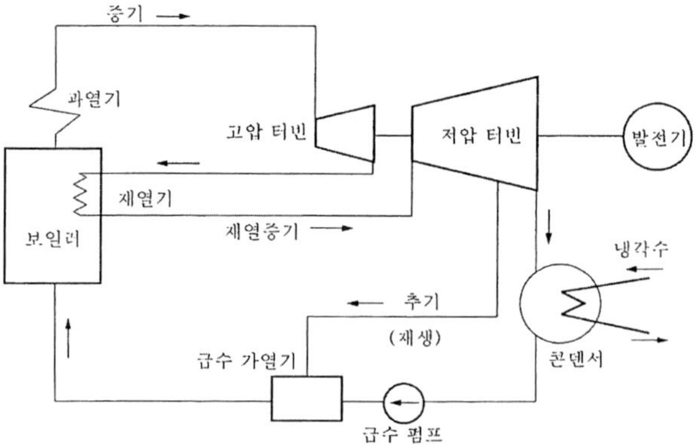

(a) 기본 구성도

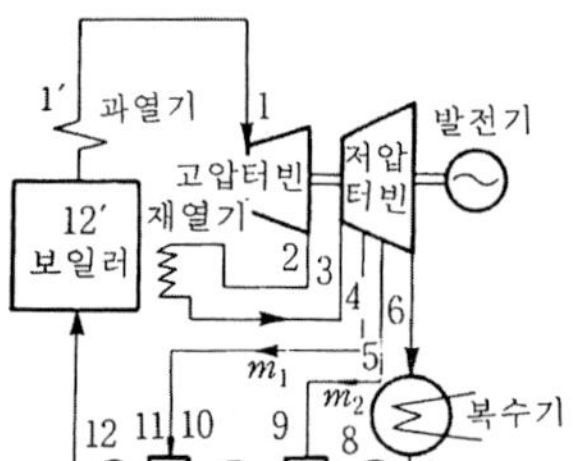

(b) 장치 선도(1단 재열, 2단 재생)

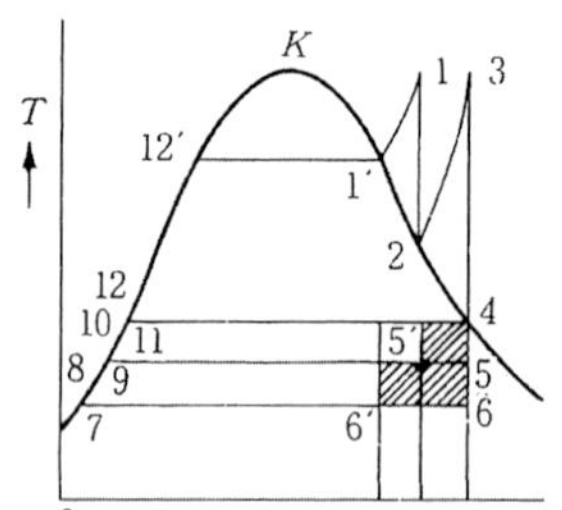

(c) $T-s$ 선도

그림 5.12 재열재생 사이클

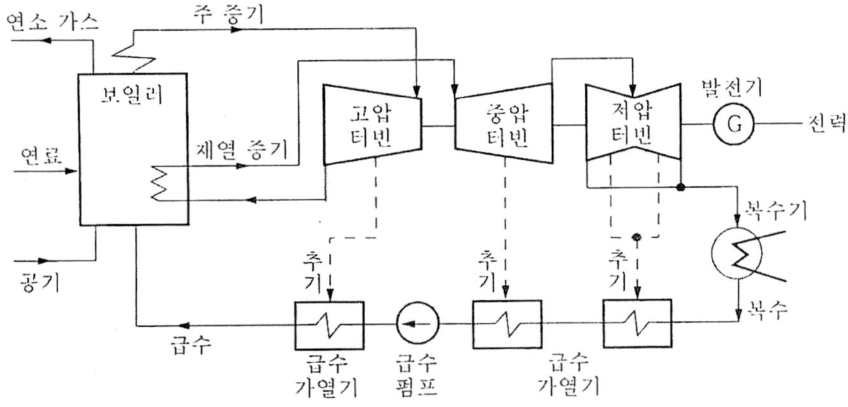

그림 5.13 실제의 증기 터빈 발전 계통도

$$\eta_{rhg} = \frac{(i_1 - i_2) + (i_3 - i_4) + (1-m)(i_4 - i_5) + (1 - m_1 - m_2)(i_5 - i_6)}{(i_1 - i_{12}) + (i_3 - i_2)} \tag{5.36}$$

그림 5.13에 재열재생 사이클을 사용한 증기 터빈 발전의 계통도를 보인다. 실용의 터빈 발전기에서는 터빈 입구에서의 증기는 약 150[기압], 600[℃], 또 복수기의 압력은 진공에 가까운 값이 설정되고 있으며 재열재생을 합친 이 경우의 열 사이클효율은 약 40[%] 이상으로 되고 있다.

복수기에서 복수된 물은 급수 가열기, 절탄기를 통과한 후 보일러 내에서 과열증기(538[℃])로 되어 고압 터빈으로 취입되고 터빈을 구동하면서 약간 그 온도가 저하된다.

이것을 빼내어서 재열기로 보내어 다시 여기서 과열증기(538[℃])를 만든 다음 저압터빈에 보내서 터빈을 구동하고 있다. 이 과정에서 재열기로 증기 온도는 원래의 유도 수준(538[℃])까지 높여지지만 압력은 당초의 고압(102[기압])에서 상당히 낮아진 저압으로 되기 때문에 제2단에서는 중압 또는 저압터빈을 이용할 수밖에 없게 되어 있다.

5.3.6 각종 열 사이클의 열효율 비교

기력 발전소의 열 사이클은 초기의 랭킨 사이클로부터 시작해서 재생 사이클, 재열 사이클, 재열재생 사이클로 발전하면서 증기의 압력, 온도가 점차 높아져서 최근에는 초임계압 증기를 사용하는 발전소도 실용화되어 열효율은 크게 향상되었다.

그림 5.14는 이러한 여러 가지 열 사이클 방식에서 압력 온도의 상승과 열 사이클의 개선으로 열효율이 어떻게 향상되고 있는가를 나타낸 것이다.

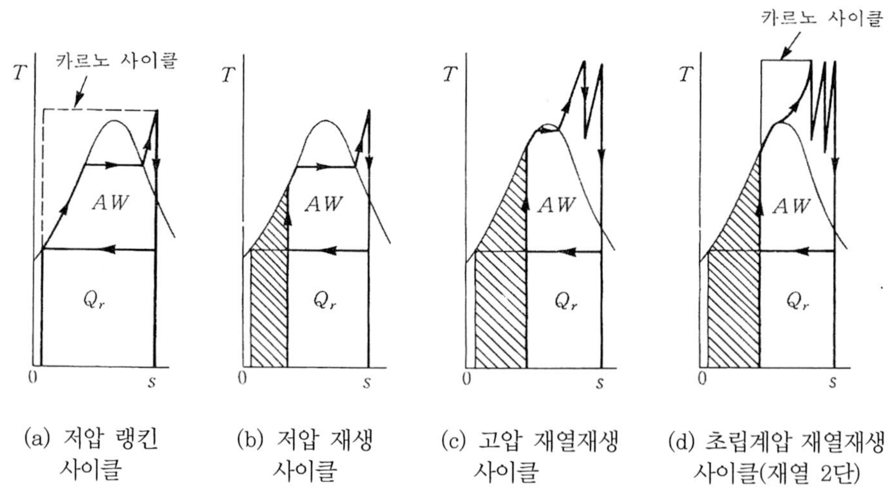

그림 5.14 각종 열 사이클의 열효율 비교

단, 그림 5.14(b)~(d)의 빗금을 친 부분은 재생 사이클에서의 추기에 의한 영향을 보인 것이며, 그림 5.14에서 AB부분이 직선으로 되어 있는 것은 무한단수의 추기를 하는 것으로 가정하였기 때문이다.

열효율은 앞에서 설명한 바와 같이,

$$\eta = \frac{AW}{Q_r + AW} \tag{5.37}$$

로 표시된다. 그림 5.14에서도 곧 알 수 있는 바와 같이 (a)→(d)로 변함에 따라 AW와 $(Q_r + AW)$ 와의 비가 점점 커지고 있다.

이처럼 고압고온의 이용과 재열재생 사이클의 채용으로 열효율은 현저하게 향상되어 온 것이다.

5.4 기력 발전소의 효율계산

기력 발전소에서의 열효율 산정은 발전소 내의 통력으로서 소비하는 전력을 어떻게 취급하는가에 따라 다음의 2가지로 나누어진다. 먼저 발전단 열효율은 전력을 발생하는 데 필요한 열량과 연료가 발생하는 총열량의 비를 말한다. 즉, 다음 식처럼 표현된다.

$$\text{발전단 열효율} = \frac{\text{발생전력량} \times 860}{\text{연료 소비량} \times \text{연료 발열량}} = \text{보일러 효율} \times \text{터빈효율} \tag{5.38}$$

이에 대하여 송전단 열효율은 발전기의 발생전력량으로부터 소내동력으로서 소비한 전력량을 뺀 것으로서 다음 식처럼 표현된다.

$$\text{송전단 열효율} = \frac{(\text{발생전력량} - \text{소내소비 전력량}) \times 860}{\text{연료 소비량} \times \text{연료 발열량}} = \text{발전단 열효율}(1 - \text{소내율}) \tag{5.39}$$

또한,

$$\text{발전단 소비율} = \frac{\text{연료 소비량} \times \text{연료 발열량}}{\text{발생전력량}} \tag{5.40}$$

$$\text{터빈 열소비율} = \frac{\text{터빈 내 공급된 열량}}{\text{발생전력량}} \tag{5.41}$$

으로 각각 나타낼 수 있다.

이들 식으로부터 알 수 있듯이 기력 발전소의 열효율 산정에서는 발생전력량은 모두 열량으로 환산해서 취급하는 것을 기본으로 하고 있다.

이밖에 자주 쓰이는 계산 식으로서는

$$\text{일 부하율} = \frac{\text{평균전력}}{\text{최대전력}} = \frac{\text{발전전력량}/24}{\text{최대전력량}} \tag{5.42}$$

$$\text{일 이용률} = \frac{\text{평균전력}}{\text{설비전력}} = \frac{\text{발전전력량}/24}{\text{설비출력}} \tag{5.43}$$

따라서 이들 식으로부터 1일의 전력량은

$$\text{송전단 열효율} = \text{최대전력} \times 24 \times \text{부하율} = \text{설비출력} \times 24 \times \text{이용률} \tag{5.44}$$

로 구할 수 있다.

그림 5.15는 기력 발전의 기본적인 블록도이다.

그림 5.15에서와 같이 기호를 정하면 열효율, 보일러 효율 등은 식 (5.45)~(5.55)처럼 표현된다.

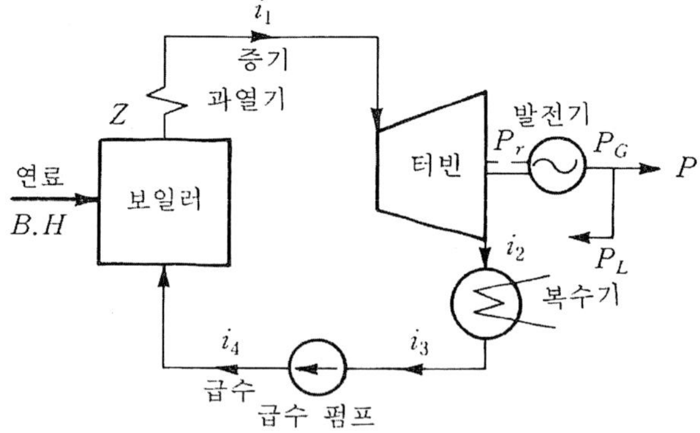

그림 5.15 기력 발전기의 기본 장치 선도

여기서, B : 연료 소비량[kg/h]

Z : 발생 증기량[kg/h]

H : 연료의 발열량[kcal/kg]

P_T : 증기 터빈 출력[kW]

$i_1 \sim i_4$: 각 부분을 흐르는 급수 또는 증기의 엔탈피[kcal/kg]

P_G : 발전기 출력[kW]

P : 발전기 출력으로부터 소내용 전력을 뺀 정미공급 전력[kW]

P_L : 소내용전력[kW]

① 열효율 $\eta = \dfrac{860P_g}{BH} \times 100[\%]$ (5.45)

② 보일러효율 $\eta_b = \dfrac{(i_1 - i_4)Z}{BH} \times 100[\%]$ (5.46)

③ 열 사이클효율 $\eta_c = \dfrac{i_1 - i_2}{i_1 - i_3} \times 100[\%]$ (5.47)

④ 증기 터빈효율 $\eta_t = \dfrac{860P_T}{(i_1 - i_2)Z} \times 100[\%]$ (5.48)

⑤ 터빈실효율 $\eta_{tr} = \dfrac{860P_T}{(i_1 - i_3)Z} \times 100[\%]$ (5.49)

⑥ 연료 소비율 $f = \dfrac{B}{P_G} = \dfrac{860}{H\eta}$[kg/kWh] (5.50)

⑦ 열 소비율 $j = \dfrac{BH}{P_G} = \dfrac{860}{\eta}$[kcal/kWh] (5.51)

⑧ 증기 소비율 $z = \dfrac{Z}{P_G} = \dfrac{Z}{P_T\eta_g}$[kg/kWh] (5.52)

⑨ 발전기효율 $\eta_g = \dfrac{P_G}{P_T} \times 100 = \dfrac{860P_G}{BH} \times 100$[%] (5.53)

⑩ 소내율 $l = \dfrac{P_L}{P_G} \times 100$[%] (5.54)

⑪ 송전단효율 $\eta_l = \dfrac{860P_G}{BH}(1 - \dfrac{P_L}{P_G}) \times 100 = \eta(1-l)$[%] (5.55)

열효율 및 소내 소비율의 개략값을 표 5.1에 나타내었는데 오늘날 최고 열효율이더라도 40[%] 정도밖에 되지 않는다는 것을 알 수 있다. 즉, 연료의 열량 중 60[%] 정도가 열손실로 되고 있는데 이 열손실은 주로 보일러 터빈 및 발전기의 손실로 크게 나누어진다.

참고로 표 5.2에 이들 각 부분에서의 열손실 개략값을 나타낸다.

표 5.1 단기용량과 열효율(예)

용량[MW]	발전단 열효율[%]	소내 소비율[%]
175	39.2	5.0
265~350	39.8~40.0	2.8~3.3
600	40.3	2.5
1000	40.8	2.2

표 5.2 열손실의 개략값(%)

보일러손실	터빈 기계손실	소내 소비율[%]	보기 동력손실
12	1	47	2

※ 이것은 송전단 열효율 38[%]의 예이다.

예제 5.6

압력 35[kg/cm^2], 온도 360[℃]의 증기 70[t/h]를 발생하는 보일러가 있다. 저탄기에 들어가는 물의 온도를 10[℃], 연료의 발열량을 6,000[kcal/kg], 그 소비량을 9.8[t/h]라고 한다. 보일러의 효율은 얼마인가?

풀이

보일러효율은 식 5.46에서와 같다.
지금 압력 35[kg/cm^2], 온도 360[℃]의 증기의 엔탈피를 구하면 대략 747.4[kcal/kg]이다. 급수의 엔탈피는 10[kcal/kg]이고 연료 발열량은 6000[kcal/kg], 소비량은 9.8[t/h]이고 증기 발생량은 70[t/h]이므로

보일러효율 $\eta_B = \dfrac{70 \times 10^3 (747.4 - 10)}{6,000 \times 9.8 \times 10^3} \times 100 = 87.8[\%]$

예제 5.7

최대 출력 25000[kW]의 화력 발전소가 있다. 평균 출력 20,000[kW] 하루의 연료 소비량은 석탄이 340[t], 중유가 15[t], 시간당 발생증기량 80[t], 증기의 엔탈피 800[kcal/kg], 보일러 급수의 엔탈피 175[kcal/kg]이고, 발생증기의 전부가 발전에 소비되고 소내 기타 손실을 무시한다면 아래의 값은 얼마인가? 단, 석탄의 발열량은 4,500[kcal/kg], 중유의 발열량은 10,400[kcal/kg]이다.

가) 부하율
나) 발전소효율
다) 전체 열량 소비에 대한 석탄 및 중유의 열량비
라) 보일러효율
마) 열 소비율

풀이

가) 부하율=(평균 전력/최대 전력)×100=80[%]
나) 발전소효율=(열량으로 환산한 하루의 발생전력량/하루 소비 연료의 총 발열량)×100
$=(20000 \times 24 \times 860/340 \times 10^3 \times 4500 + 15 \times 10^3 \times 10400) \times 100 = 24[\%]$
다) 석탄 및 중유의 열량비
석탄의 열량비$=(340 \times 10^3 \times 4500/340 \times 10^3 \times 4500 + 15 \times 10^3 \times 10400) = 0.9$
중유의 열량비$=(15 \times 10^3 \times 10400/340 \times 10^3 \times 4500 + 15 \times 10^3 \times 10400) = 0.1$
라) 보일러효율
={증기발생량[kg/h]×(발생증기의 엔탈피−급수증기의 엔탈피)}/소비연료의 총열량
$= \dfrac{80 \times 10^3 \times 24 \times (800 - 175)}{340 \times 10^3 \times 4500 + 15 \times 10^3 \times 10400} \times 100 \fallingdotseq 71.2[\%]$
마) 열 소비율
=보일러에서 증기에 주어진 열량/발생전력량
$= \dfrac{80 \times 10^3 \times (800 - 175)}{20000} = 2500[\text{kcal/kwh}]$

연.습.문.제

01 기력 발전의 기본구성을 계통도를 작성하여 설명하시오.

02 화력 발전의 계통 운용상의 분류방법을 설명하시오.

03 화력 발전과 수력 발전을 다른 점을 비교하시오.

04 기력 발전의 연소가스 및 물, 증기의 흐름을 설명하시오.

05 열역학의 제1법칙 및 제2법칙을 간략하게 설명하시오.

06 각종 열 사이클의 열효율을 비교하고 열효율의 개선방향에 대하여 설명하시오.

07 재열식 기력 발전소에서 온도 538[℃], 기압 169[kg/cm2], 엔탈피 815[kcal/kg]의 증기를 터빈의 고압단에 사용하였더니 기압 25[kg/cm^2], 엔탈피 694[kcal/kg]의 증기가 되었다. 이 증기 전부를 재열기에서 재열하여 온도 538[℃], 엔탈피 848[kcal/kg]로 해서 터빈의 중압단 이하에 사용하여 기압 0.05[kg](절대압력)의 복수기에 배기하였다. 폐기의 엔탈피는 542[kcal/kg], 복수의 온도는 32[℃]였다. 이 경우 다음의 값을 구하시오.

(1) 재열 사이클 열효율
(2) 발전소의 종합효율

단, 보일러 및 가열장치의 종합효율은 90[%], 발전기의 효율은 97[%]라 하고 소내용 전력으로서 발생전력의 6[%]를 사용하는 것으로 한다. 이때, 터빈효율은 88[%로 하고, 재생 사이클 병용에 의한 열효율 향상은 12[%]로 가정한다.

06 연소 및 보일러계통

ELECTRIC ENERGY

화력 발전에서 연소 및 보일러계통은 에너지원의 입력장치로서 중요하다. 본장에서는 연료를 석탄, 중유, 천연가스로 구분하고 이에 해당하는 연소장치 및 보일러계통의 세부 설비에 대해서 기술하고자 한다.

6.1 연료

6.1.1 석탄

6.1.1.1 석탄의 분석

석탄의 주성분은 탄소이며 여기에 수소, 산소, 질소, 황 등이 가해지고 적은 양의 회분 및 수분을 포함한다. 이들의 성분을 정하는 데 원소분석으로 한다.

또, 석탄을 수분, 휘발분, 고정탄소, 회분의 4성분으로 나누어 그 비율을 정하는 것을 공업분석 이라한다. 또한 수분 및 회분을 제외한 유효부분 즉, 휘발분 및 고정탄소와의 합을 순회분이라 한다.

6.1.1.2 석탄의 종류

석탄을 성분 및 연소 상태에 따라 분류하면, 무연탄, 역청탄, 갈탄 등으로 구분하는데 이는 연료비에 따라 분류하는 방식으로 한다. 연료비란, 일정한 양의 석탄에 포함되는 고장탄소의 양에 대한 휘발분 양의 비를 말하고 그 값이 작을 때는 연소할 때 그을음이 발생하고 클 때에는 불꽃의 길이가 짧아지는 경향이 있다. 보일러용으로 적당한 것은 연료비가 2~3이고 고도 역청탄이 이에 속한다. 일반적으로 발전용 보일러용으로는 역청탄을 사용하고 발열량은 5,000~6,500[kcal/kg] 이상이다.

6.1.1.3 석탄의 발열량

석탄은 연소할 때 성분 중 탄소, 황화수소, 황 또는 탄화수소, 일산화탄소 등이 산소와 화합하여 열을 발생한다. 연료의 완전 연소에 의해 생기는 열량을 발열량이라 말하고 고유수분이 증발하는 데 필요한 열량을 제외한 것을 저위 발열량, 포함한 것을 고위발열량이라 한다.

석탄 1[kg] 중에 함유되어 있는 탄소량이 C[kg], 수소가 H[kg], 황이 S[kg], 산소가 O[kg], 수분이 W[kg]라 하면 저위 발열량 H_l[kcal/kg]은 다음 식과 같다.

$$H_l = 8100C + 29000(H - 1/8O) + 2500S - 600W[kcal/kg] \tag{6.1}$$

고위 발열량은 H_h[kcal/kg]라 하면 다음 식과 같다.

$$H_h = H_l + (9H + W)X600[kcal/kg] \tag{6.2}$$

여기서 600은 물의 잠열 589[kcal/kg]의 유사한 값이다.

발전용 보일러는 5,000~5,500[kcal/kg]의 발열량의 석탄으로 설계한다. 그러나 저질탄 사용 보일러는 3,500~4,000[kcal/kg]으로 설계한다.

6.1.2 중유

6.1.2.1 중유의 종류

중유의 종류는 점도 범위에 따라 대개 분류한다.

가장 점도가 높은 것을 C중유, 점도가 중위 것을 B중유, 가장 가벼운 것을 A중유라 하고, A중유는 디젤유로서 사용하고 중유 버너에서는 B,C중유를 사용한다.

6.1.2.2 일반사항

중유의 비중은 0.78~1.03, 발열량은 10,000~11,000[kcal/kg], 대기중 착화 온도는 380[℃] 정도이다.

석탄과 비교 시 중유의 특징으로는

① 중유는 연소장치가 간단하며 고장이 거의 없고, 또한 보일러 출력의 변동이 없으며 장시간 안정된 발전력을 확보 할 수 있다.

② 칼로리당의 단가가 싸므로 연료비를 절감시킬 수 있다.

③ 중유는 연소할 때 회분이 생기지 않으므로 회 처리비가 저렴하다.

④ 중유는 발전소 열효율을 상승시키므로 연료비를 저렴하게 한다.

⑤ 중유 연소 장치는 간단하므로 고장 및 손료가 적고 운전비 및 수선비를 저렴하게 하며 소내동력을 감소시킨다.

결점으로는 중유에는 황이 많이 포함되어 전소의 경우에 아황산 가스가 생겨 저온부 특히 공기 예열기 등이 부식되는 경우가 많다.

6.1.3 천연가스

천연가스(Natural Gas, 이하 NG라 함)는 메탄(Methane, CH_4)을 주성분으로 하는 가연성 가스를 말하며, 이것을 액화하여 체적을 감소시킨 후 대량 수송 또는 저장이 가능하도록 한 것을 액화천연가스 즉 LNG(Liquified Natural Gas)라 한다.

NG의 성분은 생산되는 가스정(井)에 따라 다르며 생산 당시에는 다량의 탄산가스, 황화수소, 수분 등이 함유되어 있으나, 이들 불순물들은 메탄가스보다는 비점이 높아서 액화 공정 중에서 제거되고 최종적으로 액화된 가스에는 가연성분만이 남게 되어 NG를 무공해 연료라고 부르기도 한다.

NG는 메탄, 에탄, 프로판, 부탄, 펜탄, 질소 등으로 구성되어 있으며 이중 메탄이 약 82.1~99.8[Mol.%] 정도로 가장 함유량이 많기 때문에 편의상 NG와 메탄의 특성을 같게 보고 있다.

NG의 일반특성은 아래와 같다.

① 대기압하에서 -162℃로 냉각시키면 액화가 이루어지면서 체적이 1/580~1/600로 줄어들어 대량수송 및 저장이 가능하다.

② 무연(無煙), 무매(無煤), 무타르(無 Tar), 무취(無臭), 무독(無毒)의 무공해연료이다.

③ 비중이 0.55(공기 대비)정도로 낮아서 누설 시에도 대기 중으로 쉽게 확산되어 폭발 하한농도 이하로 희박해진다.

④ 발열량이 10,500~13,300[kcal/kg] 정도로 높고, 품질이 균일하다.

6.2 연소장치

6.2.1 연료유 연소 설비

연료유 연소를 위하여 필요한 장치에는 저장 탱크, 연료유 펌프, 연료유 가열기, 계량설비, 연료유 버너 및 제어계통 등이 있으며, 중유 및 경유 공급계통과 연소용 공기 공급계통으로 나눌 수 있다.

6.2.1.1 연료유 연소계통

중유를 주연료로 사용하는 대부분의 발전소에서는 그림 6.1과 같은 공급계통을 구성하고 있다.

각 장치들이 하는 역할은 다음과 같다.

① 이송 펌프(Transfer Pump) : 저장 탱크(Oil Storage Tank)의 중유를 공급 탱크(Service Tank)로 이송시킨다.

② 공급 펌프(Supply Pump) : 공급 탱크의 중유를 버너(Burner)까지 이송시키고 버너에서 중유를 분사시킨다.

③ 여과기(Strainer) : 중유에 함유된 이물질을 제거하는 설비이다.

④ 압력 조절 밸브(Pressure Control Valve) : 펌프 출구의 압력 상승 시 열려 저장 탱크 또는 공급 탱크로 순환시키는 역할을 담당한다.

⑤ 유위 조절 밸브(Level Control Valve) : 공급 탱크의 유위가 높으면 닫히고, 낮으면 열리게 되어 탱크의 유위를 조절한다.

⑥ 연료유 가열기(Fuel Oil Heater) : 증기를 이용하여 연료유를 버너에서 연소하기 적합한 점도까지 가열시키는 역할을 한다.

⑦ 유량계(Flow Meter) : 중유의 사용량을 계량하는 기기이다.

⑧ 유량 조절 밸브(Flow Control Valve) : 보일러 출력에 맞게 연료량을 조절하는 역할을 한다.

⑨ 비상 차단 밸브(Trip Valve) : 비상 시 연료를 급히 차단하는 역할을 담당하고 있다.

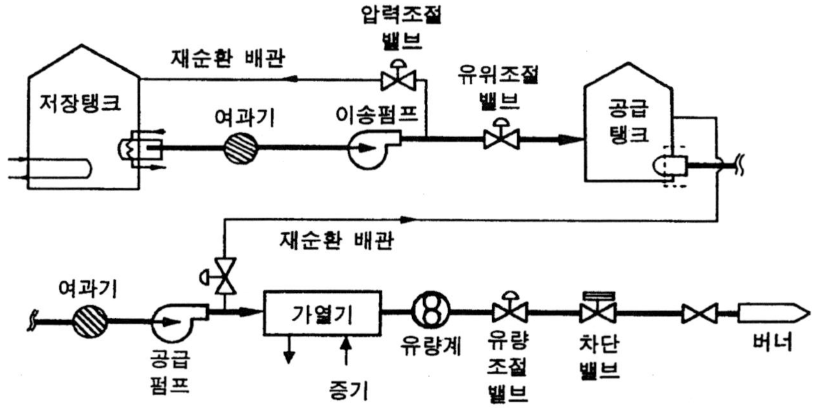

그림 6.1 중유 공급계통

6.2.1.2 연소방식의 종류와 특성

연소방식은 보일러에 설치된 버너의 위치와 연료 분사방향에 따라 수평연소식(Horizontal Firing), 코너연소식(Tangential Firing) 및 수직연소식(Vertical Firing)으로 구분되며, 이는 연료의 종류에 따라 연소특성이 다르기 때문에 각기 다른 연소방식을 채용하고 있다.

(1) 수평연소식(Horizontal Firing)

이 방식은 그림 6.2에서 보는 바와 같이 연소실 측면에 버너를 설치하는 방식이다.

버너 주위의 보일러 튜브배치가 쉽고, 짧은 화염으로 짧은 시간 내에 연소가 완료되는 연료유, 가스, 유연탄 등의 고휘발분 연료를 연소하는 보일러에서 많이 채용하고 있으며 각 버너로 공급되는 연소용 공기는 선회시켜 공급한다.

또한, 이 방식에서는 연소실 한쪽(전면 또는 후면)에만 버너를 설치하는 단면연소방식(單面燃燒方式; Single Wall Firing)과 연소실 전, 후면 양쪽에 모두 설치하는 대향연소방식(對向燃燒方式; Opposed Firing)이 있다.

(2) 코너연소식(Tangential Firing)

이 방식은 그림 6.3과 같이 연소실의 4모서리에 버너를 설치하여 연소하는 방식으로 연소실로 분사된 연료가 연소실 중앙에서 둥근 가상원(Fire Ball)을 그리면서 연소된다.

또한 이 방식에서는 부하변동에 따라 연료량이 변화되어도 가상원(Fire Ball)의 위치가 크게 변동되지 않으므로 부하 변동 시에도 다른 연소방식에 비하여 연소실 내의 열분포 변동이 적어 균일하게 열 흡수가 이루어지는 특징이 있다.

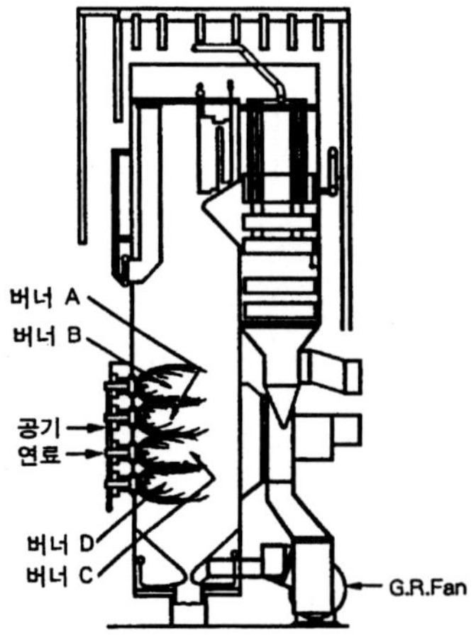

그림 6.2 수평연소식(Horizontal Firing)

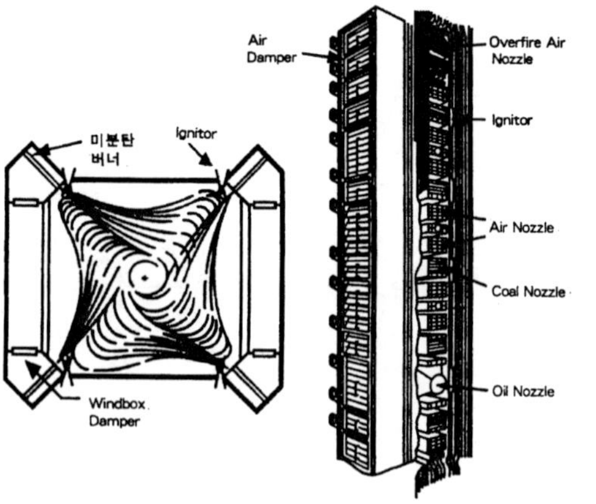

그림 6.3 코너연소식(Tangential Firing)

그러나 각 코너에서 연소실 내로 분사되는 연료량 또는 공기량이 균일하지 않으면 가상원(Fire Ball)이 편향(偏向)되어 수냉벽의 과열을 초래하게 된다.

또한 버너 분사각도 조절장치(Tilting Device)를 설치하여 버너의 분사각도를 조절함으로서 화염의 위치를 상, 하로 조정하여 증기의 온도를 조절하고 있으며, 노내 주연소 영역 상부로 공기를 공급하는 화염 상부 측 공기노즐(Over Fire Air Nozzle)를 설치하여 활용하므로써 질소산화물(NOx)의 발생을 줄일 수 있다.

(3) 직연소식(Vertical Firing)

이 연소방식은 그림 6.4와 같이 연소실 상부 아치(Arch)부에 버너를 설치하여 연료를 하향으로 분사시켜 연소하는 방식으로 화염은 "U"자 또는 "W"자 모양으로 길게 유지되면서 연소가 이루어진다. 이에 따라 분사된 연료는 노내에서 체류기간을 길게하여 완전 연소시키므로 국내 무연탄과 같이 휘발분이 적은 석탄 연소 시에는 수직연소방식을 많이 채용하고 있다.

그러나, 이 방식은 넓은 연소실을 필요로 하며, 버너가 연소실 상부에 설치되어 있는 관계로 노내의 복사열을 받기 쉬우므로 과열방지책이 필요하고, 버너 주위의 수관(水管) 배치도 어려운 단점이 있어 유전소 보일러에서는 채용하지 않는다.

또, 이 방식에서는 화염이 길게 유지되면서 연소가 이루어지므로 버너 주위로 공급되는 연소용 공기 이외에 화염 하부 측에 보조 연소용 공기를 공급하여 완전 연소를 도모하고 있다.

이 공기를 3차 공기라고 부른다.

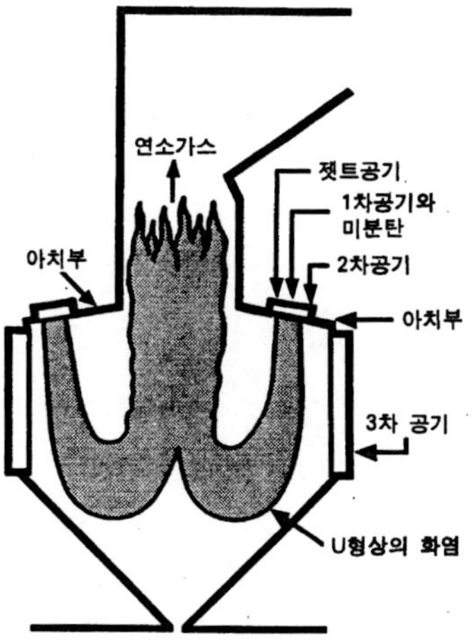

그림 6.4 수직연소식(Vertical Firing)

6.2.1.3 연료유 버너

(1) 연료유 버너의 종류

발전용 보일러의 연료유 버너는 주로 건 형식(Gun Type) 버너를 사용하고 있으며 연료유를 미립화시키는 방식에 따라

① 압력 분무식 버너(Mechanical Burner)

② 매체 분무식 버너(Steam or Air Atomizing Burner)

③ 회전 분무식 버너(Rotary Burner) 등으로 나누어진다.

(2) 압력 분무식 버너

기계식 버너라고도 하며 연료유 압력을 40~70kg/cm^2 정도로 높게 하여 버너 노즐의 선회구에서 압력을 속도로 변환시켜 연료유를 미립화(微粒化)하는 방식으로 증기나 압축 공기를 필요로 하지 않고 연료유의 압력만으로도 분무가 가능하므로 버너의 구성이 간단하다.

그러나, 연료유 압력이 저하되면 선회력(속도)이 저하되고 이로 인하여 분무된 입자가 커지게 되어 결국 완전연소가 어렵게 된다. 그러므로 연료유 압력을 저하시킬 수가 없게 되므로 유량 조절범위가 매우 좁은 특징이 있다.

압력 분무식 버너는 유량조절 범위가 좁은 것 외에도 점도가 높은 연료유에는 분무특성이 좋지 않아서 중유 연소 시보다 경유 연소 시 즉, 보일러 기동 시 사용되는 기동용 버너(Start-up Burner, Warm-up Burner)로 많이 사용되고 있다.

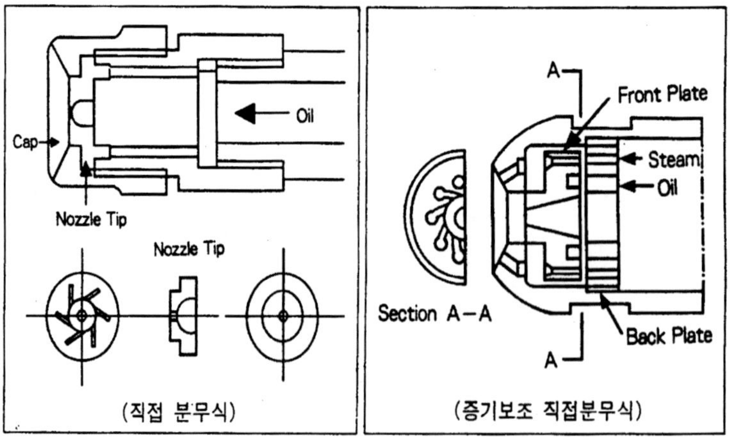

그림 6.5 압력 분무식 직접 분무 버너

(3) 매체 분무식 버너

매체 분무식 버너는 연료유와 분무매체를 혼합, 충돌시켜 연료유를 미립화시키는 방식으로 분무매체의 에너지로 연료유를 미립화하기 때문에 유압 변동 시에도 분무특성이 양호하고 유량조절 범위가 매우 넓어 가장 많이 사용되고 있다. 이 버너에는 분무매체에 따라 증기 분무식과 공기 분무식으로 나누어진다.

① 증기 분무식 버너

연료유의 미립화에 증기의 보유열과 압력 에너지(속도와 팽창력)를 이용하는 방식으로 적은 양의 증기로도 무화(霧化) 에너지가 크기 때문에 중질류(重質油)인 벙커-C유 연소 시에는 대부분 증기 분무식을 채택하고 있다.

증기 분무식 버너는 연료유와 증기의 혼합, 충돌방법에 따라 외부혼합형(Y-Jet Type)과 내부혼합형이 있다.

- 외부혼합형(Y-Jet Type)

  외부혼합형은 그림 6.6에서 보는 바와 같이 노즐이 한 개의 조립품(Assembly)으로 구성되어 노즐 구멍(Hole) 내에서 분무증기와 연료유가 "Y"자형으로 합류되면서 연료유가 미립화된다.

  또한, 외부혼합형은 분무증기의 압력을 항상 일정히 유지하면서 연료유의 압력을 변화시켜서 연료량을 조절하고 있으며, 분무증기의 압력이 연료유의 압력보다 낮아도 양호한 분무특성을 가지며 유량제어의 안정성이 좋다.

- 내부혼합형

  내부혼합형은 그림 1-16에서 보는 바와 같이 팁(Tip)이 분사노즐(Spray Nozzle)과 혼합판(Mixing Plate)의 두 부분으로 구성되어 있으며, 혼합판에는 혼합실(Mixing Chamber)이 있어 연료유가 분무증기와 혼합하면서 미립화된다. 내부혼합형에서는 분무증기 압력을 연료유 압력보다 약 1~1.5[kg/cm^2] 정도 높게 유지하면서 운전되므로 연료량을 조절하기 위하여 연료유 압력을 변동할 경우 분무증기의 압력이 변하여 분무특성이 변하므로 유량제어 안정성은 외부혼합형보다 나쁘다.

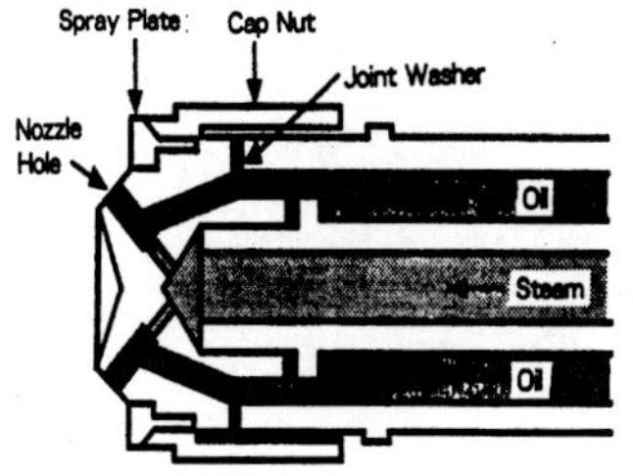

그림 6.6 외부혼합형(Y-Jet Type)

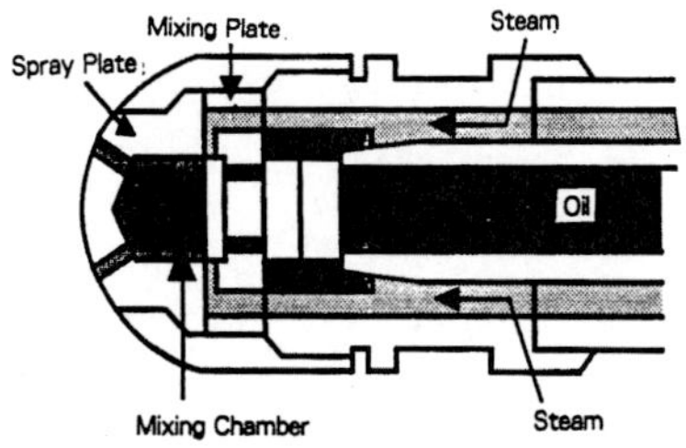

그림 6.7 내부혼합형

② 공기 분무식 버너

이 형식은 분무매체로 압축공기를 사용하는 방식으로 주로 경유 연소 시에 사용되고 구조는 그림 6.7에서 보는 바와 같이 증기 분무식의 외부혼합형과 같으며 증기 분무식에 비하여 화염이 짧고 착화가 빠르며, 비교적 좁은 공간에서도 연소가 가능하나 중질유 사용에는 곤란하다.

(4) 회전 분무식 버너(Rotary Oil Burner)

회전 분무식 버너는 고속으로 회전하는 무화통(霧化筒)이 연료유를 비산시켜 연료유를 미립화시키는 방식으로 연료유 압력은 분무에 직접 영향을 주지 않으며, 무화통의 회전수에 따라 분무특성이 크게 영향을 받는다.

회전 분무식 버너의 구조는 그림 6.8과 같으며 중공축(中空軸)에 직결된 무화통과 송풍기를 고속(3,500~10,000[rpm])으로 회전시키면서 중공축을 통하여 무화통에 연료유를 공급하면 연료유는 무화통 내면에서 막상(膜狀)이 되고 무화통 끝에서 사방으로 비산된다.

이때 무화통 외부의 공기 노즐로 송풍기에서 가압된 공기를 보내어 연료유의 방향을 연소실 측으로 모이게 하여 화염을 형성시킨다.

그러나, 이 형식은 버너 구조가 복잡하여 대형으로 제작하기에는 부적당하며 소형의 보조 보일러에서 경유를 연소할 경우 많이 이용되고 점도가 높은 중질유의 연소에는 곤란하다.

(5) 점화기(Ignitor, Torch)

① 기능

버너의 점화장치로 직류 2,000~20,000[V]의 고전압을 전극에 가하여 3~5[회/초] 정도의 아크 방전을 일으키어 점화하는 장치이며, 점화기에는 두 가지 형식이 있다.

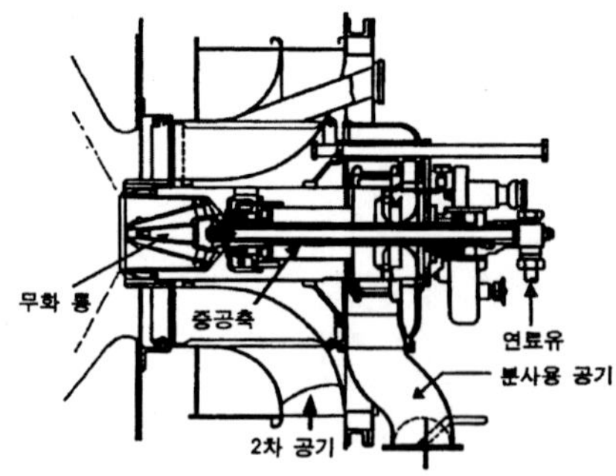

그림 6.8 회전 분무식 버너(Rotary Oil Burner)

㉮ 아크 방전만을 일으키어 주버너를 점화시키는 형식, 즉 고전압 전극(Spark Rod)과 기동용 버너로 구성되어 있는 형식

㉯ 점화기 자체에 소형 버너를 내장하여 경유 또는 프로판 가스를 공급하여 점화시킨 후 이 불꽃으로 주버너를 점화하는 형식

(6) **화염검출기**(Flame Scanner)

① 기능

버너의 연소 상태를 검출하는 장치로 화염밝기를 전기적 신호로 변환시켜 연소 상태를 제어반에 지시하고 연소 상태가 불량한 버너는 소화(消火)시키는 장치이다.

② 검출기 형식

화염검출방식에는 자외선식, 가시광선식, 적외선식, 플리커(Flicker)식 등이 있다.

6.2.2 천연가스 연소

천연가스 공급 계통은 그림 6.9와 같으며 각 기기의 기능은 다음과 같다.

① 압력조절 밸브 : 인수기지로부터 공급되는 NG 압력을 낮춘다.

② 유량계 : NG의 사용량을 계량한다.

③ 유량조절 밸브 : 보일러 출력에 맞게 천연가스량을 조절하고 보일러 자동제어신호에 따라 압력이 조절되어 버너에 약 1~2[kg/cm^2]로 공급한다.

④ 비상차단 밸브 : 비상 시 NG를 급히 차단시키기 위한 밸브

⑤ 누설시험 밸브 : NG 사용전, 후에 배관 및 밸브의 누설을 점검하기 위한 용도의 밸브

⑥ 배기 밸브 : NG 공급배관 퍼지(Purge) 시 배관내부의 공기나 질소가스를 대기 중으로 배기시키기 위한 밸브

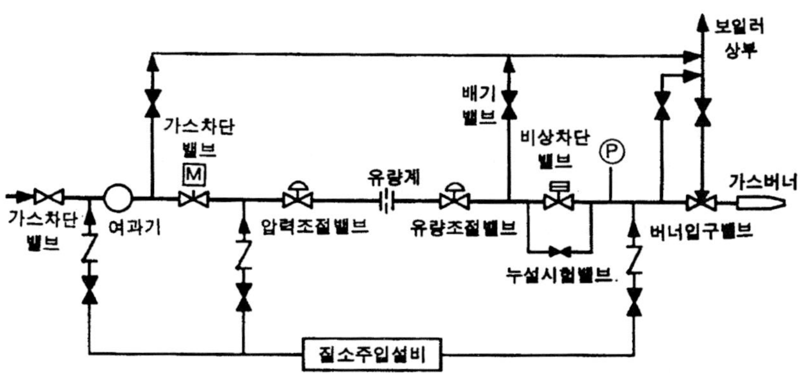

그림 6.9 천연가스 공급계통

6.2.2.1 천연가스 보일러의 특징

(1) 연소실의 열흡수

NG는 연료유에 비하여 화염이 짧고, 화염이 휘도가 낮기 때문에 연소실에서의 열흡수가 적고 이로 인하여 연소실 출구에서 배기가스 온도는 상승하게 된다.

(2) 증기 온도 정격 유지방안

연소실 출구 온도가 상승하게 되면 과열기 및 재열기의 온도가 상승하므로 주증기와 재열증기의 온도를 정격으로 유지하기 위해서는

① 과열기 및 재열기의 전열면적을 줄이거나,
② 버너의 분사각도를 하향으로 조절(Burner Tilting)하거나,
③ 재순환 가스량을 감소하거나,
④ 과열기 및 재열기에 과열저감수량을 증가하여야 한다.

(3) 보일러효율 변화

과열기 및 재열기의 전열면적을 감소시키면 배기가스(Flue Gas)온도가 상승하여 건배기가스손실이 증가되고 보일러 효율이 저하되므로 절탄기(Economizer)의 전열면적을 증가시키기도 한다. NG는 연료유보다 수소 함유량이 약 2배 가량 많아 연소시 발생되는 수분에 의한 손실이 증가되어(고위발열량 기준) 보일러 효율이 저하된다.

(4) SOx 및 NOx 생성 감소

천연가스 연료에는 유황(S)성분 함량이 매우 적어 다른 연료 연소 시 보다 NG 연소 시에는 황산화물(SOx) 생성이 감소한다.

또한, 연료 중에 질소(N)성분 함량이 적어 연소 시 Fuel NOx 생성량은 거의 없고, Thermal NOx만 생성되므로 NOx의 총 생성량도 다른 연료에 비해 적어지게 된다.

(5) 기타

NG 보일러에서는 회분 발생이 거의 없으므로 과열기, 재열기 등의 전열면에 회분 부착량이 줄어들어 제매기(除煤機, Soot Blower) 운전시간이 감소된다.

또, NG 성분 중에는 유황분이 없으므로 공기예열기의 저온부식이 줄어들어 증기식 공기예열기(Steam Air Heater)를 운전하지 않아도 된다.

6.2.3 미분탄 연소

6.2.3.1 석탄 연소계통

석탄을 연소시키는 방식에는 스토커(Stoker) 연소방식, 미분탄 연소방식, 유동층 연소방식, 유체화 연소방식 등이 있다. 여기서는 제일 많이 사용하고 있는 미분탄 연소방식에 대한 설명을 하도록 한다.

(1) 미분탄 연소방식의 특징

① 저품위탄도 양호하게 연소시킬 수 있다.
② 착화 및 소화(消火)가 신속하며 단시간 내에 연소가 완결된다.
③ 부하변동 시 속응성이 좋다.
④ 적은 연소실에서도 많은 량의 석탄을 연소시킬 수 있다.
⑤ 적은 공기량으로도 완전연소가 이루어진다.
⑥ 설비비와 운전 및 정비비용이 증대된다.
⑦ 중유나 가스연소 보일러보다 큰 연소실이 필요하다.
⑧ 석탄분쇄에 많은 소내전력이 필요하다.
⑨ 분진 발생량이 많아 고효율의 집진장치가 필요하다.

위 특징 중 몇 가지 문제점이 따르지만 다량의 석탄 연소와 신속한 자동제어의 필요성 때문에 발전용 대형 보일러에서는 미분탄 연소방식을 가장 많이 채용하고 있다. 미분탄 연소방식은 사용하는 석탄의 종류 즉 무연탄과 유연탄에 따라 간접 연소방식과 직접 연소방식을 선택하여 사용하고 있다.

(2) 직접 연소방식

이 방식은 그림 6.10에서 보는 바와 같이 원탄 저장조의 석탄을 원탄 급탄기를 통하여 미분기로 공급한다. 미분기에서 분쇄된 미분탄은 미분탄 분리기에서 적절한 미분도(200 Mesh 기준)로 조정되어 석탄버너로 보내어 연소시키는 방식이다. 미분탄 저장조를 설치할 경우 자연발화 우려가 있는 역청탄 발전소에서 주로 채용하는 방식이다.

1차 통풍기 대신에 흡기 송풍기(Exhaust Fan)를 사용하여 미분기에서 분쇄된 미분탄을 흡입하여 미분탄 분리기를 거쳐 미분탄 버너로 보내며, 미분기계통이 부압(負壓)으로 운전된다.

① 직접 연소방식의 특징

㉮ 석탄의 분쇄계통과 연소계통의 구성이 간단하다.
㉯ 기계 대수 및 설치면적이 적다.

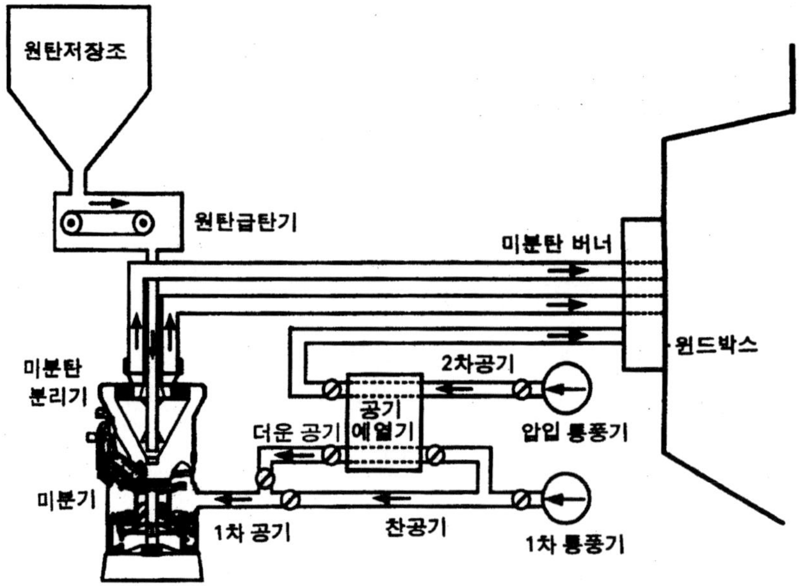

그림 6.10 직접 연소방식

㉰ 부하변동 시 미분탄 입도를 균일하게 유지할 수 없다.

㉱ 분쇄계통 고장 시 보일러에 직접 영향을 준다.

㉲ 부하변동에 따른 연료량 조절의 속응성이 나쁘다.

(3) 간접 연소방식

이 방식은 미분기에서 분쇄된 미분탄을 일단 미분탄 저장조(Pulverized Coal Bunker)에 저장시켰다가 보일러에서 요구하는 적정량을 석탄버너로 보내어 연소시키는 방식으로 무연탄 보일러에서 주로 채용하고 있다.

① 간접 연소방식의 특징

㉮ 석탄의 분쇄계통과 연소계통의 구성이 복잡하다.

㉯ 기계 대수가 많고, 설치면적이 넓다.

㉰ 부하변동 시에도 미분탄 입도를 균일하게 유지할 수 있다.

㉱ 분쇄계통의 고장 시 보일러에 미치는 영향이 적다.

㉲ 부하변동에 따를 연료량 조절의 속응성이 좋다.

㉳ 미분기계통의 소내전력이 증대된다.

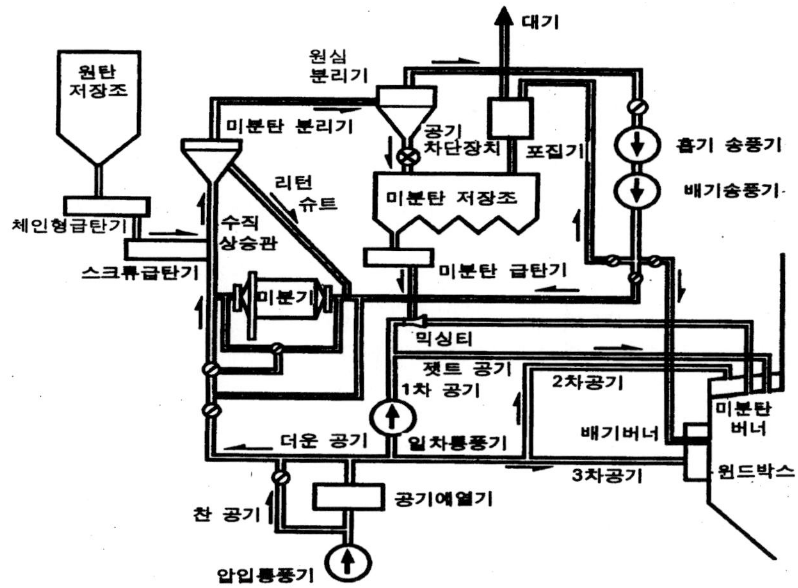

그림 6.11 간접 연소방식

6.2.3.2 연소장치용 기기

(1) 원탄 저장조(Raw Coal Bunker)

① 기능

원탄 저장조는 각 미분기마다 1기씩 설치되어 있으며 저장조의 용량은 정격부하 운전상태에서 약 10~24시간분의 석탄을 저장할 수 있다.

원탄 저장조는 발전소에 따라 벙커(Bunker), 빈(Bin), 사이로(Silo)라고 부르고 있다.

② 구조

저장조의 하단부(Cone 부분)는 석탄부착을 방지하기 위하여 경사각도를 70° 정도의 급경사로 설계한다. 또한 석탄과 저장조 철판과의 마찰계수를 줄이기 위하여 스텐레스 강판 또는 자이레톤(Xylethon) 등을 부착하여 석탄이 원탄급탄기로 잘 내려가도록 하고 있다.

(2) 석탄흐름 감지장치(Nuclear Monitor)

원탄 저장조의 석탄을 원탄 급탄기로 공급하는 석탄배관에 설치된 장치로 석탄의 흐름을 방사성 동위원소(세슘[Cs-137])를 이용하여 조기에 감지하여 원탄 저장조에 설치된 전기식 또는 압축공기식 진동기를 동작시키고, 중앙제어실 경보판에 경보를 발생하도록 하는 설비이다.

(3) 원탄 급탄기(Raw Coal Feeder)

원탄 저장조에 저장된 석탄을 미분기 또는 수직상승관(Drying Shaft)에 공급하는 기기로서 원탄 저장조 하부에 위치하며 석탄량을 조절하는 기능을 가지고 있다.

석탄량을 조절하는 방법으로는 탄층의 두께를 조절하는 방법과 원탄 급탄기의 회전수를 조절하는 방법이 있으며, 탄층을 얇게 할수록 급탄량이 균일하여지고 급탄기의 운전도 안정된다.

보일러 자동 제어 시스템과 연계하여 보일러에서 요구하는 석탄량을 급탄기 구동 전동기의 회전수를 조정하여 항상 적당량의 석탄을 미분기에 공급할 수 있도록 설계되어 있으며 자동 및 수동으로 운전할 수 있다.

원탄 급탄기의 형식에는 벨트형(Belt Type), 드래그 체인형(Drag Chain Type), 스크류형(Screw Type), 원판형(Dise Type) 등이 있다.

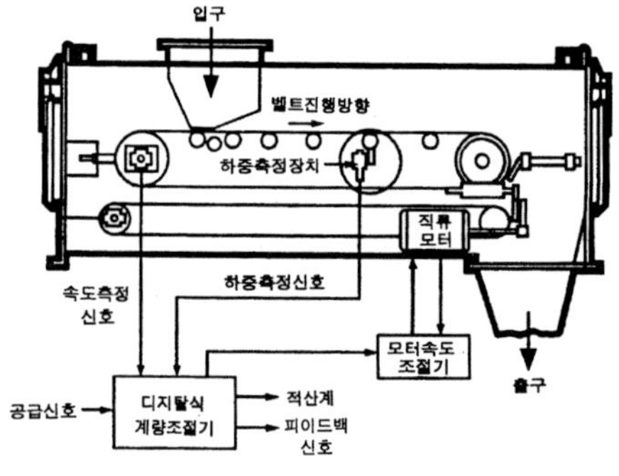

그림 6.12 벨트형 급탄기

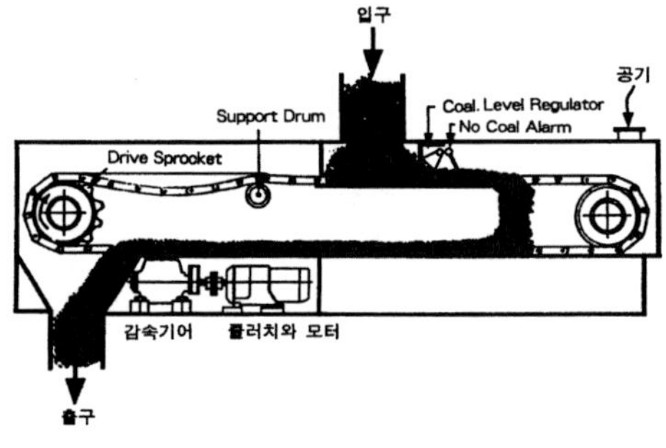

그림 6.13 드래그 체인형 급탄기

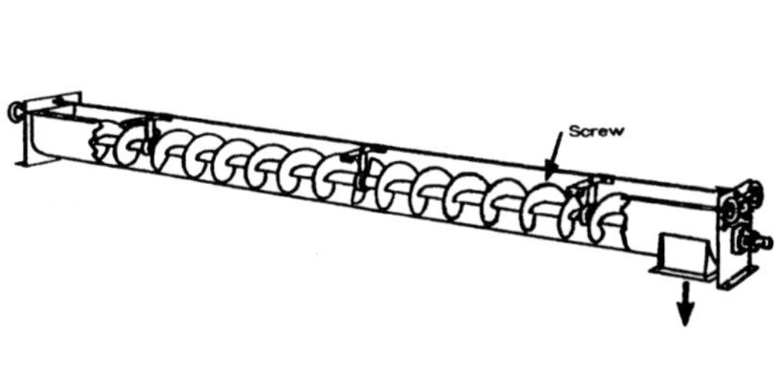

그림 6.14 스크류형 급탄기

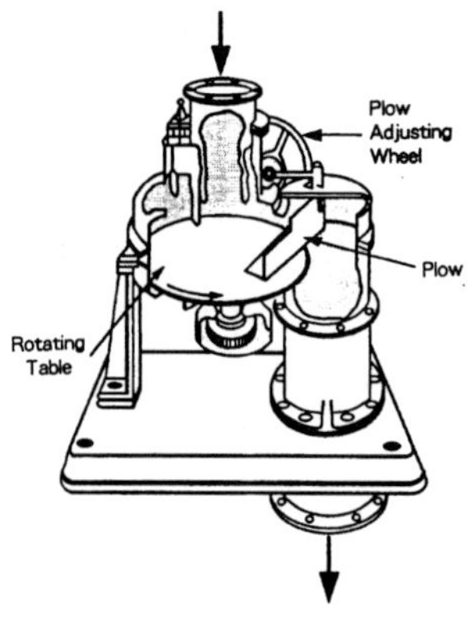

그림 6.15 원판형 급탄기

(4) 미분기(Pulverizer, Mill)

미분기는 석탄을 연소에 적합한 크기로 분쇄하는 설비이다.

미분기에는 튜브(Tube) 미분기, 보울(Bowl) 미분기, 볼(Ball) 미분기, 롤러(Roller) 미분기, 비터 휠(Beater Wheel) 미분기 등이 있다.

현재 우리나라에서는 무연탄화력에서는 튜브 미분기, 역청탄화력에서는 보울 미분기를 사용하고 있다.

① 튜브 미분기

이 미분기는 본체(Shell), 강철편(Liner), 웨어링 파이프(Wearing Pipe), 거스 기어(Girth Gear), 감속 기어(Reduction Gear), 피니온 기어(Pinion Gear), 트루니온 베어링(Trunnion Bearing), 윤활유 공급장치, 보조 구동장치 등으로 구성되어 있으며 이들의 기능과 역할은 다음과 같다.

㉮ 본체(Shell)

미분기의 본체로서 직경에 비하여 길이가 긴 원통으로 내면에는 많은 강철편(Liner)이 부착되어 있어 본체를 보호하며, 강구(Steel Ball)가 약 30~100[TON]이 들어 있다.

여기에 석탄을 넣고 미분기를 약 19[rpm]으로 회전시키면 강구가 원심력 및 강철편의 턱에 걸려 회전방향에 따라 올라가다가 떨어지는 충격과 강구와 강구 사이의 마찰, 강구의 무게에 의한 압착으로 석탄이 분쇄된다.

㉯ 강철편(Liner)

미분기 본체의 마모를 방지하고 분쇄효율 증가를 위하여 강철편은 웨지 바(Wedge Bar)로 고정되어 있다.

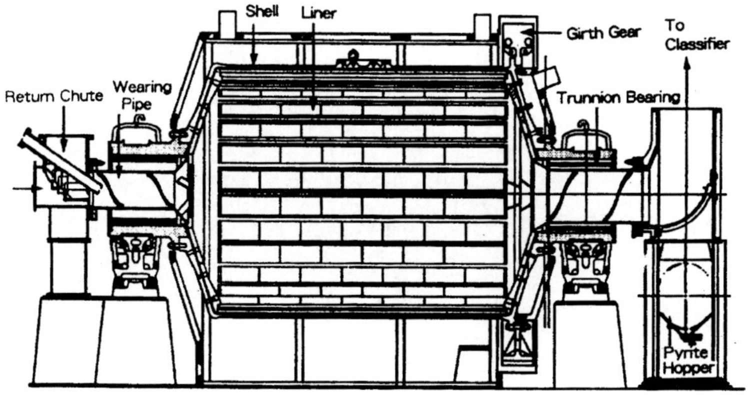

그림 6.16 튜브형 미분기

충격 완화와 열손실을 방지하기 위하여 본체와 강철편의 사이에는 팩킹(Packing)이 삽입되어 있고, 강구가 미분기 회전방향에 따라 미분기의 최상부로 잘 올라가도록 턱을 가지고 있다.

강철편의 재질로는 고탄소-크롬강, 크롬-망간강, 크롬-몰리브덴강 등의 내 마모성 강을 사용하고 있으나 운전시간 경과에 따라 마모되므로 주기적으로 교체하여야 한다.

㉰ 강구(Steel Ball)

강구는 본체 내부에서 석탄과 함께 회전되면서 낙하하여 석탄을 분쇄하는 볼(Ball)로서 재질은 냉간(Chilled)강, 고크롬 강 등을 사용한다.

미분기에 강구를 최초 충진할 때에는 강구와 강구 사이의 마찰면적을 크게 하기 위하여 직경이 서로 다른 종유(1″, 1.5″, 2″, 2.5″)의 강구를 혼합하여 넣고 있다.

석탄이 분쇄됨에 따라 강구도 마모되므로 마모된 양만큼 보충해야 하는데 이때에는 직경이 큰 강구만 보충하면 된다.

㉱ 웨어링 파이프(Wearing Pipe)

미분기의 트루니온(Trunnion, 원통형 축) 내부에 설치되어 있으며 내면에는 탄의 통과가 원활하도록 나선형 베인(Spiral Vane)이 설치되어 있다.

㉲ 거스 기어(Girth Gear) 및 피니온 기어(Pinion Gear)

거스 기어는 미분기 본체의 한쪽 표면에 부착되어 있으며 피니온 기어는 감속기어에 연결되어 있어 미분기를 회전시켜 주는 역할을 담당한다.

두 기어의 윤활은 압축공기에 의한 그리스 분사로 윤활되며, 그리스는 그리스펌프로 간헐적으로 공급되며 한번 사용한 윤활유는 재사용하지 않는다.

㉳ 감속 기어(Reduction Gear)

감속 기어는 미분기 구동 전동기의 회전수를 감속하여 피니온 기어로 동력을 전달한다.

② 보울 미분기

이 미분기는 분쇄 롤러(Grinding Rolls), 보울(Bowl), 보울 구동장치, 롤러 조정용 유압(또는 스프링) 장치, 윤활유 계통, 밀봉공기 계통 및 미분탄 분리기 등으로 구성되어 있다.

㉮ 석탄 분쇄 및 미분도 조절

급탄기로부터 공급되는 석탄은 보울의 중앙부분으로 떨어져 보울의 원심력에 의하여 원주방향으로 밀려 나가면서 보울과 롤러 사이에서 분쇄된다.

분쇄된 석탄은 보울 아래에서 공급되는 1차 공기에 의하여 보울의 상부로 올라가면서 입자가 큰 석탄은 보울 위로 떨어져 다시 분쇄가 된다.
그리고 입자가 작은 석탄은 미분기의 최상부에 위치한 미분탄 분리기(Classifier)의 디플렉터 블레이드(Deflector Blade)에 부딪혀 미분탄과 공기가 선회(Spin)한다. 이 선회각도와 속도에 따라서 2차로 입자가 큰 미분탄이 분리되어 보울 위로 떨어진다. 이 디플렉터 블레이드는 미분기 밖에서 조정이 가능하다.
다시 미분기 출구 벤튜리 베인(Outlet Venturi Vane)에서 최종적으로 입도(粒度)를 조절하여 200메시(Mesh) 이하의 미세한 미분탄만 미분기의 출구 밸브를 통과하여 버너에 공급되고, 200메시보다 입자가 큰 탄은 다시 보울 위 상부로 떨어져 재분쇄한다.

㉯ 이물질 제거

이물질(Tramp Iron)과 석탄 중 분쇄되지 않는 것은 보울의 원심력에 의해 보울의 가장자리로 밀려나가서 1차 공기가 올라오는 구멍(Port)을 통해 하부 보울(Under Bowl)로 떨어져 보울 허브(Bowl Hub)에 부착된 제거기(Scraper)에 의해서 이물질 배출구(Tramp Iron Opening)를 통하여 파이라이트 호퍼(Pyrite Hopper)로 배출한다.

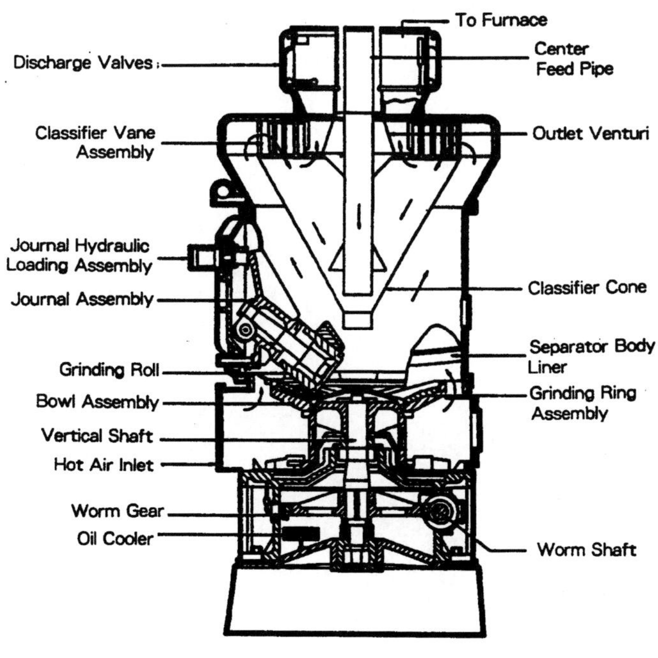

그림 6.17 보울 미분기

㉰ 미분기 출구 온도

사용하는 석탄의 휘발분 함량에 따라 미분기의 출구 온도 유지범위인 75~80℃로 조절하여야 하며, 미분기의 내부화재가 발생할 우려가 있으므로 출구온도를 초과하여 운전해서는 안된다.

(5) 미분탄 분리기(Classifer)

미분탄 분리기는 보울 미분기에서는 미분기 내부 최상부에 위치하며, 튜브 미분기에서는 외부에 별도로 설치되어 있다.

여기서는 무연탄화력의 미분탄 분리기를 기준으로 설명하도록 한다.

미분탄 분리기는 내부와 외부 실린더(Inside & Outside Cylinder)로 구성된 역원추형(Inverse Cone Type)이며 원주방향으로 수직 날개(Vertical Vanes)가 설치되어 있다.

미분탄 분리기 밑부분은 이중 파이프로 되어 있으며, 내부 파이프는 수직상승관(또는 석탄 파이프)과 연결되어 있고, 외부 파이프는 리턴 슈트(Return Chute)와 연결되어 있다.

수직 날개는 외부에서 조절할 수 있는 구조이며, 모든 날개는 동시에 조절된다. 수직 날개를 열면 미분탄의 입자 크기는 커지고(미분도는 낮아지고), 닫으면 미분탄 입자의 크기는 작아진다(미분도는 높아진다).

미분탄 분리기에서 분리된 입자 중 입자가 작은 미분탄(200메시 이하)은 공기 분리기 또는 흡기 송풍기(Exhaust Fan)로 운송되고, 입자가 큰 것은 리턴 슈트를 통하여 다시 미분기로 보내진다.

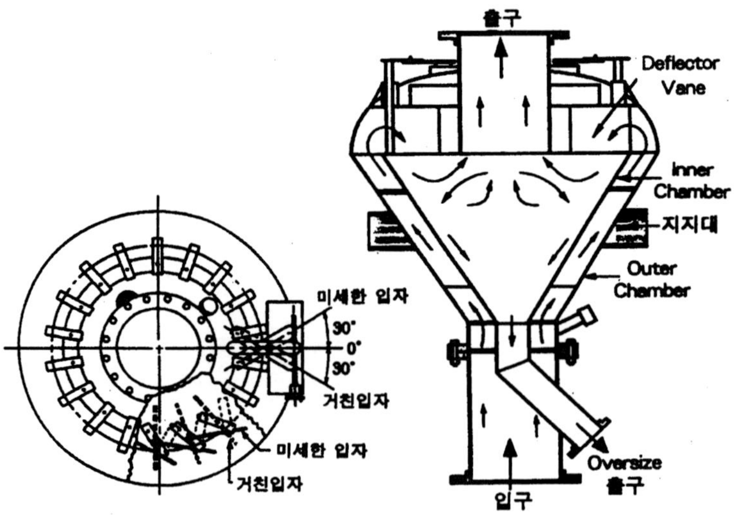

그림 6.18 미분탄 분리기

미분탄 분리기에서 분리되는 기주입도는 유연탄화력은 200메시 기준 65~75[%], 무연탄 화력은 80~85[%]이다.

미분탄의 입도가 작을수록(미분도가 높을수록) 연료의 단위 중량당 공기와 접촉되는 표면적이 넓어져서 연소에는 유리하지만, 미분기의 소요동력과 유지비가 증가하고, 연소시간이 짧아 불꽃이 보일러 각부에 충분히 미치지 못하는 단점이 있다.

휘발분이 적은 석탄일수록 연소효율을 높이기 위해 미분탄 입자의 크기는 작아야 한다.

(6) 리턴 슈트(Return Chute)

미분탄 분리기에서 분리된 큰 입자의 석탄을 재 분쇄시키기 위해 미분기로 보내는 통로이며, 미분기 계통의 공기가 역류되어 미분탄 분리기로 흐르는 것을 방지하기 위하여 중력식 넌-리턴 댐퍼(Non-Return Damper)가 통로 중간에 설치되어 있다.

이 댐퍼는 추(Weight)에 의하여 닫혀 있으나 입자가 큰 석탄이 댐퍼위에 축적되면 중력에 의하여 댐퍼가 열려 석탄이 미분기로 내려간다.

이 댐퍼 플레이트는 외부에서 손으로 열고 닫을 수 있으며 댐퍼가 잘 동작되는지 외부에서 점검할 수도 있다.

(7) 공기 분리기(Cyclone Separator)

공기 분리기는 미분탄 분리기를 지난 미분탄과 순환공기(가스) 혼합물을 선회운동에 따른 원심력으로 미분탄과 공기를 분리시키는 장치이다.

분리된 미분탄은 공기 분리기 호퍼(Cyclone Separator Hopper) 아래에 있는 회전식 공기 차단장치(Rotary Air Lock Valve)를 통하여 미분탄 저장조에 저장된다.

그리고 분리된 공기는 흡기 송풍기(Exhaust Fan 또는 Mill Fan, Vent Fan)에 의하여 계통으로 재순환되며, 분리율은 보통 80~85[%] 정도로 운전된다.

공기 분리기는 무연탄 간접연소식에만 설치된 기기이며, 내부압력은 부압(負壓)이다.

(8) 회전식 공기(가스) 차단장치(Rotary Air(Gas) Lock Valve)

공기 분리기에서 분리된 미분탄을 미분탄 저장조로 이송시키는 한편, 미분탄 저장으로 발생되는 저장조 내부 정압(+)의 공기가 공기 분리기로 새어 들어오는 것을 방지하기 위한 기기를 회전식 공기 차단장치라 한다.

또한 이 장치는 간접 연소방식에만 설치되는 기기로서 이 장치가 마모되어 공기가 새어 들어가거나 또는 장치에 미분탄이 고착하여 막히면 공기 분리기의 호퍼에 미분탄이 점차 쌓여 올라가서 공기 분리기의 기능이 저하되고 분리되지 못한 미분탄은 순환공기를 따라 계통을 순환하게 됨으로써 다음과 같은 장애를 일으키게 된다.

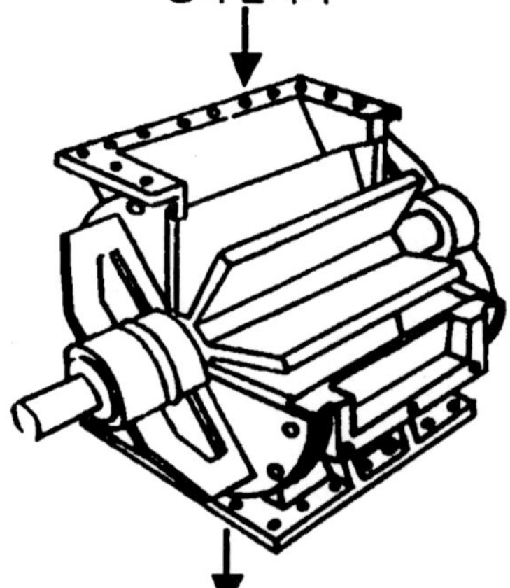

그림 6.19 회전식 공기 차단장치

① 다량의 미분탄을 운송하여야 하므로 흡기 통풍기의 순환력이 감소된다.
② 밴트 버너(Vent Burner)로 미분탄 유입량이 많아지게 되어 연소가 불안정하여진다.
③ 미분기의 분쇄능력이 저하된다.

(9) 미분탄 저장조

미분탄 저장조는 밀폐형으로 회전식 공기 차단장치를 통하여 미분탄을 저장하며, 정격부하로 약 4시간 정도 사용할 수 있는 용량을 갖고 있다. 운전 중에는 저장조의 레벨(Level)에 항시 유의하여야 한다.

즉, 레벨이 너무 높으면 공기 분리기 호퍼까지 미분탄이 넘치게 되어 원심 분리기 효율이 떨어지고, 레벨이 너무 낮으면 버너에 미분탄을 불균일하게 공급하므로 연소 불안정을 일으킨다.

미분기 예방정비 등 계통을 정지할 경우에는 미분탄이 습기를 흡수하여 저장조에 고착되거나, 미분탄 공급관 및 급탄기가 막힐 우려가 있으므로 계통을 정지하기 전에 저장조를 완전히 비워두어야 한다.

그리고 정지작업 시 저장조에 이물질이 들어가면 미분탄 급탄기를 손상시킬 우려가 있으므로 항시 유의하여야 한다.

(10) 미분탄 급탄기

미분탄 급탄기는 롤러가 회전함으로서 미분탄을 벤튜리 혼합기를 통하여 미분탄 버너로 공급하는 역할을 한다.

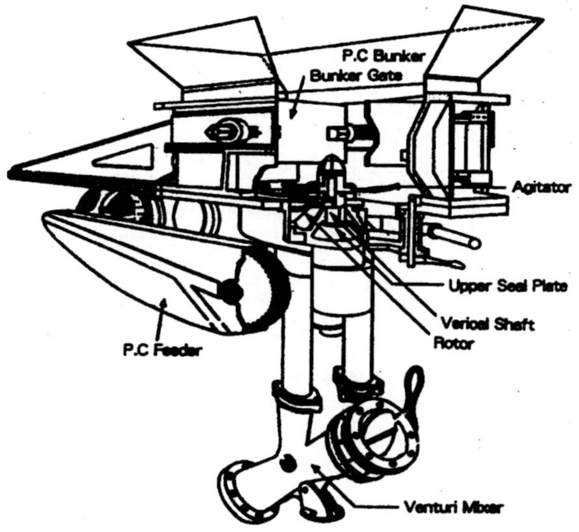

그림 6.20 미분탄 급탄기 및 벤튜리 혼합기

롤러 실린더(Roller Cylinder)의 홈을 경사지게 배열하여 미분탄을 일정한 양으로 계속 공급하도록 되어 있다.

롤러 상부에는 에지테이터(Agitator)를 설치하여 미분탄을 분산시키고, 다져진 미분탄 덩어리를 부수어 롤러 홈에 균일하게 분배시킨다.

(11) 벤튜리 혼합기(Venturi Mixer)

1차 공기에 미분탄을 버너로 운반시키는 장치로써 구조가 벤튜리(Venturi) 모양이다.

1차 공기 온도를 약 300~320[℃] 정도로 유지하며 벤튜리 혼합기의 1차 공기 온도가 100[℃] 이상되면 미분탄 급탄기를 운전하여야 한다.

일부 발전소에서는 이 설비를 믹싱 티(Mixing Tee)라고도 부른다.

(12) 미분탄 버너

보일러에 버너를 배치한 형태에 따라 분류하면 수평형, 코너형, 수직형 버너로 분류할 수 있다.

① 수평형 버너

이 버너는 연소실의 벽에 수평으로 설치한 형식이다.

특징으로는 공기와 연료의 적절한 혼합과 질소산화물(NOx)의 생성을 억제하기 위하여 길고, 좁은 화염을 형성하도록 이중 공기 조절장치(Dual Air Register)를 가지고 있으며, 미분탄 버너 내부에 중유 버너가 설치되어 있다.

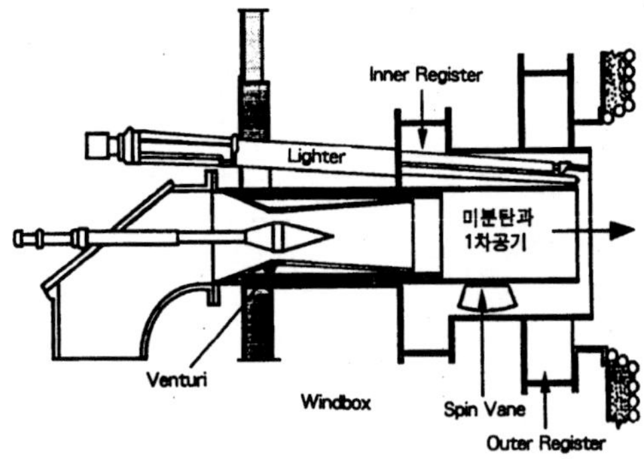

그림 6.21 수평형 미분탄 버너(보령화력)

이중 공기 조절장치는 내측 및 외측 공기 조절장치로 나누어진다.

내측 공기 조절장치(Inner Air Register)는 연료량보다 약간 적은 공기량을 공급하여 연소 시 질소산화물의 생성량을 줄인다. 그리고 외측 공기 조절장치(Outer Air Register)는 내측 공기 조절장치에서 공급된 부족한 공기로 인하여 발생되는 미연소분을 완전연소시키기 위한 공기를 공급한다.

수평연소식 미분탄 버너의 구조는 그림 6.21과 같다.

② 코너형 버너

이 버너는 현재 삼천포화력 발전소와 신규 역청탄화력에서 채택하고 있는 버너로 보일러의 각 코너에 버너를 설치한 형태로 코너형 버너 배치도이다. 미분탄 버너 6개(각 미분탄 버너 위, 아래에는 석탄 공기노즐[Coal Air Nozzle]을 설치), 경유 버너

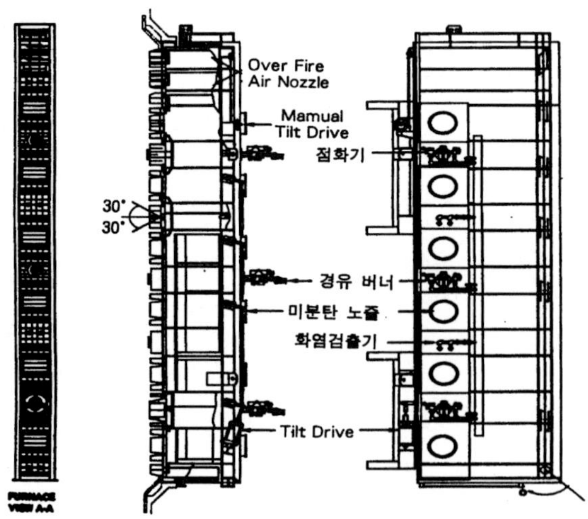

그림 6.22 코너형 버너 배치도(삼천포화력)

3개, 보조 공기 노즐(Auxiliary Air Nozzle) 4개, 화염상부 측 공기 노즐(Over Fire Air Nozzle)이 각 코너마다 설치되어 있다.

재열증기 온도제어 신호에 따라 석탄 버너, 보조 공기 노즐 및 경유 버너 등은 최대 ±30°까지 상, 하로 조절하여 증기 온도를 조절하고 있으며, 질소산화물(NOx)의 발생 억제를 위하여 화염상부 측 공기 노즐(Over Fire Air Nozzle)를 활용하고 있다.

③ PM 버너(Pollution Minimum Burner)

이 버너는 신규 석탄화력 발전소에서 새롭게 채택하는 버너로서 그림 6.23에서 보는 바와 같이 미분탄 공급관 내의 구조역학상 탄의 집중효과에 의하여 분리된 미분탄과 1차 공기를 2개로 분리된 버너노즐 즉, 미분탄 과다 노즐(Concentric Coal Nozzle)과 미분탄 부족 노즐(Weak Coal Nozzle)로 분사시켜 휘발분 연소 시 발생하는 질소화합물을 저감하는 형식이다.

질소산화물의 저감 원리는 두 개로 형성된 연소영역에서 NOx 발생량을 감소시킨다. 연료 과다영역(Fuel Rich)에서는 공기량이 적어 휘발분 연소가 지연됨으로 NOx 발생량이 감소되며, 또한 미연 가스량이 증가하게 된다.

공기 과다영역에서는 NOx의 발생량은 공기량이 증가에 따라 증가하지만, 연료 과다영역에서의 미연 가스량이 유입으로 NOx 생성을 억제하게 됨에 따라 NOx 생성량이 감소한다.

PM 버너에서는 이론 공기량보다 약간 부족한 연소용 공기를 공급하고, 연소영역 상부로 다시 나머지 공기를 공급하는 노즐(Over Fire Air Nozzle: 화염상부 측 공기노즐)이 설치되어 완전연소가 이루어진다.

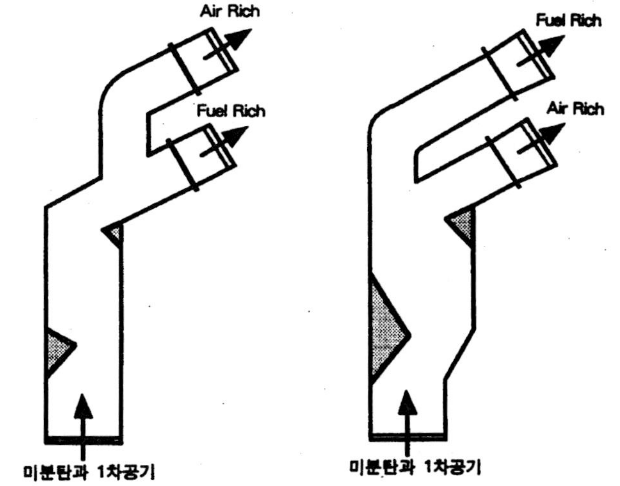

그림 6.23 PM 버너의 구조

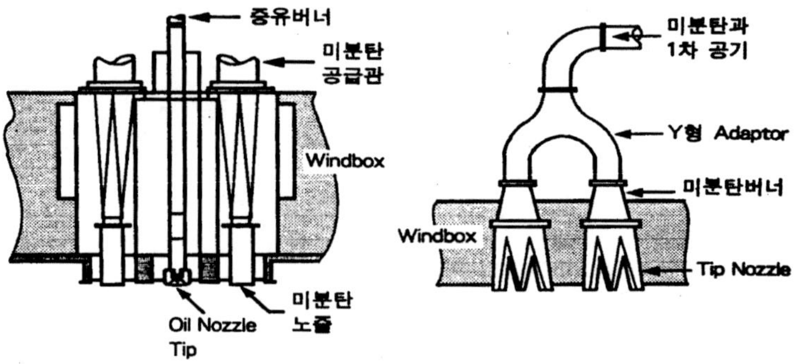

(a) 1 Tip Nozzle (b) 3 Tip Nozzle

그림 6.24 수직형 버너의 구조

④ 수직형 버너

저휘발성의 국내 무연탄 연소를 위하여 연소실 상부에 수직방향으로 설치된 버너이다. 그림 6.24와 같이 미분탄 버너 사이에는 화염 안정용으로 중유 버너가 설치되어 있다.

석탄 버너 끝부분(Tip)의 모양에 따라 1Tip 노즐과 3Tip 노즐로 나누어진다.

6.3.3 연소용 공기의 종류 및 영향

6.3.3.1 1차 공기

1차 공기는 1차 공기 통풍기로 압력을 높여 공급하며 직접 연소방식에서는 미분기로 직접 보내어 석탄의 건조와 분쇄된 미분탄을 운송하는 역할을 담당하고 있으며, 간접 연소방식에서는 미분탄 저장조의 미분탄을 미분탄 급탄기를 거쳐 공급된 미분탄을 벤튜리 혼합기에서 혼합하여 미분탄 버너로 운송하는 역할을 하고 있다.

일반적으로 1차 공기 통풍기의 출구 측 압력은 약 800~850[mmHg]를 유지시키나, 이 압력 변동에 따른 영향은 다음과 같다.

① 1차 공기 압력이 높으면

㉮ 화염의 전파속도보다 빠른 속도로 분사되므로 착화점이 멀어지고 화염이 불안정한 상태로 길어지며 심할 경우에는 소화된다.

㉯ 화염이 길어짐에 따라 연소구역이 상향되므로 배기가스 온도가 상승되고 미연탄분이 증가하게 된다.

② 1차 공기 압력이 낮으면

㉮ 화염의 전파속도보다 늦은 속도로 분사되므로 착화점이 짧아지고 석탄 버너 및 주위 수냉벽의 과열을 초래한다.

㉯ 각각의 석탄 버너에 미분탄을 균등 배분하기가 곤란하며, 배관 곡관부에 미분탄의 퇴적으로 막힘(Plugging)현상이 생길 우려가 있다.

6.3.3.2 2차 공기

압입 통풍기에 의해 공급되어 공기예열기를 거쳐 미분탄 버너 주위로 공급되는 공기를 2차 공기라 한다. 2차 공기는 주 연소용 공기로 일반적으로 전체 연소용 공기 중 2차 공기가 차지하는 비율은 약 50~70[%] 정도이다.

6.3.3.3 3차 공기

수직 연소방식에서 압입 통풍기와 공기예열기를 거쳐 버너 하부의 수직 노벽의 공기 구멍(Air Port)을 통하여 수평으로 공급하는 연소용 보조 공기를 3차 공기라 한다.

2차 공기에 의해 화염 안정용 연료유와 미분탄이 착화, 연소되나 버너 근접영역에서 급격한 연소반응으로 산소가 많이 소모되어 연소실 하부로 갈수록 산소 농도가 저하되어 완전연소가 곤란하게 되므로 이곳에 연소보조용 공기인 3차 공기를 공급하여 연소를 촉진하고 있다.

① 3차 공기 압력이 높으면

화염의 연소 중심점이 상향되어 연소실 출구 온도가 상승되고, 연료가 연소실 내에서 체류시간이 짧아지므로 미연탄소분이 증가하게 된다.

② 3차 공기 압력이 낮으면

화염이 수냉벽 측으로 근접하게 되어 수냉벽의 온도가 올라가고, 수냉벽의 표면에 클링커(Clinker) 생성이 촉진된다.

6.3.3.4 제트(Jet) 공기

1차 공기 통풍기의 출구에서 취출하여 석탄 버너 안쪽의 공기 구멍을 통하여 하향으로 공급되는 공기를 제트 공기라 하며 연료영역(Fuel Cell)과 연소실 중심선 사이에 공기벽을 형성하여 화염이 옆으로 꺽이는 것을 방지한다.

6.3.4 석탄 운탄 설비

6.3.4.1 석탄 공급계통

선박 또는 육상으로 싣고 온 석탄을 하역 및 저탄시키고 또한 저탄장의 석탄을 원탄 저장조(Raw Coal Bunker)까지 상탄하는 계통의 모든 설비를 운탄 설비라 한다.

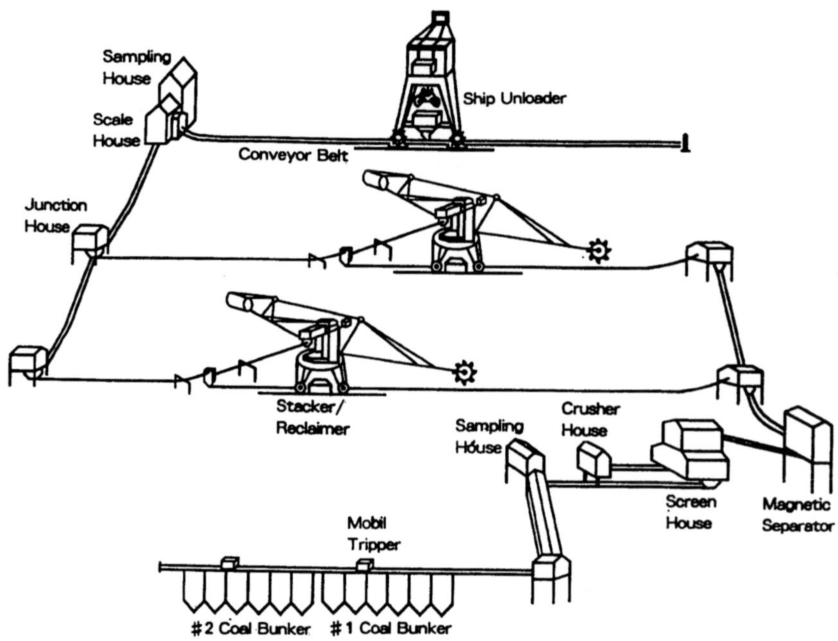

그림 6.25 석탄 운탄계통

각 발전소마다 계통구성은 조금씩 다르나 그 기본구성은 컨베이어 벨트(Conveyor Belt)에 의하여 철편 분리기(Magnetic Separator), 괴탄 선별기(Vibrating Screen), 분쇄기(Crusher) 등을 거쳐 원탄 저장조에 상탄이 이루어진다.

그림 6.25는 운탄 설비계통의 예로서 석탄의 주요공급 경로는 다음과 같다.

석탄 운반선→양하기→석탄량 계량 설비→시료채취 설비→철편 분리기→저탄기→저탄장→철편 분리기→괴탄 선별기→분쇄기→시료채취 설비→석탄량 계량 설비→석탄 분배장치→원탄저장조

6.3.4.2 각 기기의 기능

(1) 양하기(Ship Unloader)

석탄 운반선에서 석탄을 하역하는 설비로서 양하기 자체 내의 컨베이어 벨트를 통하여 부둣가에 설치된 컨베이어 벨트로 탄을 이송시킨다.

(2) 석탄량 계량 설비(Belt Scale)

하역되는 석탄 및 상탄되는 석탄 중량을 측정하는 설비로서 석탄이 이송되면서 벨트 위의 탄 하중과 벨트의 진행거리를 전기신호로 변환시켜 탄의 통과량을 적산하여 계량한다.

(3) 시료 채취 설비(Sampling House)

하역되는 석탄 및 상탄되는 석탄의 성분분석을 위하여 탄의 일부를 시료로 채취하는 설비이다.

(4) 철편 분리기(Magnetic Separator)

석탄 중에 섞여 있는 철편 등을 분리, 제거하는 설비로서 영구자석을 이용하는 방식과 전자석을 이용하는 방식이 있다.

영구자석을 이용하는 방식은 무연탄을 연소하는 소규모 설비에서 이용하였으나 대규모 용량인 신규 석탄화력에서는 시간당 운탄량이 많아 전자석을 이용하는 철편 분리기가 채용되고 있다.

(5) 괴탄 선별기(Vibrating Screen)

운탄 중인 탄중에 50[㎜] 이하인 탄을 선별하여 상탄시키는 설비로서 진동장치(Vibrating Device)에 의해 스크린(Screen)을 흔들어 탄의 선별효과를 좋게 하며, 50[㎜] 이상인 괴탄 등은 분쇄기(Crusher)로 공급된다.

(6) 분쇄기(Crusher)

괴탄 선별기에서 분리된 50[㎜] 이상의 괴탄을 분쇄시키는 설비로서 일종의 충격식(Impact Wheel) 분쇄기이다.

소용량 무연탄 발전소의 괴탄은 이용가치가 없는 돌, 나무조각 등이 대부분 이어서 분쇄기를 설치하지 않으나, 역청탄 발전소의 괴탄은 대부분 석탄 덩어리여서 분쇄하여 재사용한다.

(7) 저탄 및 상탄기(Stacker/Reclaimer)

석탄을 저탄장에 저탄시키거나, 저탄장의 탄을 원탄 저장조로 상탄시키는 설비이며 선박으로부터 하역되는 탄을 직접 원탄 저장조로 상탄이 가능하다.

(8) 분배 설비(Mobile Tripper)

상탄되는 원탄을 여러 대의 원탄 저장조에 분배하는 기능을 가지며 원탄 저장조 상부에 설치되어 있다.

(9) 컨베이어 벨트(Conveyor Belt)

① 컨베이어 벨트의 구성

㉮ 구동장치

컨베이어 벨트를 회전시켜 주는 장치로서 구동 모터(Driven Motor), 기어 박스(Gear Box), 커플링(Coupling) 그리고 제동장치(Brake System)로 구성된다.

구동풀리(Pulley)는 미끄럼을 방지하기 위하여 비스듬하게 홈이 파인 고무(Rubber)로 라이닝되어 있다.

㉯ 역회전 방지(Back Stop)장치

컨베이어 벨트가 정지될 때 벨트 위에 있는 탄의 무게에 의하여 경사진 컨베이어 벨트가 역회전되는 것을 방지하기 위해 설치된 클러치(Clutch)이다.

㉰ 장력유지(Take-up)장치

컨베이어 벨트 위에 탄이 실려 있을 때와 없을 때 또는 온도변화에 따른, 벨트의 신축팽창 및 컨베이어 벨트의 변형에 따른 변동을 흡수, 보상하여 벨트에 항상 적정한 장력이 가해지도록 하는 장치이다.

종류로서는 중력식(Gravity Type)과 스크류식(Screw Type)이 있다.

㉱ 아이들러(Idler)

컨베이어 벨트 이송 시 벨트가 밑으로 늘어지지 않게 받쳐주고, 마찰을 감소시켜 주는 장치이다. 종류로는 이송 아이들러(Carrying Idler)와 반환 아이들러(Return Idler)로 구분된다.

㉲ 보행로(Walk Way)

컨베이어 벨트의 운전, 점검 및 보수를 위하여 벨트의 한쪽에 지상 약 1.5[m] 이상의 높이에 설치된 통로이다. 여기에는 비상 정지용 와이어 로프(Wire Rope)가 설치되어 있다.

6.3.5 회 처리 운탄 설비

6.3.5.1 회(灰, Ash) 발생 개요

석탄연소 보일러에서 발생되는 회(Ash)는 포집장소에 따라 크게 저회(Bottom Ash)와 비회(Fly Ash)로 구분된다.

노내의 고온 연소영역인 수관, 과열기 및 재열기의 열흡수 표면에 형성된 슬래그(Slag, 일명 클링커(Clinker))가 자중, 급격한 출력변화, 슈트블로잉(Soot Blowing)에 의하여 노 하부로 낙화되어 저회 저장조(Bottom Ash Hopper)에서 포집되는 회를 저회(Bottom Ash)라 한다.

또한 회성분 입자가 연소가스와 섞여 흐르다 절탄기, 공기예열기 및 전기 집진기에서 포집되는 회를 비회(Fly Ash)라 한다.

회 처리 설비는 각 회 저장조(Ash Hopper)에 쌓인 회를 회사장(Ash Pond)으로 배출하기 위한 설비이며, 저회 처리계통(Bottom Ash Handling System)과 비회 처리계통(Fly Ash Handling System)으로 구분된다.

6.3.5.2 회 포집개소

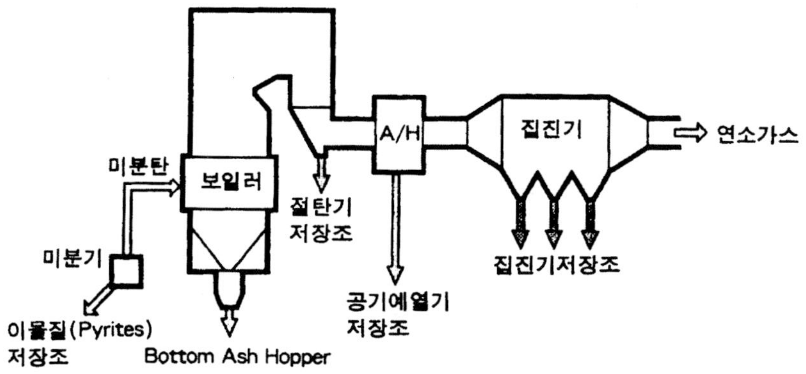

그림 6.26 회 포집개소

6.3.5.3 저회 처리계통(Bottom Ash Handling System)

저회 처리계통은 노내로부터 떨어지는 슬래그 및 회를 저회 저장조에 일시적으로 저장하였다가 하이드로 이젝타(Hydro Ejector)를 이용하여 회사장까지 이송하는 계통이다.

(1) 처리 순서

Botom Ash Hopper → Hopper Gate → Clinker Grinder → Hydro Ejector → Ash Pond

(2) 저회 저장조(Bottom Ash Hopper)의 구조

저회 저장조는 노내에서 연소 후 낙화되는 저회를 저장하기 위한 설비로 35~45[°]의 경사를 이루고 있으며 내면에는 내화물질(Refractory Cement)로 라이닝(Lining)을 하여 고온으로부터 열화 및 마모를 방지한다.

저회 저장조 상부와 보일러 본체 사이에는 밀봉장치(Sea Trough)를 설치하여 보일러 본체의 신축팽창을 흡수하고, 노내 압력이 과도하게 상승 시 밀봉을 파괴하여 가스를 배출할 수 있도록 밀봉용 해수를 계속 공급한다.

또한 저회 저장조에는 항상 일정 수위 이상으로 유지하여 낙하되는 회를 냉각시키는 한편, 저장조 내벽이 고온에 의한 열화방지를 위하여 연속적으로 냉각수를 공급하고 있다.

저장조 측면에는 내부를 점검하기 위한 점검창(Inspection Door)이 설치되어 있다. 이 점검창을 많이 열면 차가운 공기가 다량 유입되어 연소교란 및 화염을 상부 측으로 밀어 올려 보일러 연소에 나쁜 영향을 준다.

또한 점검창을 열 때에는 노내에 순간적인 정압(+)이 걸려 화염 및 연소 가스 누출로 화상 등의 안전사고가 발생할 수 있으므로 주의하여야 한다.

(3) 클링커 분쇄기(Clinker Grinder)

클링커 분쇄기는 큰 덩어리의 클링커를 작게 분쇄시키기 위한 설비로 저회 저장조 하부에 설치된다. 클링커 분쇄기를 기동하고 저장조 출구 게이트를 열면 저장조 내부의 물과 함께 클링커 덩어리가 흘러나와 분쇄기에서 잘게 분쇄된 후 클링커 분쇄기 하부에 설치된 하이드로 이젝타(Hydro Ejector)에 의하여 배출된다.

이때 크고 단단한 클링커 덩어리가 걸리면 과부하가 되어 회전을 멈추는 경우가 있는데 이때에는 역회전과 정회전을 2-3회 반복하면 대부분 분쇄되어 계속 운전할 수 있다. 이를 위해 분쇄기는 과부하 방지용 역회전 기구(Reversing Mechanism)를 갖추고 있다.

(4) 하이드로 이젝타(Hydro Ejector)

하이드로 이젝타는 물 제트 펌프(Water Jet Pump)의 일종이다. 15~20[kg/cm^2]의 고압 해수를 노즐로 분사시켜 분쇄기에서 분쇄된 회와 해수의 혼합물을 회사장까지 이송한다.

6.3.5.4 비회 처리계통(Fly Ash Handling System)

비회를 회 처리장으로 배출시키기 위한 설비로서 건식 처리계통과 습식 처리계통으로 구분된다.

(1) 습식 처리계통(진공식)

진공식이라고 하며 15~20[kg/cm^2]의 고압수를 그림 6.27과 같이 진공형성장치(Hydro-vactor) 내의 노즐을 통과시켜 형성된 진공 (약 300~40[0mmHg])의 힘으로 비회를 흡입하여 배출시키는 방식이다.

이 방식은 처리계통과 운전조작이 비교적 간단하고 누설이 적으나 진공도가 저하될 경우에는 비회의 배출이 어려워지는 단점이 있다.

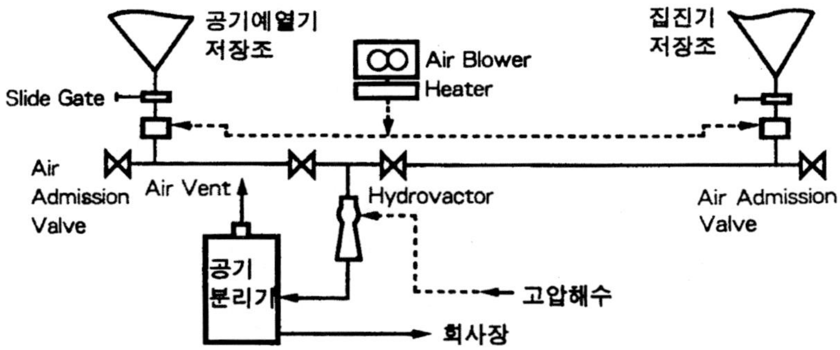

그림 6.27 습식 처리계통

① 비회 저장조(Fly Ash Hopper)

비회를 일시 저장하기 위한 설비로 전기집진기 하부와 절탄기, 공기예열기 등 하부에 설치되어 있다. 전기 집진기의 비회 저장조는 진동 발생장치(Vibrator), 공기 공급장치(Aeration Blower), 증기 가열장치(Heating Steam Coil) 등으로 구성된다.

비회를 회 저장조에 장시간 저장하면 온도가 저하되면서 흡습(吸濕)으로 굳어져 배출이 어려워지므로 저장조 외부에 증기 가열장치를 설치하여 비회를 가열함으로 배출이 쉽도록 한다.

또한 비회를 배출 시 저장조 내부의 회가 굳거나 내면에 부착되어 잘 내려오지 않는 경우, 공기를 불어 넣거나 진동을 주어 회의 배출이 쉽도록 하는 설비로서 공기 공급장치 및 진동 발생장치가 설치되어 있다.

② 진공형성장치(Hydrovactor)

회 처리 배관내에 진공을 형성시키기 위한 설비로서 고압 해수를 여러 개의 노즐로 분사시키면 회 처리 배관 측에는 약 300~400[mmHg] 정도의 진공이 형성된다.

이 진공에 의하여 흡입된 비회는 출구 측에서 물, 회, 공기가 혼합되어 공기 분리탱크(Air Separator Tank)로 이송된다.

비회 처리 배관 내에 진공도가 저하되면 회의 이송이 멈추게 되어 막히게 될 우려가 있으므로 진공도 저하 시에는 그 원인을 찾아 조치하여야 한다.

③ 공기분리기(Air Separator)

회와 해수 혼합물중에 포함된 공기를 분리시키는 장치로서 공기가 포함되어 있으면 회사장으로 배출되는 배관 내에 공기 층(Air Pocket)이 형성되어 배출이 어려워진다.

공기 분리기는 약 40[m]의 높은 곳에 설치되어 있어 위치 수두를 이용하여 회와 해수를 회사장으로 이송시킨다.

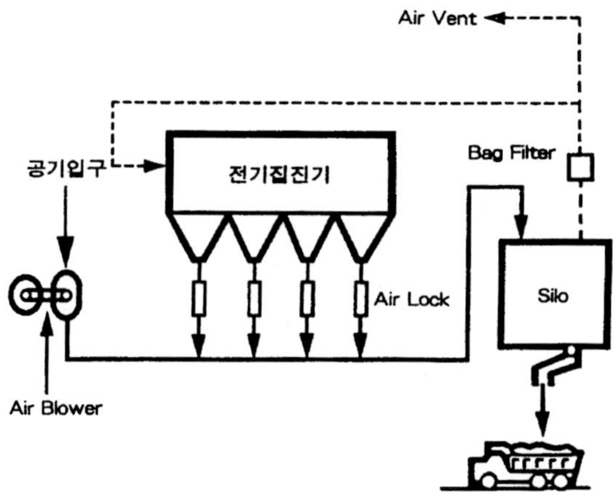

그림 6.28 건식 처리계통

④ 공기유입 밸브(Air Admission Valve)

회 처리 배관 내에 공기의 흐름을 형성시키는 체크 밸브로서 소량의 공기가 흘러가는 상태에서 진공이 형성되어야 회를 이송시킬 수 있다.

(2) 건식 처리계통(Blower식, 압력식)

건식 처리계통은 그림 6.28과 같이 공기 블로어(Air Blower)에 의한 공기압으로 비회 저장조에서 배출된 비회를 실어 날라 회 저장조(Ash Silo)로 저장시키는 방식이다.

이 계통은 비회를 회수하여 이용하기 위하여 채용되는 방식이나 계통구성 및 회 처리 운전절차가 복잡하며 누설이 심하여 주위를 오염시키는 단점이 있다.

공기 차단장치는 부압(-압)으로 운전 중인 집진기 호퍼(Hopper)에 쌓인 비회를 정압(+압)인 회 처리 배관으로 공기가 역류됨이 없이 배출시키기 위한 장치로서 전기집진기 저장조 하부에 설치된다.

6.4 보일러계통

6.4.1 보일러 개요

보일러는 강철로 만든 밀폐된 용기 안에서 물을 가열하여 높은 온도, 높은 압력의 증기를 발생시키는 장치이다.

보일러의 전열과정은 복사, 전도, 대류로 대별할 수 있다.

(1) 복사(Radiation)

- 고온부에서 저온부로 열전자에 의한 전열과정이다.
- 전열량은 고온부와 저온부 온도의 4승차에 비례한다.
- 복사전열은 수냉벽 그리고 과열기 및 재열기 일부에서 이루어진다.
- 수냉벽에서 복사 전열은 보일러 전체 전열량의 약 50% 전후이다.
- 복사 전열량은 스테판–볼쯔만(Stefan– Boltzmann)의 법칙을 적용한다.

$$Q = \sigma \cdot A(T_1^4 - T_2^4)$$

여기서, σ : Stefan–Boltzmann의 상수(kcal/h · m^2 · k^4)
A : 전열면적
T_1 : 고온부 온도
T_2 : 저온부 온도

(2) 전도(Conduction)

- 물체 구성 분자가 이동하면서 고온부에서 저온부로 열이 전달되는 전열과정이다.
- 전열량은 단면적과 온도 차에 비례한다.
- 전도 전열량은 Fourier의 법칙(동일물체 중의 열전도에 관한 법칙)을 적용한다.

$$Q = K \cdot A(T_1 - T_2)/L(\text{kcal/h})$$

여기서, K : 열전도 계수(kcal/h · m · ℃)
A : 전열면적
L : 전열면의 두께

(3) 대류(Convection)

- 연소가스의 유동에 의해서 열이 전달되는 전열과정이다.
- 전열량은 전열면적과 온도 차에 비례한다.
- 대류전열은 보일러 후부 통로에 설치되어 있는 과열기, 재열기, 절탄기, 공기예열기에서 이루어진다.
- 대류 전열량은 Newton의 법칙을 적용한다.

$$Q = H \cdot A(T_1 - T_2)(\text{kcal/h})$$

여기서, H : 열대류 계수(kcal/h · m^2 · ℃)
A : 전열면적

6.4.1.1 물의 임계압 특성

① 물의 임계압은 그림 6.29와 같이 225.6[kg/cm^2]이며, 임계 온도는 374[℃]이다.

② 임계압에서 물의 증발잠열은 그림 6.30과 같이 "0"이다.

③ 임계압에서 포화수와 포화증기의 비체적과 비중량은 같다.

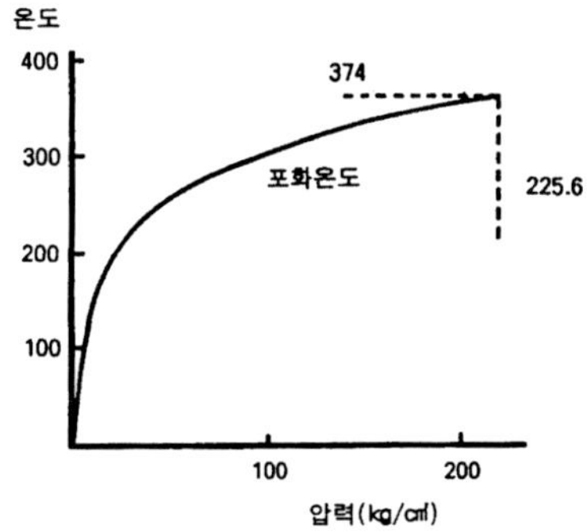

그림 6.29 압력과 포화 온도

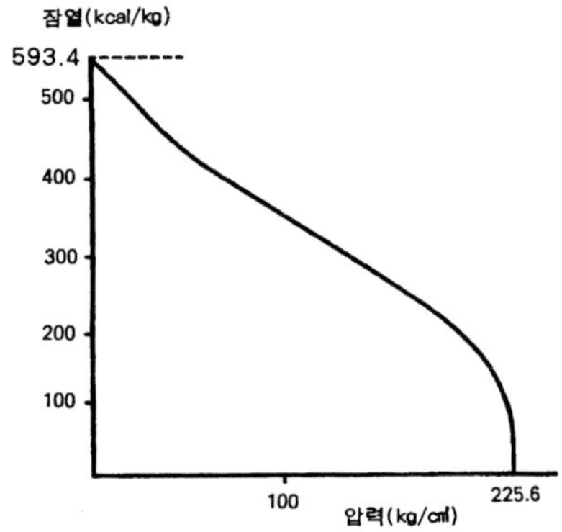

그림 6.30 압력과 증발잠열

6.4.2 보일러

6.4.2.1 발전용 보일러의 종류

발전 설비의 대형화와 사용증기의 고온 고압화 추세에 따라 발전용 보일러는 자연순환 보일러 그림 6.31(a)에서 강제순환 보일러 그림 6.31(b)로 변화되었다.

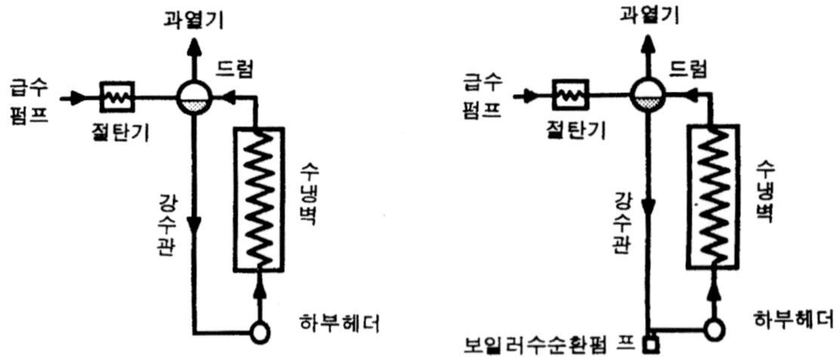

(a) 자연순환 보일러 (b) 강제순환 보일러

그림 6.31 순환 보일러

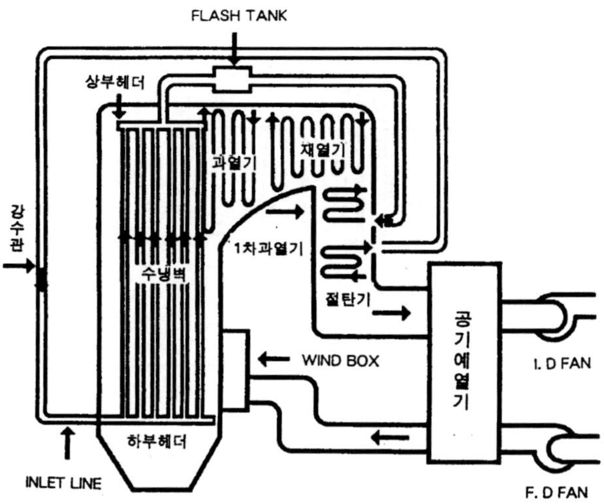

그림 6.32 관류 보일러

(1) **순환 보일러**(Circulation Boiler)

① 자연순환 보일러(Natural Circulation Boiler)

보일러순환 펌프가 없는 보일러가 자연순환 보일러이다.

② 강제순환 보일러(Controlled Circulation Boiler)

보일러순환 펌프가 있는 보일러는 강제순환 보일러이다.

(2) **관류 보일러**(Once Through Boiler)

관류로만 형성된 보일러로서 관류보일러라 하며 대표적인 것이 벤슨 보일러와 슐처보일러이다.

6.4.2.2 순환비(Circulation Ratio)

순환비는 상승관 출구에서 드럼으로 유입되는 기수혼합물과 기수혼합물 중에 포함된 증기의 비율이며, 보일러수의 순환량은 순환비로 계산할 수 있다.

순환비가 크다는 것은 보일러의 보유수량이 많음을 의미하며 보일러의 열관성(Thermal Inertia)이 커서 기동, 정지시간이 길어지고 정지 시 열손실도 증가한다.

일반적으로 순환비는 자연순환 보일러가 강제순환 보일러보다 크다.

$$\text{순환비(C.R)} = \frac{\text{상승관 출구에서 기수혼합물의 중량}}{\text{상승관 출구에서 증기의 중량}} \qquad (6.3)$$

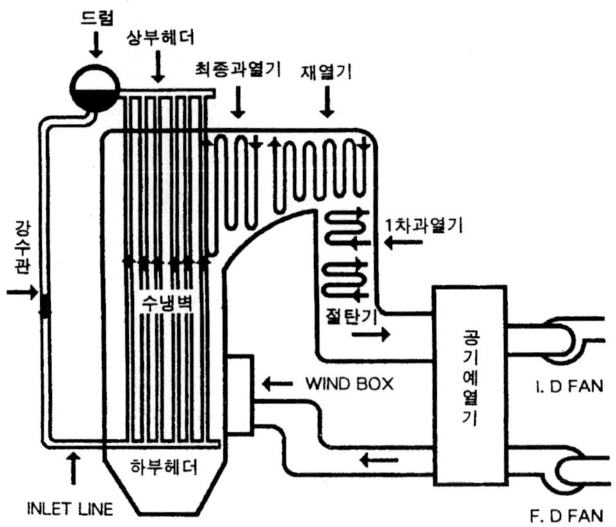

그림 6.33 자연순환 보일러

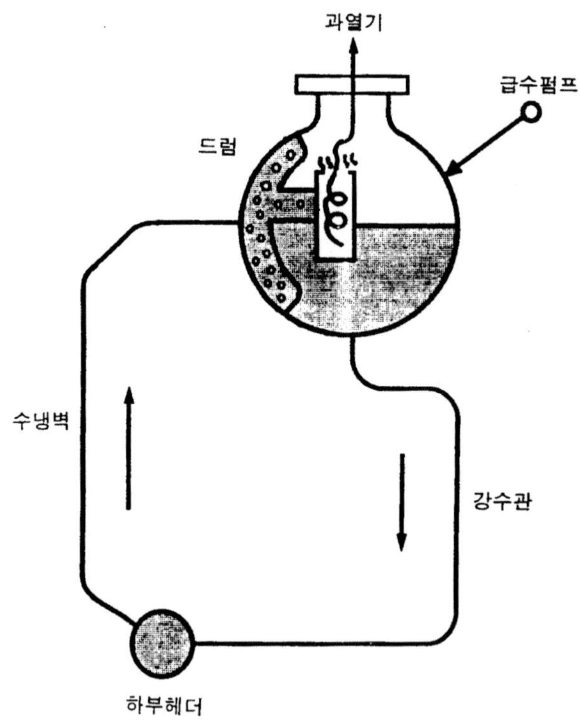

그림 6.34 자연순환 보일러의 순환계통

6.4.2.3 자연순환 보일러(Natural Circulation Boiler)

그림 6.33은 자연순환 보일러의 내부 구조이다. 급수는 절탄기를 거쳐 드럼으로 유입된다. 절탄기에서 유입된 급수와 드럼에서 기수 분리된 포화수는 강수관, 하부헤더를 거쳐, 수냉벽에서 노(Furnace) 내부의 복사열을 흡수한다.

(1) 순환력

그림 6.34는 자연순환 보일러에서 보일러수의 흐름이다. 보일러수의 순환은 수냉벽 속의 기수(포화증기의 포화수) 혼합물의 밀도와 강수관으로 흐르는 물의 밀도 차에 의해서 이루어진다.

수냉벽으로 흐르는 보일러수는 노에서 불꽃과 고온(高溫)의 연소가스에 의해서 가열되어 기수 혼합물이 된다.

노 외부에 설치된 강수관속의 물은 밀도가 높으므로 수냉벽속의 기수혼합물 을 밀어 드럼으로 상승시킨다. 순환력이 부족하면 수냉벽으로 흐르는 유량이 적어져 수냉벽이 고열(高熱)에 의해서 과열될 우려가 있다. 보일러수의 흐름 경로는 아래와 같다.

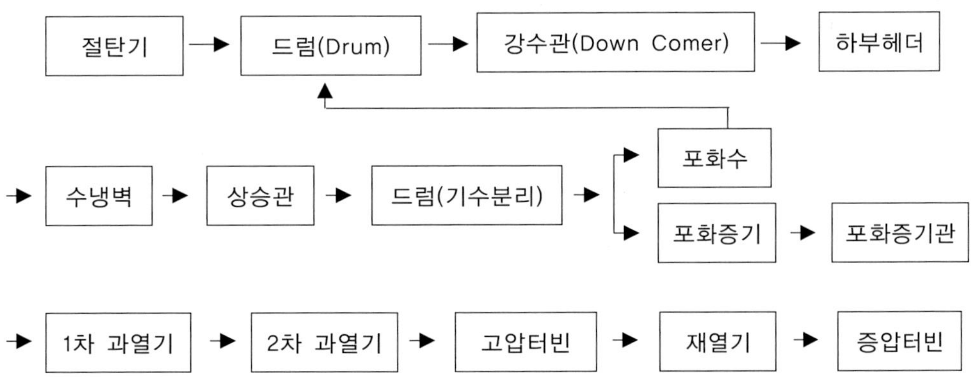

연소가스의 흐름 경로는 아래와 같으며 연소가스의 흐름도는 그림과 같다.

연소실 → 과열기 → 재열기 → 절탄기 → 공기예열기
→ 집진기 → 유인송풍기 → 연돌

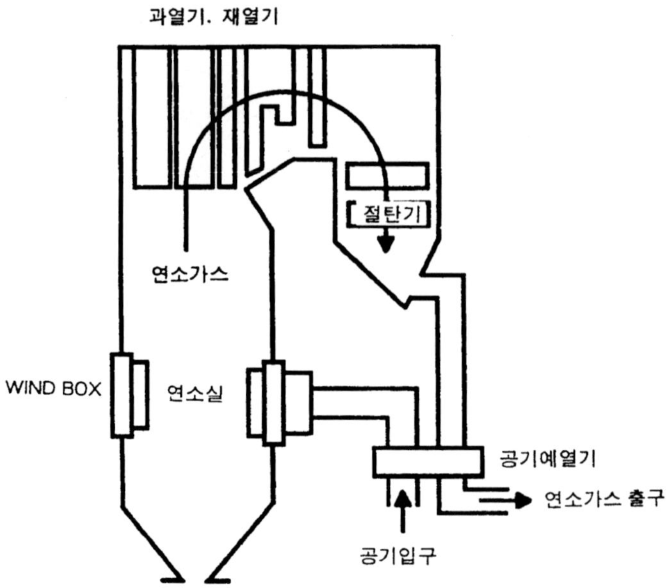

그림 6.35 연소가스의 흐름

자연순환 보일러의 특성으로는 아래와 같다.

- 자연순환 보일러는 보일러수 순환을 위한 별도의 설비가 없으므로 구조가 간단하다.
- 운전이 비교적 쉽다.
- 증기압력이 높아지면 순환력이 저하된다.
- 보일러의 보유 수량이 많아서 기동, 정지 시간이 길어지고 정지 시 열손실이 많다.

6.4.2.4 강제순환 보일러(Controlled Circulation Boiler)

강제순환 보일러는 그림 6.36과 같이 보일러수를 순환시키기 위하여 보일러수 순환펌프(Boiler Water Circulation Pump, BWCP)를 사용한다.

강수관에 설치된 순환펌프는 드럼에 저장된 물을 흡입하여 하부헤더(Lower Header) 및 수냉벽을 거쳐 드럼으로 강제순환시킨다.

강제순환 보일러는 자연순환 보일러보다 순환력이 좋으므로 보일러의 크기가 같은 경우 더 많은 증기를 생산할 수 있다.

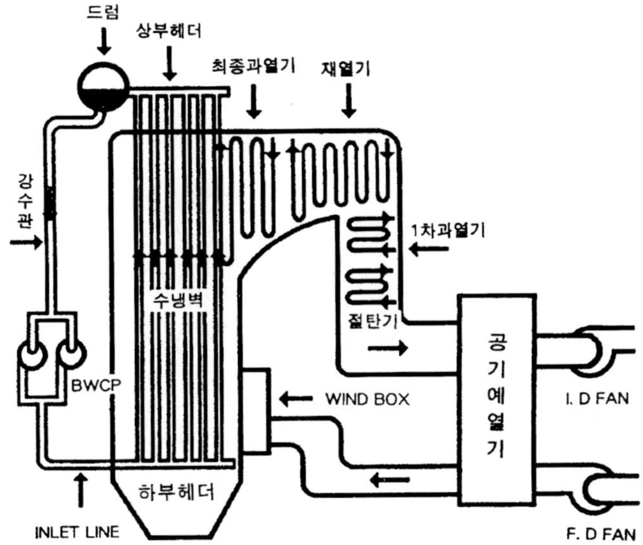

그림 6.36 강제순환 보일러

6.4.2.5 관류 보일러

발전소의 효율은 사용압력과 온도를 높이면 상승한다. 그러나 사용 온도는 보일러 튜브 및 터빈의 재질 때문에 더 이상 높이지 못하므로 압력을 초임계압으로 상승하여 효율을 향상시킨다. 관류 보일러는 급수펌프가 보일러수를 순환시키며 임계점 이상에서는 기수분리기가 불가능하므로 초임계압 보일러는 반드시 관류 보일러를 사용한다.

(1) 관류 보일러 구성

관류 보일러는 절탄기(Economizer), 증발관(Evaporator), 과열기(Superheater)가 하나의 긴관(Single Flow Tube)으로 구성되어 있으며, 급수펌프가 공급한 물은 순차적으로 예열, 증발하여 과열증기가 된다.

(2) 관류 보일러 특징

① 직경이 작은 튜브가 사용되므로 중량이 가볍고, 내압 강도가 크나, 압력손실이 증대되어 급수펌프의 동력손실이 많다.

② 보일러 보유 수량이 적어 기동시간이 빠르고 부하 추종이 양호하나 고도의 제어기술과 각종 보호장치가 필요하다.

③ 기동 시 증기가 고압 터빈을 바이패스하여 재열기로 흐르므로 재열기의 과열을 방지할 수 있다.

④ 터빈 정지 시 보일러의 단독 운전이 가능하다.

⑤ 복수기는 터빈을 바이패스한 증기를 응축시키기 위해서 보일러 점화전 정상 상태로 운전시켜야 한다.

⑥ 운전 중 보일러수에 포함된 고형물이나 염분 배출을 위한 블로우 다운(Blow Down)이 불가능하여 보충 수량이 적으므로 수질관리를 철저히 하여야 한다.

⑦ 노 하부 수냉벽은 나선형(Spiral Type)으로 설치되고 버너 부근의 고열(高熱)을 흡수하는 수관은 리브드 튜브(Ribbed Tube)를 사용한다.

(3) 벤슨 보일러(Benson Boiler)

벤슨 보일러는 과열기 출구에 기동용 플래시 탱크(Flash Tank)가 설치되어 있다. 보일러 기동 시 과열기까지 순환한 물은 기동용 플래시 탱크(Flash Tank)를 거쳐 배수 저장조 혹은 급수 저장조로 회수된다.

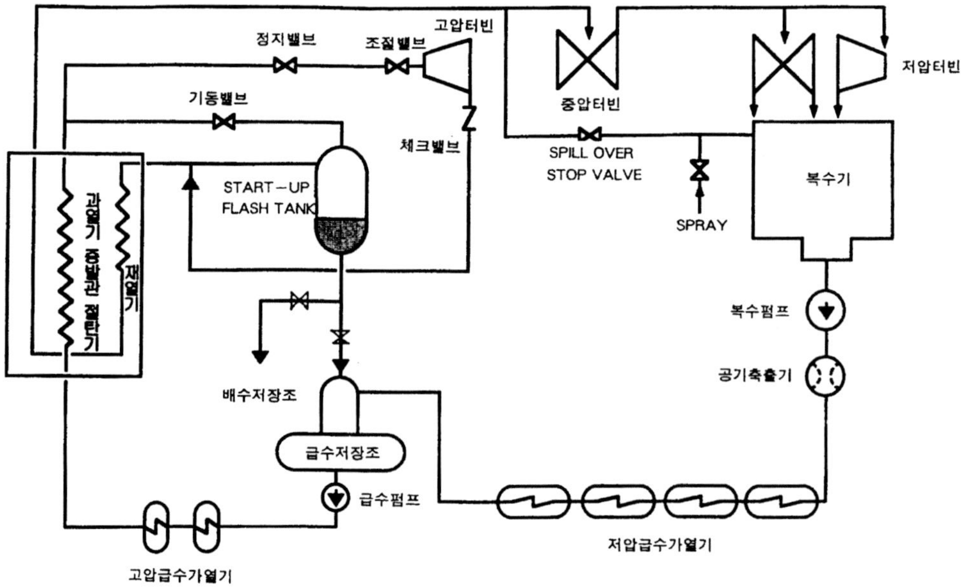

그림 6.37 벤슨 보일러의 계통도

기동 초기 보일러 튜브(Tube) 속의 불순물에 의해 오염된 보일러수는 배수탱크로 버린다. 시간이 경과되면 보일러수의 수질이 점차적으로 좋아지고 수질이 개선된 보일러수는 급수저장소로 회수되어 보일러수로 재사용한다.

벤슨 보일러(Benson Boiler) 특징은 다음과 같다.

① 급수가 보일러 내부로 흐르고 있는 상태에서 버너(Burner)가 점화된다.

② 증발관에서 유동 안정을 위하여 최소 급수량은 정격 급수량의 약 30[%] 이상 유지되어야 한다.

③ 보일러 기동 시 보일러수가 증발관과 과열기로 흐르므로 튜브 내면의 물때(Scale)가 제거된다.

④ 보일러를 단시간 정지 후 재기동 시 보일러를 반드시 냉각시켜야 하므로 재기동시 열 손실과 시간 손실이 많고 보틀 업(Bottle-up)이 불필요하다.

(4) 슐처 보일러(Sulzer Boiler)

① 그림 6.38은 초임계압 관류 보일러 계통도이다.

② 증발관 출구에 설치된 기수분리기(Separator)가 기동 및 정지 그리고 저부하 시 기수(汽水)혼합물을 분리시키며, 정상 운전 시는 보일러수가 증발관에서 모두 증기로 변하므로 기수분리의 필요성이 없다.

③ 기수분리기 하부에 설치된 순환펌프(Circulating Pump)는 포화수를 절탄기 입구로 재순환시킨다.

④ 기동 시 과열기로 물이 순화되지 않으므로 열간기동(Hot Start-up)이 가능하다.

④ 보일러 기동시간이 단축되고 열손실이 감소된다.

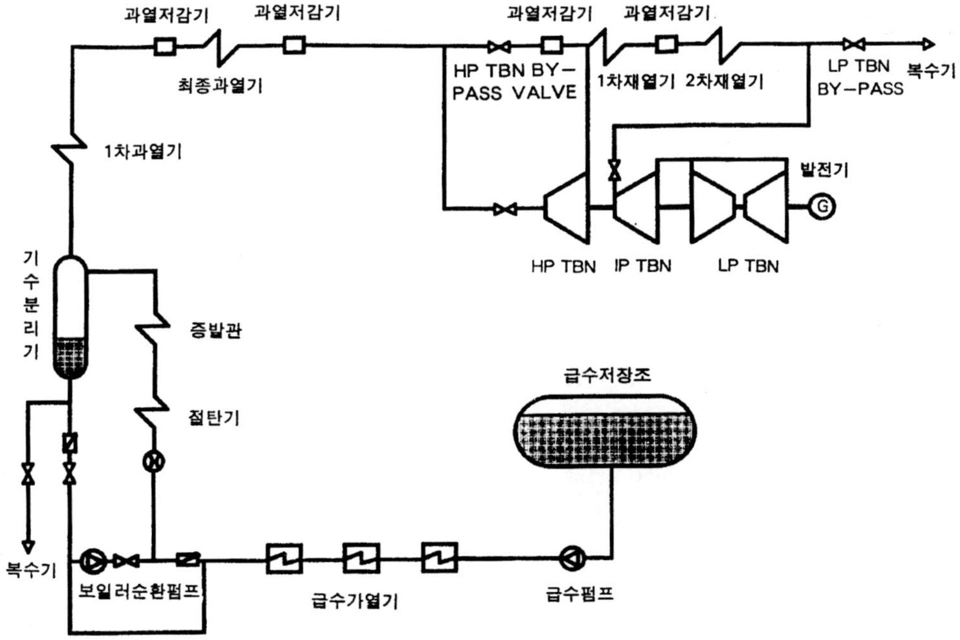

그림 6.38 슐처 보일러의 계통도

(5) 나선형 수냉벽(Spiral Type Water Wall)

① 수관수가 적어지므로 수관당 질량 유량이 증대하여 최저부하 한도가 낮아진다.
② 수냉벽에서 열 흡수가 균등하여 인접 튜브와 온도차가 적다.
③ 보일러 동 특성이 우수하여 주파수 조절용 보일러에 많이 사용한다.
④ 나선형 수냉벽은 노벽 설계 및 건설 시공이 복잡하다.
⑤ 튜브 내부로 흐르는 유속 증가에 따른 압력손실이 증가되므로 열 흡수율이 낮은 노 상부는 수직형 수냉벽을 설치한다.
⑥ 나선형 수냉벽과 수직형 수냉벽 사이에 설치된 중간헤더가 이들 수냉벽의 열응력 발생을 최소화시킨다.

6.4.3 절탄기(Economizer)

절탄기는 보일러에서 배출되는 연소가스의 남은 열을 이용하여 보일러에 공급되는 급수를 예열하는 장치로서 절탄의 효과는 아래와 같다.

① 연소가스의 남은 열을 이용하여 급수를 예열하므로 보일러 효율이 상승된다.
② 급수를 가열하므로 드럼과 급수 온도 차가 적어져 드럼의 열응력 발생을 저감시킨다(드럼형 보일러일 경우).

절탄기 설치 위치는 급수 기준으로 최종 급수가열기와 드럼 사이에 위치하며, 연소가스 기준으로 가스온도가 약 400[℃] 정도 되는 보일러의 후부 통로 1차 과열기와 공기예열기 사이에 위치한다.

발전용 보일러 절탄기의 재질은 대부분 강관이 사용된다. 강관을 그대로 사용하는 나관 절탄기와 전열면적을 증가시키기 위해서 튜브 주위에 핀(Fin)을 부착한 휜 부착 절탄기가 있다. 그림 6.39는 핀 부착 절탄기이다.

그림 6.39 핀(Fin) 부착 절탄기

6.4.4 과열기(Superheater) 및 재열기(Reheater)

6.4.4.1 과열기 및 재열기 사용 목적

① 발전소 열효율은 증기압력과 증기 온도가 높을수록 증가한다.
② 과열기는 드럼에서 분리된 포화증기를 가열하여 온도가 높은 과열증기로 만든다.
③ 과열증기를 사용하므로 터빈에서 열낙차가 증가하고, 터빈의 내부효율이 증가한다.
④ 터빈과 증기 공급관의 마찰손실이 적어지고, 습분에 의한 침식이 경감된다.
⑤ 재열기(Reheater)는 고압 터빈(High Pressure Turbine)에서 일을 한 온도가 떨어진 증기를 다시 가열하여 과열도를 높이는 장치이다.
⑥ 재열기는 발전소의 열효율을 향상시키고, 저압 터빈(Low Pressure Turbine) 날개(Blade)의 침식을 경감시킨다.

6.4.4.2 과열기 및 재열기 형식

(1) 전열방식에 따른 분류

① 복사과열기(Radiant Superheater)
복사과열기는 연소가스 온도가 높은 노 상부에 설치되어 복사열을 받으면 보일러의 부하가 상승하면 증기 온도가 떨어진다.

② 대류과열기(Convection Superheater)
대류과열기는 연소가스 통로에 설치되어 가스의 대류작용에 의해서 열전달 이루어지며, 보일러의 부하가 상승되면 증기 온도가 올라간다.

③ 복사-대류과열기
복사-대류과열기는 노 출구 고온부에 설치되어 복사열과 대류열을 동시에 받으며 보일러 부하가 변하여도 증기 온도가 비교적 일정하게 유지된다.

(2) 유동방식에 따른 분류

과열기 및 재열기를 유동방식에 따라 분류하면 그림 6.40과 같이 병류, 향류, 혼류식이 있다.

① 병류식

- 연소가스의 흐름 방향과 증기의 흐름 방향이 일치하며, 연소가스의 고온부와 증기의 저온부가 접촉한다.
- 튜브(Tube)의 표면 온도 상승 폭이 적고, 열전달 효율은 낮다.
- 이 형식의 과열기 및 재열기는 고온부에 설치된다.

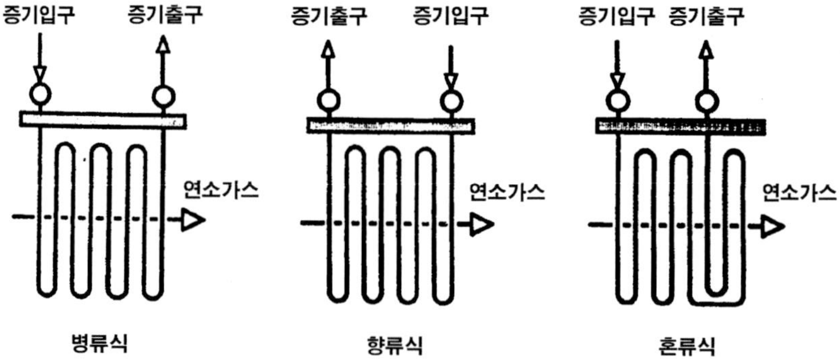

그림 6.40 유동방식에 따른 분류

② 향류식

- 연소가스의 흐름 방향과 증기의 흐름 방향이 반대이며, 연소가스의 고온부와 증기의 고온부가 접촉한다.
- 튜브(Tube)의 표면 온도 상승 폭이 크고, 열전달 효율은 높다.
- 이 형식의 과열기 및 재열기는 저온부에 설치된다.

③ 혼류식

혼류식은 병류식과 향류식을 조합한 형식이며 최종 과열기 및 최종 재열기에 주로 사용한다.

(3) 설치방식에 따른 분류

① 수평식

- 설치가 곤란하다.
- 응축수(Drain Water)의 배출이 쉽다.

② 수직식

- 설치가 쉽다.
- 응축수(Drain Water)의 배출이 곤란하다.

6.4.4.3 증기 온도 조절

(1) 증기 온도가 떨어지는 요인

- 과잉 공기가 부족한 경우
- 급수 온도가 기준 온도보다 높은 경우
- 재열기 입구 온도가 기준 온도보다 낮은 경우

• 과열저감기가 누설되는 경우
• 석탄회가 과열기 및 재열기 표면에 부착된 경우

(2) 증기 온도가 올라가는 요인

• 과잉 공기가 많은 경우
• 급수 온도가 기준 온도보다 낮은 경우
• 재열기 입구 온도가 기준 온도보다 높은 경우
• 석탄회가 수관 표면에 부착된 경우
• 연소시간이 길어지는 경우

(3) 증기 온도 조절방법

① 과열저감기(Desuperheater or Spray Attemperator)의 분사량 조절

• 과열저감기는 그림 6.41과 같이 과열증기 통로에 설치되어 분사 노즐(Spray Nozzle)에서 물을 분사시켜 증기 온도를 내린다.
• 이 방법은 증기 온도를 내리는 방법 중 가장 보편화된 방법이며 증기 온도의 조절범위가 넓고, 시간이 빠르다.
• 분사수가 증기와 직접 혼합되므로 과열기 및 터빈에 부착되는 물때(Scale)를 방지하기 위해서 분사수의 순도가 좋아야 한다.

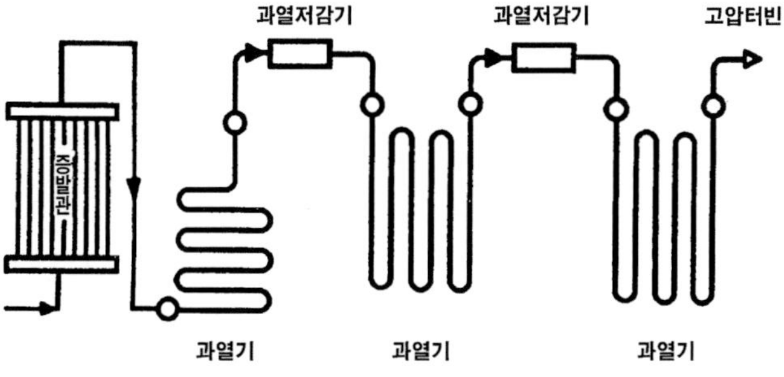

그림 6.41 과열저감기 설치 위치

② 화염위치 변경

• 미국 C.E사(Combustion Engineering)의 경사각 조절 버너(Tilting Burner)는 노의 4 모퉁이에 설치되어 상하 30[°]의 각도로 조절할 수 있다.
• 버너 분사각이 상방향(+30°)이면 증기 온도가 올라가고 하방향(-30°)이면 증기 온도가 떨어진다.
• 버너의 분사각은 증기 온도에 따라 자동적으로 조절된다.

③ 가스 재순환(Gas Recirculation)량 조절

- 가스 재순환 설비는 보일러 부하가 낮은 경우 과열증기 특히 재열증기 온도를 상승시킨다.
- 가스 재순환 송풍기가 절탄기를 통과한 연소가스의 일부를 노 하부로 공급하여 전열면(절탄기, 수냉벽, 과열기, 재열기)에서 흡수열량을 변화시킨다.
- 재순환 가스량이 증가하면 증기 온도가 올라가고 감소하면 증기 온도가 떨어진다.
- 연소가스가 재순환되면 연소 상태가 불량하여 소화(消火)의 위험이 있다.

6.5 통풍장치

6.5.1 통풍장치 구성

통풍장치는 그림 6.42와 같이 연소 공기를 노(Furnace)로 공급하고, 연소가스를 대기로 배출시키는 설비이다.

(1) 풍도(Air Duct)

풍도는 노에 연소공기를 공급하는 통로이며 압입 송풍기(Forced Draft Fan)에서 노까지이다. 풍도에는 증기식 공기예열기, 공기예열기, 윈드 박스(Wind Box)가 설치되어 있다.

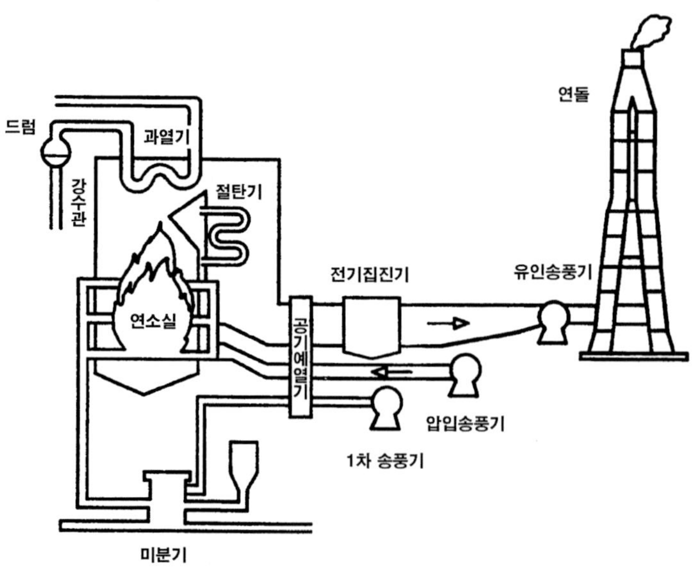

그림 6.42 연도(Flue Gas Duct)와 풍도(Air Duct)

(2) **연도(Flue Gas Duct)**

연도는 연소가스가 지나가는 통로이며 노(Furnace)에서 연돌까지이다. 연도에는 과열기, 재열기, 절탄기, 공기예열기, 전기집진기, 유인송풍기가 설치 되어있다.

6.5.2 통풍방식

(1) **자연 통풍방식**

① 자연 통풍방식은 공기와 연소가스의 밀도 차와 굴뚝의 높이에 의해서 발생되는 자연 통풍력으로 연소 공기와 연소가스를 유동시키는 방식이다.

② 자연 통풍력은 작아서 발전용 보일러의 연소 공기와 연소가스를 충분히 유동시킬 수 없다.

③ 소내정전(Unit Brake Down)으로 보일러가 정지되면 송풍기를 운전할 수 없으므로 자연 통풍력으로 보일러의 남은 열을 냉각시킨다.

④ 그림 6.43에서 자연 통풍력의 크기를 계산하면 다음과 같다.

$$P_1 - P_2 = (r_1 - r_2) \times h$$

여기서, h : 굴뚝의 높이　　　　P' : 굴뚝 상부에서 대기압
r_1 : 공기의 비중량　　　　P_1 : B지점에서 대기 압력
r_2 : 연소가스의 비중량　　P_2 : B지점에서 연소가스의 압력

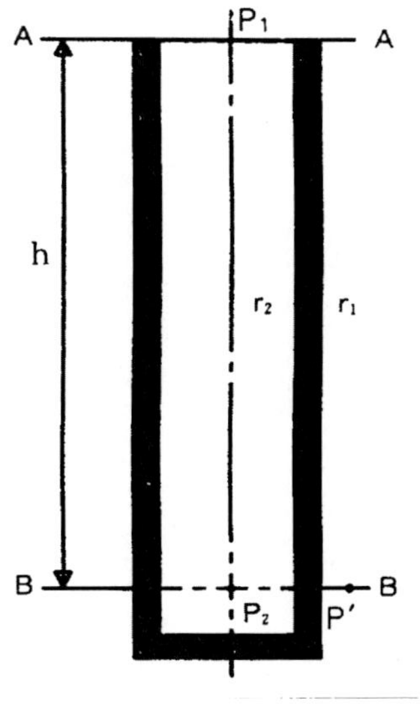

그림 6.43 자연 통풍력의 크기

굴뚝 B지점에 구멍을 뚫으면 $P_1 - P_2$차압에 의해서 공기가 빨려 들어가는 힘이 자연 통풍력이다.

자연 통풍력은
① 굴뚝의 높이가 높을수록 크다.
② 연소가스의 온도가 높을수록 크다.
③ 공기의 온도가 낮을수록 크다.

(2) 인공 통풍방식

① 압입 통풍방식

압입 통풍방식은 그림 6.44와 같이 압입 송풍기가 연소 공기를 노 내부로 공급하고 연소가스를 대기로 배출시킨다.

- 중유전소 보일러와 가스연소 보일러에서 채택되는 통풍방식이다.
- 유인 송풍기(Induced Draft Fan)가 없으므로 소내전력이 적게 소비된다.
- 노내 압력은 150~450[mmAq] 정도로 유지되며, 보일러 부하에 따라 변동된다.

② 평형 통풍방식

평형 통풍방식은 그림 6.45와 같이 압입 송풍기가 연소 공기를 노내부로 공급하고 유인 송풍기가 연소가스를 대기로 배출시킨다.

- 미분탄 연소 보일러가 채택되는 통풍방식이다.
- 노내부 압력이 대기 압력보다 낮으므로 노내부에서 연소되는 미분탄이나 석탄회의 분출을 방지할 수 있다.
- 노내 압력은 보일러의 부하에 따라 변동되지 않고 유인 송풍기에 의해서 일정하게 유지된다.
- 압입 송풍기와 유인 송풍기가 운전되므로 소내전력의 소비가 많다.

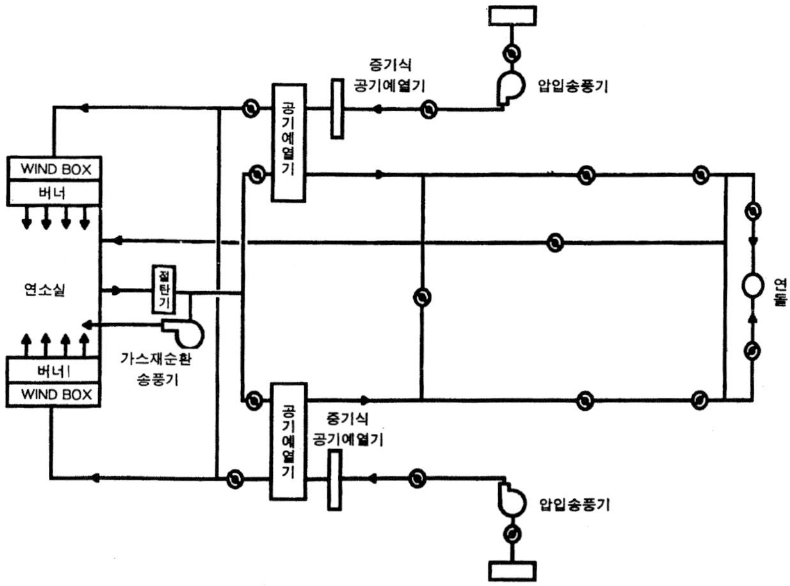

그림 6.44 압입 통풍방식

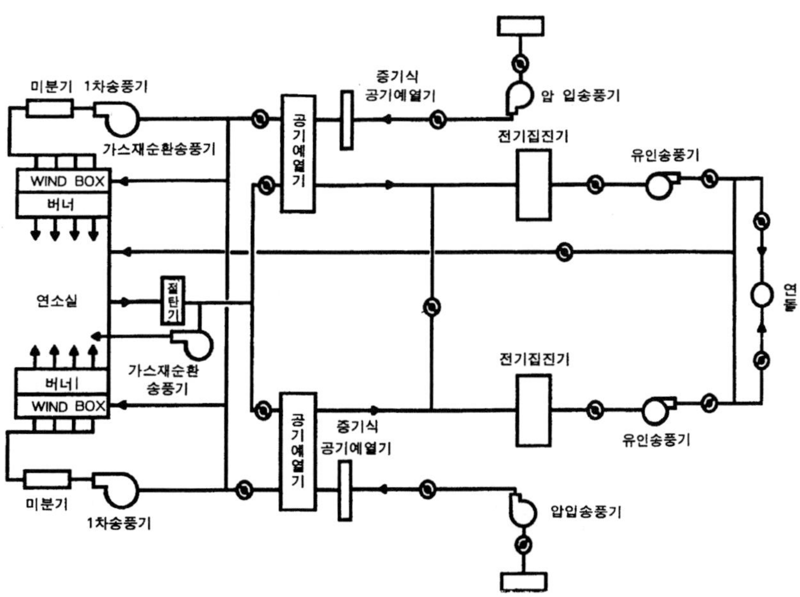

그림 6.45 평형 통풍방식

6.6 공기예열기(Air Preheater)

6.6.1 공기예열기 개요

공기예열기는 절탄기(Economizer)를 통과한 연소가스의 남은 열을 이용하여 연소공기를 예열하는 장치이다. 사용 효과로는 아래와 같다.

① 보일러에서 열손실이 가장 큰 배기가스 손실을 감소시키므로 보일러효율이 상승된다.
② 연소 공기 온도 상승으로 연소효율이 증가되어 과잉 공기량이 감소된다.
③ 석탄연소 보일러에서 발열량이 낮은 저질탄을 연소시킬 수 있으며, 석탄 건조용 공기를 가열함으로써 미분기의 분쇄능력이 향상된다.

6.6.2 종류

발전용 보일러의 공기예열기는 전부 재생식이며, 이 형식은 원통형 틀속에 얇은 강판의 가열소자를 다발로 묶어 장착한다. 공기가 연소가스에 의해서 가열된 가열 소자를 통과하므로 공기 온도가 올라간다.

재생식 공기예열기는 가열소자(Heating Element)가 회전하는 회전 재생식과 공기통로(Air Hood)가 회전하는 고정 재생식으로 분류된다.

(1) 재생식 공기예열기

① 회전 재생식 공기예열기(Ljungstrom Air Preheater)

회전 재생식 공기예열기는 그림 6.46과 같은 구조로 되어 있으며, 가열소자가 1~3[rpm]으로 연소가스 통로와 연소 공기 통로로 회전한다.

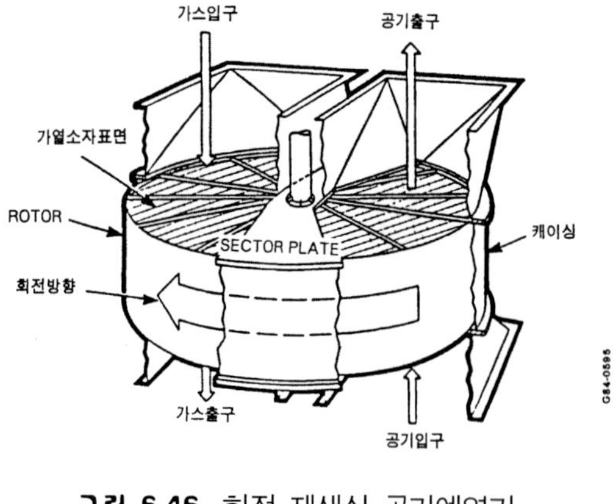

그림 6.46 회전 재생식 공기예열기

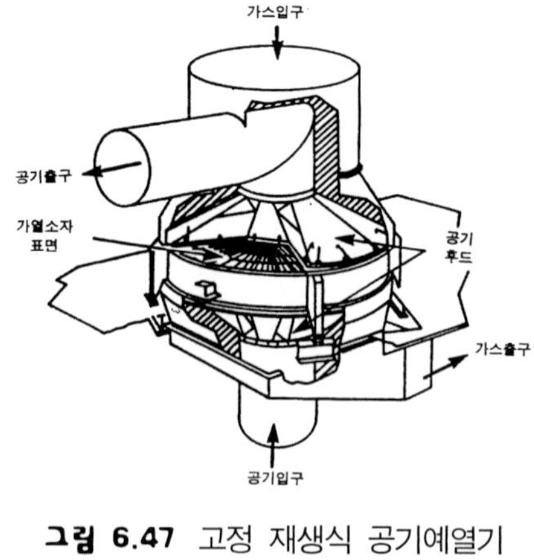

그림 6.47 고정 재생식 공기예열기

② 고정 재생식 공기예열기(Rothemuhle Air Preheater)

고정 재생식 공기예열기는 그림 6.47과 같은 구조이며 가열소자가 장착 된 원통형 틀은 고정되고 가스통로(Gas Duct) 내부에 있는 공기통로(Air Hood)가 약 0.8[rpm]으로 회전하면서 배기가스의 남은 열이 연소공기를 가열한다.

(2) 배치방식에 따른 분류

공기예열기는 회전축의 배치방식에 따라 수직식과 수평식으로 분류된다.

① 수직식

수직식 공기예열기는 회전축이 수직방향으로 설치된 공기예열기로 현재 사용하는 공기예열기는 대부분 이 형식이다.

- 가열소자의 교체가 수평식보다 유리하다.
- 하부 베어링(Support Brg)은 무거운 가열소자를 지지하면서 추력을 흡수한다.

② 수평식

수평식 공기예열기는 회전축이 수평방향으로 설치된 공기예열기로

- 무거운 가열소자를 지지하는 베어링의 선택이 쉽다.
- 가열소자의 교체가 어렵다.

(3) 통로수에 의한 분류

① 2 통로(Bi-Sector) 방식

- 공기예열기는 연소가스와 연소공기 통로 2부분으로 나누어진다.
- 공기예열기를 통과한 연소공기의 일부가 1차 송풍기에 의해 가압되어 1차 공기(미분탄 이송용 및 건조용 공기)로 이용된다.

② 3 통로(Tri-Sector) 방식

- 공기예열기는 연소가스와 연소 공기 그리고 1차 공기 통로를 포함 3부분으로 나누어진다.
- 3 통로 방식은 대형 유연탄 연소 보일러에 주로 사용된다.

6.6.3 공기예열기 누설

(1) 직접 누설

직접 누설은 압력 차에 의해서 공기가 가스 측 혹은 공기예열기 외부로 누설되는 것이며, 직접 누설의 종류는 다음과 같다.

- 반경방향(Radial) 누설
- 축방향(Axial) 누설
- 원주방향(Circumfurential) 누설
- 포스트(Post) 누설

(2) **반입 누설**

반입 누설은 가열소자(Heating Element)가 회전할 때 그 속에 차있는 공기가 가스 측으로 반입되는 누설이다. 밀봉공기 송풍기(Sealing Air Fan, Locked Air Fan)는 반입 누설을 방지하기 위해서 설치된다.

6.6.4 구동장치

(1) 구동모터의 피니언 기어가 회전체의 원주방향으로 설치된 핀 래크 기어(Pin Rack Gear)와 맞물려 회전체를 회전시킨다.

(2) 공기예열기가 정지되면 화재 발생과 열변형의 위험이 있으므로 보일러를 정지시켜야 한다. 보일러가 운전되면 어떤 경우에도 공기예열기가 정지되어서는 안된다.

(3) 공기예열기 구동장치는 다음과 같은 후비 보호장치를 갖추고 있다.

① 예비 교류 구동 모터(Stand-By A C Motor)
② 공기식 구동 모터(Air Motor)
③ 수동 구동장치(Hand Turning Device)

6.6.5 수세장치(Water Washing Device)

(1) 수세장치는 가열소자에 부착된 석탄회와 미연탄소분 등이 제매장치로 제거되지 않을 때 이들을 제거하는 설비로 보일러 정지 시만 운전할 수 있다.

(2) 수세의 필요성은 공기예열기 입구와 출구의 압력 차로 결정한다.

(3) 온수(약 60～80[℃])를 사용하면 수세시간이 절약된다.

(4) 가열소자 입구와 출구의 pH 차가 1미만일 때 수세를 완료하고 내부 상태를 점검한다.

(5) 보일러를 기동하기 전 공기예열기를 반드시 건조시켜야 한다.

6.6.6 저온 부식

(1) 발생

① 연료의 황(S) 성분이 산화되면 대부분은 아황산가스(SO_2)가 되고 일부는 무수 황산(SO_3)이 된다.

② 무수 황산이 공기예열기 냉단부에 응축되어 황산이되면 이 황산이 가열소자를 부식시킨다.

③ 연소가스 중 무수 황산, 즉 황산 증기가 응축되는 온도가 산노점(酸露点, Dew Point)이며 냉단 평균 온도가 노점 이하로 내려가면 부식이 급격히 증가한다.

(2) 방지 대책

① 유황분이 적은 연료를 사용한다.

② 과잉 공기량을 줄인다.

③ 냉단 평균 온도를 노점 온도보다 높게 유지시킨다.

- 냉단 평균 온도 $= \dfrac{\text{입구 공기 온도} + \text{출구가스 온도}}{2}$
- 증기식 공기예열기는 냉단 평균 온도를 조절한다.
- 노점 온도는 연소가스 중에 함유된 황산화합물에 의해서 결정된다.

④ 가열소자 재질은 내식성 합금강을 사용한다.

연·습·문·제

01 보일러계통을 설명하시오.

02 미분탄 연소장치의 장 · 단점을 설명하시오.

03 대용량 강제 순환 보일러에 대하여 특징을 설명하고 자연 순환식과 비교하시오.

04 최근에 대용량에 사용되고 있는 관류 보일러의 장단점을 설명하시오.

05 절탄기 및 공기예열기가 보일러 효율에 미치는 영향을 설명하시오.

06 중유전소방식과 미분탄 연소방식의 장단점을 비교하시오.

07 과열증기 온도 조정방법에 대하여 설명하시오.

08 100,000[kW]의 출력을 가진 증기 발전기에서 평균 38[t/h]의 석탄을 소비한다고 한다. 발전소의 열효율을 계산하시오. 단, 석탄의 발열량은 6,000[kcal/kg]로 한다. 1[kWh]당 공급된 열량을 구하여라.

09 최대 출력 10,000[kW] 일부하율 70[%]로서 운전하는 기력 발전소가 있다. 5,000[kcal/kg]의 석탄 4,000[t]을 사용하여 20일간 운전하면 발전소의 종합효율은 얼마인가?

07
증기 터빈계통

ELECTRIC ENERGY

7.1 증기 터빈 원리 및 분류

7.1.1 증기 터빈 원리

화력 발전소는 연료의 화학적 에너지를 전기 에너지로 변환시키는 에너지 변환기구(Conversion Mechanism)이며 보일러, 터빈 및 발전기로 구성된다.

그림 7.1과 같이 보일러는 물을 증기로 바꾸는 장치이며, 주전자 주둥이(노즐, Nozzle)로 부터 분출하는 증기가 터빈과 발전기(Generator)를 구동한다.

터빈이란 증기, 가스와 같은 압축성 유체의 흐름을 이용하여 충동력 또는 반동력으로 회전력을 얻는 기계장치이다.

증기를 이용하는 경우를 증기 터빈(Steam Turbine), 연소가스를 이용하면 가스 터빈(Gas Turbine)이라 한다.

증기 터빈은 증기의 열에너지(Thermal Energy)를 기계적 에너지(회전력)로 변환시키고, 동일 축에 연결된 발전기는 터빈에서 변환된 기계적 에너지를 전기적 에너지로 변환시키는 기계장치이다.

단(段, Stage)이란 노즐과 회전 날개(Moving Blade)로 구성된다.

제1단 노즐에서 분출된 증기는 회전 날개에 부딪혀 일을 한 후 에너지의 일부를 잃는다.

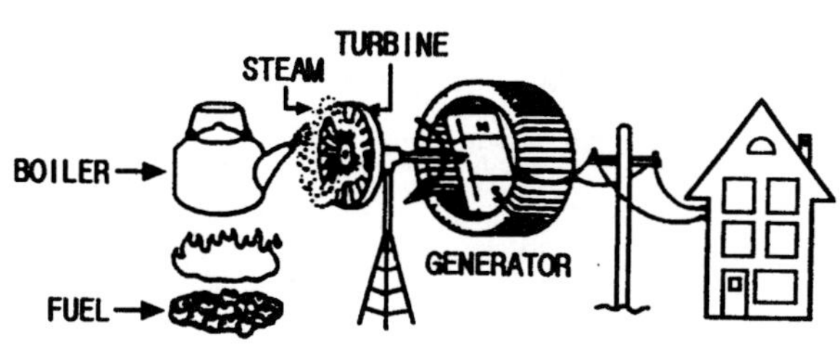

그림 7.1 증기 터빈 원리

실제 터빈에서는 한 개의 단(Stage)으로 증기의 열에너지를 전부 회전력으로 변화시킬 수 없으므로 단을 여러 개 설치하여 증기의 열에너지를 최대한 이용한다.

7.1.2 터빈의 분류

(1) 작용 증기의 열 사이클에 의한 분류

① 복수 터빈(Condensing Turbine)

터빈을 통과한 증기를 물로 응축시키기 위하여 터빈 출구 측에 복수기(Condenser)를 설치한 형식의 터빈이다.

증기를 응축시키므로 복수기 내부압력이 진공(Vacuum)이 된다.

그러므로 배기압력이 낮아져 터빈 내의 증기를 복수기 압력까지 충분히 팽창시킬 수 있어 증기의 열에너지를 최대로 이용할 수 있다.

응축수는 다시 보일러 급수로 사용하므로 물처리 비용이 절감된다.

증기를 완전 진공에 가까운 저압까지 팽창시키므로 증기의 비체적이 저압터빈 마지막 단에서 거의 200～300배, 증기속도는 약 4배까지 증가하기 때문에 증기통로의 단면적이 커져야 한다. 대다수의 발전기에서 채용하고 있는 방식이다.

② 재생 터빈(Regeneration Turbine)

터빈 내에서 팽창 중의 증기를 중간단에서 일부 추출하여, 그 증기로 보일러에 공급되는 급수(Feedwater)를 가열하는 형식이다.

- 터빈에서 발생하는 기계적 에너지(회전력)가 적어진다.
- 배기증기가 적으므로 복수기 크기도 작아진다.
- 복수기에서 응축할 때 냉각수에 버리는 열량을 감소시키고, 급수를 가열하므로 발전소 열효율은 증가한다.
- 이론적으로 추기 단수를 늘릴수록 효율이 높아지나 추기 단수를 늘리면 설비가 복잡하고, 건설비가 높아지므로 소용량 발전소에서는 3～5단, 대용량에서는 7～8단의 추기를 하는 것이 일반적이다.

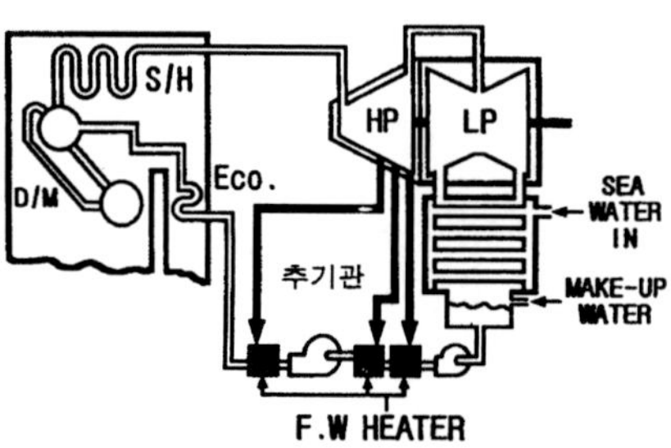

그림 7.2 재생 터빈

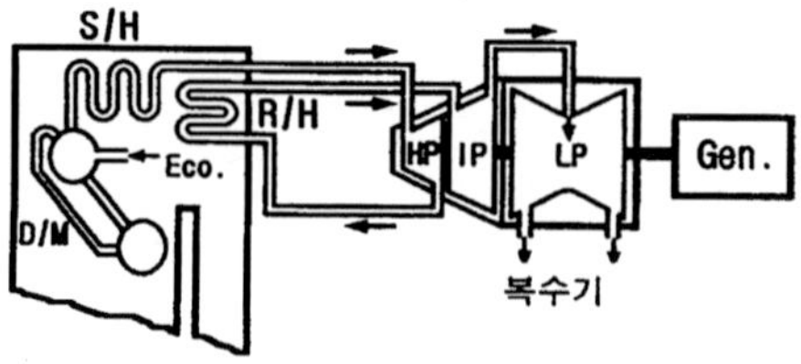

그림 7.3 재열 터빈

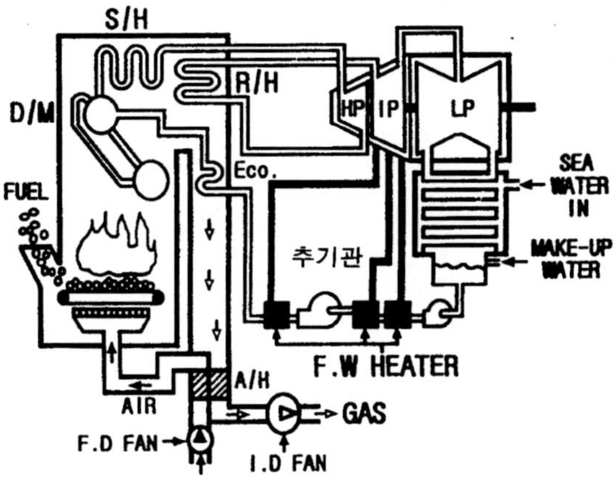

그림 7.4 재생-재열 터빈

③ 재열 터빈(Reheat Turbine)

그림 7.3과 같이 고압 터빈에서 나온 증기를 보일러 내부의 재열기(Reheater)에서 가열한 후, 중압 및 저압 터빈에 보내어 팽창시키는 형식이다.

발전소 열효율을 높이기 위하여 터빈 입구 증기압력(초압)을 높게 하여 저압까지 팽창시키면 저압 터빈 마지막 단 부근에서 물방울이 발생하여 회전 날개를 침식시킨다.

그러므로 팽창 도중의 증기를 재가열하여 온도를 상승시키므로 열효율을 높이고 동시에 터빈 날개의 습분에 의한 침식도 방지한다.

이렇게 하면 설비는 복잡하여지나 열효율이 증가하고 습증기에 의한 터빈 손상이 적게되는 장점이 있다.

④ 재생-재열 터빈

그림 7.4와 같이 재생 터빈에 재열방식을 채용한 것으로 재생에 의한 열효율 증가 및 재열에 의한 터빈 손상이 감소되므로, 현재 사용하고 있는 대부분의 화력 발전소는 이 형식이다.

(2) 로터(Rotor) 배치에 의한 분류

① 직렬형(Tandem Compound Arrangement, T.C) 터빈

- 1개 이상의 터빈 로터가 직선으로 이어져 있다.
- 1개의 발전기를 돌린다.
- 로터 전체 길이가 길어진다.

② 병렬형(Cross Compound Arrangement, C.C) 터빈

- 1개 이상의 터빈 로터가 2열로 배치되어 있다.
- 2개의 발전기를 돌린다.
- 정격속도를 2종류로 할 수 있다(3,600 및 1,800[rpm]).
- 저압 터빈에 연결된 발전기는 4극기를 채용하므로 최종단 날개를 크게 할 수 있어 대용량화(1,000[MW] 이상)가 가능하다.

(3) 증기 팽창에 따른 분류

① 충동 터빈(Impulse Turbine)

그림 7.5와 같이 충동터빈은 증기가 노즐(Nozzle)에서만 팽창하여 압력은 낮아지고 속도는 증가되며, 회전 날개에서는 압력은 일정하고(팽창하지 않는다) 속도는 감소된다.

속도가 증가된 증기를 축에 설치된 회전 날개에 충돌시켜 회전력으로 변환시킨다.

그림 7.5 충동 터빈

충동 터빈의 특징은 다음과 같다.

- 단면이 좌우대칭인 회전 날개를 사용한다.
- 회전 날개 전·후의 압력 차이가 없어 축추력이 발생하지 않는다.
- 저부하(Low Load)시 노즐 조속이 가능하므로 교축 손실이 적다.
- 단수가 적고 터빈 크기가 작아진다.

실제 사용 중인 충동 터빈의 경우에도 저압단 회전 날개에서 증기를 팽창하여 반동력을 이용하고 있으며, 터빈 전체에 있어서 충동작용과 반동작용을 비교하여 충동작용이 큰 경우를 충동 터빈이라 한다.

㉮ 단식 터빈(Single Stage Turbine)

하나의 노즐과 하나의 회전 날개 열(Row)로 구성된다.

그림 7.6과 같이 노즐에서 증기는 팽창되어 최종압력까지 감소되고 속도는 증가되며, 회전 날개에서 압력 변화없이 속도만 감소되어 회전력으로 변환되는 것으로 드 라발(De Laval) 터빈이라 한다.

단식 터빈은 증기의 열에너지를 한 단(Stage)에서 전부 회전력으로 변화시키므로 고속(10,000~30,000[rpm])이 되어 감속장치가 필요하다.

효율이 낮아 발전용으로는 사용하지 않으며 소용량 터빈에만 사용한다.

그림 7.6 단식 터빈

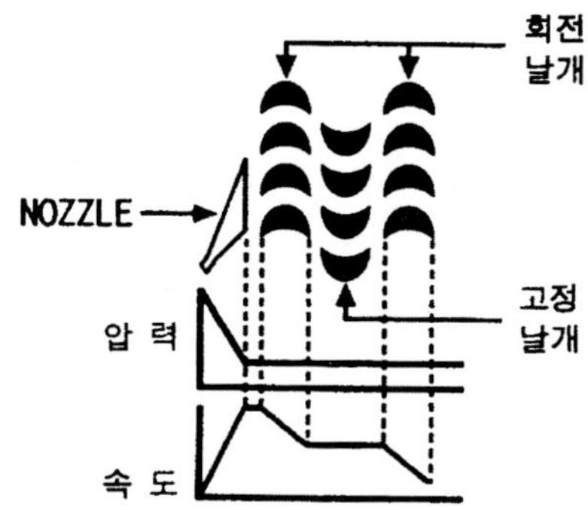

그림 7.7 속도복식 터빈

㉯ 속도복식 터빈(Velocity Compound Turbine)

단식 터빈을 개량한 것으로 커티스(Curtis) 터빈이라 한다.

그림 7.7과 같이 1열의 노즐과 2열 또는 3열의 회전 날개로 구성된다.

노즐에서 분출된 고속의 증기는 제1단 회전 날개에서 일을 한 후 고정 날개에서 압력 및 속도 변화없이 방향만 변화시켜 제2단 회전 날개로 보내어 속도 에너지를 흡수하므로 로터(Rotor)의 회전력을 얻게 된다.

속도복식 터빈은 증기의 속도 에너지를 몇 번에 나누어 이용할 수 있으나, 회전 날개 열의 수가 많아지면 고정 날개(Fixed Blade)에서 마찰 등의 손실이 커지므로 3열 이상의 회전 날개는 사용하지 않는다.

따라서 단독으로 소형 터빈에 사용되기도 하지만 고속의 증기를 효율적으로 이용할 수 있으므로 대용량 터빈의 첫 단에 많이 사용한다.

㉰ 압력복식 터빈(Pressure Compound Turbine)

단식 터빈을 여러 개 겹쳐 구성한 것으로 라토(Rateau) 또는 졸리(Zoelly) 터빈이라 한다.

그림 7.8과 같이 증기는 제1단 노즐에서 일부 팽창하여 1단 회전 날개를 돌리고, 다시 제2단, 제3단으로 각 단 마다 동일한 작용을 반복한다.

각 단의 압력이 다르므로 각 단 사이에 다이어프램(Diaphragm)이 필요하다.

압력복식 터빈은 증기를 각 단에서 조금씩 팽창시켜 매우 낮은 압력까지 증기를 유효하게 이용할 수 있으므로 효율이 좋고, 속도가 실제 사용에 필요한 속도로 할 수 있으므로 대용량 터빈에 널리 사용한다.

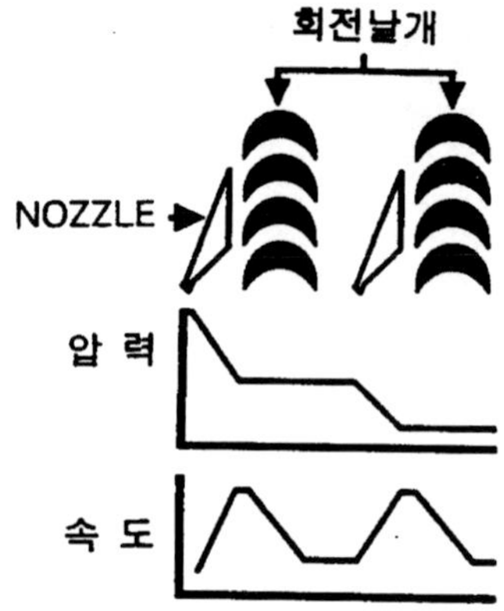

그림 7.8 압력복식 터빈

② 반동 터빈(Reaction Turbine)

그림 7.9와 같이 증기가 회전 날개에서 팽창할 때 반동력을 이용한 것으로 증기가 고정 날개 및 회전 날개 모두에서 팽창되어 충동력과 반동력으로 회전한다.

그림 7.10과 같이 고정 날개에서 증기압력은 감소되고, 속도는 증가되어 충동력으로 회전 날개를 돌리며, 동시에 회전 날개에서도 압력 에너지가 속도 에너지로 변화되면서 발생하는 반동력이 회전 날개를 돌린다.

순수한 반동 터빈은 증기의 팽창이 회전 날개에서만 발생하지만, 일반적인 터빈은 고정 날개에서도 발생하므로 반동도(Reaction Ratio)를 계산하여 충동 또는 반동 터빈으로 구분한다.

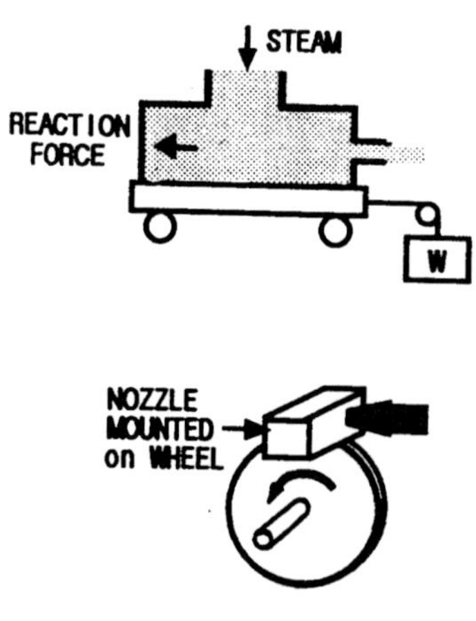

그림 7.9 반동 터빈 원리

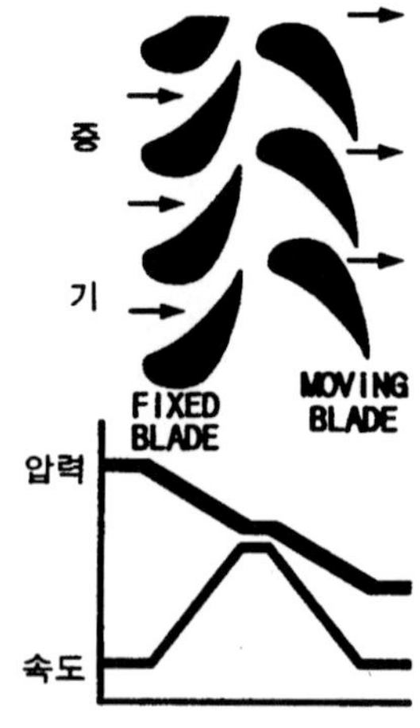

그림 7.10 반동 터빈

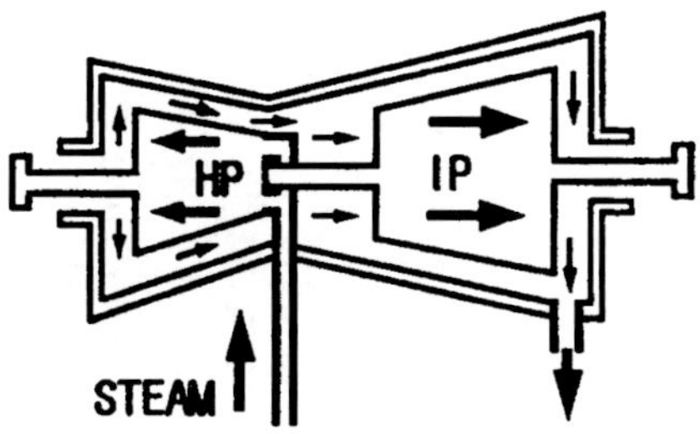

그림 7.11 대칭형 흐름(Opposed Flow)

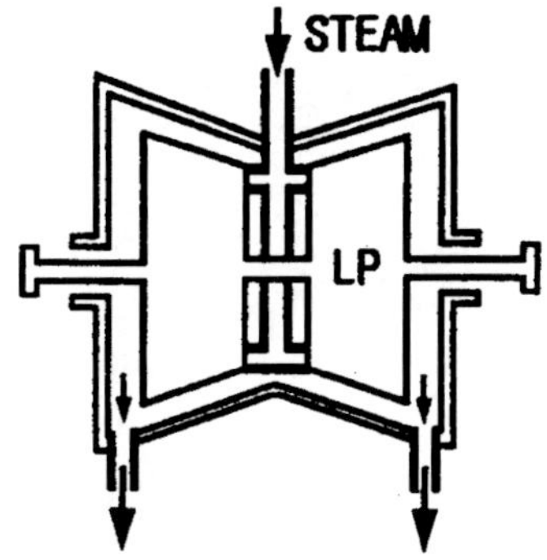

그림 7.12 복류형 흐름(Double Flow)

$$\text{반동도} = \frac{\text{회전 날개에서의 단열 열 낙차}}{\text{한 단락에서의 단열 열 낙차} } \tag{7.1}$$

위 식에서 반동도가 0.5 이상인 경우를 반동 터빈이라 한다.

- 반동 터빈의 특징은 다음과 같다.
  - 단면이 비대칭형인 회전 날개를 사용한다.
  - 회전 날개 전·후의 압력 차이에 의하여 추력(Thrust)이 발생하므로 터빈을 그림 7.11과 같이 대칭형(Opposed Flow) 배치, 그림 7.12와 같이 복류형(Double Flow) 터빈, 추력 베어링 등을 설치하여 추력을 방지한다.
  - 노즐 조속이 불가능하며, 고압 터빈 첫 단에서 항상 전주 분사가 되어야 한다.
  - 회전 날개 전,후의 압력 차이로 축방향 누설이 많이 발생한다.
  - 각 단(Stage)에서의 열 낙차가 적어 증기 속도 및 마찰손실이 적다.

㉮ 축류 반동 터빈(Axial Flow Turbine)

증기흐름 방향이 축과 평행한 형식으로 퍼어슨(Parson) 터빈이라 한다.
가장 실용적인 반동 터빈으로서, 노즐과 회전 날개의 단면이 동일하므로 충동작용과 반동작용이 절반씩 발생하여 반동도가 0.5이다.

㉯ 반경류 반동 터빈(Radial Flow Turbine)

그림 7.14와 같이 증기가 중앙에서 반경방향(Radial Direction)으로 팽창하면서 날개에 반동을 주어 회전시키는 터빈으로 융스트롬(Ljungstrom) 터빈이라 한다. 고정 날개가 없고 하나씩 건너 반대방향으로 회전하는 상대편의 회전 날개가 고정 날개 역할을 하므로 반동도가 1이 되면 2대의 발전기가 필요하며, 과거 소형 터빈에 사용되었다.

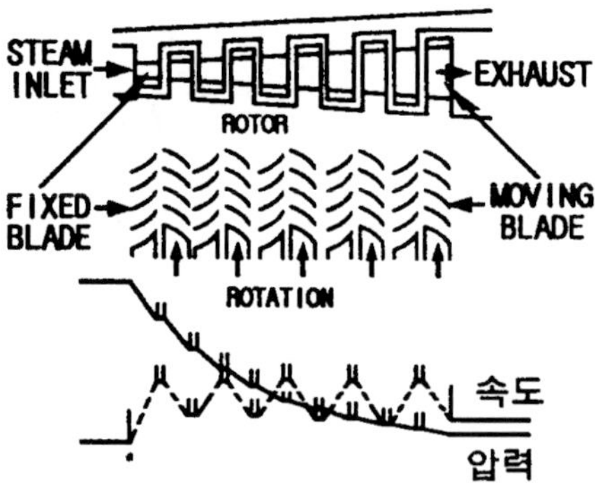

그림 7.13 축류 반동 터빈

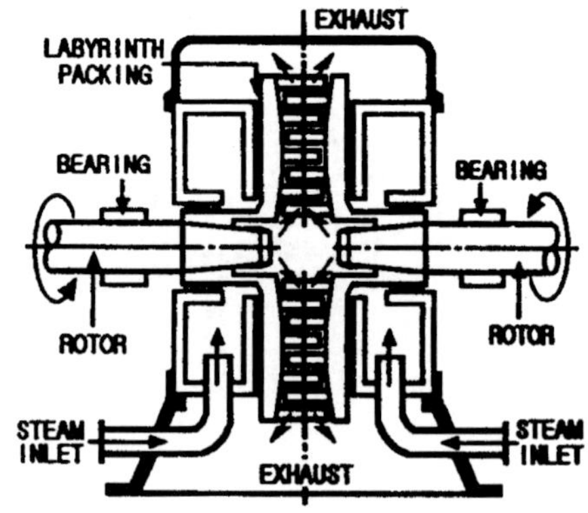

그림 7.14 융스트롬 터빈

③ 혼식 터빈(Combination Turbine)

그림 7.15와 같이 충동 및 반동 터빈의 특징을 살려 앞에서 설명한 2종류 또는 3종류의 터빈을 조합한 것으로 최근의 발전용 터빈은 이 형식에 속한다.

터빈의 고압 부분은 증기의 부피가 적으므로 반동식을 사용할 경우 증기손실이 증가하여 불리하므로 충동 터빈을 사용하여 열 낙차를 많이 이용한다.

저압 부분에서는 반동 터빈을 사용하여 증기를 충분히 팽창시켜 터빈 전체의 열효율을 향상시킨다.

우리 회사가 보유하고 있는 터빈을 분류할 때 엄격한 의미의 충동 터빈, 반동 터빈은 없으며 반동도가 0.5 미만을 충동 터빈, 0.5 이상인 것은 반동 터빈으로 분류한다.

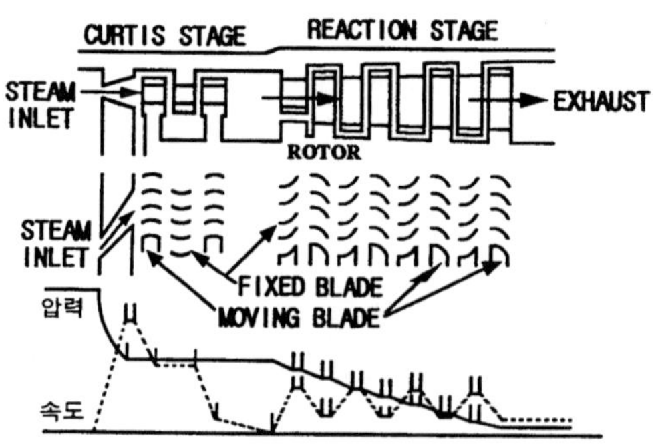

그림 7.15 혼식 터빈

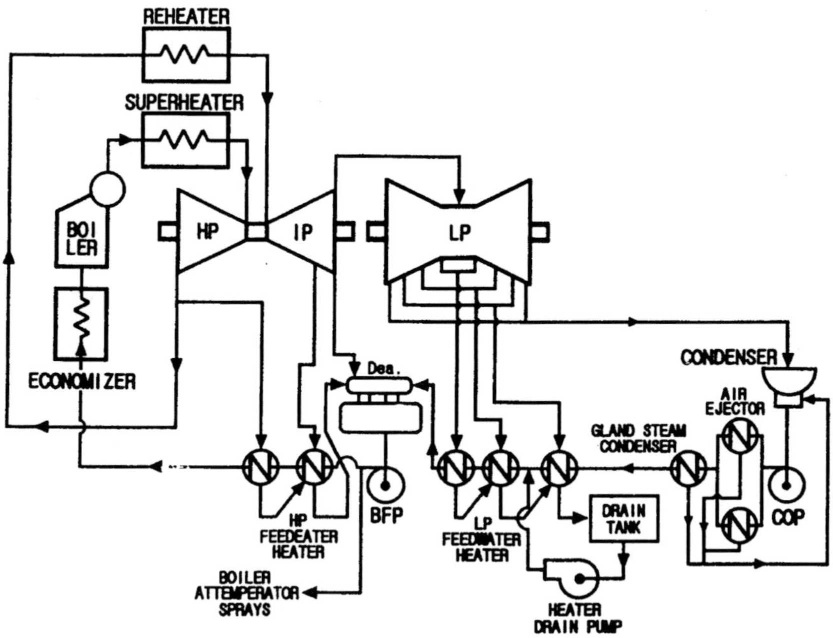

그림 7.16 실용 터빈 증기 흐름도

7.2 터빈 구조

7.2.1 케이싱(Casing)

터빈 회전체의 외부를 덮고 있는 기밀실로서, 증기가 일을 하기 위한 공간을 제공하며, 내부에 다이어프램(Diaphragm) 및 패킹(Packing)이 조립되어 있다.

(1) 구조

① 케이싱은 구조상 고압(High Pressure, H.P), 중압(Intermediate Pressure, I.P), 저압(Low Pressure, L.P) 케이싱으로 구분한다.

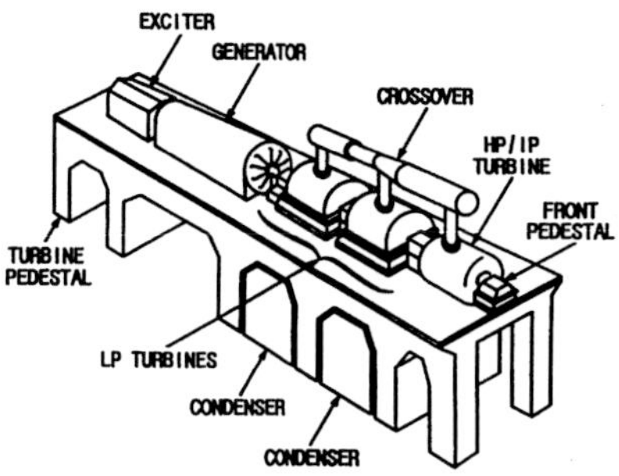

그림 7.17 터빈 배치도

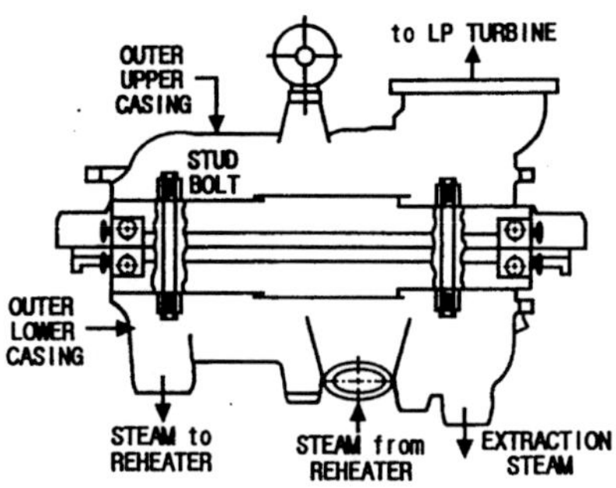

그림 7.18 HIP 터빈 케이싱 외형도

분해 및 조립이 쉽도록 그림 7.17과 같이 수평 중심 면에서 상, 하 2분할하여 볼트(Bolt)로 결합한다.

② 저압 터빈 케이싱 하부는 복수기와 연결되어 있다.

③ 다이어프램을 지지하며, 이것이 로터(Rotor)와 간격이 일정하게 유지되도록 한다.

④ 열팽창이 자유롭고 형상이 변하지 않는 구조이어야 한다.

⑤ 정지 중 케이싱 내부에 응축수가 고여 있으면 내부 습도가 증가되어 부식 및 열변형을 초래하므로 케이싱의 가장 낮은 위치에 배수(Drain)관을 설치한다.

(2) 열응력 감소

① 케이싱이 고압에 견디기 위하여 두꺼워지므로 기동 및 정지 시 재료가 받는 열응력 발생은 증가한다.

② 그림 7.19와 같이 열응력(Thermal Stress) 발생과 열팽창을 감소하기 위하여 직각인 평면부를 두지 않고 원통과 원뿔을 조합한 형태로 제작한다.

③ 고온, 고압인 경우 그림 7.20과 같이 2중 케이싱 구조를 채택하여 케이싱에 발생하는 변형 또는 열응력 발생을 감소시킨다.

- 터빈 출구증기를 내부 케이싱(Inner Casing)과 외부 케이싱(Outer Casing) 사이의 공간에 흐르게 하여 온도 차 감소로 열응력 발생을 감소시킨다.
- 내외면의 압력 차가 감소되어 케이싱 두께를 얇게 할 수 있다.
- 온도 변화에 유연하게 적응할 수 있으므로 기동, 정지 시간이 단축된다.

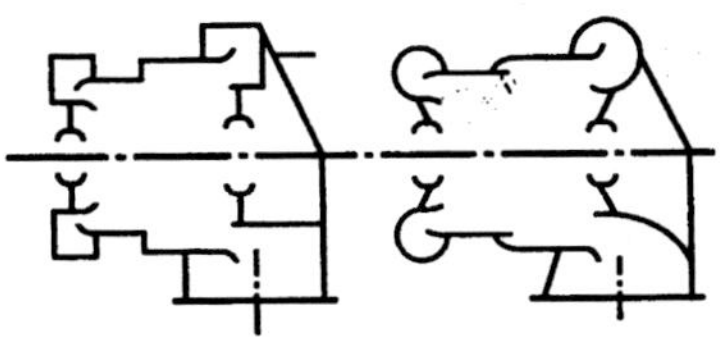

그림 7.19 터빈 케이싱 형태

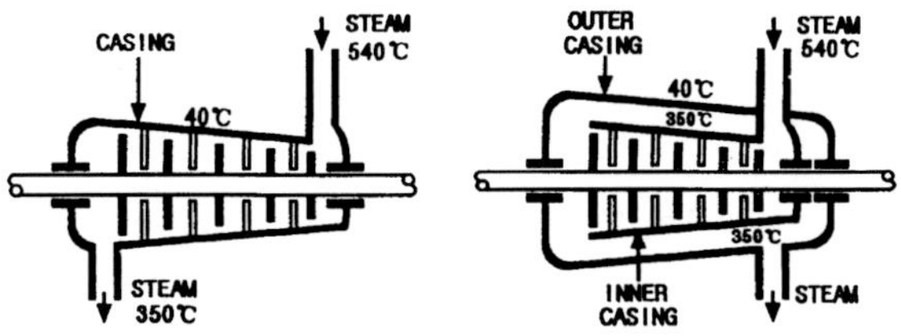

그림 7.20 2중 케이싱의 열응력 감소

(3) 팽창기준

터빈 기동, 정지 및 정상운전 중 증기 온도 또는 부하 변화에 따라 케이싱이 자유롭게 팽창할 수 있도록 저압 케이싱의 중심부가 고정점이 되어 터빈 기초에 고정하고, 나머지 케이싱은 미끄럼판에 위치시켜 고압 터빈 측으로만 자유스럽게 팽창하도록 한다.

7.2.2 로터(Rotor)

케이싱 내부로 유입된 증기의 작용으로 증기의 열에너지를 기계적 에너지(회전력)로 변환시켜 발전기에 전달하는 부품이다.

축(Shaft)과 회전 날개(Moving Blade)로 구성되며 회전하는 부품 전체를 말한다. 축은 회전 날개와 더불어 가장 큰 응력이 발생하는 부분으로 충분한 강도를 가지고, 무게 중심이 잘 잡혀 있어서 진동이 발생되지 않도록 제작한다.

(1) 분 류

① 원판형(Disc Type)

- 회전 날개를 고정시키는 부분을 원판으로 제작한 로터이다.
- 열박음식 로터(Discs Shrunk Onto Shaft Rotor)
  - 회전 날개를 끼우는 디스크를 가열한 후 축(Shaft)에 끼워서 냉각시키는 방식으로 조립한 형태이다.
  - 장기간 사용으로 축에서 열의 분산이 고르지 못하여 디스크가 헐겁게 될 수 있고, 일체 단조형보다 일반적으로 진동이 발생하기 쉽다.
- 일체 단조형 로터(Single Forging Rotor)
  - 축과 디스크를 한 덩어리로 단조한 것으로 열박음식보다 고가로 제작되며, 열박음식 로터의 결점을 보완할 수 있는 구조이다.
  - 현재 대용량 신규 화력 발전소에서 채용하는 형식이다.

② 원통형(Drum Type)

회전 날개가 원통(Drum)의 바깥둘레에 직접 부착되어 있으며

- 내부가 텅빈 중공형 로터(Hollow Drum Rotor)
- 일체형 로터(Solid Drum Rotor)
- 디스크를 각각의 단(Stage)으로 제작한 후 이것을 용접하여 만든 용접식 로터(Built-up By Welding Discs Rotor)로 분류한다.

(2) 임계속도(Critical Speed)

① 임계속도는 회전 날개를 포함한 로터 전체의 고유진동수와 회전속도에 따른 진동수가 일치하는 지점의 회전 속도를 가르킨다.

② 기동, 정지 및 운전 중 속도 변동 시 이 지점에 도달하면 공진현상으로 진동이 급격히 증가하므로, 운전원은 신속히 임계속도를 통과시켜 로터의 손상을 방지하여야 한다.

③ 임계속도는 정격속도에서 ±15~20% 이상 떨어져 있어야 한다.

(3) 열응력

① 고압 및 중압 터빈 로터는 터빈으로 유입되는 고온증기의 영향으로 표면에 큰 온도 변화가 발생하며, 축 중심부까지 균일하게 가열되기까지 시간이 걸리므로 열응력이 발생한다.

② 빈번한 기동 및 정지, 큰 폭의 부하 또는 온도 변화는 큰 열응력이 발생되므로, 재료를 피로(Fatigue) 및 열화시키고 균열(Crack)이 발생한다.

(4) 열팽창

① 케이싱과 같이 축에서도 온도 변화에 따른 팽창이 발생하며, 축과 케이싱의 상대팽창(Differential Expansion)이 문제가 된다.

② 상대팽창의 표시는 케이싱보다 축의 팽창량이 큰 경우는 (+)(Rotor Long), 팽창량이 적은 경우에는 (-)(Rotor Short)로 표시한다.

③ 상대팽창량이 허용치를 초과할 경우 다이어프램, 케이싱과 같은 고정부와 회전 날개와 같은 회전부의 접촉에 따른 고장 발생의 원인이 되므로 즉시 조치하여야 한다.

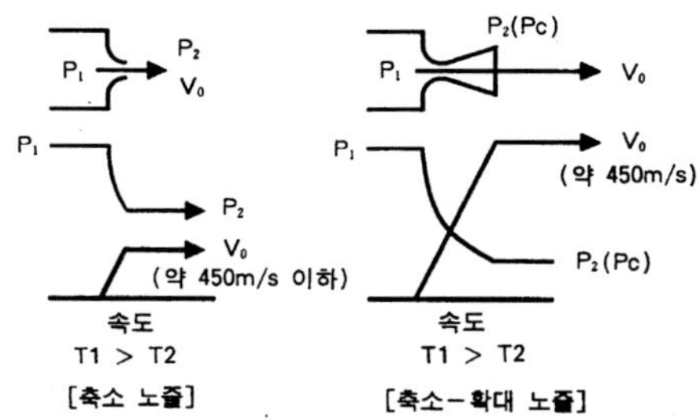

그림 7.21 노즐에서의 증기 압력 및 속도 분포

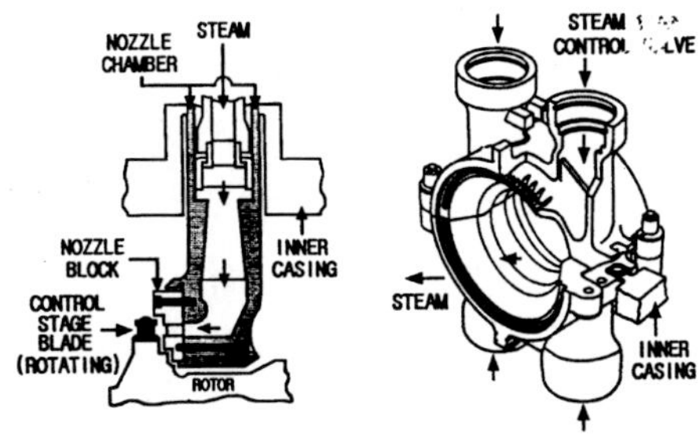

그림 7.22 노즐 블록(Nozzle Block)

7.2.3 노즐과 다이어프램

(1) 노즐(Nozzle)

그림 7.21과 같이 증기의 열에너지를 속도 에너지로 바꾸는 작용을 하며 고정 날개(Fixed Blade)를 조합한 것이다. 축소-확대 노즐은 단식 또는 속도복식의 소형 터빈이나 혼식 터빈의 커티스단(Curtis Stage)에 사용하며, 축소 노즐은 압력복식 터빈에 사용한다. 고압 터빈 제1단은 압력 및 온도가 높을뿐 아니라 부하의 증감에 따른 출구 압력, 온도가 크게 변화한다. 그러므로 이러한 악조건에 대비하여 그림 7.22와 같이 노즐은 노즐 블록에 장착되어 내부 케이싱에 조립되어 있다. 터빈 조속단(Control Stage)에 있어서 고정 날개의 제1열을 노즐 블록(Nozzle Block)이라 한다.

고정 날개는 몇 개의 그룹(Group)으로 분리되어 있으며, 각각의 그룹은 각 주증기 조절 밸브(Control Valve)와 연결되어 있다.

노즐 블록이 없는 경우는 다이어프램(Diaphragm)에 노즐이 심어져 있다.

주증기 조절 밸브에서 공급된 증기는 증기실(Steam Chamber)에서 원주상의 노즐에 일률적으로 공급하도록 되어 있어 케이싱 구조가 간단해지고 열응력 경감에도 유리하다.

(2) 다이어프램(Diaphragm)

내부 링(Inner Ring)과 외부 링(Outer Ring)사이에 고정 날개가 붙은 한 열(Row)을 다이어프램이라 한다.

다이어프램의 외부 링은 터빈 케이싱에 조립되어 고정되어 있고, 내부 링은 축을 둘러싸고 있으며 래비린스 패킹(Labyrinth Packing)을 설치하여 증기 누설을 방지한다.

고정 날개는 움직이지 않으므로 증기가 보유한 압력 에너지의 감소는 속도 에너지의 증가를 가져온다.

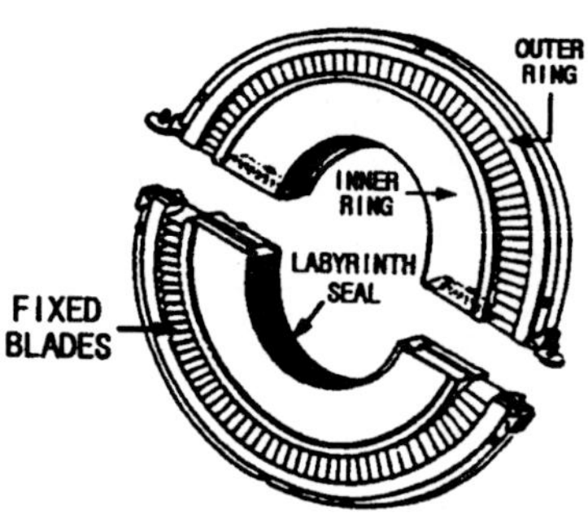

그림 7.23 다이어프램

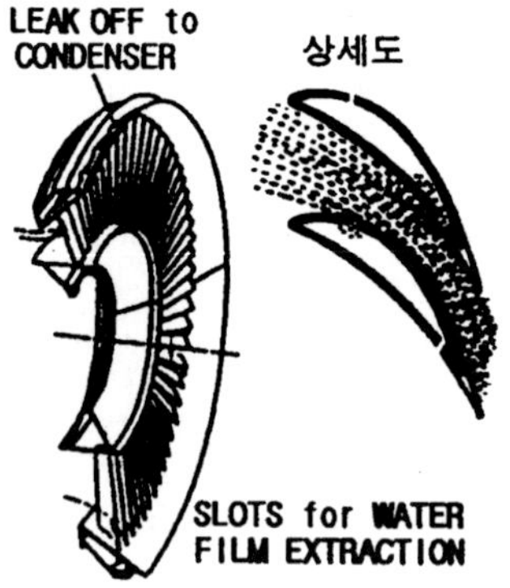

그림 7.24 Hollow Type Diaphragm

속도가 증가된 증기는 많은 운동에너지를 보유하고, 이 에너지를 회전 날개에 전달하여 로타를 회전시키므로, 운동에너지를 기계적 에너지로 변환한다.

다이어프램은 회전 날개 열과 함께 단(Stage)을 형성하고, 각 단의 기밀을 유지하는 역할을 하며 상,하 2분할 구조이다.

증기가 팽창 도중 습도가 증가되는 저압 터빈의 마지막 단 부근에서는 물방울이 발생하므로 그림 7.24와 같이 케이싱, 다이어프램 또는 고정 날개에 물방울 자체의 원심력을 이용한 베제장치를 설치하여 물방울을 증기 통로 밖으로 배출한다.

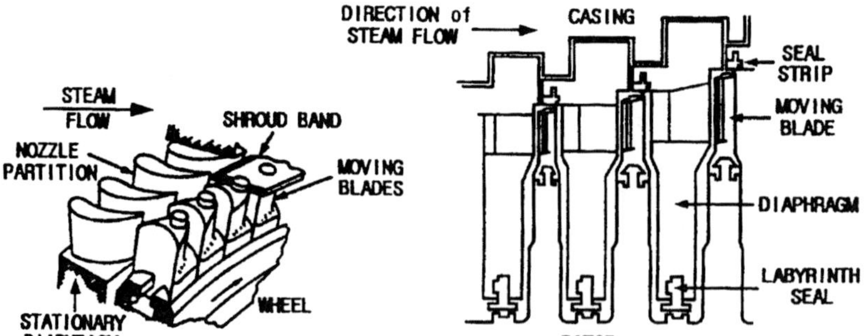

(a) CUTWAY (b) CROSS SECTION

그림 7.25 회전 날개와 다이어프램

7.2.4 날개(Blades)

(1) 날개

회전 날개(Moving Blade)는 축에 심어진 비틀림 날개(Curved Blade)로서 노즐로부터 나온 증기의 속도 에너지를 직접 회전력으로 변환되는 부분이다.

고정 날개(Fixed Blade)는 회전 날개에서 유출되는 증기의 운동방향을 바꾸어 다음 회전 날개로 유효하게 분출시키는 역할을 한다.

날개는 노즐과 같이 터빈효율에 영향을 미치며, 운전의 안전성 또는 내구성에 크게 관계된다. 그림 7.26과 같이 날개 길이가 짧을 때는 단면 형상이 뿌리(Root)부분에서 끝부분(Tip)까지 균일한 두께의 날개를 사용하며, 그림 7.27과 같이 긴 날개는 원심력 등에 견딜 수 있도록 두께 및 폭을 끝으로 갈수록 작게하여 사용한다.

긴 날개에서는 뿌리부분과 끝부분의 원주속도에 차이가 발생하므로 증기 유입각과 날개 입구각이 전체 길이에 걸쳐 일정하도록 비틀림 날개를 사용한다.

날개 단면 형상은 입구각과 출구각에 의하여 결정되며, 단면 형상에 따라 충동날개와 반동날개로 분류한다.

그림 7.28과 같이 증기와 같이 직접 접촉하는 유효부의 모양이 중심선에서 좌,우 대칭으로 입구각과 출구각이 같은 두께로 두꺼운 반월 형상이 충동 날개이며, 입구압력 P_1과 출구압력 P_2는 같다.

그림 7.29와 같이 입구면적을 넓게하고, 출구면적을 좁게하여 끝이 가는 노즐과 같은 모양을 한 것이 반동 날개이며, 고정 날개에서 압력이 P_0에서 P_1까지 팽창하고 회전 날개 내에서 P_2까지 팽창한다.

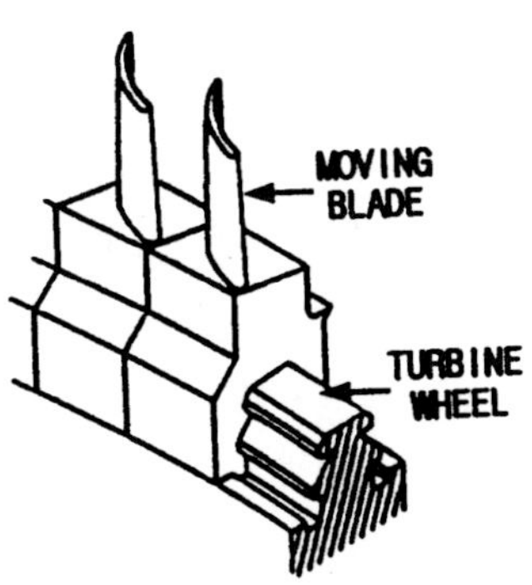

그림 7.26 짧은 회전 날개

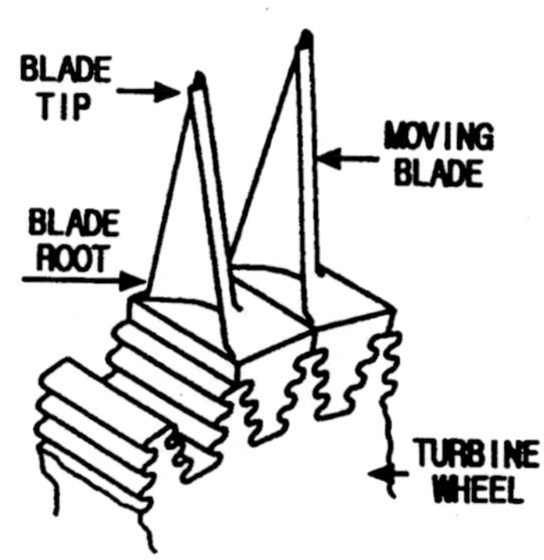

그림 7.27 긴 회전 날개

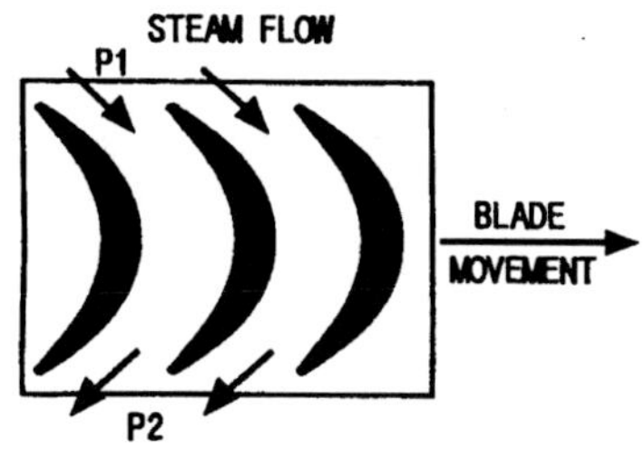

그림 7.28 충동 날개

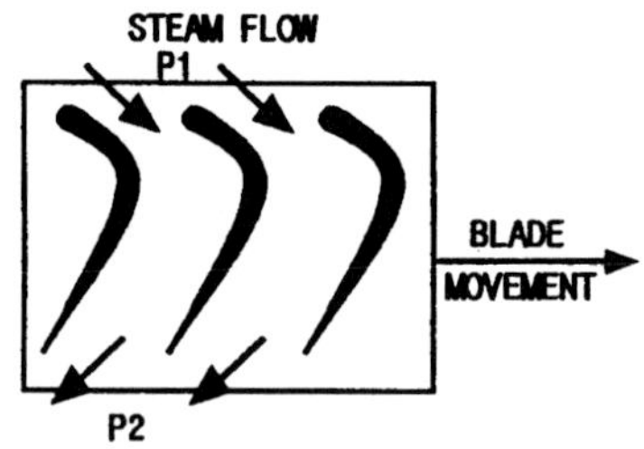

그림 7.29 반동 날개

또 날개와 날개 사이 간격을 일정하게 유지하기 위하여 날개의 끝부분에 슈라우드 판(Shroud Ring Shroud Band)을 끼워서

- 날개 간격 유지
- 증기가 원심력에 의하여 반경방향으로 튀어나오는 것 방지
- 날개의 진동방지 및 날개 강도를 유지한다.

(2) 날개의 문제

① 공진(共振, Resonance)

회전 날개의 고유진동수와 회전에 따른 회전속도의 정수배 진동수가 일치되는 것을 공진이라 한다.

공진이 발생하면 기하급수적으로 진동이 증가하여 결국 로터를 파괴하게 된다. 따라서 운전원은 공진이 발생하는 회전속도를 신속하게 통과시켜야 한다. 공진점을 정격회전수에서 충분히 멀리하기 위하여 회전 날개의 단면형상 변경, 슈라우드(Shroud) 결합법, 타이 와이어(Tie Wire) 고정법 등을 이용하여 공진 특성을 변경한다.

② 침전물 부착

날개에 침전물이 부착되면 침식 및 부식 작용이 발생한다. 일정한 부하로 정상 운전중일때 각 단의 압력은 일정하지만, 날개에 침전물이 부착되어 있을 때는 각 날개 사이의 단면적이 축소되어 압력이 높게 나타난다. 이 경우 터빈효율 저하 및 운전 신뢰도가 떨어져 동일 증기량에 대하여 증기가 흐르는 단면적이 감소되어 날개 전·후의 차압이 증가되므로 축추력을 증가시켜 추력 베어링에 과부하를 초래한다. 단시일에 염분 및 실리카(SiO_2) 침전이 발생하면 날개에 심한 기계적 응력을 발생시킬 수 있다.

저압 터빈 최종단과 그 앞 2~3단(천이구역)은 습도 10[%] 전·후의 습증기 상태에서 운전되므로 생성된 물방울이 날개의 입구 뒷면에 충돌하여 제동(Brake) 작용을 할 뿐만 아니라 부식 및 침식을 초래한다. 그러므로 철저한 물 처리는 물론 저압터빈 최종단 날개 부근의 온도가 지나치게 내려가지 않도록 하여야 한다.

7.2.5 베어링(Bearing)

(1) 저어널 베어링(Journal Bearing)

로터(Rotor)를 지지하는 베어링으로 축의 저널과 접촉되어 있다.

그림 7.30과 같이 구조는 주철제 셸(Shell)에 주석(Sn)을 주성분으로 한베빗메탈(Babbitt Metal)이 입혀져 있다.

베어링 본체는 수평으로 2분할되고, 축 중심선과 베어링 중심선이 자동적으로 일치하도록 되어 있다.

베어링의 윤활은 윤활유펌프에 의한 강제급유방식이며, 윤활유는 베어링 하부 또는 측면으로 들어가 기름 홈에서 베어링 전체로 공급한다.

터빈 기동, 정지 시에는 유막이 형성되지 않으므로 베어링 메탈면의 손상 위험이 있어 그림 7.31과 같이 고압(100~150[kg/cm^2]) 윤활유를 베어링 하부에서 분출시켜 축을 들어 주므로(Oil Jacking)회전이 원활하여진다.

베어링과 축 사이의 간격(Clearance)은 기름의 점도, 축 직경, 회전속도에 따라 달라지며 간격이 과대 또는 과소할 경우 진동의 원인이 되므로 주의하여야 한다. 일반적으로 저널 베어링은 케이싱 또는 로터 단위로 2개를 로터 양단에 설치한다.

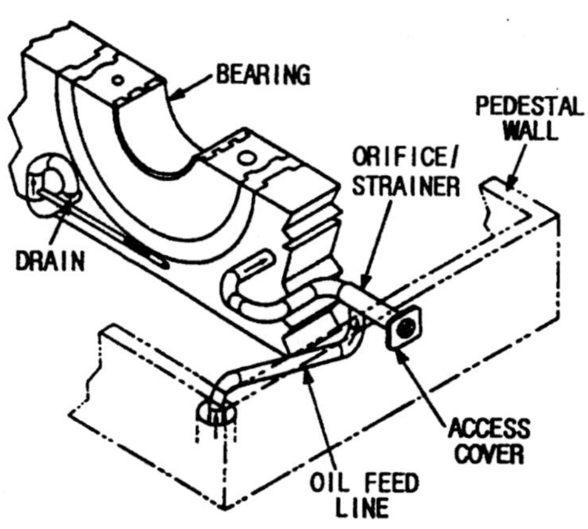

그림 7.30 베어링 오일 배관

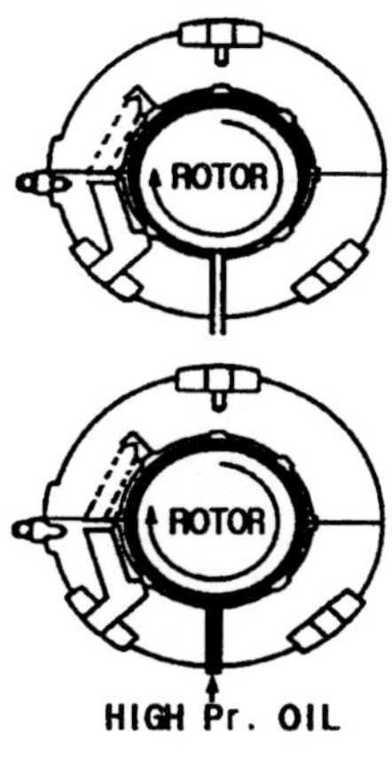

그림 7.31 Oil Jacking

(2) 추력 베어링(Thrust Bearing)

추력(Thrust) 발생에 의하여 터빈 회전부와 고정부의 접촉에 의한 로터 손상을 방지하기 위하여 추력 베어링을 설치한다.

추력이란 터빈 케이싱 내부를 흐르는 증기가 회전 날개와 부딪힘으로서 발생한 힘을 말하며, 증기 흐름방향과 동일하게 발생한다.

추력 베어링은 로터의 팽창 기준점이 된다.

스러스트 패드는 액티브(Active) 패드와 인액티브(Inactive) 패드가 있으며, 구분은 정상 운전 상태에서 큰 부하(일반적으로 저압 터빈 축)를 담당하는 패드를 액티브라 하고, 그 반대(고압 터빈 축)를 인액티브라 한다.

설치 수량은 발전 설비(Unit)당 1개이며, 설치 위치는 발전소마다 다르며 그 위치는 다음과 같다.

① 고압 터빈 앞쪽

② 고압 터빈과 중압 터빈 사이

③ 고, 중압 터빈은 중압 터빈과 저압 터빈 사이

(3) 베어링 온도

운전 중 베어링 금속 온도의 상승은 윤활유 점도가 저하되어 유막 두께가 얇아지므로 유막이 파괴된다.

그러므로 금속 간의 접촉으로 베빗 메탈이 손상되는 문제가 발생되며, 그 원인은

① 베어링 조립 상태 불량

② 터빈 축정렬(Alignment) 불량

③ 윤활유에 불순물이 섞여 있거나 열화된 경우

④ 윤활유 공급량이 부족한 경우

⑤ 윤활유 공급 온도가 너무 높은 경우 등이 있으며

허용 한계치에 이르기 전에 조치를 취하여야 한다.

윤활방법은 베어링 입구에서 약 1.8[kg/cm^2]의 강제급유방식이며, 윤활유 공급 온도는 43~49[℃]이다.

일반적으로 베어링을 통과한 윤활유 온도는 60[℃]가 정상이며 80[℃]에 경보가(Alarm) 울리고 120[℃]에 터빈이 정지(Trip)된다.

7.2.6 축이음(Coupling)

터빈의 축과 축 사이, 고압 터빈 축과 주 윤활유펌프(Main Oil Pump, M.O.P)축 사이, 터빈과 발전기 사이, 발전기와 여자기 사이를 연결하여 회전력을 전달하는 부품을 축이음(Coupling)이라 한다.

그림 7.32와 같이 축이음은 볼트로 결합하며, 어떤 이유로 과부하가 걸릴 경우, 축이음 볼트가 먼저 파손되어야 하며 축이음 자체가 파손되어서는 안된다.

그림 7.33과 같이 축이음의 외면에 기어(Gear)를 가공하여 터닝 기어 연결용으로 사용된다.

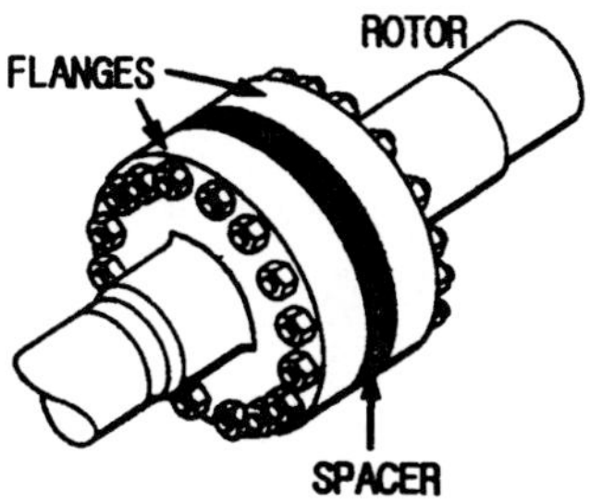

그림 7.32 축이음

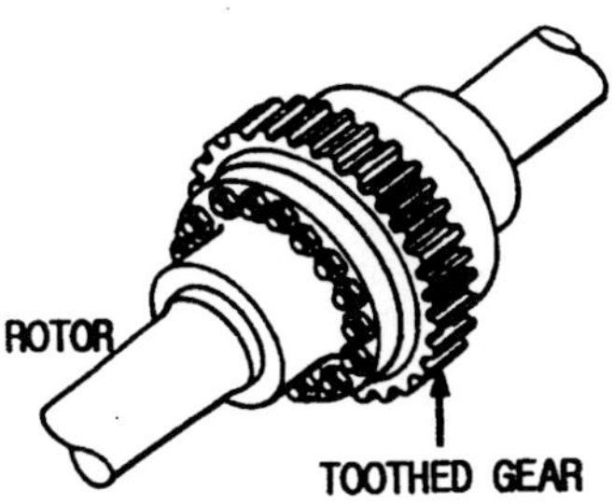

그림 7.33 기어 가공 축이음

7.2.7 터닝 기어(Turning Gear)

(1) **기능**

터빈 기동전 또는 정지 후 축을 서서히 돌려주어 로터의 편심(偏心, Eccentricity) 발생을 최소화하는 장치이다.

터빈 정지 후 축을 그대로 두면 터빈 각 부위가 점차 냉각됨에 따라 축의 상부에는 증기가 고여 있으므로 상,하부 온도 차가 생길 뿐만 아니라, 축의 자중에 의하여 변형되므로 이것을 최소화하기 위하여 설치한다.

또한 장기간 정지하였던 터빈은 축이 약간 굽어 있으므로 이런 상태에서 고속회전을 시키면 심한 진동을 일으킨다.

따라서 기동하기 전에 축을 서서히 회전시켜서 축의 온도 분포를 균등하게 하여 굽었던 축을 바르게 한다.

(2) 구동방법

터닝 기어를 구동하는 방법은

① 모터구동방식(Electric Motor Driven): 터빈의 축이음부를 전동기 회전자로 삼아 회전시키는 방법과 그림 7.34와 같이 감속 기어를 통한 회전방법이 있으며, 감속 기어를 이용하는 것이 가장 많이 사용된다.

② 고압유 터빈에 의한 구동(Oil Turbine Driven)방식 : 축에 날개를 부착하여 터닝 기어유 펌프(Turning Gear Oil Pump, T.G.O.P) 또는 윤활유펌프 출구 측 압력으로 터닝 기어의 날개에 충동력을 주어 회전시킨다.

일반적으로 축의 금속 온도가 100[℃] 이하로 내려가면 터닝 기어 운전은 중지할 수 있으나, 시간적 여유가 있으면 축의 온도가 상온으로 냉각될때까지 계속 운전하는 것이 좋다.

또 터빈이 소내 전원 상실 등 여러 가지 이유로 비상정지되거나, 축 온도가 100[℃] 이상일 때 또는 정비 등의 목적으로 정지 시는 반드시 수동으로 운전하여 조금씩 회전시켜야 한다.

이때 축이 회전이 되지 않을 경우 무리한 기계적 힘을 가하여 회전시킴으로써 터빈 내부를 손상시키는 일이 없도록 하여야 한다.

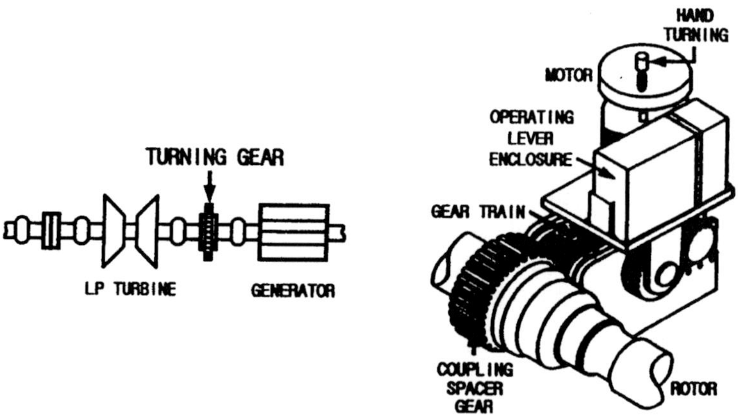

그림 7.34 터닝 기어

7.3 밀봉장치

7.3.1 설치 목적 및 위치

(1) 터빈 축이 케이싱을 관통하는 부분과 터빈 내부의 각 단(Stage) 사이의 압력 차이에 의하여 증기가 누설되거나 공기가 누입되는 것을 방지하기 위하여 밀봉장치를 설치한다.

(2) 터빈 내부 압력이 대기압보다 높을 때는 증기가 외부(대기중)로 누설하지만, 이와 반대로 대기압보다 낮을 때는 대기 중의 공기가 누입하여 복수기 진공도를 저하시킨다.

(3) **설치 위치**

① 축이 케이싱을 관통하는 부위(축의 양끝 부위)
② 회전 날개 끝 부위
③ 다이어프램의 축 관통부

7.3.2 패킹(Packing) 종류

(1) **밀봉장치에 사용되는 패킹 종류는 다음과 같다.**

① 래비린스 패킹(Labyrinth Packing)
② 탄소 패킹(Carbon Packing)
③ 수밀봉 패킹(Water Seal Packing)

(2) 위의 패킹만으로는 축의 전체 길이가 길어지고, 밀봉이 불충분하므로 축밀봉증기(Gland Seal Steam)계통을 병행하여 사용한다.

7.3.2.1 래비린스 패킹

(1) **원리**

래비린스 패킹은 그림 7.35와 같이 증기의 교축작용(Throttling Process)을 이용하여 기체의 누설을 방지한다.

날카로운 스트립(Strip)을 회전부와 고정부에 차례로 배열하여 증기 누설 통로에 확대부와 협소부를 만든다.

증기는 협소부를 통과할 때 교축(Throttle)되고 확대부에서 압력이 감소하는 것이 반복되는데 이러한 작용이 계속되면서 누설증기의 압력이 대기압과 같아지므로 누설은 방지된다.

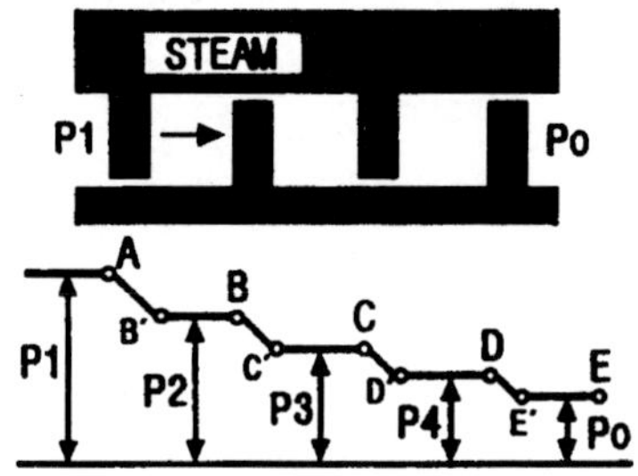

그림 7.35 교축작용

(2) **구조**

① 스트립(Strip) 형태는 여러 종류가 있으며, 패킹 뒷면에 코일 스프링(Coil Spring)으로 지지하여 스트립과 축 사이에 최소 간격이 유지되도록 한다.

② 스트립 재질은 축 재질보다 마모가 쉽게 되어야 하며, 어떤 이유로 끝이 회전부에 닿으면 곧 마모되어 축의 손상을 방지하도록 구리(Cu) 합금 또는 연강으로 제작한다.

③ 패킹 설치는 일반적으로 축방향으로 나란히 설치하며, 고압부로서 축의 길이가 길어질 경우는 직각 방향으로 설치하는 경우도 있다.

④ 스트립이 많아지면 누설은 충분히 방지할 수 있으나, 너무 많게되면 축과 케이싱의 길이가 길어지므로 축 밀봉증기계통(Gland Seal Steam System)을 병행 설치하여 축의 길이를 짧게 한다.

7.3.2.2 탄소 패킹(Carbon Packing)

(1) **원리**

탄소가 축과 접촉하여도 마찰이 적고, 열의 발생도 적으며 고열에 견디는 성질을 이용한 것이다.

(2) **구조**

그림 7.36과 같이 탄소를 압축 성형한 탄소환을 원주 상으로 등분하여 축의 둘레에 감아 용수철로 가볍게 접촉시켜 누설을 방지하며, 현재 대용량 터빈에는 사용하지 않는다.

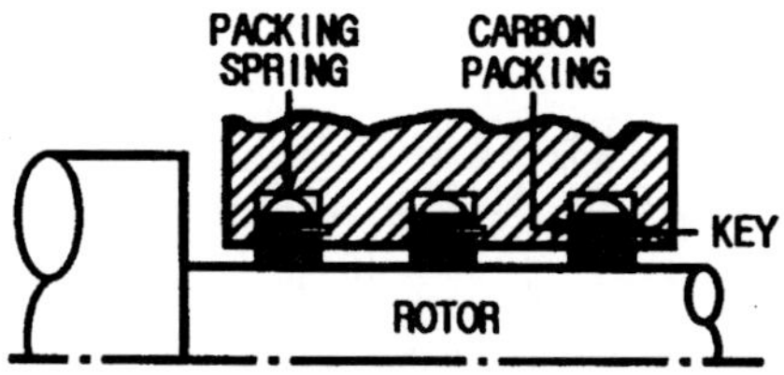

그림 7.36 탄소 패킹

7.3.2.3 수 밀봉 패킹(Water Seal Packing)

(1) 원리

그림 7.37과 같이 축에 설치된 날개를 수실(Water Chamber) 내에서 회전하면 수실에 넣어둔 물이 원심력에 의해 빈틈을 밀봉하여 기밀을 유지하는 것이다.

(2) 문제점

① 수실 내에서 날개가 회전할 때 많은 에너지가 소비되고 그것이 열로 변하여 물을 증발시킨다.
② 수질이 나쁘면 불순물이 축을 손상시키므로 물처리를 철저히 하여야 한다.
③ 일정 회전속도에 도달하지 않으면 누설 방지작용을 할 수 없으므로 래비린스 패킹을 병행 조립하여 사용한다.

근래의 터빈은 수밀봉 패킹은 거의 사용하지 않는다.

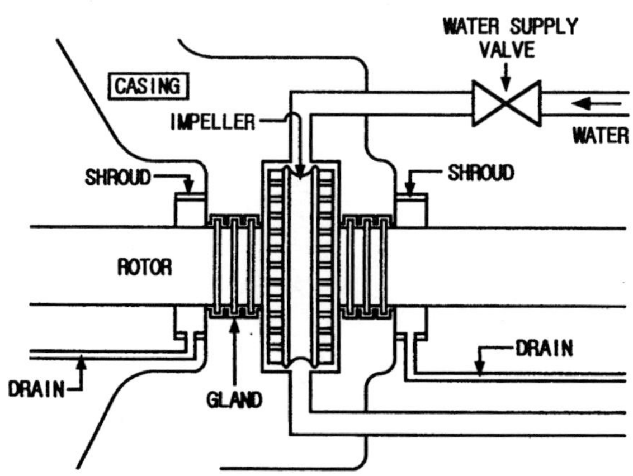

그림 7.37 수밀봉 패킹

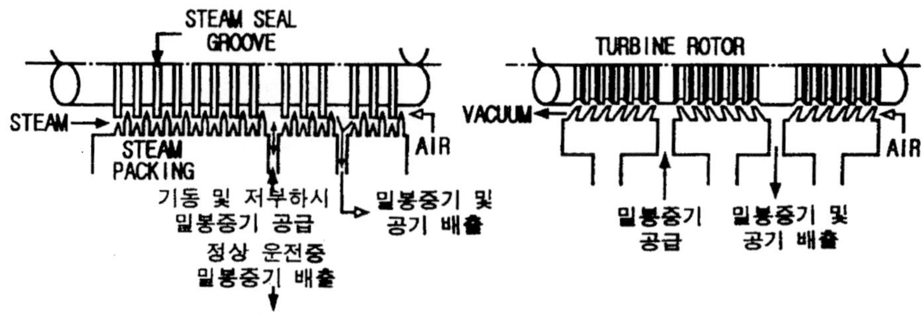

(a) 고압 및 중압 터빈 그랜드　　　　(b) 저압 터빈 그랜드

그림 7.38 터빈 그랜드

7.3.2.4 축 밀봉증기장치(Gland Seal Steam System)

(1) 설치 목적

축이 케이싱을 관통하는 부위는 증기 누설과 공기 누입이 발생하며, 이 부위를 터빈 그랜드(Gland)라 한다.

그림 7.38과 같이 그랜드 부위에 설치된 래비린스 패킹은 증기의 누설과 공기의 누입을 완전히 차단하지 못하므로 축 밀봉증기 장치에서 공급되는 밀봉증기가 그랜드를 완전히 밀봉시킨다.

7.4 윤활장치

7.4.1 개요

(1) 설치 목적

윤활장치(Lubricating Oil System)는 터빈 및 발전기 축이 회전할 때 베어링 및 기타 부위에 적당한 압력과 온도로 윤활유를 공급하는 장치이다.

터빈 및 발전기의 축은 고속 회전체이므로 적절한 윤활장치가 없으면 베어링과 축의 금속 마찰에 의하여 큰 손상을 초래한다.

따라서 충분한 보호장치가 필요하며, 터빈 정지 시에도 축 냉각을 위하여 윤활유를 계속 순환시킨다.

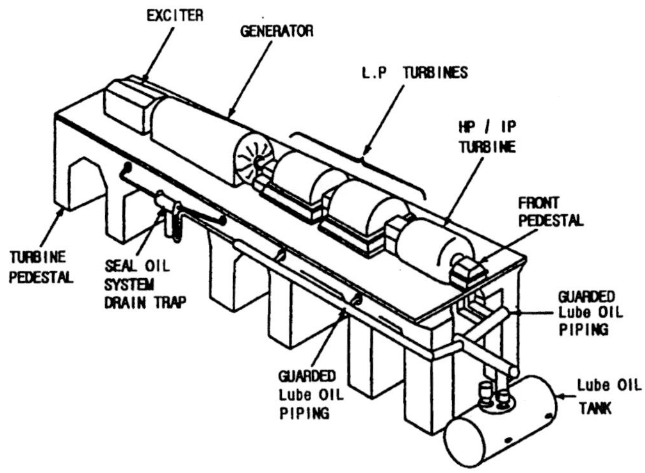

그림 7.39 터빈-발전기 윤활장치

(2) **윤활유 기능**

① 감마(減磨)작용 : 금속 사이의 유막에 의하여 두 금속 마찰면이 완전히 분리되어 마모를 방지한다.

② 냉각작용 : 회전부에서 발생한 마찰열을 냉각시켜 베어링이 국부적으로 고온이 되어 녹아 붙는 것을 방지한다.

③ 밀봉작용 : 발전기 내부의 수소(H_2) 가스가 누설되는 것을 방지하기 위한 밀봉장치(Seal Oil System)가 있어 밀봉 기능을 수행한다.

④ 응력분산작용 : 축이 베어링에 직접 접촉하면 두 금속 간의 접촉 면적이 적으므로 베어링에 응력이 집중적으로 작용하지만 유막에 의하여 전 면적으로 응력이 분산된다.

윤활부분에 국부적 또는 순간적으로 고압력이 작용하면 유막이 파괴되고 융착되기 쉬운데 윤활유는 액체이므로 국부압력을 윤활유 전체에 균등하게 분산시키는 기능이 있다.

⑤ 방청작용 : 금속 표면에 수분 또는 산소와의 접촉으로 부식 및 산화가 발생하므로 윤활유에 의하여 금속 표면을 감싸고 있어 산화 및 부식성 가스의 침투를 방지한다.

⑥ 청정작용 : 공기 중의 먼지 또는 산화물이 혼입되면 마모가 현저하게 증가되므로 이물질을 윤활부분에서 운반하여 제거하므로 윤활특성을 유지한다.

(3) 윤활유 성질

① 유막 형성을 위한 적절한 점도, 점착성 및 유막 강도가 필요하다.
② 공기와의 산화나 온도, 압력 변화에 의한 성질변화가 적어야 한다.
③ 윤활유 내에 이물질, 먼지 및 불순물이 포함되지 않아야 한다.
④ 물이 혼입되었을 때 물과 잘 분리되어야 한다.
⑤ 부식성이 없어야 한다.
⑥ 가격도 저렴하여야 한다.

(4) 윤활유 용도

① 터빈 및 발전기 베어링의 윤활 및 냉각용
② 조속기(Governor) 및 제어기구의 제어용
③ 보호 및 보안장치의 제어용
④ 재킹 오일(Jacking Oil)
⑤ 터닝 기어 운전 등에 사용된다.

7.4.2 주 윤활유펌프(Main Oil Pump, MOP)

(1) 그림 7.40과 같이 고압 터빈축 베어링 앞쪽에 터빈 축과 직결되어 구동되는 원심펌프이다.

축과 같은 속도로 회전하며, 감속장치를 두는 경우도 있다.

기동 시 터빈속도가 약 3,000[rpm]에 이르면 펌프는 정상적인 기능을 발휘하며, 터빈 운전 중에는 항상 구동되어 정상적인 윤활유 압력을 공급한다.

만약 터빈 운전 중 이 펌프의 정지로 토출 압력이 떨어지면 즉시 보조 윤활유펌프(Aux. Oil Pump, A.O.P)가 자동 기동되어야 한다.

(2) 구조 및 계통

① 펌프 흡입은 윤활유 탱크 내부의 승압 펌프 출구 측에서 받는다.
② 펌프를 나온 윤활유 중 일부는 조속장치와 보호장치의 동작용 및 제어용으로 공급되고, 나머지는 승압 펌프(Booster Pump)를 구동하는 오일 터빈(Oil Turbine)에 들어가 일을 한 후 감압된다.
③ 감압된 윤활유는 윤활유 냉각기를 거쳐서 터빈 및 발전기의 각 베어링에 공급된다.

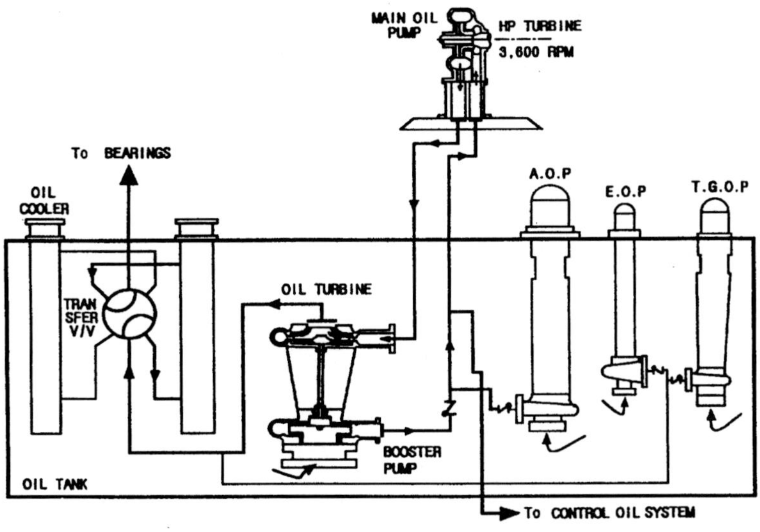

그림 7.40 윤활장치 계통도(M.H.C)

7.4.3 보조 윤활유펌프(Auxiliary Oil Pump, A.O.P)

터빈이 기동되어 정격속도로 운전되기 전에는 주 윤활유펌프가 정상적인 기능을 발휘할 수 없으므로 터빈 기동, 정지 시 윤활유 공급을 위하여 교류 전동기(A.C Motor)로 구동되는 별도의 펌프를 설치한다.

보조 윤활유펌프는 대부분이 수직 원심형(Vertical Centrifugal)으로 2대를 설치하여 1대는 예비기로 사용되고, 1대로서 터빈-발전기 베어링 윤활용과 조속 및 보호장치 동작용 고압 제어유를 공급한다.

근래 터빈의 대형화 및 조속장치의 발달로 전기식 조속기(E.H.C)를 사용하는 발전소는 베어링 윤활용 펌프, 조속 및 보호장치 동작용 펌프를 별도로 설치하여 오일(Oil)을 공급한다.

터빈 정상 운전 시는 보조 윤활유펌프를 운전할 필요가 없으며 터빈 기동, 정지 및 주 윤활유펌프 계통의 고장이나 기타 원인으로 윤활유 압력이 떨어질 경우 자동 기동되도록 되어 있고, 수동으로 정지한다.

보조 윤활유펌프와 조속용 펌프(Aux. Governor Oil Pump)가 별도로 설치된 경우, 조속용 펌프는 자동 기동되지 않는 것도 있으나 보조 윤활유펌프만은 반드시 자동 기동되어야 한다.

보조 윤활유펌프의 자동 기동 상태가 불량하면 터빈에 중대한 고장의 원인이 되므로 주기적인 시험을 실시하여 항상 완전한 상태로 유지하여야 한다.

7.4.4 비상 윤활유펌프(Emergency Oil Pump, E.O.P)

터빈이 비상 정지되고 발전소 내 교류(A.C) 전원도 없을 때(Black Out)는 주 윤활유펌프와 보조 윤활유펌프는 제 기능을 발휘하지 못하므로 터빈-발전기 베어링에 윤활유를 공급할 수 있는 펌프를 설치한다.

비상 윤활유펌프는 터빈에 설치된 최후의 보호장치로서 발전소마다 설치된 배터리실(Battery Room)에서 공급되는 직류(D.C) 전원으로 구동되며 대부분 수직 원심형이다.

베어링 윤활유 압력이 허용 한계치 이하로 될 경우 자동 기동되며, 펌프는 전동기 자체보다는 터빈에 윤활유 공급이 우선하므로 과부하(過負荷)로 인한 정지는 되지 않고 경보만 울리게 한다.

펌프는 소용량이므로 제어유는 공급할 수 없으며, 배관저항을 줄이기 위하여 윤활유 냉각기를 우회(By-Pass)하여 공급하기도 한다.

7.4.5 터닝 기어 오일 펌프(Turning Gear Oil Pump, T.G.O.P)

터닝 기어 운전 시 터빈-발전기의 각 베어링에 윤활유를 공급하며, 교류 전동기로 구동되고 수직 원심형이 대부분이다.

보조 윤활유펌프(A.O.P)로서 터빈 각 베어링에 윤활유와 조속장치 동작용 고압 제어유를 동시에 공급하는 설비는 터빈이 장시간 저속으로 운전할 경우 조속장치용 고압 제어유는 필요가 없으므로 이 펌프를 구동하여 전력 소비를 감소시킨다.

보조 윤활유펌프 역할을 하는 것이므로 설치 안 된 경우도 있으며, 비상 윤활유펌프(E.O.P) 역할을 겸하는 경우도 있다.

7.4.6 재킹 오일 펌프(Jacking Oil Pump, J.O.P)

터닝 기어 기동 시 베어링 하부에 유막이 형성되지 않아 축과 베어링의 금속면이 직접 접촉되므로 베어링 금속면이 손상될 위험이 있다.

그러므로 터닝 기어를 기동하기 전에 축을 약간 들어 주어 베어링에 유막을 형성시킨 후 축을 회전하기 위하여 설치한다. 펌프 형식은 기어(Gear)식이며, 펌프에서 나오는 100 ~ 150[$kg/cm^2 \cdot g$]의 고압 오일을 베어링 하부에 공급하여 축을 0.015[mm] 정도 들어준다.

각 축마다 무게가 다르므로 축마다 공급되는 재킹 오일 압력을 조절할 수 있도록 유압 조절 밸브(Regulating Valve)를 설치하며, GE에서 제작한 터빈에는 설치하지 않는다.

7.4.7 가스 배출기(Vapour Exhaust Fan)

윤활유는 베어링을 순환하여 윤활유 탱크에 다시 모이며, 이때 윤활유 속에는 많은 휘발성 산화물이 포함되어 있고, 이것이 계속 순환하여 윤활유 계통의 산화를 촉진시킨다.

수소냉각 발전기에는 윤활유에 수소가스가 섞여 있으므로 윤활유 탱크 상부에 배출기를 설치하여 대기중으로 배출하며, 정지 중이라도 발전기에 냉각용 수소가스가 충진되어 있으면 반드시 운전하여야 한다.

7.4.8 윤활유 탱크(Turbine Oil Tank)

(1) 기능

① 윤활계통의 전체 윤활유량을 저장할 수 있다.
② 윤활유펌프 및 기타 장치를 설치한다.

(2) 용량은 주 윤활유펌프 토출량의 10~20배 크기이다.

(3) 구조

① 바닥은 1/25 정도 기울어 산화물 또는 이물질을 배출시킨다.
② 운전 중 거품 발생에 대비하여 상부에 약 30[%] 정도의 공간을 갖고 있다.
③ 드레인(Drain)관과 펌프 흡입관은 멀리 떨어져 있다.
④ 윤활유 유동을 억제하기 위하여 내부는 여러 개의 칸막이로 되어있다.
⑤ 윤활유가 베어링으로부터 중력(Gravity)에 의하여 원활하게 드레인되도록 터빈 아래층에 저장탱크가 설치되어 있다.

7.4.9 윤활유 냉각기(Oil Cooler)

각 베어링을 통과한 윤활유는 축의 저널(Journal)에서 열을 흡수하여 온도가 상당히 높아졌으므로 베어링에 공급하기 적절한 윤활유 온도를 유지하기 위하여 냉각기에서 냉각시킨다.

형식은 대부분 표면 냉각식 열교환기를 사용하며, 냉각수는 일반적으로 소내 냉각수(Aux. Cooling Water)를 사용한다.

7.4.10 윤활유 청정기(Oil Cleaner)

(1) 설치 목적

윤활유는 계통을 순환하는 동안 수분과 각종 불순물을 흡입하여 윤활유 성능저하, 열화(劣化) 촉진, 금속 표면을 부식시키므로 이를 방지하기 위하여 청정장치를 설치한다.

(2) 오일 정화기(Oil Purifier)

윤활유를 고속으로 회전시켜 원심력에 의한 비중 차이로 불순물을 제거하는 기기이다.

윤활유는 오일 정화기 중앙부로 공급되어 고속으로 회전하는 디스크(Disc) 사이로 올라가는 동안 원심력의 차이로 불순물은 볼(Bowl)벽으로 붙고 물은 밖으로 빠져나가 깨끗한 윤활유만 회수된다.

공급되는 윤활유 온도는 70~80[℃] 정도가 적정하며, 가열기를 통과시켜 사용한다. 정기적으로 실시하는 윤활유 분석결과에 따라 운전시간을 결정하지만 일반적으로 주(周) 8시간 정도면 된다.

(3) 오일 청정기(Oil Conditioner)

① 구성

- 침전 탱크(Settling Tank)
- 여과 탱크(Filtering Tank)
- 카트리지 필터(Catridge Filter)

② 계통

- 윤활유는 처음 침전 탱크에서 수분을 분리하고 여과 탱크로 유입된다.
- 여과 탱크의 여과 백(Filter Bag)에서 불순물이 1차 여과된 후
- 2차 여과기(카트리지 필터)에서 정화된 후 윤활유 탱크로 보낸다.

7.4.11 고압유 발생장치(Hydraulic Power Unit, H.P.U)

(1) 설치 목적

고압유 발생장치는 전기식 조속기(E.H.C)의 유압부에 속한다.

이것은 터빈 증기 밸브를 열기 위하여 증기밸브의 구동장치(Hydraulic Actuator)에 고압 제어유(Control Oil)를 공급하고 보호장치에도 일부 공급한다.

(2) **고압유 발생장치의 주요 구성품은 다음과 같다.**

① 중앙 저유조(Central Fluid Reservoir)

불가연성 고압 제어유를 저장하며, 오일 레벨(Oil Level) 및 온도 경보장치가 설치되어 있다.

② 독립된 병열 펌프계통(Two Pump System)

- 전기식 조속기 및 보호장치 계통에 제어유를 공급하는 설비로서, 2대의 변속 피스톤(Piston) 펌프, 입구 스트레이너(Strainer), 출구 카트리지 필터로 구성된다.
- 각 펌프 출구 측에 5[Micron]의 필터가 설치되어 있고, 필터에는 차압 스위치가 설치되어 있다.

③ 고압유 냉각기(Twin Fluid Cooler)

계통을 순환하고 회수되는 제어유를 냉각하기 위하여 2대가 설치되어 있으며, 냉각수 유량을 조절하는 밸브 개도에 따라 38~54[℃] 이내로 유지된다.

④ 공기 건조기(Air Dryer)

저장 탱크 내부에 있는 공기 중의 습분을 제거하기 위하여 설치하며, 공기를 건조기 내부에 있는 실리카 겔(Silica Gel)층을 통과시켜 제거한다.

실리카 겔이 습분을 흡수하여 청색(Blue)에서 분홍색으로 변하면, 흡습제를 재생시키거나 교체한다.

⑤ 피스톤형 완충기(Piston Type Accumulator)

터빈 고압 밸브 구동장치(Hydraulic Acturator)에서 요구하는 다량의 제어유를 즉시 공급하고, 예비 펌프 기동 시 유압계통에 미치는 충격을 흡수하여 압력을 일정하게 유지시킨다. 완충기에는 1,000[Psig](70kg/cm^2) 정도의 질소(N_2) 가스가 충진되어 있다.

⑥ 전기 히터 및 팬(Electric Space Heater and Fan)

겨울철에 예비 펌프 및 완충기를 적정온도로 유지시키기 위하여 설치하며, 히터는 저장 탱크의 온도 신호를 받아 자동으로 운전된다.

연·습·문·제

01 충동 터빈과 반동 터빈에 대하여 설명하시오.

02 추기 터빈과 배압 터빈의 차이점 및 각각의 요도를 설명하시오.

03 증기 터빈의 주요구성 부품을 들고 설명하시오.

04 증기 터빈 발전기의 냉각방식에 대하여 설명하시오.

05 터빈의 노즐과 다이어프램의 기능에 대하여 설명하시오.

06 터닝 기어 장치의 기능을 설명하시오.

07 래버린스 패킹의 원리를 설명하시오.

08 60[Hz], 2극, 60,000[kW]의 터빈 발전기가 큰 전력계통에 접속되어 운전되고 있다. 지금 계통의 주파수가 갑자기 60.2[Hz]까지 상승하였다고 하면 이 발전기의 출력은 얼마만큼 감소하는가? 단, 터빈의 속도 조정률은 4[%]라고 한다.

09 터빈 발전기의 교류 여자기에 대하여 설명하시오.

10 다음과 같은 500,000[kW] 증기 터빈 발전기의 효율 및 실제효율을 계산하시오.

단, 사용 증기량은 1,600[t/h], 발전기 출력은 500,000[kW], 발전기효율은 97[%], 터빈 입구 증기 엔탈피는 815[kcal/kg], 배기의 엔탈피는 518[kcal/kg]이고 복수 온도는 30[℃]라고 한다.

08

복수 및 급수계통

ELECTRIC ENERGY

8.1 개요

복수 및 급수계통은 최종 증기 터빈에서 배출되는 증기를 복수기에서 물로 응축하여 아래와 같은 각종 설비를 거쳐 보일러로 들어가는 주요한 계통이다.

(1) 용어의 정의

- 복수(Condensed Water) : 증기 터빈에서 복수기로 배출되는 증기를 응축시킨 물
- 급수(Feed weter) : 탈기기에서 보일러에 공급하는 물

(2) 복수계통의 설비

- 복수기(Condenser), 복수 펌프(Condensate Pump, COP), 복수 탈염장치(Condensate Polishing Plant, CPP)
- 그랜드 스팀 콘덴서(Gland Steam Condenser, GSC), 저압 급수 가열기(LP Heater)와 관련 배관, 밸브 등

(3) 급수계통의 설비

- 탈기기(Deaerator), 급수 펌프(Feed Water Pump, BFP)
- 고압 급수 가열기(HP Heater)와 관련 배관, 밸브 등

복수 및 급수의 흐름도는 아래와 같다. 그림 8.1 참조

복수기→핫웰(Hot Well)→복수 펌프→복수 탈염장치→증기 분사식 공기 추출 냉각기→그랜드 스팀 콘덴서→저압 급수 가열기→탈기기→급수 저장 탱크→급수 펌프→고압 급수 가열기→보일러 절탄기

복수 탈염장치(Condensate Polishing Plant, CPP)는 수기에 유입되는 증기, 드레인, 보급수 등에는

- 계통 내 금속의 부식 생성물인 철, 동 등의 금속산화물,
- 복수기 튜브 누설 시 유입되는 불순물 등이 함유되어 있다.

이와 같은 불순물을 드럼 보일러에서는 연속 블로 다운(Continuous Blow Down, CBD)을 통해 배출이 가능하나, 관류 보일러에서는 배출이 불가능하므로 복수 탈염장치를 설치하여 고 순도 급수를 유지하고 있다. 근래에는 고순도 급수를 필요로 하는 대용량 드럼 보일러에도 설치하고 있다.

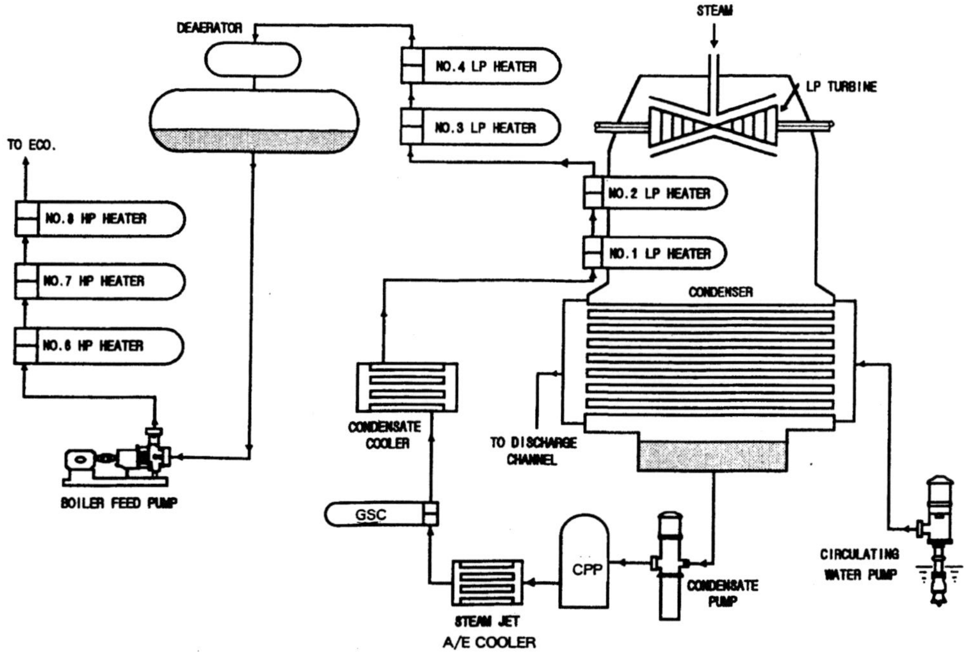

그림 8.1 복수 및 급수계통

8.2 복수기

8.2.1 개요

터빈에서 배출되는 증기를 냉각, 응축시켜 물로 회수하는 장치를 복수기라 한다.

복수기 종류에는 증기와 냉각수가 직접 접촉하는 혼합 복수기와 전열면을 통해 열교환을 행하는 표면 복수기가 있다. 발전소는 튜브 전열면을 통해 열교환이 이루어지는 표면 복수기를 사용하며, 터빈 배기증기를 응축시켜 대기압 이하로 낮춤으로써

① 터빈에서 증기가 보유한 열낙차를 크게하여 터빈 효율을 향상,

② 응축된 복수를 재사용함으로써 물 처리 비용을 절감,

③ 급수를 보충하거나 각종 드레인 회수를 위한 장소로 사용된다.

복수기 부속 설비로는 복수 펌프, 공기 추출기, 순환수 펌프(Circulating Water Pump, CWP) 등이 있고, 이외에 데브리 필터(Debris Filter) 및 볼 세정장치 등이 있다.

복수기의 진공도는 통상 냉각수 온도와 수량으로 결정되며, 냉각 수량은 대개 복수량의 70~80배에 이르고, 냉각수의 복수기 입·출구 온도차는 7~10[℃] 정도인데 최근에는 환경에 미치는 영향을 줄이기 위해 7[℃] 이하로 한다.

8.2.2 구조

복수기 구조는 그림 8.2와 같이 본체는 강판제 용접 구조이고, 고진공을 유지할 수 있는 밀폐된 용기로 되어 있다.

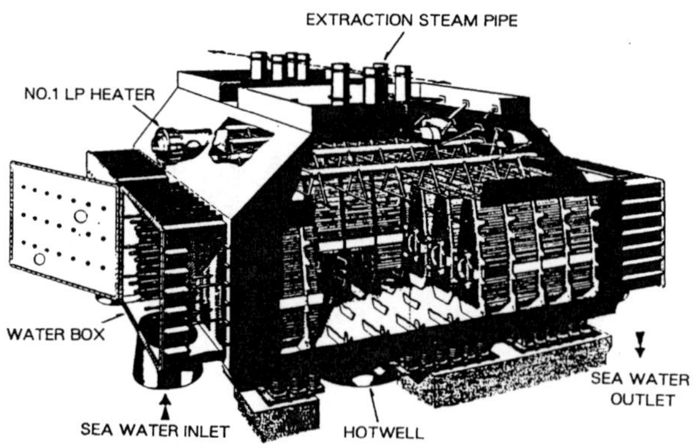

그림 8.2 복수기 구조도

내부에는 전열면을 구성하는 많은 튜브를 설치하여 튜브 내로 냉각수, 튜브 외측으로 증기가 흐르면서 열교환이 된다.

하부는 핫웰(Hot Well, 복수기 하부 수조)로 되어 있으며, 상부의 공간에는 저압 급수 가열기를 내장하고 있다.

수실은 강판제로써 내식성을 높이기 위해 그 내면에 고무, 스테인리스 강판 등을 부착하거나, 에폭시(Epoxy)를 도포하고 또한 전기방식 설비를 하여 해수에 의한 전식을 방지하고 있다.

(1) 튜브 배열

튜브 배열은 제작사에 따라 약간의 차이가 있는데 튜브군의 중심에 불응축성 가스나 공기를 배출하는 통로(Duct)가 있다. 튜브 배열 형식은 증기가 튜브군의 주위에서 중심으로 향해 흐르도록 한 전주 유입형(全周 流入形) 배열이 많이 채용되어 왔다. 그러나, 최근의 연구에 의해 위로 증기의 흐름이 있는 경우는 응축수의 낙하를 방해하고 열 전달율이 저하되므로 상방향으로 증기 흐름이 생기지 않도록 배열한 형이 채용되고 있다.

(2) 튜브 재질

튜브 재질은 부식이나 침식에 강해야 한다. 과거에는 황동과 백동이 사용되었으나, 최근에는 티타늄을 사용하고 있다.

(3) 핫웰(Hot Well)

복수기에서 응축된 복수를 저장하며, 복수 온도는 복수기 내 압력에 해당하는 포화 온도와 같다. 그리고, 튜프 누설 시 염류 검사가 쉽도록 몇 개의 수관(Water Box)으로 나뉘어져 있으며, 부하 변동 등에 따른 복수량의 변화를 흡수할 수 있도록 정격 출력의 4~5분 정도 사용할 수 있는 용량을 갖는다.

(4) 진공 파괴 밸브(Vacuum Breaker Valve)

복수기 상부에 설치되어 있으며, 터빈 정지 시 진공을 깨뜨려 터빈이 감속중 임계속도에서 오랜기간 회전하지 않도록 한다.

터빈 운전 중에는 반드시 닫혀 있어야 하며, 개방 시에는 터빈 임계속도에서 열지 않도록 주의한다.

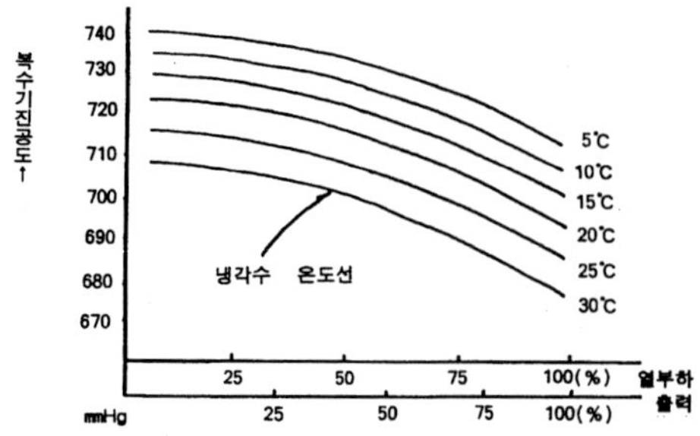

그림 8.3 복수기 성능 곡선

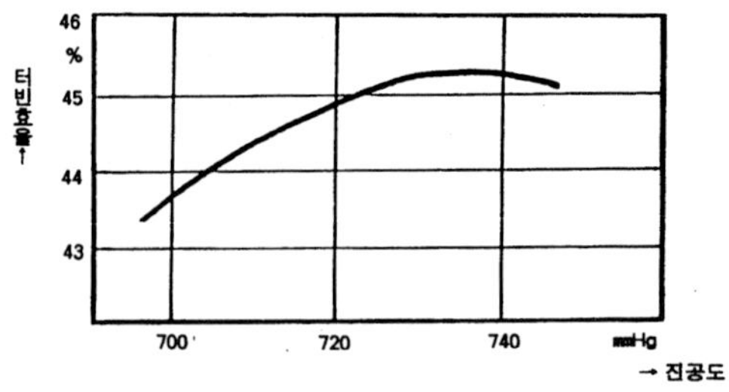

그림 8.4 진공도 변화에 따른 효율 곡선

8.2.3 진공도

(1) **개요**

진공도는 국소대기압을 기준으로 복수기 내 절대 압력과의 차로서 나타내며, 일반적으로 진공도를 높이기 위해서는 냉각수 온도를 낮추던가, 냉각수량을 증가시키면 되지만 첫째, 설비 비용과 보조기 동력의 증가, 둘째, 터빈 최종단의 습분 증가로 인한 침식방지를 위해 설계 진공도는 통상 가장 경제적으로 되는 냉각수 온도 20[℃]와 정격 출력을 기준하여 720[mmHg]가 되도록 하는 경우가 많다.

그림 8.3에서 출력과 냉각수 온도 변화에 따른 진공도 변화를 보면 동일 출력일 때 냉각수 온도가 낮아지면 진공도는 상승하고, 높아지면 저하한다. 운전 진공도가 저하하면 터빈 출력이 감소하고, 배기실(Exhaust Hood) 온도가 상승한다. 공도가 높을수록 증기의 열낙차가 커지게 되어 터빈 열효율이 향상된다.

그림 8.4는 터빈 운전 중 복수기 진공도 변화에 따른 효율의 변화를 나타낸다.

8.3 공기 추출계통

8.3.1 개요

복수기에 유입된 공기와 터빈 배기 중의 불응축성 가스는 배기가 응축될 때 분리되어

① 복수기 진공을 저하시키고, 튜브 표면에 부착되어 열전도를 방해하며,

② 계통 내 배관과 기기를 부식시킨다.

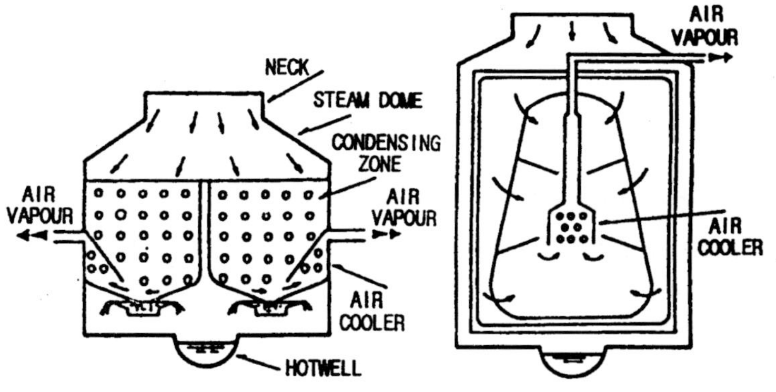

그림 8.5 복수기 공기 배출

따라서 불응축성 가스를 연속적으로 제거하여 복수기의 진공도를 높게 유지하기 위해 공기 추출기가 설치되어 있다. 터빈 운전 중 복수기 내 건공기량은 터빈 배기량의 0.03~0.05[%] 정도가 된다.

복수기 내 공기 추출 지점은 그림 8.5와 같이 복수기 중앙 또는 하단부에서 추출하며, 공기 추출기로 대기로 뽑아낼 때 증기가 배출되지 않도록 공기 냉각부를 복수기 내의 포화 온도보다 약간 낮게 유지하므로써 증기 배출을 억제하고 있다.

8.3.2 형식에 따른 종류

공기 추출기는 형식에 따라 다음과 같이 3종류가 있다.

(1) 증기 분사식 공기 추출기

(2) 회전형 공기 추출 펌프

(3) 물 분사식 공기 추출기

이들 중에서 종래는 증기 분사식 공기 추출기가 많이 채용되어 왔지만 최근에는 다음과 같은 이유로 회전형 공기 추출 펌프가 많이 채용되고 있다.

- 터빈에 축 밀봉용 증기가 공급되면 바로 복수기에 진공을 만들 수 있다.
- 동일 장치로 기동 운전(Hogging Operation)과 평상 운전(Holding Operation)을 할 수 있으며, 운전 전환도 쉽다.
- 고압 증기 배관이 불필요하다.
- 소음이 적다.

8.4 진공펌프

8.4.1 개요

진공 펌프계통은 그림 8.6과 같이 진공 펌프, 가스 추출기, 기수 분리기, 냉각기 및 역류 방지 밸브(Check Valve) 등으로 구성되어 있으며, 저 진공용 기동운전(Hogging Operating)과 평상 운전(Holding Operating)로 구분하여 운전된다.

8.4.2 기능 및 구조

(1) 기능

로터리 액체링형(Rotary Liquid Ring Type) 펌프를 많이 사용하고 있으며, 임펠러는 케이싱 내에 편심으로 설치되고 내부에 물이 충수되어 있다. 작동 유체인 밀봉수는 임펠러의 고속 회전에 의해 케이싱 내벽을 따라 돌면서 액체링(Water Ring)을 형성하며, 이 액체링과 임펠러 사이의 공간이 펌프 역할을 하여 공기를 추출한다.

(2) 가스 추출기(Gas Ejector)

노즐과 디퓨저로 구성되어 있으며, 복수기의 진공도가 약 635[mmHg] 이상되면 펌프와 병용 운전된다. 가스 추출기의 구동 매체는 대기이다.

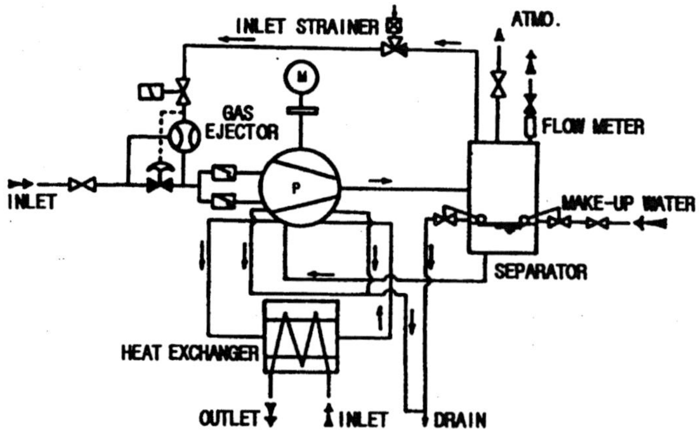

그림 8.6 진공 펌프계통 구성

(3) 기수 분리기(Separator)

진공펌프에서 배출되는 공기 속에 함유된 미세한 물 입자를 분리한다. 기수 분리 후의 공기는 벤트 밸브를 통해 대기로 배출하고, 물은 기수 분리기에 모여 진공펌프의 밀봉수로 재사용한다.

(4) 냉각기

펌프 내 작동 유체인 밀봉수는 추출되는 기체의 압축열과 증기의 응축열 및 유체의 회전 등에 의해 온도가 상승하여 진공 펌프의 흡·배기 능력에 직접 영향을 미친다.

따라서 밀봉수를 냉각하기 위해 냉각기가 설치되어 있다. 냉각수로는 해수 또는 보조 냉각수를 사용한다.

(5) 펌프 역류 방지 밸브(Check Valve)

펌프 정지 시 펌프 내의 공기 및 밀봉수가 복수기로 역류되는 것을 방지한다.

8.5 복수펌프

8.5.1 개요

복수기에서 응축된 물을 보일러 급수로 재 사용하기 위하여 복수기에서 탈기기로 보내는데 사용하는 펌프를 복수 펌프(Condensate Pump,COP)라고한다.

펌프가 고장날 경우 보일러 급수에 지장이 있고 운전에 중대한 장해를 줄 가능성이 있으므로 반드시 예비 펌프를 1대 설치한다. 펌프 대수는 대체로 250[MW]급 이상이 되면 통상 50[%] 용량 3대로 하여, 정상 운전 중 2대의 펌프가 균등한 부하 분담으로 병렬 운전을 한다. 그러나 중·소형 발전소는 펌프 용량이 작으므로 100[%] 용량 2대를 설치하여 1대를 예비기로 한다.

한편 그림 8.7과 같이 복수는 펌프 그랜드 밀봉, 증기 온도 강하 등을 위해 복수 펌프 출구측에서 다음과 같은 곳에도 복수를 공급한다.

- 보조 냉각수 헤드 탱크 보충
- 복수 펌프 그랜드 밀봉
- 복수기와 연결된 각종 밸브의 그랜드 밀봉
- 터빈 배기실(Exhaust Hood)의 분사수

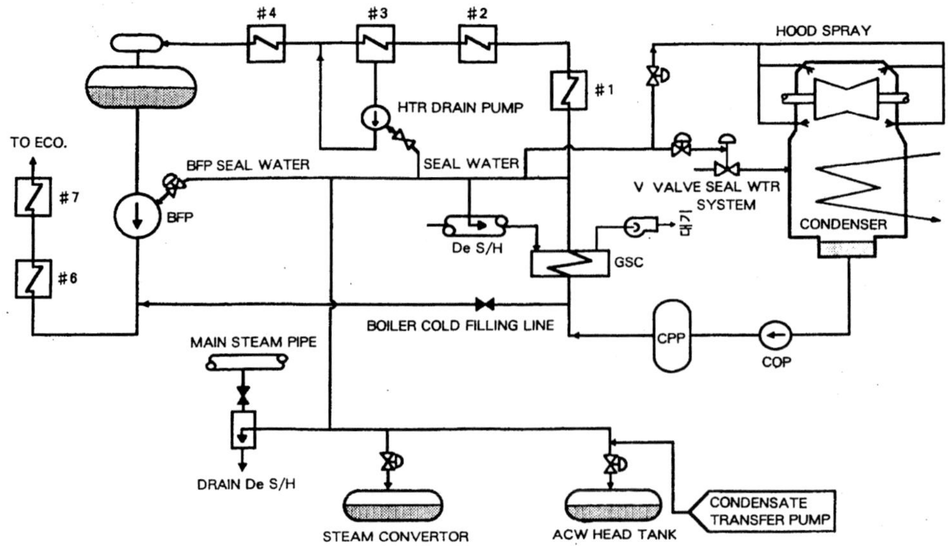

그림 8.7 복수공급 계통

- 터빈 그랜드 밀봉 증기의 과열 저감기
- 주증기 드레인 라인의 과열 저감기

8.5.2 펌프 구조

복수 펌프는 일반적으로 원심형 다단 펌프이며, 수직으로 설치한다. 복수 펌프는 고진공 및 거의 포화 상태의 복수를 흡입하므로 증발이 일어나지 않는 구조로 하여야 한다.

이 때문에 입형 펌프를 핫웰 수면보다 낮게 설치하여 핫웰 수면과 펌프 흡입 중심과의 수두 차를 확보한다. 동시에 흡입 배관은 유속율 1[m/s] 이내로 느리게 하여 유동 저항을 적게 한다.

8.5.3 펌프 부속 설비

(1) 흡입 스트레이너(Suction Staainer)

핫웰 내의 불순물이 펌프 흡입측으로 유입되지 않도록하며, 운전 중 스트레이너 전후 차압이 설정치를 초과하면 펌프를 정지하고 청소하여야 한다.

(2) 균압관(Balancing Leak off Line)

복수기에 진공이 걸린 상태에서 펌프 내부에 물을 채울 때는 내부 공기를 배기시켜야 물을 충만시킬 수 있으며, 또 운전 중인 펌프 내부에 공기가 있게 되면 흡입성능이 나빠진다. 이를 예방하기 위해 균압관을 통해 펌프 내부의 공기를 복수기로 배기시켜 펌프 내부를 복수기와 동일한 진공도로 유지하므로써 핫웰 물이 바랠내로 원활하게 유입되게 하여 흡입 능력을 증대시킨다.

균압관에 설치된 밸브는 운전 중뿐만 아니라 예비기 상태에서도 항상 열어 두어야 하며, 펌프 분해 점검 시에는 복수기 진공 저하를 방지하기 위해 밸브를 반드시 닫고 분해하여야 한다.

(3) 축 밀봉수(Shaft Sealing Water)

축 그랜드부에서 누설되는 물은 감압 파이프(Pressure Reducing Pipe)를 통해 펌프 흡입부로 회수되므로 축 밀봉부위는 운전 시나 정지(예비기)시 모두 진공상태에 있다. 따라서 밀봉장치의 중앙부에 항상 밀봉수를 공급하여 펌프 내부로 대기 유입을 방지함과 동시에 팩킹 과열을 방지한다.

이 밀봉수는 펌프 운전 중에는 펌프 출구 측 또는 제1단의 임펠러로부터 공급되며, 펌프 기동 시에는 순수 저장 탱크에서 공급된다. 예비기에도 운전 중인 펌프에서 밀봉수를 계속 공급한다.

(4) 베어링

스러스트 베어링은 전동기 상부 또는 하부에 장치되어 펌프의 추력 및 회전체 중량을 지지하고 있다. 펌프 내부 가이드 베어링(Bushing형) 내 면에 여러 개의 홈을 따라 자동적으로 물을 순환시키는 자체 윤활(Self Lube)방식을 취한다.

8.6 급수 가열기

8.6.1 개요

급수 가열기에는 저압 급수 가열기(Low Pressure Heater, LP HTR)와 고압 급수 가열기(High Pressure Heater, HP HTR)가 있다. 급수 펌프 이전에 있는 가열기를 저압급수 가열기라 부르며, 저압 터빈 내의 팽창 과정 중 일부 뽑아낸 증기로 가열한다.

고압 급수 가열기는 급수 펌프 이후의 가열기를 말하며, 고압 및 중압 터빈의 추출 증기로 가열한다.

터빈에서 이미 부분적으로 일을 한 증기를 추출하여 급수를 가열하므로써 터빈 배기량을 감소시켜 복수기를 작게 설계할 수 있고, 또 냉각수에 의해 빼앗기는 열량손실을 감소시키므로 발전소효율이 향상된다.

급수 가열기 군(群)은 발전소에 있어서 중요한 부분이며, 그 구조 또는 배열이 발전소 전체의 효율에 큰 영향을 미친다.

최근의 발전소에서는 #1 또는 #1과 #2 저압 급수 가열기를 복수기 상부에 설치하는 경우가 많다. 이같이 하면 다음과 같은 장·단점이 있다.

(1) **장 점**

- 터빈 본체에 가깝기 때문에 추기관이 짧아져 배관 건설비 절약
- 배관 압력 손실 감소
- 설치 면적 절약
- #1 및 #2 추기 압력은 대기압보다 낮고 추기관이 복수기 내에서 터빈과 연결되므로 누설부위가 생기더라도 공기가 누입될 우려가 없다.

(2) **단 점**

- 터빈 배기 흐름에 저항
- 내부 점검 곤란
- 추기관이 복수기 내에서 저압 터빈과 직결되므로 추기 밸브가 없다.

따라서 드레인 양이 급속히 증가할 경우 드레인 수위 상승으로 저압 터빈이 위험하므로 운전에 유의하여야 한다.

8.6.2 구조

급수 가열기 구조는 그림 8.8과 같이 수실, 관판, 동체, U튜브로 구성되며, 튜브 내의 급수가 흐르고 튜브 외측(Shell Side)으로 증기가 흐르면서 전열면을 통해 열교환이 이루어진다.

수실 내부는 급수의 입·출구를 구분하는 판이 설치되어 있고, 튜브 정비를 위해 수실에는 맨홀(Manhole)이 설치되어 있으며, 증기 통로에는 관을 지지하고 있는 관 지지판이 설치되어 있다.

동체 내부는 열교환 기능에 따라 과열 저감부, 응축부, 드레인 냉각부로 구분 되어 있다. 터빈에서 추기된 과열 증기는 먼저 급수의 출구부에 위치하고 있는 과열 저감부로 들어간다. 여기서 증기는 그 압력에 상당하는 포화 온도까지 강하하면서 급수를 가열한 후 다시 응축부로 들어간다. 응축부에서는 증기가 지니고 있는 잠열(Latent Heat)을 급수에 주고 응축하여 드레인이 된다.

응축된 드레인은 하부의 드레인 냉각부에 들어가 입구부의 급수를 가열하면서 포화 온도 이하로 떨어져 배출된다.

- 과열 저감부 : 그림 8.8과 같이 급수의 출구부에 위치하고 있으며, 추기의 과열도에 상당하는 감열(Sensible Heat)로 급수를 가열시키는 구역이다. 즉 과열 증기 온도에서 포화증기 온도까지 강하되면서 급수를 가열시킨다.
- 응축부 : 포화증기가 지니고 있는 잠열로 급수를 가열하는 곳이며, 급수 온도는 대부분 이 곳에서 상승된다. 즉 급수 가열기의 가열 면적 가운데 가장 큰 부분을 차지한다.
- 드레인 냉각부 : 응축된 드레인은 고온의 포화수로서 드레인의 감열을 이용하여 급수를 가열시키는 곳이며, 급수의 입구 측에 위치하고 있다.

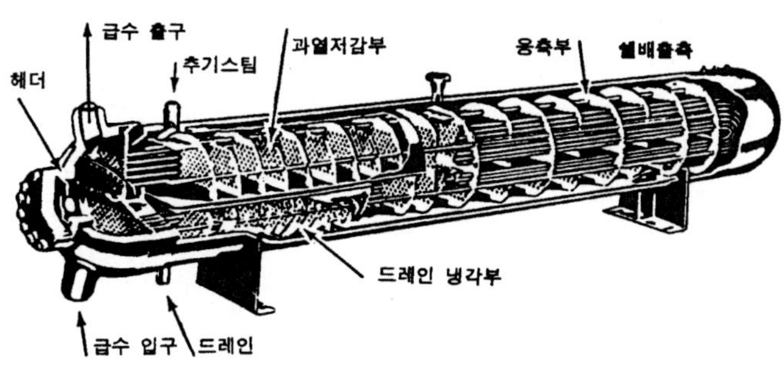

그림 8.8 급수 가열기 구조

8.6.3 형식

(1) 표면 접촉식과 직접 접촉식

① 표면 접촉식

저압형(저압 급수 가열기)과 고압형(고압 급수 가열기)이 있으며, 관내로 급수가 흐르고 관 외측으로 증기가 흐르면서 전열면을 통해 열교환이 이루어진다.

② 직접 접촉식

직접 접촉식은 가열증기와 급수가 직접 혼합되면서 급수를 가열시키는데, 표면 접촉식보다 우수할 뿐만 아니라 탈기 작용도 있다.

그러나 가열과정에서 급수 압력이 떨어지므로 다음 단의 급수 가열기로 송수될 수 없는 결점이 있어 모든 급수 가열기를 직접 접촉식으로 할 수 없고 탈기기에만 적용되고 있다.

(2) 수평형과 수직형

설치상의 제한에 따라 수평형과 수직형이 있으며, 드레인에 의한 무효 공간의 감소와 드레인 레벨의 제어성이 좋아져 횡형이 많이 채용된다.

8.6.4 추기 및 드레인계통

(1) 추기계통

① 추기계통도

터빈의 팽창 도중 및 저온 재열 증기관(Cold R/H Pipe)에서 추출된 증기는 그림 8.9와 같이 추기관을 통해 압력이 높은 순으로 보일러에 가까운 쪽의 급수가열기로 들어간다. 터빈 구동형 급수 펌프도 추기를 이용하면 그 배기는 복수기로 보내는 경우가 많다.

드레인이 발생하기 쉬운 추기관의 드레인은 드레인 트랩(Trap)을 통하여 상시복수기로 보내도록 되어 있다.

② 추기관의 체크 밸브(Check Valve)

터빈 운전 중에 추기관 및 급수 가열기 내부에는 많은 증기가 있다. 터빈이 정지되면 주 증기 밸브 이후에는 모두 진공이 걸리며 이러한 증기, 드레인 및 탈기기 급수 저장 탱크 내의 급수가 다량의 증기로 증발하게 된다.

이 증기가 터빈으로 역류하여 터빈을 과속시킬 우려가 있으므로 이를 방지하기 위해 추기관에 체크 밸브를 설치한다.

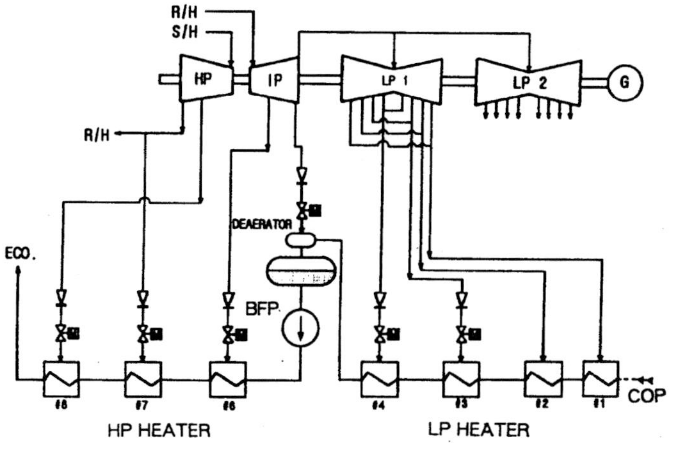

그림 8.9 추기계통

또한 급수 가열기의 드레인 수위가 정상보다 아주 높아졌을 때 드레인이 터빈으로 역류되는 것을 방지한다.

③ 전동기 구동 추기 밸브

급격한 부하 변화, 터빈 트립 혹은 튜브 누설시 드레인 수위 상승에 의해 터빈으로 물이 역류되는 것을 방지한다.

이 밸브는 드레인 수위가 최고 수위가 되면 자동으로 닫긴다.

(2) 드레인계통

급수 가열기에서 급수와 열교환된 추기는 응축된 후 드레인되어 하부의 드레인 냉각부(Drain Cooling Zone)에 모인다. 이곳에 모인 드레인은 급수 가열기 밖으로 배출되기 전에 입구부의 급수와 열교환을 행한 후 순차적으로 아래단 급수 가열기로 보내는 계단식(Cascading)을 채용하고 있다.

8.7 탈기기

8.7.1 개요

계통을 순환하는 급수 중의 산소와 탄산 가스 등의 불응축성 가스는 설비의 부식 원인이 된다. 탈기기는 급수 중에 포함되어 있는 가스를 분리(氣水 分離)하고, 급수의 가열 및 저장을 하는 장치이다.

용존 산소의 금속에 대한 부식성은 탄산 가스의 약 10배 정도 되며, 고온 고압에 있어서 상온 시의 약 200배 이상에 달하기 때문에 급수에 함유되어 있는 산소 농도를 최대한 감소시킬 필요가 있다.

탈기기는 급수 펌프에 필요한 유효 흡입 수두를 충분히 확보하기 위해 일반적으로 지상 약 20~30[m] 정도의 높은 곳에 설치한다.

급수 저장 탱크(Feed Water Storage Tank)는 탈기기에서 탈기된 급수를 저장하며, 급수량 변동 시에도 급수 펌프를 안전하게 운전할 수 있도록 보일러 정격 용량의 3~5분 정도 사용할 수 있는 용량을 갖고 있다.

8.7.2 구조

탈기기는 상부의 탈기 가열실과 하부의 저장 탱크로 분리되어 있고, 탈기 및 가열된 복수는 강수관을 통해 저장 탱크에 저장된다.

탈기기 형식에는 스프레이 및 트레이형(Spray & Tray Type), 스프레이형, 트레이형 등 여러 가지가 있으며, 대용량 발전소에서는 스프레이 및 트레이형 그림 8.10을 많이 사용한다.

8.7.3 탈기 원리

모든 기체의 용해도는 그 기체가 용존해 있는 액체의 온도가 높을수록 감소한다는 헨리(Henry)의 법칙에 따라 급수를 탈기기 내 압력에 상당하는 포화 온도까지 가열하여 탈기 시킨다. 이때 적어도 포화 온도에 1.7[℃] 이내까지 가열시킨다.

물 속에 포함되어 있는 용존 기체가 쉽게 이탈하도록 스프레이(Spray Valve)와 트레이(Tray)를 이용하여 분무시킨다.

스프레이 및 트레이형의 경우 탈기기 상부에 설치되어 있는 스프레이 밸브를 통해 탈기실로 분사된다. 분사된 급수는 미세한 물방울이 되어 분배접시로 떨어지는 동안에 상승하는 가열증기와 접촉하여 제1단 탈기가 이루어지며, 이 과정에서 대부분의 용존 가스는 분리되어 대기로 방출된다. 제1단 탈기 후 약간의 용존 산소를 포함한 채 분배 접시에 모인 급수는 균일하게 넘치게 된다. 또한 직각 방향으로 설치된 여러 층의 하부 트레이에 의해 안개와 같은 미세한 물방울이 되어 증기와 혼합되면서 잔존 가스를 분리시키는 제2단 탈기가 이루어진다.

충분히 탈기된 급수는 탈기실 하부에 있는 급수 저장 탱크로 들어간다. 중압 터빈에서 공급되는 가열증기는 탈기 가열실의 중앙 부근으로 들어가 트레이 밑에서 위로, 즉 급수와 대향류로 흐르면서 급수를 가열시키고 스스로는 응축하여 복수가 되면서 떨어진다.

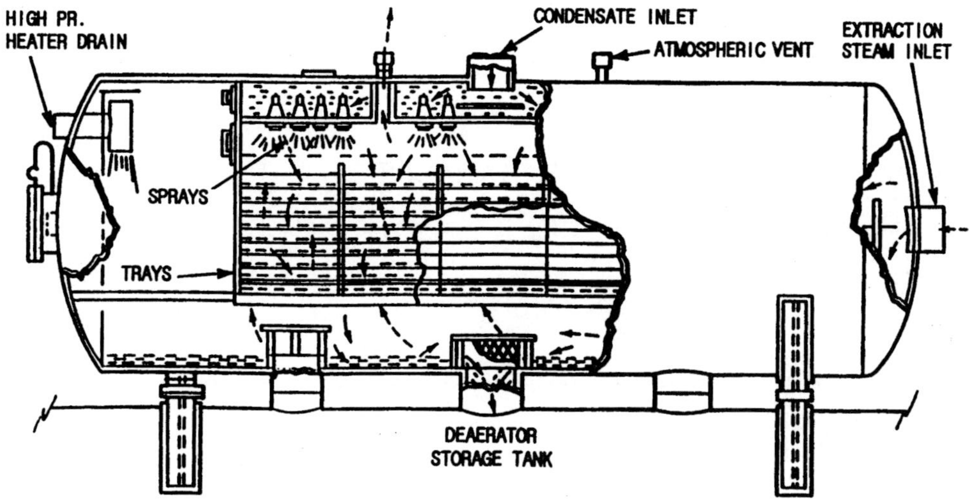

그림 8.10 스프레이 및 트레이형

급수로부터 분리된 산소 등 불응축성 가스는 가열증기와 함께 상승하여 스프레이 밸브에서 분사되는 급수에 의해 냉각된다. 이렇게 하여 가스 속에 함유되어 있는 증기를 응결 분리시킨 후 배기관을 통해 대기 중으로 방출한다. 그러나 분리된 가스 속에는 약간의 증기를 함유하고 있으므로 이 배기를 대기로 방출시키지 않고 복수기로 보내 증기 회수 및 소음 방지를 도모하고 있는 예도 있다.

- 용존 산소량
  - 탈기 전 : 0.02~0.03[cc/ℓ]
  - 탈기 후 : 0.005[cc/ℓ]

8.7.4 탈기기 내 급수 재순환 설비

(1) 필요성

보일러 기동 시 충수에 필요한 급수를 가열하기 위해 탈기기 내 급수 속으로 하부 히터(Bottom Heater)를 통해 직접 증기를 공급하면 수격 현상이 생긴다.

이를 방지하기 위해 탱크 내 급수를 탈기기 상부로 재순환시키면서 탈기기에 가열증기를 공급하여 급수를 원활하게 가열시키는 방법이다.

이 방법은 하부 히터를 이용하는 것보다 대단히 효과적이며 용존 산소량을 정상 운전과 같은 정도까지 낮출 수가 있다.

(2) 재순환펌프에 의한 급수 가열방법

탈기기 재순환펌프로 급수를 탈기기로 재순환시키면서 가열시키는 방법이다. 펌프 용량은 일반적으로 탱크에 저장된 물을 30~60분에 전량을 순환시킬 수 있는 용량으로 한다.

(3) 저압 급수 가열기 드레인 펌프를 이용하는 방법

유니트 정지 시 운전하지 않는 저압 급수 가열기 드레인 펌프를 이용하는 방법으로 급수를 재순환시키면서 가열하는 방법이다.

8.8 급수펌프

8.8.1 개요

급수 펌프(Boiler Feed Water Pump, BFP)는 탈기기에서 탈기된 급수를 가압하여 고압 급수 가열기와 절탄기를 거쳐 보일러에 공급하는 펌프로서, 보일러가 운전 중일 때는 언제나 급수를 공급하여야 한다. 따라서 급수 펌프는 화력 발전소에 있어서 대단히 중요한 기기의 하나로 신뢰도가 커야 하므로 다음과 같은 조건이 필요하다.

- 고온, 고압에 견딜수 있는 구조 및 재료일 것
- 유량이 급격히 변화되어도 공동현상이 발생되지 않을 것
- 취급 및 운전이 쉬울 것
- 상용 운전 범위 내에서 성능이 안정할 것
- 효율이 높고 장기간 사용해도 효율 저하가 적을 것

펌프 형식은 모든 발전소가 원심형 다단 펌프이며, 대수는 대용량 발전소인 경우 50% 용량 3대를 설치하고, 1대는 예비기이다.

이 예비기는 운전 중인 펌프가 정지할 경우 자동 기동되도록 되어 있다.

터빈 구동형 급수 펌프(BFP-T)를 채용할 때는 2대의 터빈 구동형과 1대의 전동기 구동형 급수 펌프(BFP-M)가 설치되어 정상 운전중에 2대의 BFP-T가 100[%] 부하를 담당한다.

주증기 온도 조절을 위한 과열기 측 과열 저감수는 급수 펌프 출구 측에서 공급하고, 재열 증기 온도 조절을 위한 재열기 측 과열 저감수는 펌프 중간단에서 취출하여 공급한다. 펌프 흡입 측에는 통상 40~60메시(Mesh)의 스트레이너를 설치하여 펌프 내부로 이물질이 유입하는 것을 방지하며, 출구 측에는 체크 밸브(Check Valve)와 모터 밸브(Motor Valve)가 취부되어 있어 펌프 정지 시 역류에 의한 펌프 손상을 방지하고 있다.

원동기와 펌프의 배열 형식은 전동기 구동형일 경우는 3가지 유형이 있고, 터빈 구동형일 경우에는 4가지 유형이 있다.

펌프가 고속, 고압이고 총 양정이 매우 높아서 높은 유효 흡입 수두가 요구될 경우는 이 흡입 수두를 감당하기 위해 승압 펌프(Booster Pump)를 설치하여 주급수 펌프 측에 공동현상이 발생하지 않도록 한다.

8.8.2 공동현상(Cavitation) 방지방법

급수 펌프는 150~190[℃] 전후의 급수를 펌핑하므로 흡입 과정 중 증발이 일어나기 쉽다. 이를 방지하기 위해 탈기기를 높게 설치하여 급수 펌프 흡입 측에 충분한 흡입 압력이 걸리도록 한다.

그러나 펌프가 대용량, 고압, 고속화됨에 따라 더욱 높은 필요 유효 흡입 수두가 요구되므로 대용량 발전소에서는 이 흡입 수두를 높이기 위해 승압 펌프를 설치하는 경우가 많다. 공동현상이 생기지 않도록 하기 위해 보통 승압 펌프는 양 흡입형 펌프를 사용한다.

한편 급격한 부하 변동 시 일시적으로 흡입 압력이 감소하는 위험을 방지하기 위하여 일반적으로 흡입 압력 크기에는 여유를 두며, 또 탈기기 내 압력이 저하되지 않도록 보조 증기를 공급하고, 급수 펌프 흡입관은 직경을 크게하여 유속을 적게하고, 굴곡을 적게하여 관로 저항이 작도록 설계한다.

8.8.3 최소 유량계통

저유량으로 운전하면 펌프 효율이 나빠지고, 그 동력 손실이 열로 변해 급수 온도를 상승시킬 뿐만 아니라 펌프를 과열시킨다.

이를 방지하기 위해 펌프 토출측에서 탈기기로 연결되는 최소 유량 배관계통이 설치되어 있다. 최소 유량 제어 밸브는 펌프 토출 유량이 규정 유량 이하가 되면 자동적으로 열린다. 유량 측정은 펌프 흡입 압력에 여유가 있을 때는 펌프 입구측에서 측정하고, 그 외의 경우에는 승압 펌프와 주펌프 사이의 연결관에서 측정한다.

8.8.4 윤활유계통

윤활유계통은 사용 목적에 따라 다음과 같이 3가지로 분류할 수 있으며, 윤활유 계통도는 다음과 같이 분류한다.

(1) 펌프 베어링의 윤활과 냉각을 위한 윤활유계통

(2) 급수량을 조절하기 위해 펌프를 변속 제어하는 유체 커플링이 설치되어 있는 경우 유체 커플링의 작동 오일계통

(3) 터빈 구동형 급수 펌프의 경우 조속기에 공급되는 유압 계통

강제 윤활 방식의 한 예로써 2대의 교류 전동기 구동형 메인 오일 펌프(Main Oil Pump, MOP)와 2대의 직류 전동기 구동형 비상 오일 펌프(Emergency Oil Pump, EOP), 냉각기와 필터가 설치되어 있다. 오일 탱크 내부에는 오일을 예열하기 위한 전열기가 설치되어 있고, 상부에는 베이퍼 배출기(Vapour Extractor)가 설치되어 있어 탱크 내부 압력은 약간의 부압(8~10[mmH_2O Vac.])으로 유지된다.

8.8.5 펌프 예열(Warming)

(1) 예열의 필요성

고온의 급수를 펌핑하는 급수펌프는 대단히 정밀한 구조이므로 예열을 하여 회전부와 고정부와의 간섭이 생기지 않도록 한다. 특히 예비기는 위급 시 즉시 기동될 수 있도록 항상 예열해 두어야 한다.

(2) 예열방법

예열 방법은 운전 중인 펌프가 없을 때는 급수 예열 순환 펌프(Feed Water Warm-up Recir.Pump)를 운전하던가, 펌프 드레인 밸브를 열어 예열시킨다. 또한 운전 중인 펌프가 있을 경우에는 운전 중의 펌프 토출 측으로부터의 급수 또는 승압 펌프의 출구 급수에 의해 예열시킬 수 있다.

8.8.6 급수량 조절방식

부하 변동 시 보일러 급수량은 주 증기 유량, 급수량, 드럼 스위의 3요소에 의하여 제어되며, 유량 조절방법에는 다음과 같이 2가지로 분류를 할 수 있다.

- 펌프 출구 측 조절 밸브의 개도 조절에 의한 방식
- 펌프 변속 제어 방식-직결 터빈의 속도 또는 유체 커플링에 의한 속도 조절

(1) 출구측 조절 밸브에 의한 조절

주 펌프 출구 측에 설치되어 있는 조절 밸브의 가감에 의해 급수량을 조절하는 방식으로 설비는 간단하나 저부하 시 밸브 교축에 의한 교축손실이 발생하는 것이 큰 단점이다.

(2) 직결 터빈에 의한 변속 제어

이 방식은 터빈의 증기 밸브로 터빈에 유입되는 증기량의 가감으로 터빈 회전 속도를 조절하여 펌프를 변속시키는 방식이다.

(3) 유체 커플링에 의한 속도 조절

유체 커플링(Voith Coupling, Fluid Coupling, Speed Variator)은 일정 속도로 고속 회전하는 임펄레(1ry Wheel)와 오일 순환력에 의해 변속 운전되는 런너(2ry Wheel)로 구성되어 있다. 유체 커플링에 공급되는 오일은 메인 오일펌프와 같은 축에 연계되어 운전되는 펌프로 공급하는 방법과 메인 오일펌프에서 가압된 오일을 커플링에 사용하고 일부는 감압시켜 윤활유로 사용하는 방법이 있다.

커플링에 공급된 오일은 슬립(Slip)에 의해 온도가 상승되며, 이 온도 상승은 부하가 낮을수록 크다. 또 전동기와 임펠러 사이에 헬리컬 기어(Helical Gear)를 설치하여 전동기로부터 임펠러에 전달되는 회전 속도를 약 3배로 증속시킨다.

입력축을 회전시키면 오일은 임펠러에 의해 돌려져 운동에너지가 생겨 출력축에 전달되므로 기계적 에너지로 전환된다. 즉 원심력이 회전하는 커플링 케이싱 내부에 생겨 오일을 링(Ring)형상으로 만들어 주어 임펠러에서 런너로 힘이 전달된다.

커플링에서 잔달되는 힘의 크기는 임펠러와 런너간의 일정한 오일 순환에 의하여 영향을 받는다.

8.9 순환수계통

8.9.1 개요

순환수계통은 복수기에서 터빈 배기를 냉각시킨 순환수를 그림 8.11과 같이 회수하지 않고 방류시키는 개방 사이클과 그림 8.12처럼 냉각탑을 설치하여 냉각시켜 재사용하는 밀폐 사이클이 있다. 화력 발전소는 전부 개방 사이클로 되어 있으나, 도시 근교에 위치하여 냉각수가 부족한 열병합 발전소는 대부분 밀폐 사이클을 채용하고 있다.

순환수는 대부분 터빈 배기의 응축과 보조 냉각수 냉각을 위해 복수기와 열교환기(Heat Exchanger)에 주로 공급된다. 계통을 구성하는 주요 설비로는 트래시 랙(Trash Rack), 트래블링 스크린(Travelling Screen)과 스크린 세척펌프(Screen Wahing Pump), 순환수펌프, 데브리 필터(Debris Filter), 복수기 튜브 세정장치 및 염소 주입 설비 등으로 구성되어 있다.

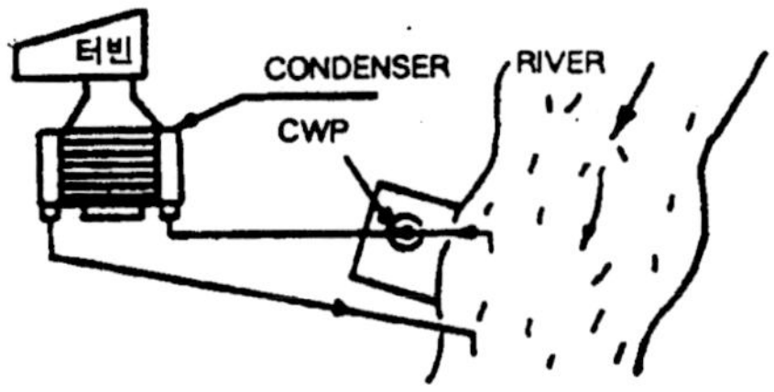

그림 8.11 개방 사이클

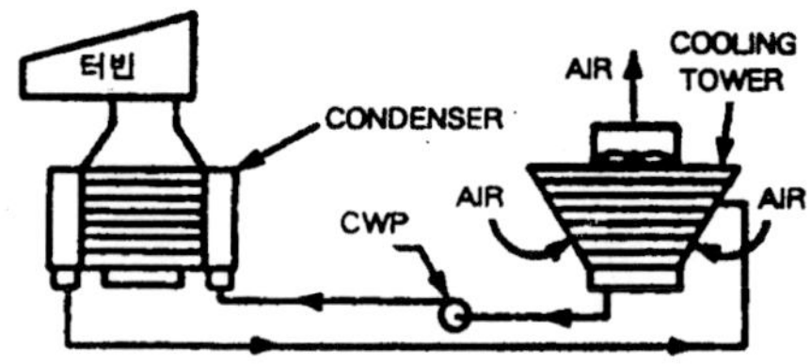

그림 8.12 밀폐 사이

8.9.2 수로

화력 발전소에는 복수기 냉각수를 끌어들이는 취수로와 그것을 배출하는 방수로가 있으며, 수로 형식에는 펌프 압송식, 도수로식, 2단식이 있다.

(1) **펌프 압송식**

- 순환수펌프가 해변에 설치되어 있다.
- 순환수펌프에서 펌핑된 해수는 지하 도수관을 통해 복수기에 공급된다.

(2) **도수로식**

- 해수를 바다로부터 개구 도수로를 통해 취수조까지 끌어 들인다.
- 취수조에 설치된 순환수 펌프로 펌핑된 해수는 주철관 또는 강관을 통해 복수기에 공급된다.

(3) **2단식**

- 해수를 해안 취수구에서 도수로에 양수하기 위한 해수 양수펌프(Sea Water Lift-up Pump, SLP)가 설치된다.
- 간만의 차가 심한 서해안 지역 발전소에 설치한다.
- 펌프 용량은 순환수 펌프 용량과 같거나 약간 큰 용량을 가진다.

취수조는 수로를 넓혀 유속을 떨어뜨려서 침사지 역할을 하도록 되어 있다. 그리고 취수조 바닥에 쌓인 토사를 제거하고 벽에 부착된 해초류 및 조개를 청소할 수 있도록 스톱 게이트(Stop Gate)를 사용하여 수로를 차단하고 청소한다.

8.9.3 오물 제거장치

(1) **개요**

냉각수 중에 쓰레기, 오물, 나무 조각, 조개 등의 각종 이물질을 제거하기 위해 취수구에

스크린을 설치한다. 스크린에는 격자형(格子形)인 고정식 트래시 랙(Trash Rack 혹은 Bar Screen)과 금망(金網)으로 된 회전형 스크린이 있다. 먼저 트레시 랙에서 큰 이물질의 유입을 막은 후 회전형 스크린에서 작은 이물질을 제거한다.

(2) 트래시 랙(Trash Rack)

트래시 랙은 순환수펌프 취수조 전방에 설치되어 해수속의 큰 부유물과 오물을 1차로 걸러내기 위한 설비로서 구조는 일정한 간격을 두고 설치된 평강(Flat Bar)으로 되어 있다.

바에 걸린 오물은 갈퀴(Rake)를 이용해 지상으로 끌어올린다.

(3) 회전형 스크린

트래시 랙을 거쳐 해수속으로 작은 오물을 2차로 제거하는 회전형의 금망(金網)스크린이며 구조는 트래블링(Travelling)형 과 드럼(Drum)형 스크린이 있다. 스크린 금망에 걸린 오물은 위로 운반되어 금망의 뒤편에 설치된 다수의 노즐에서 분사되는 물에 의해 세척되어 떨어진다.

세척에 필요한 물은 세척펌프(Screen Washing Pump)에 의해 공급된다.

스크린 운전은 스크린 전후 수위차에 따라 자동으로 저속 운전과 고속 운전이 되게 하는 방법과 타이머에 의해 정기적으로 자동 운전시키는 방법이 있다. 최근에는 이 두가지 방법을 조합시켜 사용하는 예가 많다. 이물질이 부착하여 스크린 전후 수위차가 설정치에 도달하면 먼저 스크린 세척펌프가 기동되고, 스크린이 저속으로 자동 운전된다. 그러나 이물질의 유입량이 많아 스크린 전후 수위차가 클 경우에는 고속으로 운전된다.

스크린의 회전속도는 저속 운전시 3.0~5.0[m/min], 고속 운전 시는 6.0~10.0[m/min] 정도로 하고 있다.

8.9.4 순환수펌프

(1) 개요

순환수펌프의 임펠러는 편흡입(片吸入) 단단(單段)으로 보호판(Shroud)이 없는 이른바 개방형이다. 펌프 대수는 50[%] x2대 또는 25[%] x4대로 구성되며 예비기는 없다. 이것은 펌프 고장이 대단히 적다는 것과 만일 고장이 생겨도 발전소 운전에 중대한 장애를 주는 일이 거의 없기 때문이다.

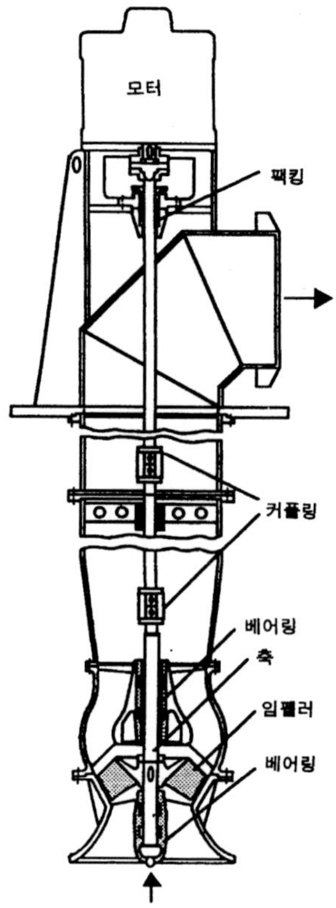

그림 8.13 입형 사류펌프

(2) **일반 구조**

순환수펌프는 양정이 적고 유량이 큰 특징을 가지며, 입축형과 횡축형이 있다. 임펠러 구조는 사류형과 축류형이 있으며, 최근에는 입축형 사류 펌프가 많이 채용되고 있다. 발전소 단위기가 대용량화함에 따라 펌프도 대형화되고 있다.

최근에는 저부하 시의 소내전력을 절감하기 위해 외국에서는 가동익형의 순환수펌프가 사용되는 경우도 있다. 동작은 유압에 의해 동익과 직결된 펌프 축내의 로드(Rod)가 움직이고, 축 선단부에 설치된 링(Ring) 기구에 의해 동익이 움직인다.

8.9.5 프라이밍펌프(Priming Pump)

순환수계통은 냉각수의 순환력을 증대시켜 순환수펌프 소비 동력을 절감할 수 있도록 사이펀(Syphon)이 형성되어 있다. 그러나 운전 중 수실에 유입된 냉각수 온도 및 압력 변화로 수실 내에 공기를 발생시켜 복수기 성능을 저하시키고 순환수 계통의 사이펀 형성을 방해하므로 이를 제거하기 위해 프라이밍펌프가 설치된다. 수실 상부로부터 흡입된 공기는 프라이밍펌프를 거쳐 기수 분리기에서 대기로 배출된다. 또 수실의 전면과 후면에 프라이밍 밸브가 설치되어 있어 수실 내 공기가 완전히 추출되면 플로트(Float)가 공기 출입구(Air Port)를 막아 공기의 유입을 방지한다.

8.9.6 해수 냉각수펌프

유니트 정지 후에도 각종 기기들의 냉각을 위하여 보조 냉각수계통은 정지할 수 없다. 따라서, 열교환기(Heat Exchange)로 해수 공급하기 위해 순환수펌프를 계속 운전하는 경우 동력 소비가 커지게 된다. 이를 절감하기 위해 용량이 작은 해수 냉각수펌프(Sea Water Cooling Water Pump)가 취수구에 설치되어 있다.

연.습.문.제

01 복수 및 급수계통의 흐름도를 설명하시오.

02 표면 냉각식 복수기에 대하여 설명하시오.

03 급수 가열기 기능 및 형식에 대하여 설명하시오.

04 탈기기의 기능과 원리를 설명하시오.

05 급수펌프에 대하여 설명하시오.

06 화력 발전소의 순환수계통을 설명하시오.

07 보일러 급수의 문제점을 설명하시오.

08 증발량 400[t/h], 압력 120[kg/cm^2]의 보일러에 급수 펌프 2대로 급수하고 있다. mq수 펌프의 평균효율을 75[%]라고 하면 이것을 운전하는 전동기의 용량은 몇 [kW]로 하면 적당한가?

09 기력 발전소에서 관류 보일러를 많이 이용하고 있는데 관류 보일러의 급수처리에서 특히 유의할 점에 대하여 설명하시오.

09
복합 발전

ELECTRIC ENERGY

9.1 복합 발전 일반

9.1.1 복합 발전의 원리

(1) 복합 사이클

복합 발전이란 열효율 향상을 위해 두 종류의 열 사이클을 조합하여 발전하는 것을 말한다. 복합 사이클 중 가장 대표적인 것은 가스 터빈 사이클과 증기 터빈 사이클을 결합하여 하나의 발전 플랜트로 운용하는 방식이다. 가스 터빈을 주체로 하여 복합 사이클을 형성한 이유는 다음과 같다.

가스 터빈 효율은 현재 30% 정도이다. 최근에 건설되는 기력 발전 효율이 40%선에 근접하게 된 것에 비해 효율이 많이 떨어진다. 가스 터빈의 열 사이클은 브레이튼 사이클(Brayton Cycle)로 압축기, 연소기, 터빈을 통해 이루어진다. 터빈으로 공급되는 연소가스 온도가 1,000[℃] 이상이고, 대기 중으로 배출되는 배기가스 온도는 500[℃] 이상이다.

배기가스 온도가 높기 때문에 배기가스에 남아 있는 많은 열량이 다른 일을 하지 않고 대기 중으로 버려지는 결과로 열효율이 낮다. 가스 터빈으로부터 버려지는 열량의 일부를 회수하기 위한 방안으로 배기가스를 배열회수 보일러(Heat Recovery Steam Generator, HRSG)로 보내 증기를 생산하여 증기 터빈을 돌린다.

그림 9.1과 같이 고온가스로 가스 사이클에서 한번 발전한 후 증기 사이클에서 다시 이용하여 총 두 번에 걸쳐 전력을 생산하므로 열효율이 높아진다.

현재 복합 사이클의 열효율은 50[%]에 가까우며, 앞으로 60[%] 정도까지 향상될 전망이다.

(2) 복합 발전 방식과 열효율

복합 발전의 열효율 향상은 주로 가스 터빈의 열효율 향상에 달려 있다.

또한, 가스 터빈 열효율 향상은 터빈 입구 가스 온도의 상승이 주된 요인으로 입구 가스 온도를 높일수록 효율이 높아진다. 입구 가스 온도는 종래의 1,000[℃] 이하에서 현재 약 1,300[℃]에 달하고 있다.

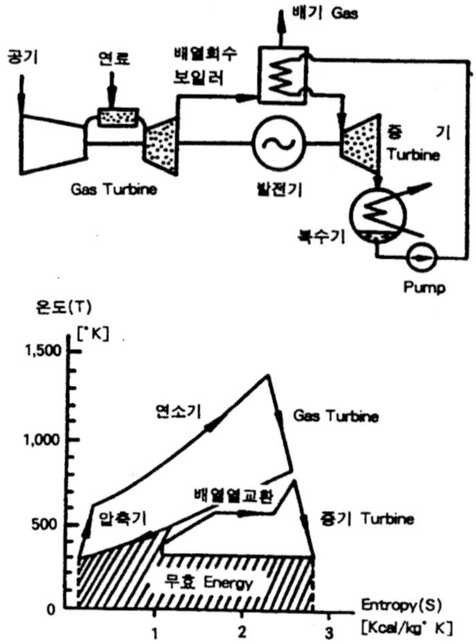

그림 9.1 복합 사이클 흐름도 및 $T-s$ 선도

터빈 입구 가스 온도를 높일 수 있었던 요인은 다음과 같다.

- 고온범위가 연소기에서 터빈 첫단까지로 한정되어 있어 기술개발이 용이하다.
- 고온부 냉각 기술이 향상되었다.

가스 터빈 입구가스 온도별 열효율은 다음과 같다.

- 1,100[℃]급인 경우 : 43[%](LNG 연소, 고위 발열량 기준) 정도
- 1,300[℃]급인 경우 : 47[%](LNG 연소, 고위 발열량 기준) 정도
- 1,500[℃]급인 경우 : 50[%](LNG 연소, 고위 발열량 기준) 정도

복합 발전방식은 가스 터빈과 증기 터빈을 결합한 것 외에도 다음과 같은 여러 종류가 있다.

- 석탄가스화 복합 발전(Integrated Coal Gasification Combined Cycle)
  - 석탄을 가스 및 청정 연료화하여 가스 터빈 연료로 사용
  - 가스 터빈의 배기가스을 이용하여 증기 터빈 운전
- 연료전지 복합 발전
  - 연료와 전해질의 전기화학적 작용을 이용하여 전기 생산
  - 전해질의 높은 작동 온도에 의해 발생되는 증기로 증기 터빈 운전

• 칼륨 터빈 복합 발전
  - 금속 칼륨을 작동유체로 사용하여 칼륨 터빈 운전
  - 칼륨증기의 배출열을 이용, 증기를 발생시켜 증기 터빈 운전

위와 같은 새로운 복합 발전방식의 연구개발이 선진국을 중심으로 추진되고 있어 빠르게는 2,000년경부터 일부 실용화될 전망이다.

9.1.2 복합 발전의 특징

(1) 열효율이 높다

복합 발전의 설계 효율은 터빈 입구가스 온도가 1,100[℃]급일 경우 43%로 기력 발전 효율보다 높다. 부분부하 효율이 높고, 기동정지 시간이 짧아 기동정지 손실이 적은 점 등을 감안할 때 기력 발전에 비해 약 10[%]의 연료 절약이 가능하다.

(2) 부분 부하 운전 시 열효율 저하가 적다

가스 터빈 한 대의 용량은 150[MW] 전후로 기력에 비해 매우 작기 때문에 여러 유니트를 조합하여 대용량 플랜트를 구성한다. 복합화력 출력 감발에 따라 가스 터빈을 한 대씩 정지시키고 운전 중인 가스 터빈은 최대 출력을 내므로 열효율 저하가 적어진다.

(3) 기동정지 시간이 짧다

가스 터빈은 기동장치에 의해 기동되기 때문에 기동시간이 매우 빠르며, 기동조건에 관계없이 기동시간이 일정하다.

증기 터빈은 화력 발전소의 증기 터빈보다 용량이 적기 때문에 역시 기동정지 시간이 짧다.

기력 발전 600[MW]급(드럼형 보일러)의 경우 보일러 점화에서 정력 출력까지 냉간 기동인 경우 최대 20시간, 온간 기동인 경우 최소 3시간 정도 걸린다.

복합 플랜트는 가스 터빈 기동에서부터 증기 터빈 정격출력을 내기까지 1시간 정도 걸린다.

기동정지 시간이 짧기 때문에 기동정지 손실이 적어지며 계통 부하 변화에 신속히 대응할 수 있다.

(4) 최대 출력이 대기 온도에 따라 변화한다

가스 터빈 출력은 대기 온도가 성능 기준 온도(15[℃])보다 낮아지면 증가되고 대기 온도가 높아지면 감소된다. 대기 온도가 낮아질 경우 출력이 증가되는 이유는 다음과 같다.

• 가스 터빈은 고온에서 운전되고 있는 터빈 날개의 보호를 위해 터빈 입구 가스 온도의 상한치가 정해진다.
• 대기 온도가 낮아지면 공기 밀도가 증가하여 흡입 공기량이 증가되므로 연료의 추가 공급이 가능하다.
• 흡입 공기량과 연료 공급량 증가로 연소가스량이 증가되어 가스 터빈의 출력이 증대된다.

또한, 가스 터빈 출력 증대와 함께 배열회수 보일러에서의 발생증기 증가로 증기 터빈 출력도 약간 증대된다.

(5) 공해 발생이 적다

가스 터빈 연료로는 주로 천연가스나 경유 등 비교적 깨끗한 연료가 사용되므로 배기가스 중에 유황산화물, 분진, 매연 등의 공해물질이 거의 배출되지 않는다.

질소산화물은 연소 과정에서 다소 발생되나 질소산화물 저감 운전 및 설비 개선으로 공해 배출 기준보다 훨씬 적게 배출된다. 온배수량(溫排水量)도 기력보다 적게 발생된다.

복합 플랜트의 증기 터빈 용량은 복합 전체 용량의 1/3이므로 복합 플랜트와 같은 용량의 기력 발전에 비해 냉각수 소요량이 적다. 복수기 냉각수에 의한 온배수와 잦은 기동정지로 인해 배열회수 보일러에서 배출되는 온배수를 포함하더라도 같은 용량의 기력 발전에 비해 60～80[%] 정도 밖에 되지 않는다.

(6) 사용 연료에 따라 성능 변화가 크다

가스 터빈은 연료 연소가스가 터빈으로 직접 유입되기 때문에 연료에 따라 터빈 성능이나 배열회수보일러에 영향을 많이 미친다. 청정 연료를 사용하지 않을 경우 예상되는 문제점과 대책은 다음과 같다.

① 터빈 날개 부식

중질유 중에 포함된 바나듐, 나트륨, 칼륨 또는 유황분 등이 고온부인 연소기와 터빈 날개에 부식을 일으킨다. 연료 처리 장치를 통해 탈황 처리와 금속성분 제거 후 사용해야 하며, 고온부식을 방지하기 위해 터빈 입구 가스 온도를 저하시켜야 한다. 터빈 입구 가스 온도가 낮아지면 열효율도 낮아진다.

② 연료 미연분(未燃分) 부착으로 인한 열효율 저하

연료 중의 미연소분이 터빈 날개에 부착하여 열효율을 저하시킨다. 또한, 질소산화물 저감을 위해 배기 가스에 암모니아를 주입하는 경우 황산암모늄($(NH_4)_2SO_4$)이 생성되어 배열회수 보일러 튜브에 부착함으로써 열교환 능력이 저하된다.

③ 저온 부식 방지에 의한 열효율 저하

복합 발전 플랜트에는 공기예열기가 없어 배열회수 보일러 마지막 부분에서의 열회수가 어렵다. 연료 중 유황분이 많을 경우 튜브 저온 부식 방지를 위해 배기가스 온도를 비교적 높은 상태로 배출시켜야 하므로 열효율이 떨어진다.

④ 환경 대책

질소분이 많은 연료를 사용할 경우 연소 온도가 높고 과잉공기량이 많기 때문에 질소산화물이 많이 발생된다. 배기가스량도 같은 출력의 기력발전에 비해 많아지므로 탈질(脫窒)장치 또는 매진(媒塵) 처리장치가 커진다. 중질유를 사용할 때 현재 위와 같은 문제점이 있으나, 앞으로 환경 성능이나 내구성이 증대되고 경제성 있는 기술을 개발함으로써 복합 사이클에의 연료 적용범위가 한층 확대될 전망이다.

(7) 건설 공기가 짧고 건설단가가 싸다

가스 터빈은 거의 완제품으로 제작된 상태에서 설치장소까지 운반되므로 설치하기가 쉽다. 본체 도착 후 연료 공급 설비를 비롯한 일부 보조 설비와의 연결 작업만이 필요하므로 건설기간이 짧다. 복합 플랜트는 관련 부대 설비가 기력에 비해 간단하여 설치 면적이 적게 소요되고 건설단가도 싸진다.

9.1.3 복합 플랜트 구성

복합 발전의 주체가 되는 가스 터빈은 현제 제작 가능한 최대용량이 150[MW] 정도로 기력발전에 비해 대단히 작다.

그러므로, 대용량 복합 플랜트를 건설할 경우에는 가스 터빈 여러 유니트와 증기 터빈을 적절히 조합하여 설치한다.

플랜트 구성은 여러 유니트의 가스 터빈에 대해 증기 터빈의 설치대수를 어떻게 선정하느냐에 따라 일축형(一軸型) 시스템과 다축형(多軸型) 시스템으로 구분된다.

복합 플랜트 구성 시 증기 터빈 출력은 일반적으로 가스 터빈 출력의 50[%] 용량이 선정된다.

9.1.4 열병합 발전

(1) 개요

에너지를 효율적으로 이용하기 위해 동일 연료원으로부터 열과 전기를 동시에 생산하여 공급하는 시스템을 열병합 발전(Combined Heat and Power Plant, CHP)이라 한다.

일반 화력 발전은 투입된 에너지 중 많은 양이 복수기에서 냉각손실로 버려지나 열병합 발전의 경우 터빈배기 증기를 열에너지로 다시 사용하므로 효율이 매우 높다.

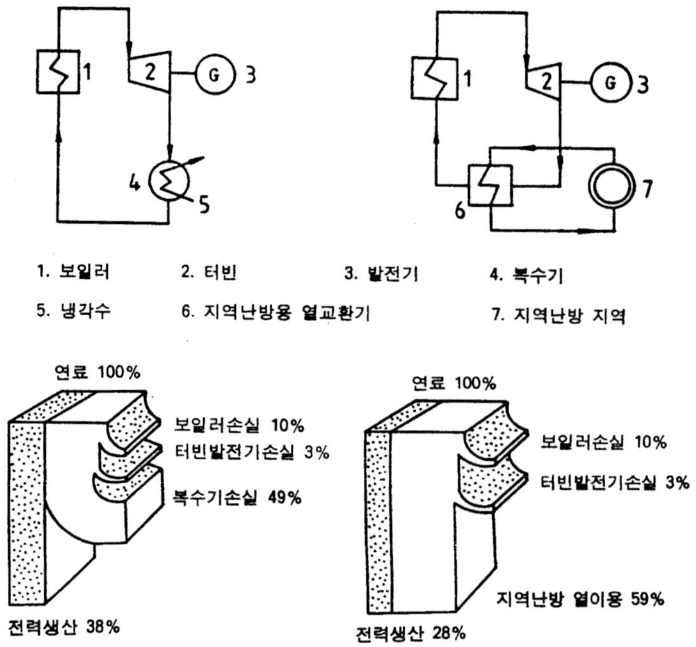

(a) 발전 전용방식 (b) 열병합방식

그림 9.2 발전 전용방식과 열병합방식의 열효율 비교

그림 9.2는 발전 전용방식과 열병합방식의 열효율을 비교한 것이다. 열에너지는 일반적으로 산업 공정용, 지역난방용 및 급탕용 등으로 공급된다.

(2) 열병합 발전방식

열병합 발전방식은 열에너지의 사용 순서와 발전 형식에 따라 각각 다음과 같이 분류된다.

열에너지의 사용 순서에 따라 토핑 사이클(Topping Cycle)과 버토밍 사이클(Bottoming Cycle)로 구분한다.

- 토핑 사이클은 연료 연소로 생산된 증기를 전력생산에 먼저 사용하고, 배열이나 잉여열을 열에너지로 이용하는 방식이다.
- 버토밍 사이클은 증기를 열에너지로 먼저 사용하고, 여열이나 산업 공정에서 발생하는 폐열을 이용하여 발전하는 방식이다.

발전 형식에 따른 구분은 다음과 같다.

- 증기 터빈방식
  - 배압 터빈방식

- 추기 배압 터빈방식
- 추기 복수 터빈방식
- 배압 터빈과 복수터빈의 조합 방식

• 가스 터빈방식

• 복합 사이클방식

• 디젤 엔진방식

① 증기 터빈방식

보일러에서 생산된 고온고압의 증기로 터빈을 돌린 후 그 배기(Exhaust steam) 또는 추기(Extraction Steam)를 이용하여 열에너지로 공급하는 방식이다.

토핑 사이클 중 가장 많이 사용되고 있는 것이 증기 터빈방식이다.

연료 연소로 생산된 증기 열량 중 열에너지로 이용된 열량과 전력 생산에 이용된 열량과의 비를 열전비(熱電比)라 한다.

즉, 열과 전기 사용량에 따라 열전비가 결정되며, 각각의 사용량 변화에 따라 열전비도 변한다.

열전비는 열병합 발전 터빈 형식을 결정하는 중요한 요소이다.

㉮ 배압 터빈방식

배압 터빈방식은 보일러에서 발생된 증기로 터빈을 돌린 후 배출되는 저압증기를 생산 공정 또는 지역난방의 열원으로 사용하는 방식이다.

터빈 배압은 생산 공정 또는 지역난방에 필요한 증기의 압력에 의해 결정된다.

배압 터빈방식의 특징은 다음과 같다.

• 설비가 간단하여 초기투자비가 저렴하다.
• 다음의 경우에 배압 터빈방식 적용 시 유리하다.
  - 전기 수요와 열 수요가 평행하게 변화는 경우
  - 열 부하가 일정하고 단일 압력의 저압증기가 필요한 경우
• 열전비는 터빈 제작 시 배기압력에 의해 결정된다.
  - 운전 중 열 공급량과 전기 출력의 비율 조정이 어렵다.
• 지역난방용 열병합 설비로 채택 시 설비 이용률이 낮아진다.
  - 열 부하가 크게 감소되는 하절기에는 터빈 배기열 처리가 곤란하므로 운전이 불가능하다.

㉯ 추기 배압 터빈방식

추기 배압 터빈방식은 터빈 중간 단에서 추기하여 열부하에 공급하고, 터빈배기 증기도 열에너지로 공급하는 방식이다.

추기 배압 터빈방식이 갖는 특징은 다음과 같다.

- 사용증기 압력이 2종류 이상일 경우에 적용된다.
  - 열 부하율이 높은 산업체의 공정열 공급 시 경제적이다.
  - 지역난방과 같이 열 부하율이 낮을 경우는 설비 이용률이 떨어진다.
- 추기량을 조정할 수 있어 약간의 열전비 조절이 가능하다.
- 1단 추기 또는 2단 추기가 주로 적용되며, 시스템 제어가 배압터빈보다 조금 복잡하다.

㈐ 추기 복수 터빈방식

추기 복수 터빈방식은 터빈에서 팽창 중인 증기를 일부추기하여 공정용 또는 지역난방용 열 부하에 공급하고, 터빈 배기증기는 복수 처리하는 방식이다.

추기 복수 터빈방식의 특징은 다음과 같다.

- 추기량을 조정할 수 있으므로 전기 공급과 열 공급을 넓은 범위에 걸쳐 제어할 수 있다.
  - 열 부하의 변동이 있어도 설비 이용률이 높다.
- 여러 종류의 증기 압력 필요 시 유리하며, 필요한 압력단에서 추기하여 열부하를 담당한다.
- 복수 설비를 설치해야 하므로 초기투자비가 많이 든다.
- 열효율은 배압 터빈이나 추기 배압 터빈방식보다 낮다.

㈑ 배압 터빈과 복수 터빈의 조합 방식

조합 방식은 배압 터빈과 복수 터빈을 각각 설치하여 필요에 따라 두 터빈이 갖는 특징을 적절히 이용하는 방식이다.

조합방식이 갖는 특징은 다음과 같다.

- 다음과 같은 방법으로 두 터빈의 독립적인 운전이 가능하다.
  - 배압 터빈과 복수 터빈 사이에 동기 클러치(Synchronous Clutch) 설치
  - 또는 축을 분리하여 각각의 터빈에 발전기를 따로따로 설치
- 열전비 변화 폭이 큰 산업체나 지역난방 공급용에 적합하다.
- 특히, 계절의 변화가 뚜렷한 우리나라 지역난방용 열 공급에 적합하다.
  - 열 부하가 적고 전력 부하가 큰 하절기에는 복수 터빈까지 운전하여 전력 생산을 최대로 한다.
  - 열 부하가 큰 동절기에는 복수 터빈은 정지하고 배압 터빈만 운전하여 열공급을 많이 한다.
- 설비 및 운전 방법이 복잡하다.

② 가스 터빈방식

가스 터빈방식은 500[℃] 이상인 가스 터빈 배기가스를 이용하여 배열회수 보일러에서 증기를 발생시켜 열 부하에 공급하는 방식이다.

가스 터빈 방식이 갖는 특징은 다음과 같다.

- 주로 전력 사용량보다 열 사용량이 많을 때 적용한다.
- 배열회수 보일러 바이패스 시스템을 이용하여 가스 터빈 단독운전이 가능하다.
  - 바이패스 운전시 고온 가스 배출로 환경 공해가 우려된다.
- 공사 기간이 짧고 운전이 간편하다.
- 천연가스 연료를 사용할 경우 환경 공해가 거의 없다.
  - 공해 규제 강화 지역에 위치한 산업체에서 공정용 열 부하를 일정하게 공급하는 경우 적합하다.
- 압축기 흡입 공기량 제어로 소폭의 열전비 조정이 가능하다.

③ 복합 사이클방식

복합 사이클방식은 그림 9.3과 같이 가스 터빈방식과 증기 터빈방식을 합성하여 운용하는 방식이다. 복합 사이클 방식의 특징은 다음과 같다.

- 일반 화력에 비해 초기투자비가 낮고 열효율이 높아 열병합 설비로 널리 이용된다.
- 증기 터빈은 필요에 따라 배압 터빈, 추기 배압 터빈, 추기 복수 터빈 및 배압 터빈과 복수 터빈의 조합방식 중 하나를 선택할 수 있다.
- 설비는 복잡하나 다양한 운전방식 선택이 가능하다.
- 지역난방용 열병합 설비나 수도권에 위치한 산업체의 경우 청정연료 사용으로 연료단가가 비싸진다.
  - 이 경우 설비 이용율과 효율을 향상시켜 경제성을 도모한다.

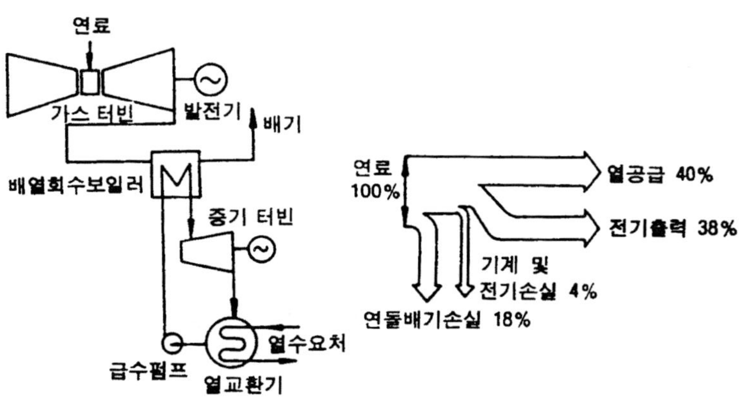

그림 9.3 복합 사이클 방식 및 열효율

④ 디젤 엔진방식

디젤 엔진방식은 가스 터빈방식처럼 고온 배기가스를 이용하여 증기를 발생시켜 열 부하를 담당하는 방식이다.

디젤 엔진방식의 특징은 다음과 같다.

- 엔진 냉각수를 온수로 사용할 수 있다.
- 열병합 발전용으로 채용되는 디젤 엔진의 용량은 보통 1~15[MW] 정도이다.
- 연료는 저유황유나 경유가 주로 사용된다.
- 가스 터빈 방식과 비교해보면 다음과 같다.
  - 같은 용량의 가스 터빈보다 기기가 크기 때문에 설치장소를 많이 차지하고 설치단가도 높다.
  - 종합 열효율이 낮다.
  - 소용량 선택이 가능하므로 열 부하가 적은 빌딩 난방용으로 적합하다.

(3) 열병합 발전 운전방식

우리나라에서 운용되고 있는 열병합 발전방식은 복합 사이클방식과 증기 터빈방식이 있다. 복합 사이클방식은 분당, 안양, 부천, 일산복합발전소에서 실시하고 있다.

복합 사이클 방식의 경우 주기기가 가스 터빈, 배열회수보일러, 증기 터빈 및 지역난방용 열공급 설비로 구성되며, 열 부하 특성에 따라 설비의 운전 내용이 달라진다.

증기 터빈은 동기 클러치가 설치된 배압 터빈과 복수 터빈의 조합방식이 채택되었다.

운전방식은 다음 두 가지 특성으로 나누어 운용된다.

- 열 부하 추종 운전(Heat Load Follows Operation)
  - 전기 생산과 열 공급을 동시에 실시하는 것으로 열부하에 맞추어 설비 운전이 제어된다.
  - 주로 겨울철에 운전된다.
- 전기 부하 추종 운전(Electrical Load Follows Operation)
  - 열 공급이 중단되고 전기만 생산하는 운전 방식이다.
  - 주로 여름철에 운전된다.

(4) 지역난방

지역난방이란 열 수용가의 개별적인 열원에 의한 소규모 난방 실시를 지양하고 대규모 열원 플랜트를 설치하여 여기에서 생산된 열매(증기 또는 온수)를 수송관을 통해 각 수용가에 공급하는 난방방식을 말한다.

지역난방 실시에 따른 장단점은 다음과 같다.

- 에너지 이용효율이 높다.
- 에너지 사용량 감소에 따라 공해 발생이 감소된다.
- 연속난방으로 인한 쾌적한 주거 환경 조성이 가능하다.
- 중앙집중 열 공급 또는 개별 열 생산방식에 비해 초기투자비가 많이 든다.
- 열 공급 위주의 운전이 많음에 따라 전력 부하에 따른 운전이 곤란하다.

지역난방용 설비의 주요 구성은 그림 9.4와 같다.

지역난방에서 회수되는 난방수는 지역난방 열교환기의 튜브 측으로 유입되고 외피측에는 증기가 공급되어 튜브 내를 지나는 지역난방수를 가열시킨다. 공급된 증기는 열교환기 외피 측에서 응축되어 복수 저장조에 모아져 응축수펌프에 의해 탈기기로 회수된다.

지역난방수는 40~65[℃] 정도의 온도로 지역난방 열교환기로 들어와 열을 흡수하여 보통 75~120[℃] 범위의 고온수로 되어 지역난방수 순환펌프에 의해 열 수용가에 공급된다.

지역난방 열 부하 결정요소는 다음과 같다.

- 지역난방수 유량 : 순환되는 유량이 많을수록 공급되는 열량은 많아진다.
- 지역난방수 회수 온도 : 지역난방 열교환기로 들어오는 지역난방수 온도와 공급되는 열량은 반비례한다.
- 지역난방수 공급 온도 : 지역난방수 공급 온도와 공급되는 열량은 비례한다.

발전 설비는 급전 운용계획 열 수요에 따라 운전된다.

열 부하를 담당하지 못할 경우를 대비하여 축열조와 보조 보일러가 필요하다.

축열조는 열병합 정상 운전 중 잉여열을 저장하였다가 열원 부족 시 보충해 주며, 열원 차단 시 비상용 보일러가 기동되는 동안 열 공급을 담당한다.

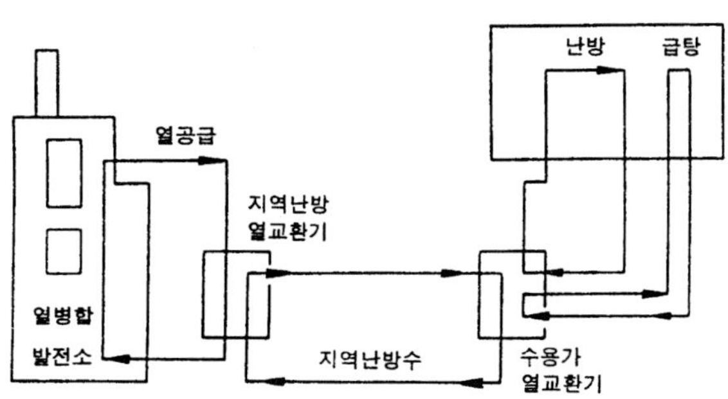

그림 9.4 지역난방 계통도

(5) 냉각탑(Cooling Tower)

발전소에서는 복수기 냉각수를 비롯하여 각종 많은 양의 냉각수가 필요하다.

대부분의 발전소는 해안에 설치되어 있어 해수를 냉각수로 사용하며, 한번 사용 후 버린다. 발전소가 내륙에 건설될 경우는 냉각수 확보가 어려우므로 사용 후 버리지 않고 냉각시켜 다시 사용해야 한다. 냉각수 재사용을 위해 냉각수를 냉각시키는 장치로 냉각탑이 있다. 공해 문제로 뜨거운 물의 배수가 제한되는 지역에서도 냉각탑이 필요하다.

냉각탑은 공기를 이용하여 냉각수를 냉각시키는 열교환 장치이다.

9.2 가스 터빈

9.2.1 가스 터빈 기초

(1) 가스 터빈의 특징과 장단점

가스 등의 연료를 동작 유체의 내부 또는 외부에서 연소시켜 동작 유체에 열에너지를 준 다음 고압, 고온의 가스를 만들어서, 이것을 터빈에 공급함으로써 직접 회전할 수 있게 한 원동기를 가스 터빈이라 하며 그림 9.5에 간단한 원리를 나타내었다. 가스 터빈은 정전 시 혹은 기동 시 소내 전원을 확보하기 위한 예비 전원용이나, 전력 수요가 최고치에 도달하는 시점에 운전하는 첨두 부하용으로 많이 이용된다. 가스 터빈의 단위기 용량이 증기 터빈에 비해 비교적 작기 때문에 대용량 복합발전소에서는 여러 대의 가스 터빈을 하나의 중앙 제어실에서 원격 제어하는 방식이 이용되고 있으며, 단위기마다 제어실을 갖추고 있어 현장에서 개별 기동/정지도 가능하다. 가스 터빈은 항공기 엔진을 산업용으로 개조한 형식과 산업용으로 설계한 형식이 있으나 복합 발전소에서는 설계 제약조건이 적고 대용량화가 가능한 산업용 설계 엔진이 대부분이다.

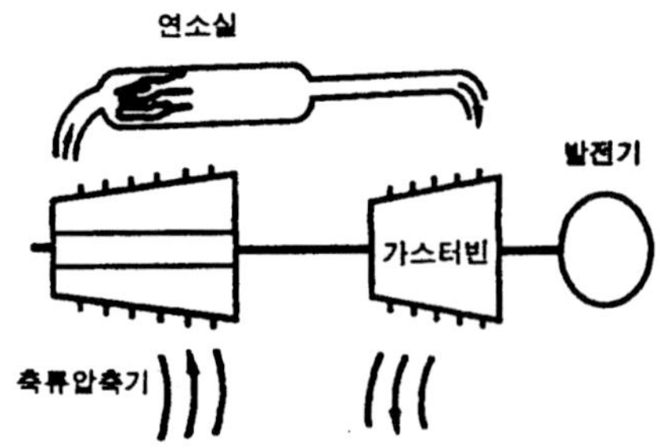

그림 9.5 가스 터빈의 원리

가스 터빈의 장단점을 열거하면 다음과 같다.

① 기동이 빠르고 부하변화에 대한 속응성이 뛰어나다.

② 가스 터빈 발전 설비의 주요 구성기기가 묘듈화되어 있어 설치가 쉽고 건설 기간도 짧다.

③ 냉각수의 소요량이 적어서 부하밀집 지역에 건설이 가능하므로 송전손실이 없다.

④ 건설단가가 원자력이나 유연탄화력 등, 타 발전 설비보다 저렴하다.

⑤ 운전조작이나 보수가 기력발전에 비해 쉽고 고수준의 운용 기술이 필요치 않아 무인 운전이 가능하다.

⑥ 상대적으로 비싼 청정연료를 사용해야만 최고성능을 유지할 수 있으며, 중질유는 터빈 날개에 부착하여 성능저하 및 수명단축을 일으키므로 중질유는 직접 사용이 곤란하다.

⑦ 1,000[℃] 이상의 고온가스로 운전되므로 정비를 자주해야 하고 정비비가 많이 소요된다.

⑧ 소음 방지 설비가 필요하며 주로 부하 밀집지역에 건설되므로 연료에 따라 분진, 질소산화물, 일산화탄소, 미연 탄화수소 등의 배출억제가 필요하다.

(2) 가스 터빈 작동원리

가스 터빈의 원리는 먼저 공기를 압축기로 압축한 후 연소기로 보내 고압, 고온의 가스를 만들어서 터빈을 동작시키고, 배기를 대기 중에 방출한다. 즉, 압축 → 가열 → 팽창 → 방열의 4과정으로 이루진다.

① 압축기(그림 9.6, 그림 9.7의 1→2 과정)

대기를 흡입하여 압력을 상승시킨 후 연소기로 보낸다. 연소에 필요한 산소를 공급하는 역할을 하며, 단열 압축과정이므로 공기 온도가 상승한다.

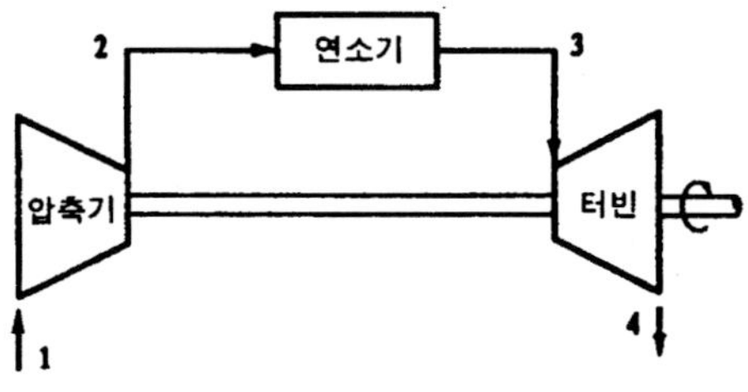

그림 9.6 이상 단순 가스 터빈 엔진

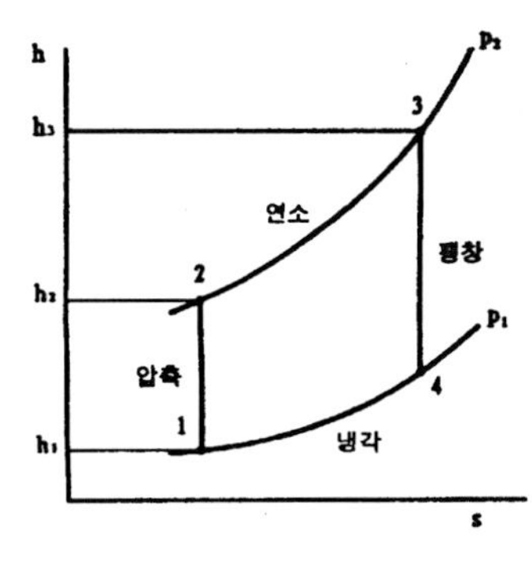

그림 9.7 이상 단순 가스 터빈 사이클

② 연소기(그림 9.6, 그림 9.7의 2→3과정)

연소기에 유입된 압축 공기를 연료와 혼합, 연소시켜 높은 에너지의 연소가스를 만든다. 등압가열과정으로서 연소가스 온도를 터빈 메탈이 견딜 수 있는 온도까지 상승시킨다.

③ 터빈(그림 9.6, 그림 9.7의 3→4과정)

연소기에서 나온 고온, 고압의 연소가스가 팽창하면서 터빈의 회전 날개에 충동, 반동력을 주어 기계적인 에너지로 변환한다. 터빈에서 얻은 기계적 에너지는 압축기에서 공기를 압축하는데 필요한 에너지로 공급되며 나머지는 발전기를 구동하는데 이용되어 전력을 생산한다. 단열 팽창과정으로서 가스압력, 온도가 떨어지며, 배기가스는 대기로 방출되거나 배열회수 보일러로 들어간다. 압축기에서 소모되는 동력이 터빈 출력의 60% 정도를 차지하고 높은 온도의 배기가스가 대기로 방출되므로 가스 터빈 자신만의 효율은 대용량 증기 터빈에 비해 비교적 낮다.

9.2.2 가스 터빈의 구성요소별 구조 및 원리

(1) 개요

터빈의 각 구성요소들을 외함(Inclosure)내에 수용되는데, 외함은 열을 차단하고 소음을 줄이기 위해서, 흡음제를 강판 안쪽에 덧붙인 판넬들로 이루어져 있다. 외함 내에는 터빈, 보조기기, 제어실 등 여러 격실(Compartment)로 나누어지며, 각 격실은 밀폐되어 있어 강제 환기되며 운전에 필요한 조명등이 들어 있다.

가스 터빈의 소음 억제와 화재 보호를 위한 방법은 다음과 같다.

① 병렬로 된 소음 흡수 배플(Baffle)을 공기 입구덕트나 배기연돌 내부에 설치한다.

② 방음 격실은 기계류 지역에 설치하여 근무자가 소음에 노출되는 것을 방지한다.

③ 화재 보호는 다수의 자외선 감지기가 이용되는데, 터빈/발전기 격실은 중요 지역으로 분류되어 2개 이상의 화염감지기가 설치되어 거짓경보를 막아준다.

④ 일반적으로 CO_2나 하론이 가스 터빈 격실 내의 소화에 사용되어 왔으나, 하론의 생산은 지구 오존층에 부정적인 영향을 주기 때문에 점차 감소되고 있다.

(2) 공기흡입계통

① 공기필터

가스 터빈은 대기를 작동유체로 사용하기 때문에 압축기에 흡입되는 공기를 걸러주는 공기필터는 필수적인 요인이다. 여과계통이 적합지 못하면 기계의 오염, 침식, 부식, 그리고 터빈 날개의 냉각공기 구멍이 막히게 되어 가스 터빈의 성능과 신뢰성이 떨어진다. 공기필터는 지면으로부터의 먼지 또는 이물질 흡입을 최소화하기 위해 가급적 높은 위치에 설치한다. 공기 필터는 두가지 유형으로 분류할 수 있다.

㉮ 자정필터(Self-cleaning Filter)

필터 엘레멘트를 주기적 혹은 필터 전후 차압에 따라서 자동으로 청소되도록 설계된 형식이며, 청소원리는 필터 내, 외부의 차압이 증가되면 필터 내부에서 압축기 출구의 고압 공기를 순간적으로 역류시켜 필터에 붙어 있는 이물질을 떨어낸다.

㉯ 다단필터(Multiple Stage Filter)

보통 두 개의 단으로 구성되며 필터가 오염되어 필터 내, 외부의 차압이 일정치 이상되면 교체해야 한다. 첫단 필터는 일회용으로 비교적 큰 입자의 이물질을 포집하고, 2단 필터는 미세한 입자의 분진을 걸러준다. 입자가 큰 이물질이 많은 지역에서는 관성 분리기를 이용하기도 한다.

② 공기덕트(Air Duct)

공기덕트는 필터에서 여과된 공기를 압축기 입구까지 인도하는 역할을 하며 덕트 내에는 소음기가 설치된다. 소음기는 압축기 운전중 발생되는 진동 및 맥동 현상으로 일어나는 소음을 흡수하는 역할을 한다.

③ 입구 공기 냉각기 및 동결 방지계통

공기 냉각기는 압축기 입구 공기 온도를 떨어뜨려 터빈효율 및 출력을 상승시키기 위한 설비로서 물의 증발 잠열을 이용한 냉각기(Evaporator Cooler) 또는 냉각매체를 이용한 냉각기(Chiller) 등이 있으며 대기 온도가 높은 지방에서 이용된다. 동결 방지계통은 주위 온도가 장시간 영하로 떨어질 때 입구 공기 통로에서의 얼음 형성을 방지하기 위하여 소량의 배기가스, 또는 압축 공기를 입구 통로에 되돌려 주는 설비이다.

(3) 공기 압축기

가스 터빈에 사용되는 회전식 압축기는 원심형과 축류형으로 나눈다. 가스 터빈 개발 초기에는 원심형 압축기가 중점적으로 연구개발되었으나, 원심압축기가 축류 압축기에 비해 성능이 떨어지기 때문에 점차 감소하여 현재는 소형 엔진, 왕복기관의 과급기에 주로 사용되고 있다. 한편 발전용 가스 터빈은 회전속도가 높고 대유량의 압축기가 요구되므로 대부분 축류형이 사용된다.

(4) 연소기

① 연소기 유형은 아래와 같다.

㉮ 다식 원통형(多式 圓筒形, Multiple Can Type)

다식 원통형은 압축기 출구 케이싱의 원주상에 10~18개의 원통형 연소실을 방사형으로 배열한 형식으로 각 연소기는 내부에 자체의 화염통과 공기 케이싱을 갖고 있으며, 모든 화염통은 화염 전파관에 의해 연결되어 있어서 전체 연소기 압력은 동일하다. 이 형식은 원심 압축기에 많이 이용되며 연소실 직경이 작아 구조상 강도가 강하고 정비가 쉽다.

㉯ 원환형(圓環型, Annular Type)

원환형 연소기는 로터 축의 둘레를 둘러싸고 있는 두 개의 원통사이의 공간 전체가 연소실로서 여러 개의 연료분사 노즐이 연소통 앞부분의 원주를 따라 배치되어 있다.

이 형식은 제한된 공간을 효과적으로 이용할 수 있어 연소실 직경 및 길이가 단축되며 구조물 내부가 간단하고 장애물이 없어 압력손실이 작다.

㉰ 혼합형(混合型, Can Annular Type)

혼합형은 원통형과 원환형을 혼합한 형태로서 원통형 연소기의 화염통을 원환형 케이싱 내부에 균일하게 배열한 것으로서, 화염통에 공급되는 공기는 전부 원환형 케이싱 내부의 같은 공간에서 공급한다. 이 형식에서는 화염통을 원주를 따라서 배열하지만, 화염통 하나 하나가 독립된 연소기는 아니며, 전체가 하나의 연소기이다. 이러한 연소기는 구조상 견고하고 균일한 온도 분포 유지가 비교적 쉽다.

㉱ 사일로형(Silo Type)

사일로 모양의 대형 원통형 연소기로 1~2개가 설치되며, 터빈에 수직 또는 수평으로 배치된다. 연소기에는 수 그룹의 버너가 설치되며, 운전 시 최적의 연소 상태를 유지하기 위해 각 그룹의 연료 밸브들이 부하에 따라 순차적으로 열리거나 닫힌다.

② 연소기 구조의 특징 및 기능

연소기는 크게 나누어서 연료 노즐, 공기 선회 날개(Swirling Vane), 화염통(Flame Tube), 공기 케이싱으로 구성되며, 다시 화염통은 실제연소가 이루어지는 라이너 부분과 연소가스 속도를 증가시켜 터빈으로 안내하는 트랜지션 피스 부분으로 나누어진다. 그림 9.8과 같이 연료 노즐은 연소기 상류 측에 설치되어 있어 연료를 연소기 내부로 분사하며, 연소 공기는 연료 노즐 주위에 설치된 공기선회 날개를 일부공기가 와류를 형성하면서 연소기 내부로 들어가고 일부 공기는 라이너벽을 통해 유입되어 강한 난류를 형성한다.

③ 1차 공기와 2차 공기

1차 공기란 연소에 사용되는 공기를 말하며, 연소기 유입공기의 25~35% 정도를 차지한다. 2차 공기란 연소실을 냉각하고 연소가스와 혼합하여 연소가스 온도를 내리는데 이용되는 과잉공기를 일컫는다. 1차 공기는 연소실 방에 있는 공기 선회 날개에 의해 연료노즐 주위를 소용돌이치면서 들어가고, 2차 공기는 연소실 밖을 흐르면서 연소실벽에 뚫어진 여러개의 구멍으로 들어와서 연소가스와 혼합되어 터빈으로 들어가게 된다. 한편 화염통을 1, 2차 영역으로 구분할 수 있는데 1차 영역에는 1차공기가 유입되어 연료/공기비를 연소안정에 필요한 한계내로 유지하며, 2차 영역에는 가스 냉각을 위한 2차 공기가 들어온다.

④ 라이너 냉각

연소기벽은 뜨거운 연소가스로부터 대류 및 복사열을 받으므로 냉각하지 않고는 견디기 어렵다. 일반적으로 라이너 냉각은 원주상의 작은 공기구멍을 통해 공기를 주입시켜 연소실 내벽에 냉각 공기의 막(Cooling Air Film)을 형성시켜 주는 방법이 사용되고 있다.

⑤ 화염 전파관(Cross Fire Tube)

다식 원통형 및 혼합형 연소기에서는 몇 개의 화염통에서만 점화가 이루어지고 나머지 화염통은 화염 전파관를 통해 점화된다. 가스 터빈 기동 시 점화기가 설치된 화염통에서 점화가 이루어지면 전 화염통이 거의 동시에 점화된다.

⑥ 연료 노즐(Fuel Nozzle)

기동 시 화염이 안정되기 전에는 노즐 중앙의 연료통로를 통하여 확산 형태로 분사되다가 연료유 압력이 증가하면 스프링 체크 밸브를 열리게 하여 연료가 외부통로로 흐르며 분사 형태가 협소해 진다.

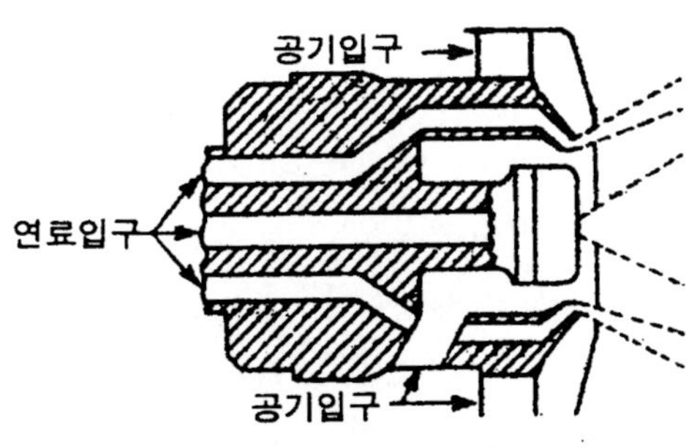

그림 9.8 복식노즐 구조

⑦ 점화기

일반적으로 두 개의 연소실에 인접하여 점화기를 설치하며, 점화기의 방전불꽃에 의해 연료/공기혼합체를 점화하는 역할을 한다. 연소가 시작되어 일단 화염이 형성되면 점화기의 방전불꽃 없이도 계속 연소된다. 점화기는 일정시간(30초) 동안 방전하도록 되어 있는 것이 일반적이나, 터빈이 일정 회전속도(안정연소가 이루어져야만 도달할 수 있는 속도)에 도달될 때까지 동작하도록 되어 있는 형식도 있다. 그러나 만일 점화기 동작시간 내에 점화되지 않아 화염검출기가 화염신호를 보내오지 않으면 제어계통은 연료를 차단하고 터빈을 정지시킨다.

⑧ 화염검출기

가스 터빈 운전 중 화염존재 여부를 제어계통에 전달하기 위하여 화염검출기가 연소기에 취부되어 있다. 화염검출기는 점화기를 설치한 연소기와는 대각선쪽 연소기에 위치하고 있어 전체 연소기에 연소가 이루어지고 있음을 입증해 준다. 화염검출기는 보통 몇 개의 연소기에 인접하여 설치된다. 운전 중 화염검출에 실패하면 경보발생 및 터빈을 정지시킨다.

⑨ 미연소물질 배출계통(False Start Drain System)

연소계통에는 연소기에서 연소되지 않은 연료의 축적물로부터 터빈을 보호하기 위해서 수개의 배출 밸브(연소실, 배기통로에 설치)가 설치되어 있다. 이 계통은 기동과 정지 시 또는 점화 실패로 인하여 축적된 연료를 외부로 배출시켜 주는 역할을 한다. 그리고 점화가 되어 연소실 압력이 일정치 이상이 되면 닫기게 된다.

(5) 터빈 부분

① 구조 및 특징

가스 터빈은 증기 터빈과 같이 작동유체가 팽창하면서 에너지를 얻어내는 원리는 같으나 작동유체가 다르다. 즉 증기 터빈은 작동유체가 증기이고 가스 터빈은 연료를 연소함으로서 생성되는 연소가스로서 그 온도는 980~1,260[℃]에 달한다. 가스 터빈도 압축기와 같이 원심 터빈과 축류 터빈으로 구분되나 최근에는 거의 전부가 축류 터빈만을 사용한다. 가스 터빈은 일반적으로 2~5단 정도가 이용되고 있는데, 터빈단수가 압축기 단수보다 적은 이유는 한 단의 터빈이 여러 단의 압축기를 작동할 수 있는 출력이 가능하기 때문이다. 연소가스는 노즐베인 혹은 노즐이라고 하는 고정 날개열을 지나 터빈으로 유입되는데, 노즐은 가스를 일정한 각도로 회전 날개에 안내하며 회전 날개는 가스 힘에 의해 터빈 로터를 회전시킨다. 터빈에서는 고정날개 한 열과 회전 날개 한 열을 한쌍으로 하여 단(段, Stage)이라 하며, 일부 터빈에서는 회전 날개 끝을 슈라우드(Shroud)라고 하는 띠로 연결시키기도 하는데, 슈라우드는 회전 날개의 강도를 더해주고 진동을 감소시키는 기능을 한다.

회전 날개열은 특수합금강으로 만들어진 디스크에 조립된다. 이 디스크들은 디스크끼리, 혹은 터빈 축에 볼트로 체결된다. 로터는 고깔모양의 축을 가지고 있으나 평탄한 축을 가진 형식도 있다. 충동형 날개는 컵모양을 하고 있고 반동형 날개는 비행기 날개 모양을 하고 있다. 대부분의 회전 날개는 두 가지 형식을 결합하는데, 날개뿌리 부분에서는 충동형이고 끝으로 갈수록 점차 반동형으로 바뀐다. 날개 모양이 이렇게 변화하는 이유는 날개 끝부분이 더 먼거리를 회전하기 때문에 뿌리부분보다도 움직이는 속도가 빠르기 마련인데, 이 경우 유선 모양의 반동형이 충동형보다도 훨씬 원활하게 움직이기 때문이다.

② 가스 터빈 냉각

터빈에 유입하는 고온의 연소가스는 터빈 날개에 손상을 줄 수 있다. 특히 냉간기동시 급격한 온도변화는 날개재질의 균열을 가져온다. 또한 가스 온도가 높으면 날개에 크립현상을 유발한다. 크립이란 반복적인 가열, 냉각의 영향으로 날개의 길이나 넓이가 점진적이고 영구적으로 증가하는 현상이다. 날개는 고온의 연소가스에 노출되어 있어 가열되면 팽창하고 냉각되면 수축하나, 팽창량과 수축량은 같지 않다. 그 결과 원래 크기로 돌아오지 않고 점점 늘어나게 되는데 허용치를 초과하면 터빈 케이싱과 마찰을 유발한다.

최신 가스 터빈을 터빈 날개에 강력한 내열합금 및 보호피막을 사용하는 한편 냉각방식 개선으로 터빈 입구 온도 향상을 꾀하고 있다. 냉각방법은 속이 빈 축 및 디스크를 통하여 압축 공기를 불어넣어 로터, 디스크, 회전 날개를 냉각하는데, 고정 및 회전 날개 자체에 작은 냉각구멍들이 있어 압축 공기를 흘려 보냄으로서 메탈을 냉각한다.

9.2.3 가스 터빈 보조기

9.2.3.1 보조기 개요

가스 터빈은 크게 압축기, 연소기, 터빈, 공기유입부 및 배기 설비로 구성되며, 가스 터빈의 기동과 운전, 제어 및 보호에 필요한 기타 보조 설비들이 있다.

가스 터빈은 화력 발전과 달리 대부분의 보조 설비가 하나의 격실 내에 설치되어 있다.

가스 터빈의 주요 보조 설비는 다음과 같다.

- 기동장치
- 윤활유계통
- 연료공급계통
- 냉각수계통

- 유압계통
- 압축기 수세계통
- 기타 분무 공기계통, 물분사계통, 소화계통, 연료 처리계통 등

9.2.3.2 기동장치

기동장치는 기동 시 터빈 축에 회전력을 공급해 주는 설비이다.

가스 터빈은 연료 연소로 발생된 연소가스가 터빈에 공급되어 팽창하면서 회전력이 발생되는 것으로, 연료가 점화되어 충분한 연소가스가 발생되기까지는 회전할 수 없다.

만일 터빈이 정지된 상태에서 연료를 연소시켜 회전력을 얻으려면 상당한 시간이 소요된다. 이러한 결점을 보완하기 위해 기동시 보조 장치를 이용하여 터빈 축에 회전력을 주어 빠른 시간 내에 기동이 가능하게 한다.

기동장치는 가스 터빈이 연소가스 자체의 힘만으로 터빈을 안정하게 운전할 수 있는 속도, 즉 자력 운전속도(Salf-sustaining Speed)까지 가속시켜준 후 정지된다.

자력 운전 상태는 보통 50[%] 속도 전후에서 형성되며, 기동장치는 60[%] 속도 이상에서 분리된다. 기동장치에는 터빈 정지 시에 회전자를 저속 회전시키는 터닝(Turning) 장치가 함께 설치되어 있는 경우도 있다. 기동장치는 크게 동력원이 되는 기동기(Starter)와 기동기에서 발생한 동력을 가스 터빈에 전달해 주는 동력전달장치로 구성된다.

기동기의 구비 조건은 다음과 같다.

- 무거운 압축기와 터빈을 순간적으로 돌릴 수 있도록 기동 토크가 커야 한다.
- 자력 운전속도까지 안정하게 가속시킬 수 있어야 한다.

가스 터빈 기동기의 종류는 다음과 같다.

- 공기 모터(Air Motor)
- 디젤 엔진
- 유도 전동기(Induction Motor)
- 동기 전동기(Synchronous Motor)

기동기는 대부분 유압으로 운전되는 토크 컨버터 또는 감속 기어를 통하여 터빈 축에 연결된다.

9.2.3.3 윤활유계통

(1) 개요

윤활유계통은 터빈, 압축기 및 발전기 베어링과 기타 부속장치에 윤활유를 공급하여 마찰을 감소시키며, 베어링에서 생기는 열을 흡수하는 역할을 한다.

윤활유의 일부는 토크 컨버터의 작동유(Working Oil)로 사용되고, 유압장치에 공급되어 제어 및 보호용으로 사용된다.

윤활유계통의 주요 구성요소는 다음과 같다.

- 윤활유 저장조
- 주 윤활유펌프
- 보조 윤활유펌프
- 비상 윤활유펌프
- 윤활유 열교환기 및 여과기
- 기체 축출기

윤활유는 적절한 점도가 유지되어야 베어링에서의 윤활 역할과 제어계통에서의 원만한 동작이 가능하다.

가스 터빈이 기동되기 위해서는 일반적으로 다음 조건이 유지되어야 한다.

- 윤활유 점도 : 800 SSU(Saybolt Seconds Universal) 이하
- 윤활유 온도 : 10[℃] 이상

윤활유 온도는 저장조 온도, 베어링 공급 온도 및 드레인 온도가 각각 측정된다.

(2) 윤활유 저장조 및 부속장치

윤활유 저장조는 일반적으로 가스 터빈 보조 격실(Accessory Compartment) 하부에 설치된다. 저장조에는 주 윤활유펌프, 보조 윤활유펌프, 비상 윤활유펌프를 비롯하여 유위계 및 유위 스위치, 윤활유 가열기 및 기체 축출기 등이 설치되어 있다.

펌핑된 윤활유는 열교환기와 여과기를 거쳐 각 계통으로 공급된다.

열교환기는 2대가 설치되어 있어 운전 중 1대만 사용하고 한 대는 예비기이다.

(3) 윤활유펌프

윤활유는 다음의 3가지 펌프에 의해 공급되며, 펌프별 운전 시점과 구동 내용은 다음과 같다.

- 주 윤활유펌프(Main L.O Pump)
  - 기동 후 95[%] 속도 이상 및 정상 운전 중일 때 윤활유를 공급한다.
  - 일반적으로 보조기어장치로 구동되며 교류 전동기 구동 형식도 있다.
- 보조 윤활유펌프(Auxiliary L.O Pump)
  - 기동과 정지 시 및 터닝 기어 운전 중 윤활유를 공급한다.
  - 가스 터빈 정상 운전 중 윤활유 압력이 규정치 이하로 낮아지면 자동 기동된다.

- 교류 전동기로 구동되며 주로 원심펌프이다.
- 일명 냉각 윤활유펌프(Cooldown or Cooling L.O Pump)라고도 한다.

• 비상 윤활유펌프(Emergency L.O Pump)
  - 교류 전원 차단 시 축전지 전원으로 운전되는 직류 전동기 구동 펌프이다.
  - 정상 운전 중 윤활유 압력이 매우 낮아지면 자동 기동되고 가스 터빈은 정지된다.
  - 비상펌프이므로 한번 기동되면 자동 정지되지 않는다.

9.2.3.4 연료계통과 제어

(1) 개요

가스 터빈에 사용 가능한 연료는 천연가스로부터 중유에 이르기까지 다양하다.

연료 연소가스가 터빈 날개와 직접 접촉되므로 천연가스와 같은 경질(輕質) 청정 연료가 중질(重質) 연료보다 많이 사용된다.

경질 청정 연료를 많이 사용하는 이유는 다음과 같다.

• 회(灰)의 함량이 적다.
• 완전 연소로 연기와 탄소퇴적물 발생이 최소화된다.
• 연소실 및 터빈 날개 부식이 감소된다.
• 유지정비 시간이 단축된다.

경제적인 면과 지리적인 면을 고려하여 중유를 사용하는 경우도 있다.

중유는 분무를 쉽게 하기 위해 예열이 필요하며 이로 인해 많은 시간이 소비된다.

(2) 이중 연료계통(Dual Fuel System)

'90년대 들어 건설된 복합화력 가스 터빈에서 사용되는 연료는 천연가스와 경유이다.

가스연료계통과 액체연료계통이 같이 설치되어 있어 운전 조건이나 연료 공급사정에 따라 연료를 선택 사용할 수 있다.

이중 연료계통의 운용 내용은 다음과 같다.

• 가스연료 사용 중 가스압력이 규정치 이하로 저하하면 액체연료로 자동 전환되어 가스 터빈의 갑작스런 정지를 예방한다.
  - 필요 시 액체연료로 수동 전환 운전도 가능하다.

• 액체연료 사용 중 가스 연료로 수동 전환 운전이 가능하다.
  - 주 사용연료가 가스이고 액체연료는 예비용이므로 액체연료에서 가스연료로 자동 전환되는 시스템은 구성되어 있지 않다.

• 정상 운전 중 가스연료와 액체연료의 혼합 사용이 가능하다.

이처럼 이중 연료계통을 채용함으로써 가스 터빈의 이용도와 신뢰성이 향상되었다.

(3) 연료유 설비

가스 터빈 액체연료로는 주로 경유가 사용되며, 연료유 설비는 연료유 저장설비, 유처리 설비, 연료 포워딩 시스템 및 가스 터빈 연료계통으로 구성된다.

액체연료 공급과정은 다음과 같다.

• 정유공장으로부터 발전소까지 운반되어 미처리유 저장조에 저장된다.
• 저장된 경유는 유처리 설비에서 칼륨, 나트륨 등의 금속 성분과 수분이 규정치 이하가 되도록 처리하여 처리유 저장조로 보낸다.
• 처리유 저장조의 연료는 연료 포워딩 시스템(Fuel Forwarding System)에 의해 가스 터빈으로 공급된다.
  - 연료 포워딩 시스템에는 스트레이너, 연료 포워딩 펌프, 가열기 등이 있다.
  - 가스 터빈 운전에 적절한 온도, 압력 및 유량으로 가스 터빈 연료계통에 공급한다.

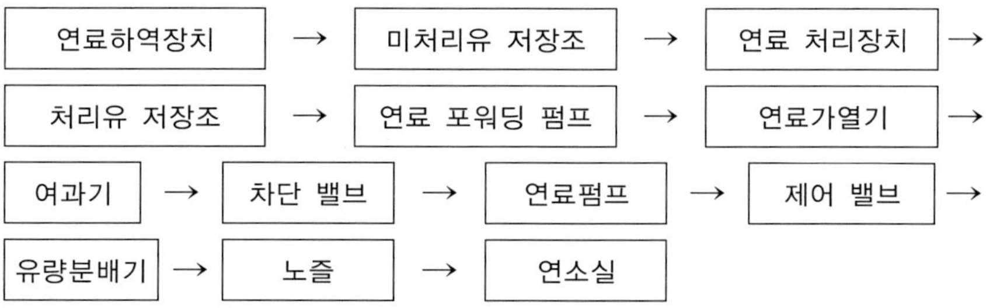

그림 9.9 액체연료 계통 흐름도

• 연료 펌프는 연료유의 압력을 상승시켜 각 연소실로 공급하며, 연료를 무화(霧化)시키기 위해 분무용 공기가 사용된다.

연소실에 사용된 노즐 형태에 따라 공급되는 연료의 양과 분사 형태가 달라진다.

(4) 연료 분배 및 제어

가스 터빈에는 연소기가 여러 개로 나누어져 있어 각 연소실마다 연료량을 균등하게 공급해야 가스 터빈을 안정하게 운전할 수 있다.

연료 분배량을 제어하기 위해 사용되는 시스템의 형식은 연료에 따라 다르다.

• 액체연료 : 유량 분배기(Flow Divider)
• 가스연료 : 원량 메니폴드(Ring Manifold)

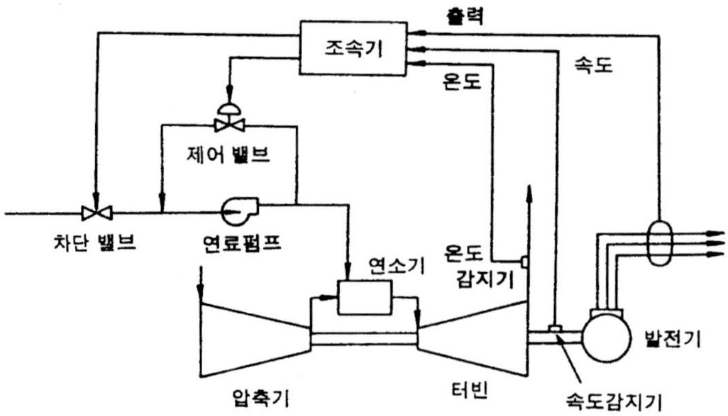

그림 9.10 연료 제어계통

그림 9.10은 연료 조속기 제어계통을 나타낸 것이다.

조속기는 발전기 출력, 터빈속도 및 배기가스 온도신호를 받아 연료 제어 밸브 개도를 조절한다. 조속기를 제어하기 위한 주 신호는 발전기 출력이다.

출력을 증가시키고 싶을 때 조속기에 신호를 보내어 필요한 만큼 연소실에 연료를 더 공급하도록 연료 제어 밸브를 조절한다. 만일 연료 공급량보다 부하의 증가가 빠르고 증가폭이 크면 터빈의 속도가 약간 저하한다. 이때 속도 감지기는 조속기에 신호를 보내고 조속기는 다시 연료 제어 밸브에 추가 신호를 보내 연료가 더 공급되도록 한다. 터빈 배기가스 온도 감지기는 배기가스 온도가 정상적일 때는 신호를 보내지 않는다. 그러나, 배기가스 온도가 규정값 이상으로 상승하면 감지기는 연료를 감소시키는 신호를 조속기에 보낸다.

배기가스 온도가 과도하게 높을 경우 터빈에 심각한 문제가 매우 빠르게 발생될 우려가 있기 때문에 온도 신호는 다른 모든 신호에 우선하여 선택된다.

9.2.3.5 냉각수계통

가스 터빈에서 냉각수가 공급되는 곳은 주로 다음과 같다.

- 윤활유 열교환기 : 윤활유를 냉각시켜 베어링에서 냉각 및 윤활 작용이 잘 되도록 한다.
- 발전기 수소 냉각기(H_2 Cooler) : 발전기 냉각 매체인 수소를 냉각시킨다.
- 터빈 지지대(Support Leg) : 가스 터빈 운전 중 발전기 쪽보다 터빈부 온도가 많이 상승하기 때문에 열팽창 차에 의한 터빈과 발전기간의 축 정열이 어긋나지 않도록 한다.

냉각수계통은 냉각수 탱크, 냉각수펌프, 냉각수 열교환기 및 기타 제어에 필요한 밸브들로 구성된다. 윤활유 열교환기에서 오일은 보통 U자 모양의 튜브 내부를 통하여 흐르고, 냉각수는 튜브 외면으로 흐르면서 열교환이 이루어진다. 정상 운전 중 윤활유 온도는 열교환기를 통과하는 냉각수량을 조절하여 보통 32.2~43.3[℃] 정도로 유지한다.

온도 제어 밸브는 열교환기 출구 측 윤활유 헤더에 설치된 온도 감지기에 의해 제어된다.

윤활유의 열을 전달받은 냉각수는 다시 열교환기에서 냉각된다. 열교환기는 주로 라디에이터형(Radiator Type) 이며 냉각 팬으로 공기를 불어넣어 냉각수를 냉각시킨다.

일부 가스 터빈에서는 냉각수를 냉각시키기 위해 보조 냉각수를 사용하는 경우도 있다.

9.2.3.6 유압계통(Hydraulic Oil System)

유압계통은 가스 터빈 운전을 위한 제어와 보호계통에 사용되는 고압유를 공급해주는 설비이다.

유압(Oil Hydraulics)이란

- 유압펌프에 의하여 동력의 기계적 에너지를 유체의 압력 에너지로 바꾸어
- 유체 에너지에 압력, 유량, 방향의 기본적인 3가지 제어를 통해
- 유압 실린더나 유압 모터 등을 작동시켜 다시 기계적인 에너지로 바꾸는 역할을 하는 것이다.

유압은 윤활유 계통으로부터 오일을 공급받아 유압펌프에 의해 보통 105[kg/cm^2] 정도의 높은 압력으로 사용된다.

가스 터빈에서 유압이 사용되는 것은 다음과 같다.

- 연료 제어 밸브
- 연료 차단 밸브
- 터빈 보호계통
- 압축기 입구 안내 날개

유압계통은 유압펌프, 메니폴드 에셈블리, 완충기(Accumulator), 여과기 등으로 구성된다.

유압은 다음 2종류의 펌프에 의해 공급된다.

- 주 유압펌프
  - 보조 기어 장치 또는 교류 전동기에 의해 구동
  - 정상 운전 중 유압 공급

- 보조 유압펌프
  - 교류 전동기에 의해 구동
  - 기동 시에 구동되어 유압을 공급하고 정상 운전 중 유압 저하 시 자동 기동됨

9.2.3.7 압축기 수세계통

(1) 개요

가스 터빈은 많은 양의 공기를 사용하므로 공기 중에 포함되어 있는 오염물질로 인해 압축기가 쉽게 오염된다.

압축기의 오염에 따른 문제점은 다음과 같다.

- 공기 흐름의 동요
- 압축비 감소
- 압축기 침식 및 부식
- 압축기효율 저하
- 가스 터빈 출력 감소 및 열효율 저하

따라서, 가스 터빈 성능관리를 위해 압축기에 부착된 오염물질을 주기적으로 세척해 주어야 한다.

(2) 오염(Fouling) 형태

흡입 공기 중의 오염물질은 대부분 입구 여과장치에 의해 압축기로 들어가기전에 제거된다. 그러나, 아주 미세한 것들은 여과기를 통과하여 압축기를 오염시킨다.

오염의 형태와 형성 속도는 가스 터빈이 운전되고 있는 환경과 입구 여과장치에 영향을 많이 받는다. 압축기의 오염은 주로 다음과 같은 요인에 의해 발생한다.

- 대기 중의 염분
- 공업적인 오염물질-비회(Fly Ash), 탄화수소 매연 등
- 가스 터빈 배기가스
- 무기물 부착
- 석탄, 먼지, 분무용 페인트 등

침식(Erosion)은 티끌이나 모래의 침입에 의해 발생되고, 부식(Corrosion)은 소금과 SO_2와 같은 화학 물질에 의해 일어난다.

오일 성분은 공기 입구 통로나 압축기 날개에 이물질 부착을 촉진시킨다.

부식 인자는 증류수나 세제, 휘발유 등으로 날개를 세척함으로써 제거가 가능하다.

오일 성분은 특별히 날개에 손상을 입히지는 않으나 공기의 흐름을 동요시켜 압축기 효율을 감소시킨다.

9.3 증기 발생기

9.3.1 개요

복합 발전방식은 가스 터빈과 증기 터빈의 조합에 따라 여러 가지 형식으로 분류할 수 있으며, 발전소의 출력, 연료의 종류, 입지환경 또는 운용조건 등을 고려하여 가장 알맞은 방식이 선택된다. 복합 발전방식을 배열이용 방법에 따라 분류하면 다음과 같다.

(1) 비조연식(非助然式)

가스 터빈 배열만을 이용하는 방식으로 단순 배열회수식(單純 排熱回收式)과 급수가열기식(給水加熱器式)으로 나눌 수 있다.

(2) 조연식(助燃式)

가스 터빈 배기에 남아 있는 산소를 이용하여 연료를 연소시키는 방식으로 배기 조연식(排氣 助燃式)과 배기 재연식(排氣 再燃式)으로 나눌 수 있다.

(3) 과급 보일러식(過給 Boiler式)

가압증기발생기식이라고도 하며, 설계에 따라 다양한 형식이 있다.

9.3.2 배열회수 보일러의 종류와 특징

(1) 단순 배열회수식(單純 排熱回收式)

모든 연료가 가스 터빈에서 연소되며, 증기 발생기는 추가 열에너지원이 없이 가스 터빈 배기열만을 이용하는 방식으로, 설비가 단순하고 건설비용이 비교적 저렴하다. 현재의 복합 발전방식은 모두 이 방식이며, 특징은 다음과 같다.

- 기동시간이 짧으며, 가스 터빈과 증기 터빈의 출력비는 2:1 정도이다.
- 가스 터빈 입구 연소가스 온도가 상승할수록 효율이 향상된다.
- 증기 터빈을 단독으로 운전할 수 없다.

(2) 배기 조연식(排氣 助燃式)

가스 터빈에서는 공기중 함유된 산소의 25～35[%]만을 연소에 이용하기 때문에 나머지는 연료를 추가 연소하는데 이용할 수 있다. 배기 조연식에서는 배열회수 보일러 도입부 연도내에서 그림 9.12와 같이 연료를 추가 연소시킴으로서 증기조건을 향상시켜 증기 터빈의 출력을 증가시키는 방식으로, 배기가스를 대략 800～900[℃]까지 가열한다. 연료는 액체 또는 가스연료 모두 가능하나, 가스연료가 복사열이 낮고 점화가 쉽기 때문에 적합하다.

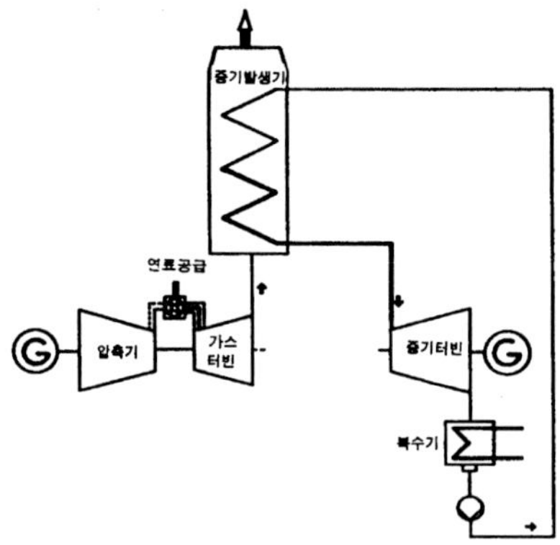

그림 9.11 단순 배열회수식 계통도

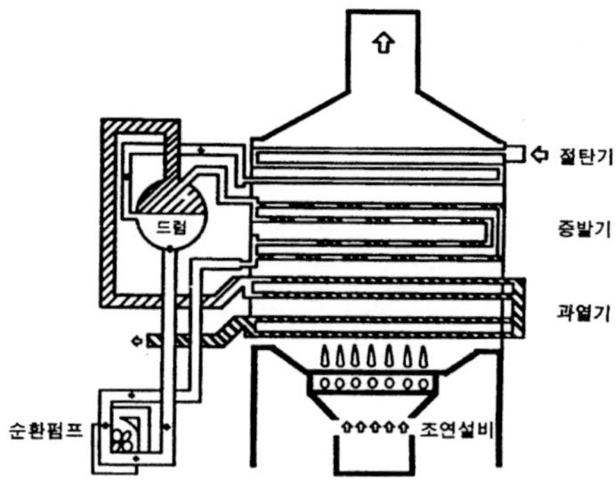

그림 9.12 배기조연식 배열회수 보일러

특징은 다음과 같다.

- 추가 연소연료량(조연량)이 많아질수록 증기 터빈 출력비가 커진다.
- 가스 터빈 배기가스 온도에 따라 가장 알맞은 조연량이 있고, 가스 터빈이 고온화할 수록 조연량은 적어진다.
- 기동시간은 비조연형에 비해서 약간 길어진다.
- 증기 터빈의 단독 운전은 불가능하다.
- 입구 온도가 낮은 가스 터빈을 사용하는 경우에 유리하다.

(3) 배기재연식(排氣再燃式)

배기 재연식은 대형 기력 발전소의 효율 개선을 위해 가스 터빈을 설치하고자 하는 발상에서 유래된다. 배기 재연식은 보일러 압입송풍기 대신에 가스 터빈 발전 설비를 설치하여, 그 배기를 보일러 연소용 공기로 사용한다. 보일러의 공기 예열기가 불필요하게 되므로 보일러 배기가스의 열회수를 위해 급수가열기를 설치하는 것이 일반적이다. 특징은 다음과 같다.

- 운전 제어계통이 복잡하다. 특히 증기 발생기가 석탄연소일 경우 설비가 더 복잡해지고 운전 및 보수가 더 어렵다.
- 증기 터빈 출력은 가스 터빈에 비해 4~10배 정도이다.
- 보일러에 사용하는 연료는 가스 터빈과 무관하게 선택할 수 있어 석탄을 보일러에 이용할 수 있다.
- 가스 터빈의 고온화에 따라 배기가스의 잔존산소량이 적어지므로, 압입송풍기로서 보일러 연소 공기를 보충할 필요가 있으며, 100[%] 용량의 압입 송풍기를 설치할 경우, 가스 터빈 정지 시에도 증기 터빈의 단독 운전이 가능하다.
- 가스 터빈 입구 가스온도가 낮은 경우에 유리하다.

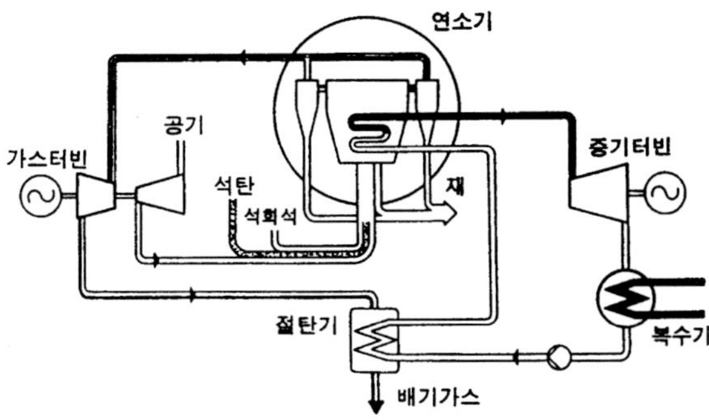

그림 9.13 과급 보일러식

(4) 과급 보일러식(加壓蒸氣發生器式)

과급 보일러식은 그림 9.13과 같이 가스 터빈 압축기의 압축 공기를 가압 보일러의 연소용 공기로 이용하고, 보일러의 배기가스를 가스 터빈에 도입, 팽창시키는 방식이다. 가스 터빈 배기 가스열은 보일러의 급수가열에 이용한다. 1940년대 BBC사에서 개발한 과급 보일러(상품명 VELOX)는 가스 터빈의 축동력이 압축기의 소비동력으로만 이용되었으나, 그 이후 가스 터빈에서 전력을 생산하도록 개발하였는데, 1970년대 초 독일(LUNEN)에서 건설한 170[MW] 용량의 발전소가 세계 최초로 과급 보일러를 이용한 석탄가스화 복합 발전소이다. 가압연소이므로 열전달율이 좋고 전열면적이 감소하여 보일러가 소형화되고 방열손실이 적으나 부분부하 효율이 낮다. 또한 고온, 고압용 보일러이므로 상대적으로 튜브가 두꺼워 기동시간이 약간 길어지므로 중간 부하 및 기저 부하용으로 적합하다. 특징은 다음과 같다.

- 가스 터빈에 비해 증기 터빈 출력이 약간 크다.
- 보일러 사용연료는 가스 터빈에 의해서 제약을 받는다.
- 증기 터빈의 단독 운전은 불가능하다.
- 보일러의 규모가 상대적으로 작아 투자비가 절감된다.
- 연소가스가 연소실 내에서 체류하는 시간이 짧으므로 배출가스 속에 NOx 함량이 적다.

(5) 밀폐형 가스 터빈을 이용한 복합 사이클

가스 터빈은 개방 혹은 밀폐사이클 중 어느 하나로 운전되기 마련인데, 밀폐 사이클의 이점은 연료선택에 제약이 따르지 않아 석탄, 핵연료 사용이 가능하다는 점이다. 작동유체는 이론적으로 어떤 가스도 이용할 수 있으나 대부분 공기를 사용한다. 헬륨, 질소도 가능한 작동유체이지만 특히 원자력 발전용으로 관심을 끄는 것이 헬륨이다. 그러나 기술적·경제적 장애가 커 아직 실용화되지 않고 있다. 열교환기를 거쳐 열이 공급되기 때문에 터빈 입구 온도가 개방 사이클보다 낮아진다. 유동층 석탄연소 및 고온원자로의 응용이 기대된다.

9.3.3 연료에서 본 각종 복합 발전

(1) 천연가스(LNG)을 이용한 복합 발전

발전용 화석연료는 석탄, 석유, 가스류 등 여러 가지가 사용되나, 복합 발전 설비는 에너지의 효율적인 이용 및 경제성 시점에서 계획, 설계하게 된다. 천연가스 및 경유 등과 같은 청정연료는 가스 터빈에서 직접 연소가 가능하나, 석탄 및 중질유와 같은 저질연료의 경우는 연료를 가스화하여 사용할 수 있다. 천연가스를 발전용 연료로 사용하는 경우 대부분 복합 발전방식을 채용하는 경향이 있는데, 그 이유는 천연가스와 같이 양질의 연료의 경우 복합 발전으로 하는 것이 열효율이 높고, 환경보전성, 경제성이 우수하기 때문이다. 천연가스 기력발전의 송전단 열효율(HHV)은 약 38[%]이나 복합 발전의 경우 1,100[℃]급 가스 터빈을 사용했을 경우도 42~44[%]로 되어 대폭적인 열효율의 향상이 기대된다.

(2) 석탄을 이용한 복합 발전

① 석탄가스화 복합 발전

가스 터빈에 있어서는 석탄을 직접 연소시키는 것이 곤란하므로, 석탄을 가스화하여 탈황, 정제한 후, 가스 터빈의 연료로 사용하며, 가스 터빈 배열을 회수하여 증기 터빈을 구동하는 발전방식을 석탄가스화 복합 발전(CGCC) 혹은 석탄 IGCC(Integrated Gasification Combined Cycle)라고 한다. 석탄가스화 기술은 석탄을 공기 및 산소(일명 산화제)와 함께, 고온, 고압의 가스화로에 투입하여 석탄가스로 전환하는 기술로 가스화제에 따라, 산소 및 공기 송입방식, 압력에 따라 가압(加壓) 및 상압(常壓)방식, 석탄 공급방식에 따라 건식(乾式, Dry Feeding) 및 습식(濕式, Sluury Feeding), 가스 정제 시스템에 따라 건식(乾式) 및 습식(濕式)으로 분류된다.

석탄가스화 복합 발전방식은 기존 미분탄 발전방식에 비해 공해물질을 현저히 줄일 수 있고 발전효율이 높은 신기술로서, 현재 실용화 단계에 있다. 석탄 가스화기가

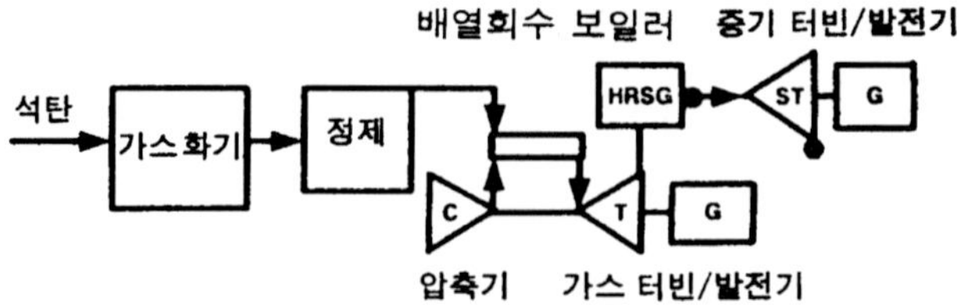

그림 9.14 석탄 가스화 복합 사이클 개념도

연료 공급 설비로서 기타 발전 설비와 완전히 분리될 수도 있으나, 두 설비를 적절히 통합하는 방식(IGCC)이 사이클 효율 측면에서 보다 유리하다.

② 가압 유동층 연소 복합 사이클(PFBC-CC)

유동층 연소는 노내에 석탄 및 열전달 매체를 넣고, 노하부에서 연소용 공기를 주입, 노내의 고체입자를 유동화시켜 연소시키는 방식으로서 노내에서 석탄석으로 탈황하므로 별도의 탈황 설비가 필요없으며, 연소 온도가 통상 850[℃]으로 낮아 NOx 발생이 적어 환경보전성이 우수한 연소방식이다. 유동층 연소방식은 유동화 속도에 따라 기포식(BFBC)와 순환식(CFBC)이 있으며, 조업압력(操業壓力)에 따라 상압식(常壓式, AFBC)과 가압식(加壓式, PFBC)으로 분류된다. 가압식은 노내의 압력을 5~12 기압으로 석탄을 연소함으로서, 연소로(燃燒爐)의 소형화, 연소효율 및 탈황효율이 높으며, 연소가스는 정제후 가스 터빈을 운전하고, 또 다시 가스 터빈 배기열을 이용하여 증기 터빈을 운전하는 복합 발전이 가능한 방식이다. 그림 9.15에 가압 유동층 복합 사이클의 개념도를 나타냈으며 특징은 다음과 같다.

- 보일러 연소용 공기는 가스 터빈 압축기에서 공급하며, 유동층 연소방식을 이용하여 석탄을 연소시킨다.
- 연소실의 연소가스는 분진, 알칼리 및 기타 오염물질이 제거된 다음 가스 터빈에 유입된다.
- 가스 터빈 압력비는 연소실 운전압력에 상응하며, 증기 터빈 출력이 전체 출력의 75[%] 정도를 차지한다.
- 전체 사이클 효율은 유동층 운전 온도에 의해 제한된다.

상기의 IGCC에 대하여는 9.4절에서 자세한 설명을 하고자 한다.

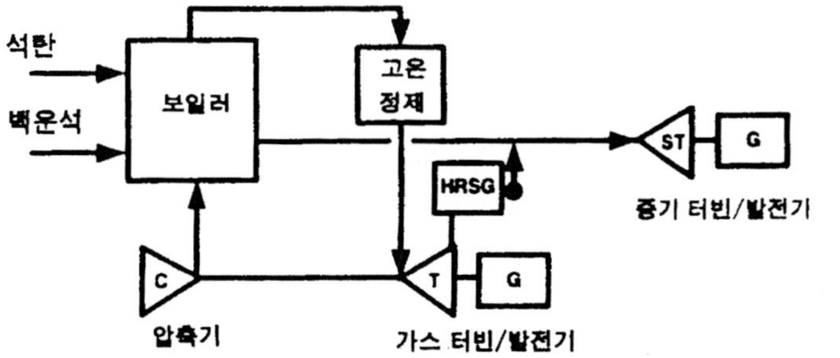

그림 9.15 가압 유동층 보일러 개념도

9.4 석탄 가스화 복합 발전

9.4.1 석탄 IGCC 기술의 중요성

자원이 적은 우리나라에서는 에너지 안전을 확보하기 위해 사용에너지의 다양화를 모색하는 것이 중요하다. 그 가운데에서도 산업혁명 이후 중요한 에너지원으로서 사용되고 있는 석탄은 전 세계적으로 널리 부존하고, 아직도 매장량이 풍부하기 때문에 앞으로도 유망한 연료로서 자리매김하고 있다. 그러나 석탄은 (탄소)/(수소) 비가 높은 원료이며 유황분을 비롯한 다양한 미량성분도 포함하고 있으므로, 연소 시 지구 온난화의 원인으로 주목되고 있는 탄소가스가 다른 연료보다 많이 발생하고, 산성비의 원인인 유황산화물도 배출한다. 이러한 이유로 최근에는 석탄을 깨끗하게 사용하는 청정석탄기술(Clean Coal Technologies, CCT)의 개발 보급을 적극적으로 추진할 필요가 있다. 2005년 2월에는 지구 온난화의 원인이 되는 이산화탄소의 배출저감을 의무화한 교토의정서가 발효되어, 화력 발전에서 이산화탄소의 배출 억제를 꾀하기 위해서는 지속적으로 고효율화를 목표로 할 필요가 있다.

이러한 실정을 바탕으로 석탄 가스화 복합 발전(Integrated Gasification Combined Cycle, IGCC) 기술이 세계적으로 주목을 받고 있다. 석탄 IGCC 기술은 석탄이 가진 에너지를 효율적으로 전기로 변환시킬 수 있는 고효율 발전시스템(송전단 효율 40[%] 이상, HHV 기준)으로서 효율이 높아 석탄 사용량을 감소시키고 탄산가스 발생량의 억제도 가능하다. 또한 석탄 IGCC는 향후 연료전지와 연계한 석탄가스화 연료전지 복합 발전(Integrated coal Gasification Fuel Cell combined cycle, IGFC)시스템(송전단효율 50% 이상), CCS(Carbon Capture & Storage)기술, 수소 생산기술 등에 응용 가능한 석탄 이용 미래 발전기술의 중추적인 기술이다.

9.4.2 석탄 IGCC 기술의 원리

석탄 IGCC는 연료인 석탄을 고온고압의 가스화기에서 불완전연소 및 가스화시켜 일산화 탄소와 수소가 주성분인 합성가스를 만들어 정제공정을 거친 후 가스 터빈 및 증기 터빈을 구동하는 복합 사이클 발전기술이다. 연료로는 석탄뿐만 아니라 중유, 오리멀전, 잔사유 및 바이오매스 등을 사용할 수 있으며 일반적으로 가스 터빈이 총 출력의 60[%], 증기 터빈이 40[%]의 전력을 생산한다(그림 9.16).

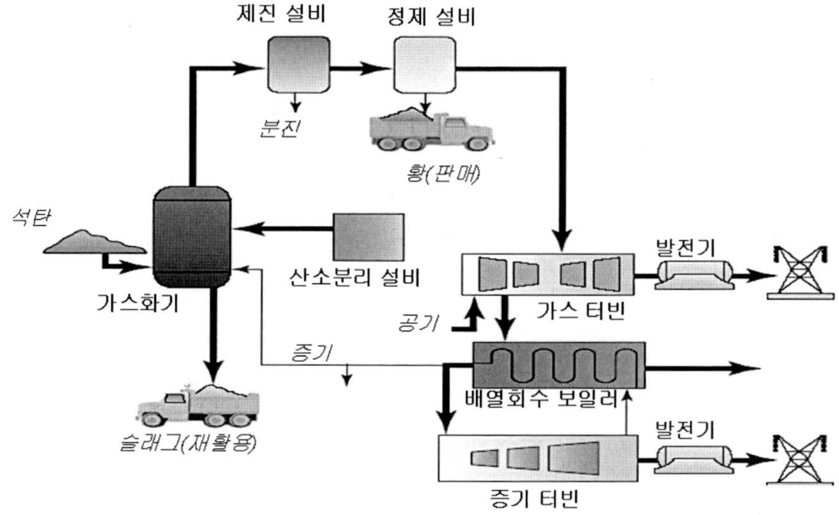

그림 9.16 IGCC 개요도

9.4.3. 석탄 IGCC 기술의 특징

① 세계적으로 널리 분포하고 매장량이 풍부한 석탄 자원을 이용할 수 있다. 특히, 운용중인 미분탄 화력 발전소에서는 회 부착문제로 인하여 회융점이 낮은 석탄을 사용하기 어려우나 IGCC에서는 사용이 가능하므로 에너지 수급 안정성 확보, 이용 탄종의 확대에 기여할 수 있다.

② IGCC는 가스 터빈 복합 사이클로 구성되므로 플랜트 열효율이 높으며, 단위 발전 전력량당 이산화탄소, 황산화물, 질소산화물, 분진의 발생량을 저감할 수 있고, 플랜트 출력에 대한 증기 터빈 출력의 비가 낮기 때문에 온배수의 발생량을 저감할 수 있는 등 환경성이 매우 우수하다.

③ 석탄 회가 유리질의 용융 슬래그로 배출되므로 미연탄소가 거의 포함되지 않고 금속류의 용출도 없다. 또한 미분탄 보일러의 비산회와 비교하여 매립 시 용적을 약 절반 정도로 줄일 수 있다.

④ 석탄 IGCC가 보급되면 LNG에 대한 가격 견제 효과도 기대할 수 있다. 석탄가스화 복합 발전의 상용 설비(600MW급)는 송전단 열효율이 43~45[%](HHV 기준) 범위로 높게 예측되고 있다. 또한 향후 연료전지와 조합하게 되면 송전단 열효율 50[%] 이상도 달성할 수 있다.

9.4.4 석탄 가스화 복합 발전 구성요소

최근의 석탄 IGCC 플랜트의 주요 블록구성은 그림 9.17과 같다. 석탄은 가압 상태(30~80[bar])로 가스화기로 공급되어 거기서 부분적으로 산화한다. 가스화기는 산화제로 산소를 사용하므로 공기분리장치(Air Separation Unit, ASU)가 필요하다. 분류층 슬래그 가스화기에서는 온도가 1,500[℃] 이상으로 운전되는데, 그 이유는 고온을 유지함으로써 낮은 점도에서 회를 액체 슬래그로 변환하여 가스화기 외부로 쉽게 배출하기 위함이다.

고온의 미정제 석탄가스(raw syngas)는 화학 에너지(발열량)뿐만 아니라 현열을 포함하는데, 이 현열은 증기 터빈 구동용 증기를 생산하기 위해서 열교환기에서 회수할 수도 있다. 이러한 목적으로 석탄가스 냉각기를 이용하면 효율은 증가하지만 자본비용이 커진다. 이론적으로는 미정제 석탄가스를 냉각하지 않고 정제하는 편이(가스 터빈으로 공급될 때 현열이 가장 효과적으로 이용되기 때문에) 바람직하겠지만, 현재까지 입증된 가스 정제 기술은 거의 대기 온도에서 운용하고 있다. 가스정제 공정에서 분진, 유황, 기타 불순물들이 제거되며, 동시에 CO_2도 포집 가능하다. 석탄가스의 높은 분압과 낮은 부피유량 때문에 가스정제 공정은 기존의 연도가스 정제에 비해서 대단히 효율적이며 비용이 적게 든다. 이후 청정 석탄가스(clean syngas)는 발전을 위해서 가스 터빈으로 공급된다.

석탄가스를 연료로 사용하는 가스 터빈은 천연가스를 연료로 사용하는 가스 터빈의 연소기와 운전 조건 등을 변경하여 현재 상업 운전이 가능하다.

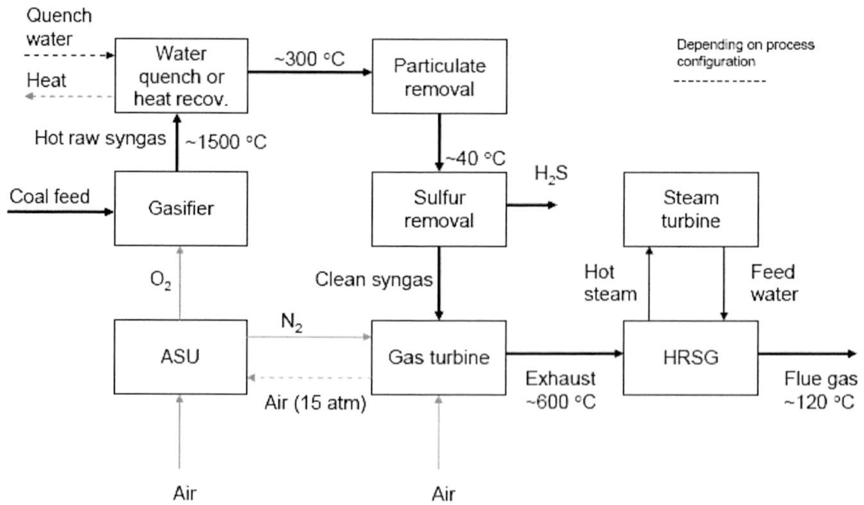

그림 9.17 IGCC 발전소 주요 구성도

가스 터빈은 ASU와 두 가지 방법으로 통합이 가능하다. 가스 터빈 운전특성과 상충되지 않을 경우, ASU에서 발생하는 과잉질소는 NOx 저감 및 발전량 증가를 위해서 가스 터빈에서 이용된다. 그러므로 이른바 "통합도"(degree of integration)는 가스 터빈에 의해서 공급되는 ASU 소요 공기 %와 관련한다. 예를 들어, 100[%] 통합도는 ASU 공기의 100[%]가 (별도의 ASU 공기 압축기가 아니고) 가스 터빈 압축기 출구에서 추출됨을 의미한다. 완전 통합이 이루어질 경우 결국 최상의 송전단 효율을 얻지만, 부분적으로만 통합하여 최대발전량을 얻는 동시에 운영상의 유연성(짧은 기동시간)을 향상시킬 수도 있다. 가스 터빈 고온 배기가스의 대부분 현열은 증기 터빈 구동을 위해 배열회수보일러(HRSG)에서 회수된다.

9.4.4.1 가스화

가스화기를 분류하면 다양한 가스화 기술들이 정도를 달리하면서 개발되어 왔으며, 이들 기술은 가스화기 종류에 따라 고정층(Fixed bed), 유동층(Fluidizied bed) 및 분류층(Entrained flow)와 같이 3가지로 분류된다. 가스화기의 사용 온도는 석탄회의 성분에 따라서 크게 달라진다.

가스화기에 따라서 비교적 낮은 온도에서 건조한 회를 제거하는 방법(비슬래그 가스화기)이나 높은 온도에서 낮은 점도의 액체로서 제거하는 방법(슬래그 가스화기)이 바람직하다. 어떤 가스화기이든 연질의 회 입자들이 공정 기기에 고착되어 가동을 중단시키지 않도록 하는 것이 대단히 중요하다.

9.4.4.2 가스정제

(1) 미정제 석탄가스의 화학적 성분

분류층 슬래그화 가스화기 출구의 주요 성분들은 CO, H_2, CO_2, H_2O이다. 얼마간의 N_2, Ar 및 소량의 CH_4도 존재한다. 미정제 석탄가스에 존재할 수 있는 기타 성분들은 표 9.1에 기술한다.

표 9.1 미정제 석탄가스의 화학적 성분

유황화합물	H_2S, COS
질소화합물	HCN, NH_3
염소화합물	HCl, NH_4Cl, 기타 MeCl
비산회/슬래그	비전환 C 및 회분
기타 성분	Pb, Hg, As, HF, $Ni(CO)_4$, $FE(CO)_5$

(2) 석탄가스 급랭

가스화기 반응기 출구에서 석탄가스의 온도는 약 1,500[℃]이며 비산회(또는 슬래그)는 액상이다. 하류 공정 기기의 오염을 방지하기 위해서, 슬래그를 급랭하여 고체화함으로써 점착성을 제거할 필요가 있다. 급랭에는 다음과 같은 4가지의 주요 대안들이 있다.

- 석탄가스 복사 냉각(Radiant Syngas Cooling)
- 물 급랭(Water Quench)
- 가스 재순환 급랭(Gas Recycle Quench)
- 화학적 급랭(Chemical Quench)

(3) 석탄가스 냉각기

고온가스를 물로 완전히 급랭하지 않았을 경우 그 온도는 대개 약 900[℃]이므로 하류의 가스 정제 공정으로 들어가기 전에 추가적인 냉각이 필요하다. 증기 발생을 위한 석탄가스 냉각기에는 다음 두 종류가 있다.

- 연관 보일러(Fire Tube Boiler)
- 수관 보일러(Water Tube Boiler)

두 종류 모두 각기 다른 발전소에서 성공적으로 운용되고 있다.

둘 가운데서 연관 보일러는 비용이 낮다. 이 설계에서 고온 미정제 석탄가스가 관 내부에서 흐르는 동안 관의 바깥쪽에서는 고압증기가 발생한다. 이는 관들이 외부압력을 받는다는 의미이다. 설계에 따라서 최대 증기압력은 100~150[bar] 범위이다. 수관 보일러는 더 높은 증기압력에서 운전될 수 있다.

(4) 입자 제거

건식 고형물 제거 시스템들은 캔들 필터를 사용하여 가스에서 비롯되는 모든 고형물들을 300~500[℃] 온도 범위에서 제거한다. 500[℃]를 넘는 온도에서는 상당량의 알칼리 화합물들이 필터를 통과할 수 있다. 300[℃] 미만에서는 필터가 염화암모늄(NH_4Cl) 침적물로 인해 막힐 수 있다. 상류에 사이클론을 설치하여 필터에 걸리는 하중을 감소시켜 파손의 위험을 줄인다. 습식 고형물 제거 시스템은 가스의 노점 이하에서 운전하는 수세정기를 이용, 가장 작은 입자들이 응축을 위한 핵으로 작용하게 하여 효율적인 운전을 보장한다. 캔들 필터를 설치한 IGCC 플랜트라도 염화물과 암모니아 같은 나머지 불순물들을 제거하기 위해서 대개 습식 세정 시스템도 추가한다.

(5) 전환(Shift)

수성가스 전환반응(단순히 전환반응이라고도 함)은 H_2를 더 많이 그리고 CO를 더 적게 생성하기 위해서 석탄가스의 화학적 성분을 바꾸는 데 이용한다.

(6) 탈황

탈황 공정은 다음가 같이 3단계로 구성된다.

- 산성가스 제거(Acid Gas Removal, AGR)
- 유황 회수장치(Sulfur Recovery Unit, SRU)
- TGT(Tail Gas Treating)

AGR 공정은 석탄가스로부터 유황을 제거한다. 오늘날의 IGCC 플랜트에서, 아래 두 선택 공정은 액체용매의 유황 흡수작용에 의존한다.

- 수성 메틸디에타놀아민(MDEA)계의 화학적 용매
- 물리적 용매에 기초하는 Selexol 공정

두 방법은 정제 석탄가스 내의 총 유황(H_2S+COS)을 20[ppmv] 미만의 수준까지 저감할 수 있다.

(7) CO_2 포집

CO_2 포집을 위해서는 탈황 석탄가스 처리에 필요한 제2 단계를 AGR 공정에 추가해야 한다. Selexol 공정의 탈거증기(stripping steam) 소요량이 MDEA 공정보다 적은 이유로 유황과 CO_2의 선택적 제거를 위해서 2단 Selexol 공정이 선호되는 듯하다.

9.4.4.3 공기 분리

IGCC 플랜트에서 산소 생성을 위해서 이용하는 상업화 기술은 극저온 공기 분리로서, 저온에서 증류법으로 구성 가스들에 포함된 공기를 분리하는 기술로 정의된다. 저온 공기분리 공정은 O_2 생산 용량 3,200[TON/일]의 단일 트레인으로 되어 있으며 신뢰도가 높은 것으로 인식된다. 기술의 주요 공급자들은 Air Products, Air Liquide, BOC Gases, Praxair, Linde 등이다.

공정의 주요 에너지 수요는 공기압축 일이다. 대개 ASU로 유입되는 공기는 약 5[bar]까지 압축된다. 산소(대개 부피로 95[%] O_2, 3.5[%] 공기 및 1.5[%] N_2)와 질소 생성물 흐름들은 약 1[bar]로 이용한다. 그러나 공정은 ASU로 공급되는 공기가 가스 터빈 출구 압력에 가까운 높은 압력에서도 운전한다. 이 때문에 가스 터빈 압축기로부터 ASU 공기의 일부 내지 전부를 공급할 수 있다. 이 경우에 ASU 생성물 흐름들은 약 5[bar]이므로 재압축 일이 줄어든다.

9.4.4.4 가스 터빈

가스 터빈은 천연가스 혹은 연료유에 맞게 설계되었지만 석탄가스 운전용으로도 공급된다. GE, Siemens, Mitsubishi, Alstom 등은 대규모 IGCC 플랜트에 적용될 수 있는 가스 터빈을 공급한다.

(1) 가스 터빈의 NOx 배출

천연가스로 운전하는 가스 터빈은 소위 건식 저 NOx(DLN, Dry Low-NOx) 연소기를 사용한다. 이 연소기에서 연료는 공기와 예혼합되어 최대 화염온도를 낮추므로 열적 NOx의 생성을 저감한다. 이들 연소기가 건식으로 지칭되는 이유는 화염온도를 낮추기 위해서(이전의 방식과는 달리) 물 혹은 증기 분사를 일절 하지 않기 때문이다. 그러나 석탄가스나 수소 혼합연료를 사용할 경우 DLN 연소기는 수소의 높은 화염전파속도 및 넓은 가연범위에 기인하는 역화의 위험 때문에 사용할 수 없다. 그러므로 NOx 제어를 위해서 희석제를 첨가하는 재래식 확산 연소기를 이용할 필요가 있다. 기존 IGCC 실증플랜트에서 사용되는 연료희석방법에는 물을 주입하여 포화증기 상태의 석탄가스를 만드는 방법과 공기분리장치에서 생산된 질소를 주입하는 방법이 있다. 이 방법으로 배기가스 중의 NOx 농도가 약 10[ppmv](15[% O_2]에서)까지 저감할 수 있음이 입증되었다.

(2) 석탄가스 연소 가스 터빈

천연가스에 비해서 부피당 발열량이 약 25[%] 밖에 안 되는 석탄가스는 (파워블록의 효율을 높게 유지하기 위해서 바람직한) 동일한 터빈 입구온도로 유지하기 위해서 유량이 대략 4배 이상이 되어야 한다. 연료의 질량유량 증가, 곧 가스 터빈을 통과하는 질량유량 증가는 터빈의 출력을 증가시킬 수 있다. NOx 제어를 목적으로 연료를 질소 또는 물로 희석할 경우, 가스 터빈 출력이 증가될 가능성은 더욱 높아진다.

그러나 검토 중인 가스 터빈 기술과 연료에 따라서 이러한 출력 증가 가능성을 전적으로 구현하기에는 아래와 같은 여러 가지 제약조건들이 있다.

- 압축기 서지
- 가스 터빈 로터 토크
- 터빈 입구 온도 및 고온부품 수명

9.4.5 IGCC 관련 개선 분야

9.4.5.1 연구개발 분야

현재의 연구개발을 통해서 IGCC 구성요소들을 개량함으로써 미래 발전소의 효율 향상과 원가 저감을 달성할 수 있는 연구 분야는 다음과 같다.

(1) 가스 터빈

최근에 개발된 H급 천연가스 터빈은 단순 사이클(가스 터빈 단독)로 운전할 때 터빈 입구온도 1,430[℃], 효율(LHV) 40[%]이며 복합사이클로 운전할 때는 효율이 60[%]에 달한다.

효율이 높은 이유는 첨단 블레이드 냉각시스템과 열차폐 코팅으로 인해 높은 터빈 입구 온도가 가능하기 때문이다. 추가적인 효율 개선은 아래와 같은 조건 이내에서 가능하다.

- 압축기 단들 사이의 중간 냉각
- 단들 내부에서의 연료 연소
- 코팅 및 고온부 재료 개선

이와 같은 비교적 첨단 가스 터빈의 경우 배기가스 온도가 더 높은 사이클을 설계할 때 는 초임계 관류(Once-Through Supercritical) HRSG가 점점 관심을 끌고 있다. 뿐만 아니라 가스 터빈 연료로 천연가스 대신에 석탄가스 혹은 수소함량이 많은 혼합기체를 사용할 때는 아래 몇 가지 사항들에 대한 특별한 검토가 필요하다.

- 연소 시스템-천연가스용 예혼합 연소 시스템을 사용하기 어렵다. 기존 IGCC에서는 질소 증기와 희석한 가스를 (연소하는 경우를 포함해서) 확산 연소기를 이용한다. 현재의 연구는 수소 과농연료(hydrogen rich fuels)를 위한 새로운 연소기의 개발에 주력하고 있다.
- 서지 및 토크 제한-석탄가스 및 수소의 부피 에너지 밀도는 천연가스에 비하여 훨씬 적으므로 연료유량이 몇 배나 더 많아야 대략 동일한 양의 연료 화학에너지를 연소기로 공급할 수 있다. 결과적으로 터빈을 통과하는 질량유량이(예를 들어서 15[%]) 더 많아진다. 이렇게 질량유량의 증가가 있을 경우, 압축기 서지(압축기의 운전 불능 상태)를 방지하기 위해서 압축기나 터빈의 개조가 필요하며, 축 토크의 기계적 한계를 초과할 수도 있다.
- 연소 온도-터빈을 통과하는 가스의 질량유량과 수분함량이 증가하면 열전달이 증가한다. 재료의 온도를 같은 수준으로 유지하기 위해서 연소 온도를 낮추거나 더욱 효과적인 냉각 시스템이나 코팅이 개발되어야 한다.

(2) 가스화기

가스화기에서 개선이 필요한 항목은 다음과 같다.

- 급탄 분사기(Feed injector) 수명연장
- 내화재 수명연장 혹은 내화 라이너 필요성 제거
- 열전대 수명연장
- 급탄 설비

- 슬래그 제거
- 2단 건식 가스화기의 개발
- 저등위탄에 적합한 가스화기

가스화기의 효율을 향상시키기 위해서 제2의 급탄분사 지점을 갖춘 건식 시스템이 바람직하다. 가스화를 두 단계로 나누는 이유는 흡열가스화 반응의 제1 단계로부터 열에너지를 이용함으로써 출구가스 온도를 낮추려는 데 있다. 이 원리는 "화학적 급랭"이라고도 하는데, 냉가스효율을 향상시키는 작용을 한다(화학 에너지의 증가와 출력 측 열에너지감소).

저등위탄에 더 적합한 가스화기 개발을 위한 시도들 가운데 플로리다주 Southern Company의 미래 285 MW Orlando IGCC 프로젝트에 사용할 KBR 수송 가스화기(Transport gasifier)가 있다. 2004년에 DOE는 이 프로젝트를 위해 235백만 달러를 투자한다고 발표하였다. 유동층 가스화기는 비교적 낮은 온도(비슬래그화)에서 운전하므로 회의 액화를 위한 에너지가 필요 없다. 그러나 유동층 가스화기는 현재로 다른 종류의 가스화기에 비해서 성공을 거두지 못하고 있다. 이들 종류의 가스화기에 관한 대부분의 경험은 산화제로 공기를 사용하는 경우로 국한된다.

(3) ITM을 이용하는 가스 분리

Air Products사와 Praxair사는 높은 온도(800~900[℃] 범위)로 운전할 때 산소이온을 선택적으로 운반하는 세라믹 재료를 기초로 이온 수송막(Ionic Transport Membrane, ITM)을 개발하기 위해 노력을 기울이고 있다. 가스 터빈 압축기 출구 공기를 ITM 으로 공급할 수 있다면 IGCC 공정으로 통합될 것이다. ITM을 응용하여 IGCC 효율을 1% 포인트 이상 향상시킬 수 있음이 연구결과들로 알려져 있다. Air Products사에 의하면 공기분리 비용을 약 30[%]만큼 절감할 수 있음을 감안하여 2009년에 최초의 상업규모의 ITM 단위장치를 건설할 계획이다.

(4) 전환반응과 CO_2 포집

발열 전환반응(수성가스 전환반응)은 연료의 발열량을 CO에서 H_2로 전환하며 탄소를 CO에서 CO_2로 전환한다. 기존의 전환 방법은 H_2S가 존재하는 가운데서 온도수준이 다른 두 단계로 전환이 진행된다. 결국 연속적인 두 단계를 거치면서 동일한 용매에 의해서 석탄가스로부터 H_2S와 CO_2가 제거된다.

CO_2 포집 프로젝트(CCP, CO_2 Capture Project)의 일환으로 흡착강화 수성가스 전환(SEWGS, Sorption Enhanced Water Gas Shift)이라는 공정의 개발이 개시되었다. 이 공정에서는 저온전환반응기가 SEWGS 시스템으로 대체되는데, SEWGS 시스템은 압력 진동

흡착기(Pressure Swing Adsorption Unit, PSAU)로 작동하며 전환촉매제와 고온(~500 [℃]) CO_2 흡착제로 채워지는 다수의 고정층 반응기로 구성된다. 흡착제의 재생은 대향류 증기퍼지에 의해서 이루어진다. SEWGS 공정의 장점은 다음과 같다.

- CO_2와 동시에 제거하기 때문에 CO의 전환율이 높다.
- 증기와 혼합된 수소가 고온에서 터빈으로 들어간다.

SEWGS 시스템은 원칙적으로 석탄 IGCC에 적용될 수 있지만 그럴 경우에는 고온 탈황과 기타 가스정제에 관한 난제 해결에 치중해야지(고온가스 정제에 관한 논의 참조) 그렇지 않으면 잠재적인 이득의 상당부분을 잃게 될 것이다. CCP(CO_2 포집 프로젝트) 결과 SEWGS 기술의 개발은 다음에 논의되는 대체 막 수성가스 전환(Membrane Water Gas Shift, MWGS) 개념보다 위험성이 적으며 더 가까운 장래에 실현 가능하다는 결론을 얻었다.

MWGS 개념은 전환반응과 CO_2 분리를 조합하기 위한 대체 방법이다. 이론상 이 공정은 전환반응을 수행하는 동시에 막을 통한 H_2 분리가 이루어진다. 이 공정은 소위 막반응기 안에서 발생하지만 연속되는 , 반응/분리의 3단계를 거치면서도 촉매제를 교체할 때 등 위험성이 적다는 것이 CCP로 얻은 결론이다. MWGS는 고온 운전에 관한 SEWGS의 장점들과 유사한 장점을 나타낸다. 스며든 수소의 재압축이 필요하다는 한가지 단점이 있다. CO_2 흐름은 대단히 높은 고압에서도 가능하지만 나머지 수소를 산화시키기 위해서 다소간의 처리가 필요할 수도 있다. 또한 MWGS 기술의 경우 석탄가스 흐름에 포함되는 유황과 기타 오염물질의 존재는 심각한 문젯거리가 될 것이다. 현재로서는 적절한 H_2/CO_2 선택성을 지닌 어떠한 황산 내성 수소막도 개발되지 못하였다.

(5) 고온가스 정제

고온가스 정제(Hot Gas Clean Up, HGCU) 공정은 수세정기와 산성가스 제거 시스템 같은 기존 공정들보다 더 높은 온도에서 미립자, 유황화합물 및 기타 오염물질을 제거한다. HGCU 개발의 추진 동기는 공정 효율의 향상(석탄가스의 열에너지를 가스 터빈으로 직접 공급하는 것이, 증기생산량을 증가시키기 위한 목적으로 사용되는 석탄가스 냉각기를 사용하는 것보다 더 효율적임), 산성수 처리 및 "블랙 머드(black mud)" 공정의 생략, 원가절감 등의 이득을 얻을 가능성에 있었다.

지금까지 상업적으로 적용 가능한 유일한 HGCU 기술은 세라믹 혹은 소결금속에 기초한 미립자 제거(캔들 필터) 기술이다. 고온탈황과 같은 기타 HGCU 공정의 경우 최근들어 관심도가 점점 떨어지고 있는데, 필요한 내마멸성을 지닌 고체 흡착제를 발견하기가 실망스러울 정도로 어려운 점이 부분적인 이유이다. 수은과 CO_2의 포집은 현재로서는 매우 어렵게 여겨지는 HGCU 기술 개발이 필요하므로 HGCU 개념의 복잡성을 가중시킨다.

(6) 첨단 발전 사이클

고체산화 연료전지(SOFC)와 같은 고온 연료전지를 IGCC 시스템과 통합하면 열효율이 높은 열역학 사이클이 된다. 연료전지는 먼저 H_2와 CO를 직접 전기 에너지로 변환하며, 이어서 부산물로 얻은 열을 가스 터빈에서 이용한다. 천연가스 연소 발전소의 경우 SOFC/GT 사이클은 CO_2를 포집하지 않을 때 약 70[%] 열효율(LHV 기준)을, 그리고 CO_2를 포집할 때 약 65[%] 열효율을 얻는다. SOFC와 석탄 IGCC를 통합하여 CO_2 포집을 않을 때 약 57[%] 열효율(LHV 기준)을, 그리고 CO_2를 포집할 때 약 50[%] 열효율을 얻을 수 있다는 한 연구보고가 있다. 연료전지 기술은 열역학적 관점에서 대단히 매력적이기는 하지만 상업화에 필요한 원가절감을 구현하기가 아직 어려운 실정이다. IGCC 응용의 경우, 연료전지를 보호하기 위해서 가스정제 공정에 대해서도 심도 있는 검토가 필요하다.

연.습.문.제

01 복합 발전의 원리 및 특징에 대하여 설명하시오.

02 열병합 발전의 특징을 전용 발전방식과 비교하여 설명하시오.

03 지역난방 방식의 장단점을 설명하시오.

04 가스 터빈 발전의 장단점을 설명하시오.

05 가스 터빈 연료계통을 간략하게 설명하시오.

06 민간용 열병합 발전 시스템에 이용되는 원동기를 들고 이들의 특징을 설명하시오.

07 석탄 가스화 복합 발전의 필요성에 대하여 설명하시오.

08 석탄 가스화 복합 발전 기술의 특징을 요약하시오

09 석탄 가스화 복합 발전의 주요 구성요소를 설명하시오.

제3편

원자력 발전

ELECTRIC ENERGY

10

원자력 발전의 개요

ELECTRIC ENERGY

10.1 원자력 발전의 원리와 화력 발전과의 비교

원자력 발전에서는 원자로 내의 핵분열로 발생하는 열을 냉각재로 노 밖에 빼내어 그 열로써 증기를 만들어 터빈을 돌린다. 따라서, 화력 발전소에 있어서의 석탄 및 기름의 역할을 우라늄, 백금 등의 분열성 물질이 대신하고 있는 것이다. 양자를 비교하면 그림 10.1과 그림 10.2와 같다. 여기서 원자력 발전소에서는 원자로의 열은 열교환기에 보내지고, 이 열을 다시 터빈 쪽의 급수에 전하여져서 이를 증기로 만든다. 열교환기를 통하는 것은 터빈 쪽에 방사능이 미치지 않게 하는 것과 원자로 내에서 증기를 만들면 원자로의 안정도의 입장에서는 좋지 못하기 때문이다.

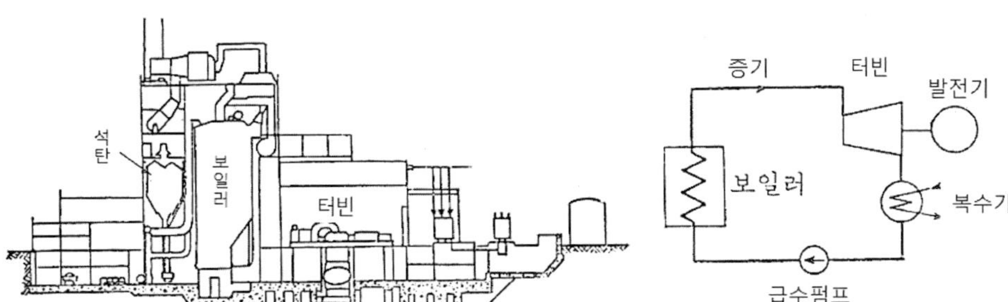

(a) 발전소 단면 (b) 계통도

그림 10.1 화력 발전소 개요도

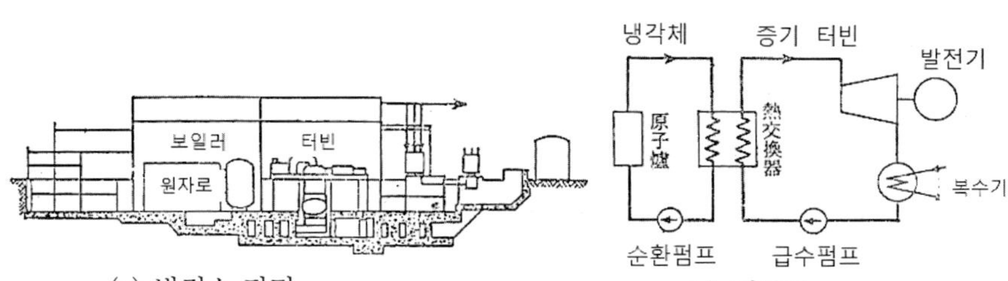

(a) 발전소 단면 (b) 계통도

그림 10.2 원자력 발전소 개요도

이처럼 증기를 만드는 데까지는 양자의 차이가 있으나 터빈 이후의 전기 설비는 양자가 동일하다. 그러나, 화력 발전에서는 고온, 고압의 증기가 사용되나, 원자력 발전의 증기는 특별히 과열 시설을 가지는 경우를 제외하고는 비교적 저온, 저압이다.

10.2 원자력 발전의 특징

(1) U^{235} 1[g]에서 1[MW/Day]라는 석탄 3[ton] 이상에 해당하는 에너지가 얻어지므로 소비연료의 중량은 적어서 연료의 수송, 저장 장소의 문제는 없다.

(2) 원자로가 폭주하면 발전소는 물론, 주위에 전부 심한 위해를 미치게 될 염려가 있으므로 이것에 대한 충분한 고려가 필요하다.

(3) 원자력 발전소에서는 연료를 소비하는 동시에 새로운 연료가 생산되는데, 노내의 U^{238}은 중성자를 흡수하여 Pu^{239}로, Th^{232}는 U^{233}으로 된다.

(4) 원자로는 물론 사용한 연료도 강한 방사능을 갖게 되며, 또한 냉각재도 방사성을 띠고 있으므로 차폐, 밀봉, 원거리 조작 등에 의하여 방사능 장애를 막을 필요가 있다.

(5) 원자력 발전에서는 전기, 기계 외에 물리, 화학, 야금 기술 등의 종합적인 기술이 필요하며, 화력 발전보다 고도한 것이 요구된다.

(6) 원자력 발전소의 발전 원가는 상당히 높으나, 장래에는 기술 및 개선에 의하여 친화력과 거의 같게 될 것이다.

10.3 원자력 발전소의 구성

구성의 세부적인 면에서는 원자로 형식에 따라 약간 다르나, 여기서는 경수형 원자력 발전소를 중심으로 설명한다.

10.3.1 원자로

원자로는 그림 10.3에서와 같이 핵연료(nuclear fuel), 감속재(moderator) 및 냉각재(coolant)로 된 원자로 노심과 핵분열의 동작을 제어하는 제어재(control material) 및 이들의 구동기구가 있어서, 이들이 탄소강재의 압력용기에 싸여 있어, 핵연료의 핵분열에 의하여 발생하는 열을 안전하게 계속하여 빼낼 수 있게 하는 장치이다.

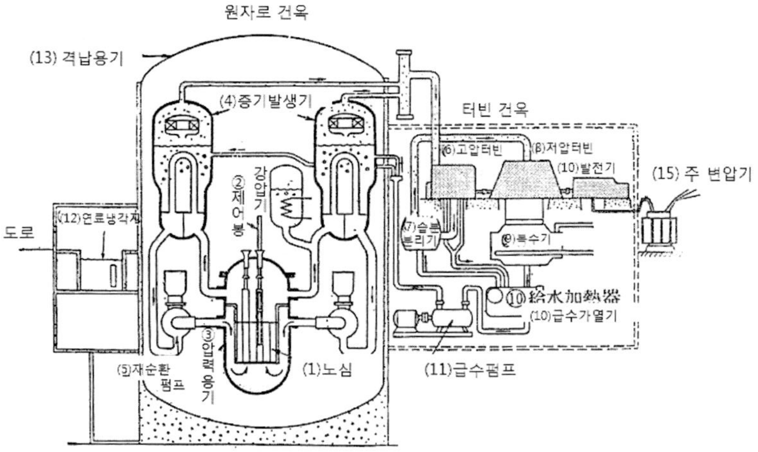

그림 10.3 원자로 구성도

10.3.2 원자로 냉각계와 증기 발생기

원자로에서 발생한 열은 냉각재에 의하여 증기 발생기에 옮겨져서 급수를 증기로 변화시킨다. 냉각재를 원자로와 증기 발생기의 사이에 순환시키기 위하여 1차 냉각 파이프 및 재순환펌프(냉각재 펌프라고도 함)가 있다. 또한 가압수형에서는 가압기에 의하여 원자로 압력을 일정하게 한다. 비등수형에서는 원자로에서 직접 증기를 발생시키므로 증기 발생기는 필요가 없다.

10.3.3 원자로 보조계

원자로 및 원자로 냉각계의 운전 및 안전 확보를 위하여 다음과 같은 보조계가 설치된다.

(1) 운전 중 원자로 냉각재를 정화하기 위한 정화계
(2) 원자로를 정지한 후의 붕괴열 제거를 위한 비상 시 노심 냉각계
(3) 냉각재 사고 시에 연료용융 및 파손 방지를 위한 긴급 시 노심 냉각계

10.3.4 터빈과 급 · 복수 설비

원자로 및 증기 발생기에서 발생한 증기는 주증기 배관, 주증기 스톱 밸브, 증기 가감 밸브를 통하여 고압 터빈에 공급된다. 고압 터빈을 나온 증기는 습기 분리기에서 습기를 분리하여 저압 터빈에 공급되고 복수기에서 복수된다.

터빈의 도중에서 증기의 일부를 추기하고, 급수 가열기에 도입되어 급수 가열을 행한다. 복수는 복수펌프를 거쳐 증기 발생기에 되돌아온다. 비등수형 원자력 발전소에서는 급수가

직접 원자로에 되돌아오기 때문에 복수의 순도를 높이기 위하여 복수탈염장치가 설치된다.

10.3.5 제어계측 설비

원자로 출력의 제어에는 제어봉을 조정하는 방법과 원자로 재순환 유량을 조정하는 방법이 있어, 이것에 대한 제어 장치가 설치된다. 또한 노 내의 핵분열의 작동에 상당하는 중성자 수나 방사능을 측정하는 핵 계장과 온도, 압력, 유량, 수위 등을 측정하는 프로세스 계장(process instrument) 등이 있고, 이것에 의하여 원자로 및 플랜트(plant)의 상태를 파악하여 만일 이상 상태가 검출되면, 원자로 정지 경보 등의 조치가 취해진다.

10.3.6 연료취급 및 저장 시설

연료요소의 치환 및 수송을 위한 설비와 원자로에서 빼낸 연료를 사용한 후 나머지 것을 수개월 동안 냉각하는 연료냉각지가 설치된다.

10.3.7 격납용기

원자로 1차계 파손사고 등의 경우, 방사능이 부지 외에 방산되는 것을 방지하기 위하여 원자로계를 둘러싼 강철제기밀내압 용기인 격납용기를 설치한다.

10.3.8 폐기물 처리 시설

원자력 발전소에서 나온 기체 및 액체 폐기물에 대하여는 감쇠, 정화 및 희석을 시켜 허용정도 이하로 된 상태에서 부지 외에 방출하고, 특히 방사능이 높은 액체 등은 증류 고화시킨다. 이를 위하여 탱크, 필터, 탈염장치 및 증발 농축장치가 설치된다. 또한 고체 폐기물에 대한 취급, 보관 시설이 설치된다.

10.3.9 방사선 관리 시설

종업원의 방사선재해를 방지하기 위해 원자로 및 이 밖의 방사선 방출원의 주위에 차폐를 설치함과 동시에 방사선의 감시 및 관리를 위한 시설이 설치된다.

10.3.10 전기 설비

터빈에 전달된 동력이 발전기로써 전기로 변환시키며, 주변압기에서 전압을 높이고 개폐소를 거쳐 송전선으로 수용지에 보낸다. 비상용 전원으로서는 디젤 발전기 및 축전지를 필요로 한다.

10.4 원자력 발전의 경제성

10.4.1 원자력 발전 원가의 구성

원자력 발전의 경제성을 논하는 경우, 화력 발전의 발전 원가와의 비교가 문제된다. 원자력 발전원가의 구성은 화력 발전과 같이 (1) 자본비, (2) 연료비, (3) 운전유지비로 나눌 수 있으며, 그 구성 비율은 원자로 형식에 따라 약간 다르나 일반적으로 약 60[%]가 자본비, 약 30[%]가 연료비인 데 반해, 화력 발전원가는 약 60[%]가 연료비, 약 30[%]가 자본비이다.

10.4.2 건설비

원자력 발전에서는 비싼 재료가 사용되고, 제작, 조립 단계에서도 엄중한 품질 관리가 요구되며, 안전 시설, 방사성 관리 시설이 필요함과 완전한 양산되어 있지 않기 때문에 현재로서는 화력 발전에 비하여 건설비가 높다. 입지 조건에서도 정지비, 기초비, 내진 설계비, 취수 설비비 등이 달라 건설 단가는 화력 발전에 비하여 3배 정도가 높다.

앞으로 (1) 대용량기의 채용, (2) 기종의 표준화에 의하여 양산, (3) 기술 진보에 따른 설계의 개선, (4) 국산화 등에 의하여 원자력 발전의 건설 단가는 점차로 낮아져서 화력 발전과 같은 정도가 될 것이 예상된다.

10.4.3 발전원가

(1) 자본비

자본비는 발전소의 건설비에 대한 경비로 금리, 상각, 고정자산세, 보험료로 형성된다. 금리는 나라에 따라 다르며, 상각비는 내용연한 및 상각 방법에 따라 다르나 대략 16~20년이다. 그리고, 원자력손해배상보험 및 재산보험 등에 들었을 경우 이것도 원가에 넣어야 한다.

(2) 연료비

원자력 발전의 경우에는 우라늄 정광을 6불화 우라늄으로 전환시켜 이것을 우라늄 235의 함유율이 높은 우라늄으로 농축한 후에 연료요소에 성형가공한다.

또한 원자력 발전에서는 전부 우라늄이 소비되는 것이 아니고, 사용연료 중에도 사용되지 않은 것이 있음과 동시에 플루토늄이라는 핵분열물질이 부산물로서 나오게 되므로, 사용 후의 것은 재처리공장에 보내져서 아직 남은 우라늄, 플루토늄을 다른 분열생성물과 분리시켜 재생 혹은 매각한다. 그러므로 연료 사이클은 전체를 함께 고려하여 연료비를 산정할 필요가 있다.

(3) 운전유수비

인건비, 수선비, 잡비, 분담 관련비, 사업세 등이 이에 포함된다. 이것은 대체로 화력 발전원가와 비슷하나 수선비는 원자로 부분의 고장이 적을 것으로 예상하여 대략 건설비의 0.5[%]로 본다.

원자력 발전원가의 장래 추세는 앞서 말한 바와 같이 건설 단가가 대략 화력 발전에 가까워지며, 또한 연료비는 성형가공 기술의 진보에 따라 가공비의 저감과 연소도의 증대에 따라 낮아질 것으로 예상된다.

연.습.문.제

01 우리나라의 원자력 발전 현황을 설명하시오.

02 화력 발전과 원자력 발전의 특징을 비교하고 장단점을 설명하시오.

03 원자력 발전의 원가 구성을 화력 발전과 비교하여 설명하시오.

11 원자로

ELECTRIC ENERGY

11.1 원자로의 구성

11.1.1 원자로의 구성요소

원자로는 우라늄, 플루토늄을 연료로 하여 핵분열의 연쇄반응을 안정하게 제어하면서 발생되는 에너지를 유효하게 빼내는 장치이다. 원자로는 핵연료, 감속재, 냉각재, 제어재, 반사재, 차폐재 등으로 구성되어 있다.

(1) 핵연료(fuel)

U^{233}, U^{235}, U^{239} 등이 있다. 중수감속로나 천연 우라늄, 가스 냉각로에서는 천연 우라늄을 연료로 사용한 것으로 중성자 흡수가 큰 경수를 감속재로 한 가압수로 및 비등수로 등에서는 필요한 핵반응을 얻을 수 없으므로, 인공적으로 U^{235} 함유율을 높인 농축 우라늄을 연료로 사용한다.

(2) 감속재(moderator)

열중성자에서는 감속재가 사용된다. 이것은 핵분열로 생긴 약 2[MeV](약 2×10^{7}[m/s]) 라는 고속중성자를 0.025[eV]의 열중성자로 감속하기 위한 것이다.

일반적으로 널리 사용되는 감속재에는 경수(H_2O), 중수(D_2O), 흑연 등이 있다.

(3) 냉각재(coolant)

냉각재에는 핵분열로 발생하는 열을 외부로 빼내기 위한 유체로 경수, 중수, 기체(CO_2He), 액체금속(Na) 등이 사용된다.

(4) 반사재(reflector)

중성자의 원자로 밖의 누설을 적게 하여 핵연료의 소요량을 감소시키기 위하여 사용된다.

(5) 제어재(control material)

연쇄반응을 제어하는 제어재는 중성자 흡수 단면적이 큰 것이 필요하며, 이러한 재료로 Cd, B, Hf 등이 있다.

11.2 원자로의 종류

원자로(atomic pile, nuclear reactor)에는 다음과 같은 종류가 있다.

11.2.1 분열에 사용된 중성자의 에너지에 따른 분류

(1) 고속 중성자로

중성자 에너지 10^5[eV] 이상

(2) 중속 중성자로

중성자 에너지 1~10^5[eV]

(3) 열중성자로

중성자 에너지 1[eV] 이하

11.2.2 구성에 따른 분류

(1) 균질로(homogeneous reactor)

연료와 감속재가 함께 혼합되어 노심을 구성하여 있는 것이다.

(2) 비균질로(heterogeous reactor)

연료와 감속재가 기하학적으로 확실히 구분되어 있는 것으로, 많은 중수와 흑연과 같은 감속재의 사이에 연료봉이 격자 상으로 배열되어 있다.

11.2.3 연료와 감속재의 종류에 따른 분류

(1) 천연 우라늄 - 중수로
(2) 천연 우라늄 - 흑연로
(3) 농축 우라늄 - 흑연로
(4) 농축 우라늄 - 경수로
(5) 농축 우라늄 - 중수로

11.2.4 목적에 따른 분류

(1) 실험용 원자로

(2) 생산용 원자로(Pu^{239} 생산용)

(3) 동력용 원자로 추진용 및 발전용

이상과 같이 분류한 것 중 외에 예외로 널리 사용되는 몇 개에 대하여 그 대략을 설명하면, 경수형원자로는 가압수로(Pressurized Water Reactor, P.W.R.)와 비등수로(Boiling Water Reactor, B.W.R.)가 있다. 이들은 모두 열중성자로이며, 경수감속, 냉각의 저농축 우라늄로가 있는데, B.W.R.은 냉각재인 경수를 원자로 내에서 끓여 발생한 증기를 터빈에 내어보내는 데 대하여, P.W.R은 냉각재인 경수의 압력을 높여 원자로 내에서 끓이지 않고 빼낸 열로서 증기 발생기에 의하여 증기로 바꾼다. 마찬가지로 열중성자로인 천연우라늄, 가스 냉각로는 천연우라늄을 연료로 하여 흑연감속, 이산화탄소 가스 냉각로이다.

11.3 원자로 이론

11.3.1 무한 매질에 있어서의 연쇄반응과 증배율

중성자를 흡수하여 핵분열을 일으키는 물질을 분열성물질이라고 말하며, 천연적으로 존재하는 천연 우라늄 중에는 0.714[%] 포함된 U^{235} 밖에 없다. U^{233}, Pu^{239}도 같은 분열성물질이나, 이들은 천연적으로 존재하지 않고 Th^{232}, U^{233}이 중성자를 흡수하여 생성되므로 2차 연료라고 부른다. 분열성물질인 U^{235} 가 핵분열에 의하여 핵분열성 생성물을 생기게 하는 동시에 새로 평균 2.5개의 중성자를 생기게 하며, 다시 이들 중성자는 약 2[MeV]의 에너지를 가진 고속 중성자가 된다.

이러한 현상을 연쇄반응(chain reaction)이라고 하며, 이 중성자는 에너지 0.025[eV]의 열중성자로 감속되어 노내를 유동하게 되는데, 이 중에 그 감속 도중이나 열중성자가 된 후에 이동하고 있는 사이에 감속재나 제어재 등에 의하여 흡수되든가, 원자로 외부로

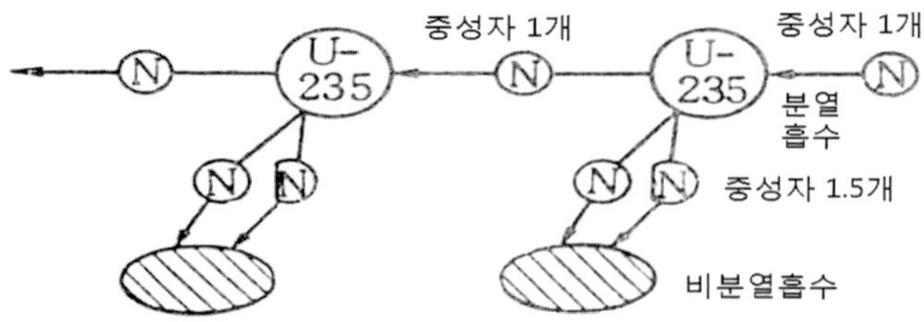

그림 11.1 연쇄반응 과정

누설된다. 또한 중성자 중에는 U^{238}에 흡수되는 것이 있는데, 이들 대부분은 핵분열을 일으키지 않는다. 그리고, U^{235}에 중성자가 흡수되는 경우에도 핵분열을 일으키는 것은 85[%] 정도이다.

이와 같은 과정을 거치면서 핵분열에 의하여 방출된 한 개의 고속 중성자가 한 과정 사이에 평균 몇 개의 중성자를 만들어내는가를 표시하는 양을 증배율(multiplication factor)k 라고 부른다. 증배율은 핵분열이 지속하는가 그렇지 아니한가를 결정하는 중요한 양으로, k=1의 경우는 원자로가 외부에서 중성자를 보급받지 않고 핵분열을 계속할 수 있게 되어, 연쇄반응을 실현할 수 있게 된다. 그래서 이러한 상태를 임계(critical) 상태라고 한다.

지금 원자로가 대단히 커서 중성자가 이곳으로부터 빠져 나가지 않는다고 생각하였을 때의 k를 k_∞ 라고 할 때, 이를 무한매질에 있어서의 증배율이라고 하며, 이 k_∞는 식 (11.1)과 같이 4개의 인자로 분해하여 생각할 수 있으므로 이를 4인자공식이라고 한다. 즉,

$$k_\infty = \varepsilon \cdot p \cdot f \cdot \eta \tag{11.1}$$

여기서, 이들 인자에 대하여 설명하기로 한다.

(1) 고속 중성자의 핵분열 ε

열중성자로에 있어서의 핵분열의 대부분은 열중성자에 의하여 일어나나, 고속 중성자 상태에서도 얼마간 핵분열이 일어난다. 이 핵분열에 의하여 중성자 수는 ε배로 불어난다.

이 핵분열은 U^{238}에 중성자가 충돌함으로써 일어나는 것으로, 고속 중성자 핵분열률(fast fission factor) ε은 1보다 그렇게 큰 값을 갖지 않고 경수로 및 천연우라늄, 가스 냉각로에서 대략 $\varepsilon = 1.05$ 정도이다.

ε이 1보다 훨씬 큰 값을 갖지 않은 이유는 U^{238}의 핵분열이 약 1[MeV] 이상의 중성자에 의하여서만이 일어난다는 점과 핵분열 중성자(약 2[MeV])는 곧 1[MeV] 이하로 감속해 버리기 때문이다.

(2) 공명 흡수되지 않을 확률 p

중성자가 열중성자에 감속되는 도중에 흡수되는 것은 대부분 U^{238}에 의한 흡수로서, 이 흡수의 방법을 공명흡수(resonance absorption)라고 부른다. 공명흡수에서는 중성자가 10[eV] 부근의 에너지를 가질 때 U^{238}에의 흡수가 급격히 증가한다.

공명흡수되지 않을 확률(resonance escape probability) p는 고속 중성자가 공명흡수되지 않고 열중성자가 된 비율로서 $p = 0.8 \sim 0.9$ 정도의 값을 갖는다. p를 크게 하기 위해서는 연료와 감속재를 균질하게 혼합한 균질계보다 보통의 동력로와 같이 연료체와 감속재를 분리시킨 비균질계가 좋다.

(3) 열중성자이용률 f

열중성자는 연료 및 감속재중을 확산한 후 결국에는 전부 흡수되어 버린다. 열중성자를 흡수하는 물질로서는 핵연료, 감속재, 제어재, 그 밖에 냉각재, 구조재 등이 있는데, 전 흡수 중 핵연료에 흡수된 비율을 열중성자이용률(thermal neutron utilization factor) f라고 한다. 즉,

$$f = \frac{\text{핵연료에 흡수된 열중성자수}}{\text{흡수된 열중성자의 총수}}$$

따라서, 균질로에서는

$$f = \frac{\Sigma_{a0}}{\Sigma_{a0} + \Sigma_{aM}} \tag{11.2}$$

여기서, Σ_{a0}, Σ_{aM} 은 각각 연료와 감속재의 흡수 단면적이다.

비균질로에서는 연료와 감속재가 연료 부분에서는 중성자 흡수가 많으므로, 중성자 속은 적어져서 f의 계산에는 이것이 고려되어야 한다. 이 밖에 연료와 감속재가 차지하는 체적도 고려해 넣으면 비균질로의 f는,

$$f = \frac{V_0 \Sigma_{a0} \Phi_0}{V_0 \Sigma_{a0} \Phi_0 + V_M \Sigma_{aM} \Phi_M} \tag{11.3}$$

여기서 Φ_0, Φ_M은 각각 연료 및 감속재 내의 평균 열중성자속이다

(4) η

η는 연료에 한 개의 중성자가 흡수되었을 때, 핵분열에 의하여 평균 몇 개의 중성자가 생기는가를 나타내는 값으로,

$$\eta = \nu \frac{\Sigma_{f0}}{\Sigma_{a0}} \tag{11.4}$$

여기서, Σ_{f0}는 연료의 핵분열 단면적이고, ν는 1회의 핵분열에서 방출된 중성자수로서 U^{235}의 경우에는 약 2.5이다.

산화우라늄의 경우에는 UO_2의 산소의 흡수는 무시할 수 있으므로,

$$\eta = \nu \cdot \frac{N_{235} \times \sigma_{f^{235}}}{N_{235}\sigma_{a^{235}} + N_{238}\sigma_{a^{238}}} \tag{11.5}$$

σ는 중성자속도의 분포를 고려한 평균적인 단면적이다. 이상으로 핵분열에서 한 개의 중성자가 발생하면 고속 중성자의 분열로 ε개 불어나고, U^{238}에의 공명흡수에 의하여 εp개의 열중성자가 생긴다. 그중 εpf개의 중성자는 핵연료에 흡수되고, 핵분열에 의하여 새로운 고속 중성자가 $\varepsilon pf\eta$개가 생기게 되는 것이다. 농축 우라늄로의 예에 있어서는 $k_\infty = 1.35$ 정도로 되며, 천연우라늄로에서는 $k_\infty < 1.10$이 보통이다.

그런데, 원자로의 무한용적이란 있을 수 없으며, 따라서 중성자의 누설은 표면적에 관계되고, 중성자의 생성은 체적에 관계되므로 원자로에서는 임계용적(critical volume)을 생각하지 않을 수 없다. 임계용적이란 원자로의 표면적과 용적의 비가 너무 커서 중성자의 생성량보다 누설량이 많게 되는 임계점을 말한다. 따라서, 이 임계용적보다 적은 경우에는 연쇄반응은 일어나지 않는다.

예제 11.1

${}_{92}U^{235}$ 1[g]이 핵분열 함으로서 발생하는 에너지는 6,000[kcal/kg] 발열량의 석탄 몇 [t]에 해당하는가?

풀이

${}_{92}U^{235}$ 1[g]이 발생하는 에너지는 약 $1,961\times10^4$[kcal]이므로 석탄량 Tc는,

$$Tc = \frac{1,965\times10^4}{6,000} \fallingdotseq 3.276[\mathrm{kg}] \fallingdotseq 3.3[\mathrm{t}]$$

예제 11.2

출력 100만[kW]의 발전소가 이용율 70[%]로 운전할 경우 연간 소요될 연료의 소비량을 석유와 원자력을 비교하시오.

풀이

연간 발전량 W는

$W = 100\times10^4\times365\times24\times0.7 = 613\times10^7[\mathrm{kWh}]$

$1\mathrm{kWh} = 860[\mathrm{kcal}]$

열량 $H = 613\times10^7\times860 = 5.27\times10^{12}[\mathrm{kcal}]$

① 석유화력

발열량 9,700[kcal/l], 열효율 40[%]라 하면

$Q=(5.27\times10^{12}/9.7\times0.4\times10^3)\times10^{-4}\times10^{-3}=140$[만 kl/연]

② 원자력

원자력에서는 중유 발전소의 원료의 50,000분의 1 정도이므로

Q=140[만 kl/연]/50,000=28[kl/연]

11.3.2 실효증배율과 임계방정식

(1) 실효증배율

노심의 외주 부근에서의 산란에 의하여 밖으로 향하던 중성자는 다시 노심에 되돌아오지 않고 노심 밖으로 튀어나간다. 따라서, 유한한 원자로에서는 중성자의 누설을 고려하여 실효증배율 k_{eff}를 사용하여야 한다.

중성자의 누설은 보통 열중성자가 된 후의 누설과 감속 도중에서의 고속 중성자의 누설로 나누어 생각하여,

$$k_{eff} = k_{\infty} P_f \cdot P_{th} \tag{11.6}$$

로 표시한다. 여기서 P_f는 고속 중성자의 누설 확률, P_{th}는 열중성자의 누설확률이다. P_f, P_{th}를 이론적으로 유도한 결과 다음과 같다. 즉,

$$P_f = \frac{1}{1+B_g^2 L_s^2} \tag{11.7}$$

$$P_{th} = \frac{1}{1+B_g^2 L^2} \tag{11.8}$$

여기서, $B_g^2[\mathrm{cm}^{-2}]$는 원자로의 크기에 따라 정하여지는 기하학적 배클링(geometric backling)이라 불리어지는 것으로서, 여러 가지 형태에 따라 달라진다.

식 (11.8)을 설명하면 P_{th}는 확산거리 L이 커지면 작아진다. L이 크다는 것은 열중성자가 흡수될 때까지 이동하는 거리가 큼을 의미하고, 이 때 중성자의 노심밖의 누설 확률은 커진다. 또한 B_g^2이 작아지면 P_{th}는 커지는데, B_g^2이 작아진다는 것은 R 및 H, 즉 노심이 커지는 경우로, 이 때에는 상대적으로 L 이 작아지는 것과 같은 효과를 갖게 되므로 누설이 적어진다.

(2) 임계방정식

식 (11.6)에 식(11.7), (11.8)을 대입하여 $B_g^2 L_s^2 \cdot B_g^2 L^2 \ll 1$의 관계를 써서,

$$k_{eff} = \frac{k_{\infty}}{1+B_g^2(L^2+L_s^2)} = \frac{k_{\infty}}{1+B_g^2 M^2} \tag{11.9}$$

여기서 $L^2+L_s^2=M^2$이라고 놓으면 M^2을 이동면적이라고 한다. M은 고속 중성자가 발생하여 열중성자로 되어 흡수될 때까지 이동하는 직선거리의 평균치이다. 원자로가

임계에 있으면, $k_{eff} = 1$로서

$$1 = \frac{k_{\infty}}{1 + B_g^2 M^2} \tag{11.10}$$

로 되어, 이 식을 임계방정식이라고 한다. 원자로의 구성 재료에 의하여 정하여지는 k_{∞}와 M^2이 주어지면 식 (11.10)을 만족하는 B_g^2, 즉 임계가 되기 위한 원자로의 크기가 정하여진다.

임계방정식은 식 (11.10)을 변형하면

$$\frac{k_{\infty - 1}}{M^2} = B_g^2 \tag{11.11}$$

으로 된다. 이 식의 왼쪽은 보통 재료 배클링(material backling)이라 하여 B_m^2 으로 표시한다. 즉,

$$B_m^2 = (k_{\infty} - 1)/M^2 \tag{11.12}$$

이상으로 알 수 있는 바와 같이 임계 상태에서는 기하학적 배클링 B_g^2과 재료 배클링 B_m^2 은 같게 된다.

11.3.3 확산방정식과 중성자속 분포

(1) 확산방정식

중성자의 감속에 열중성자가 발생하여 이 열중성자가 흡수 혹은 누설에 의하여 없어진다. 따라서, 열중성자에 대하여 원자로 내의 임의의 점 또는 원자로 전체에 대하여 다음과 같은 식이 성립된다.

[누설] + [흡수] = [발생]

이 중성자의 평형을 유지하기 위하여는 중성자속이 원자로 내는 어디에나 같아져야 되는 것이 아니고, 보통은 노심 중심부가 크고 주변이 작아진다. 그리하여 위와 같은 관계에 대응하는 수식은 무한평판의 경우 다음과 같이 된다.

$$[-D\frac{d^2 \varnothing}{dx^2}] + [\sum a \varnothing] = [k_{\infty} \sum a \varnothing] \tag{11.13}$$

여기서 D[cm]는 확산계수이고, 확산거리 L^2을 쓰면 $D=\sum aL^2$ 으로 표시된다. 식 (11.13)을 확산방정식이라고 부르며, 원자로의 중성자속 분포나 중성자의 이동 상태를 조사하는 데 사용된다.

(2) 중성자속 분포

확산방정식을 써서 노내의 중성자속 분포를 구할 수 있는데, 주의할 것은 이 분포가 노심전체에 걸친 중성자속 분포라는 것이다. 이 경우 연료와 감속재를 균질하게 혼합하였다고 보면, 국부적인 분포는 고려하지 않는다.

식 (11.13)은 무한평판의 경우에 확산방정식을 나타내나, 실제의 대부분 원자로에서는 원통형 원자로를 쓰며, 이때의 확산방정식은 좀더 복잡하게 된다. 결과적으로 원통형 원자로 내의 중성자속 분포는,

$$\Phi(z\times r)=Asin(\frac{\pi}{H}z)\times J_0(\frac{2.405}{R}r) \tag{11.14}$$

여기서 H는 노심의 높이, R은 노심의 반경이다. A는 임의의 정수이고, $J_0(2.405r/R)$는 Bessel 함수이다. 식 (11.14)에서 아는 바와 같이 원통형 원자로의 중성자속은 종방향으로 정현 분포, 반경방향으로는 Bessel형 분포가 된다. 그런데, 지금까지는 반사체가 없는 원자로를 가정하였으나 실제의 원자로는 노심 바깥쪽에 반사체가 있다. 반사체가 있을 때에는 중성자속은 $z=H$ 및 r=R에서 0이 되지 않고 등가적으로 $z=H+\delta_R$에서 0이 된다. 즉, 노심이 δ_H,δ_R만큼 커진 것 과 같은 결과를 얻는다. δ는 반사체절약이라고 불리며, 그 크기의 대략적인 값은

$$\delta=(\frac{D_e}{D_r})L_r \tag{11.15}$$

여기서, D_e와 D_r은 노심부 및 반사체의 확산계수이며, L_r은 반사체의 확산거리이다.

11.4 원자로의 동특성

지금까지는 중성자속, 따라서 원자로 출력이 일정한 경우에 대하여 검토하였으나, 여기서는 제어봉을 움직여서 실효증배율을 변화시켰을 때 중성자속이 시간적으로 어떻게 변동하는가에 대하여 살펴보기로 하자.

11.4.1 즉발 중성자를 고려한 경우

처음은 분열 중성자가 전부 즉발 중성자라고 가정하여 설명하고, 그 다음에 실제의 원자로에서 존재하는 지발 중성자(promt neutron)의 효과를 고려한 경우에 대하여 검토한다.

중상자의 1세대의 평균수명 $l[s]$라 하고 실효증배율을 k_{eff}라고 하면, 1[sec]마다 중성자속 Φ의 증가는 $\dfrac{\Phi(k_{eff}-1)}{l}$로 되고, 중성자속의 시간적 변화는

$$\frac{d\Phi}{dt}=\frac{\Phi(k_{eff}-1)}{l} \tag{11.16}$$

$t=0$일 때 $\Phi=\Phi_0$라 하면 Φ는

$$\Phi=\Phi_0 e^{\frac{k_{ex}}{l}t}=\Phi_0 e^{\frac{t}{T}} \tag{11.17}$$

여기서, $k_{ex}=k_{eff}-1$이며, 이를 과잉증배율(excess multiplication factor)라 하며, $T=\dfrac{l}{k_{ex}}$은 중성자속이 e배로 되는 데 요하는 시간으로 원자로주기라고 한다. 원자로주기 T는 원자로의 운전상 중요한 의미를 갖고 있으며, 예를 들면 T가 극히 짧은 상태에서 기동하는 것은 위험하다.

고속 중성자가 감속될 때까지의 감속시간은 열중성자가 된 후부터 흡수될 때까지의 확산시간에 비하여 무시되므로, 평균수명 l은 열중성자가 흡수될 때 까지 주행하는 평균거리, 즉 흡수의 평균자유 행정 $\lambda_a=1/\sum a$을 중성자의 속도로 나눈 값으로, 즉

$$l=1/\left(v\sum a\right) \tag{11.18}$$

예를 들면, $l=1\times10^{-3}[\text{sec}]$로 $k_{ex}=0.002$이면 T=0.5[sec]가 되며, 식 (11.17)에서 중성자속은 1[sec]후에 벌써 8.6배 만큼 불어난다.

11.4.2 지발 중성자를 고려하는 경우

위에서 계산한 것과 같이 중성자가 급격히 증가해 버리면 원자로의 제어는 전혀 할 수 없게 된다. 그러나, 실제에서는 핵분열 시 지발 중성자 존재하여 그 증가를 완화시킨다.

지발 중성자는 일부의 핵분열 생성물이 β붕괴한 직후에 방출되는 것으로, 예를 들면 반감기55[sec]의 Br^{87}도 그러한 분열 생성물(이를 선행핵이라고 함)의 하나라고 생각하고 있다. 따라서, 지발 중성자의 방출은 핵분열 후의 시간경과와 함께 선행핵이 갖는 반감기로서 감소한다.

표 11.1 U^{235} 지발 중성자 그룹

그룹	반감기 T_i[sec]	평균수명 τ_i[sec]	수량
1	55.72	80.6	0.00021
2	22.72	32.8	0.00140
3	6.22	9.0	0.00125
4	2.30	3.32	0.00252
5	0.61	0.89	0.00074
6	0.23	0.33	0.00027

위의 Br^{87}을 함유하는 지발 중성자는 6조로 나눌 수 있으며, 표 11.1에 각각의 반감기 및 평균수명을 표시한다. 여기서 평균수명이라는 것은 방출수가 $\frac{1}{e}$로 감소할 때까지의 시간이다. 그러나, 지금 이들을 근사적인 1조의 지발 중성자로 보고 지발 중성자의 수량을 $\beta = 0.0064$로 평균수명τ을 약 13[sec]로 한다.

지금 k_{eff}대신 반응도 ρ는 다음과 같은 양을 도입한다. 즉,

$$\rho = \frac{k_{eff} - 1}{k_{eff}} = \frac{k_{ex}}{k_{eff}} \tag{11.19}$$

임계 상태의 원자로의 중성자속의 시간적 변화를 식으로 나타내면, 반응도가 작은 경우,

$$\Phi = \Phi_0 \left[\frac{\beta}{\beta - \rho} e^{\frac{\rho t}{(\beta - \rho)\tau}} - \frac{\rho}{\beta - \rho} e^{-\frac{(\beta - \rho)}{l} t} \right] \tag{11.20}$$

이 되며, 예로서 $\rho = 0.002, l = 2 \times 10^{-3}$[sec]라 하면,

$$\Phi = \Phi_0 [1.45 e^{0.035t} - 0.45 e^{-2.2t}]$$

이를 그림으로 나타내면 그림 11.2와 같이 된다.

중성자속은 제1항과 제2항의 차로서, 제2항은 곧 0에 가까워지므로 그 후는 제1항만이 고려되므로 원자로 주기 T는,

$$T = \tau(\beta - \rho)/\rho \tag{11.21}$$

와 같이 된다. 위의 예에서

$$T = 1/0.035 \fallingdotseq 29[\text{sec}]$$

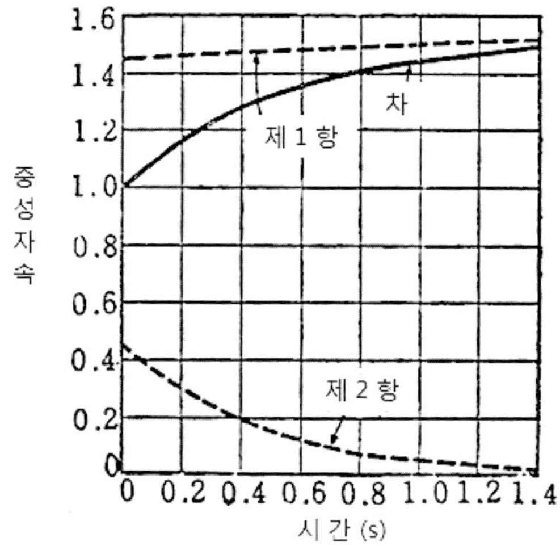

그림 11.2 중성자속의 시간적 변화

로 되며, 즉발 중성자만의 경우는 0.5[sec]에 비하여 훨씬 길어진다. 다음에 $\rho > \beta$인 때에는 즉발 중성자만으로도 임계 이상이 되며, 중성자속의 증가는 급격하게 된다. 이와 같이 $\rho > \beta$의 경우를 즉발임계(promt critical)라고 부른다. ρ가 β보다 훨씬 클 때에는 $T = l/k_{ex}$로 되어 즉발 중성자만의 경우에 가까워진다.

예제 11.3

어느 원자로에서 한 개의 열중성자가 92U235에 충돌 될 때마다 발생하는 고속중성자의 평균수가 1.32, 고속 중성자의 핵분열 효과가 1.025, 고속중성자가 열중성자로 되는 과정에서 공명을 벗어나는 확률이 0.892, 열중성자의 이용률이 0.897이었다. 이 원자로에서 중성자의 누출이 전혀 없다고 하면 중성자의 증배율은 얼마로 되겠는가?

풀이

누출이 전혀 없는 원자로의 중성자 증배율은 무한대 원자로의 증배율과 같다고 볼 수 있다.
즉 $k_\infty = \eta\varepsilon\rho\zeta$인데 제의에 따라
η=1.32, ε=1.025, ρ=0.982, ζ=0.897을 위 식에 대입하면
$k_\infty = 1.32 \times 1.025 \times 0.982 \times 0.897 = 1.083$로 계산된다.

11.4.3 원자로 설계상 고려해야 할 요인

(1) 과잉반응도

한 예로서 실효증배율 $k_{eff}=1.33$을 반응도로 표시하면,

$$\rho=\frac{k_{eff}-1}{k_{eff}}=\frac{1.33-1}{1.33}\fallingdotseq 0.25$$

제어재를 노심에서 빼어버린 상태의 반응도를 과잉반응도라고 하는데, 위 예에서는 0.25이다. 그런데 원자로가 임계 상태를 유지하려면 ρ=0이 된다. 그러나 실제 원자로에서 얼마간 큰 과잉반응도를 가질 필요가 있다. 그 이유는 원자로가 열출력을 가지면서 운전 중 계속하여 핵분열물질이 연소하고 반응도 또한 감소하고 있기 때문이다. 그리고 핵분열 생성물 중에는 Xe 및 Sm과 같은 중성자흡수 단면적이 대단히 큰 원소가 함유되어 이들이 반응도를 감소시킨다. 이러한 현상을 Xe, Sm의 독작용이라고 한다. 각 상태의 과잉 반응도는 제어재에 의하여 제어되는데, 연소와 동시에 과잉반응도가 감소하면 제어봉을 거기에 따라 빼어낸다.

(2) 반응도계수

원자로의 제어에서 중요한 사항으로 반응도계수라는 것이 있다. 이는 감속재 온도계수, 도플러계수, 보이드계수 등이 있다. 감속재 온도계수는 감속재 온도가 1° 변화할 때의 반응도변화로 표시된다. 도플러계수는 연료 온도가 1° 변화할 때의 반응도 변화로서, 그 계수는 항상 −(부)의 값이 된다. 따라서 원자로가 어떤 원인으로 급격히 출력을 증가시키더라도 출력증가→연료온도상승→반응도감소→출력감소와 같은 효과를 가져 원자로를 안전하게 제어하게 된다.

(3) 설계제한조건

안전한 원자로를 만들기 위하여서는 얼마간의 제한 조건이 있다. 핵적 설계면으로는 (1) 충분한 정지 여유, (2) 적절한 반응도계수를 가져야 한다.

정지여유라는 것은 노심이 가지는 과잉반응도를 제어재에 의하여 억제할 수 있는 능력을 말하며, 제어봉을 삽입하든지 감속재 또는 냉각재 중에 붕소(B)를 용해시킨 붕소 농도를 적절한 값으로 하여 중성자속을 변화시켜 어떠한 상태에 있어서도 원자로를 임계미만(sub-critical), 즉$k_{eff}<1$이 되도록 설계하지 않으면 안 된다.

반응도계수에 대하여 PWR에서는 감속재온도계수가 부(−)의 값, 또는 정(+)의 값이더라도 충분히 적은 값을 취하며, 또 BWR에서 보이드계수를 부(−)로 설계하는 등 필요한 안전성과 제어성을 갖도록 하는 것이 중요하다.

연.습.문.제

01 원자로의 구성요소를 설명하시오.

02 우라늄 핵분열에 관한 중요사항을 설명하시오.

03 원자로의 4인자 공식을 설명하시오.

04 원자로 설계상 고려하여야 할 요인에 대하여 설명하시오.

05 1[MWD]는 몇 [kWh]인가? 다음 1[MWD]의 에너지를 얻기 위해서는 ${}_{92}U^{235}$를 몇 [g]를 필요로 하겠는가? 또 이때 발생된 에너지는 5,500[kcal/kg]의 발열량을 갖는 석탄 몇 [t]에 해당하는가? 단, ${}_{92}U^{235}$의 원자핵 1개가 핵분열하면 200[MeV]의 에너지가 방출된다고 한다.

12
원자로 구성 재료

ELECTRIC ENERGY

12.1 원자로 연료에 요구되는 성질

앞에서 설명한 바와 같이 원자로는 연료, 감속재, 반사재, 제어재, 냉각재, 차폐제, 구조재 등으로 되어 있는데, 이들 재료에 특히 요구되는 성질은 다음과 같다.

열중성자에 사용되는 재료로서 가장 중요한 성질은 열중성자에 대한 기동이다. 열중성자 흡수면적은 원소에 따라 상당히 달라서1[mm barn]에서 수만[barn]의 것이 있다.

고속 중성자로에서는 재료에 의한 중성자 흡수 면적 차가 작으나, 방사성 손상이 중요한 문제로 된다. 감속재 및 반사재에 대해서는 열중성자 흡수면적은 작으나 중성자에 대한 감속능이 큰 것이 필요하다.

중성자의 흡수에 대한 원자로 재료는 특히 방사선에 대한 내성이 요구된다.

물질에 방사선이 조사되면 그 구조가 변하고, 따라서 그 성질이 변화한다.

원자로 내의 방사선은 주로 중성자선과 감마선인데, 금속 재료에서의 방사선 손상은 중성자선만을 고려하면 되나, 비금속 재료에서는 감마선에 의한 영향도 생각하여야 한다.

원자로재료의 부식이 문제가 되는 것은 주로 감속재와 냉각재 및 피복재와 구조재 사이인데, 부식생성물에 의한 유도방사능의 생성 및 열전도율의 저하, 혹은 활동부분의 교착 및 마모 등이 문제된다.

12.2 핵연료

12.2.1 자원

우라늄은 화학적으로 활발한 원소이므로, 천연금속으로는 산출되지 않고 산화물, 인산물, 유산물, 바나딘 산염, 비산염, 규산염, 회산염으로 된 많은 광물로서 산출된다.

우라늄의 지구상 분포는 지각 중에 평균 존재량은 0.0004[per]이다. 그러나 우라늄 광상의 분포는 편재하여 있어 캐나다, 남아프리카, 미국이 주산출국이다, U_3O_8의 파운드당

10[$] 이하의 매장량은 약 83만[s-Ton]이다.

토륨[Th]의 지각 중의 평균 존재량은 약 0.0012[per]로서 토륨 광물은 일반적으로 물에 녹지 않으므로 2차 광물을 형성하지 않고, 또한 그 광물의 종류도 U보다 적다. 현재 토륨자원의 양은 산화토륨(ThO_2)로 50만[s-Ton]이며, 그 반은 인도의 사광상 중에 있다.

12.2.2 연료 사이클

원자로에서 우라늄 연료를 연소시키면 U^{235}는 에너지와 핵분열하여 에너지와 핵분열 생성물 및 중성자가 생기고, 이 중성자가 핵분열연쇄반응을 하게 하면서 핵원료물질인 U^{238}에 흡수되고, 새로이 핵분열성 물질인 PU^{239} 등 플로토늄 동위원소를 만든다. U^{235}는 U^{235} 우라늄 중에 약 0.7[per]밖에 함유되지 아니하고 나머지 약 99.3[%]는 핵분열성이 아닌 U^{238}이나, U^{235}에서는 U^{235}를 인공적으로 0.7[%] 이상으로 한 연료로서 사용할 수 있게 한다. 이것을 농축 우라늄이라 한다.

원자로의 연료로서 사용된 것은 핵분열 생성물의 축적과 U^{235}의 소모에 따라 활성을 잃게 되며, 여기서 적당한 시기에 원자로에서 연료를 인출하여 새로운 연료와 교환하여야 할 것이다. 연료 교환 시 인출한 연료 중에 생긴 Pu를 추출하고, 아직 남아 있는 U^{235}를 회수하기 위하여 화학적 처리를 해서 핵분열 생성물과 이들의 유효 물질을 분리시킨다. 이를 연료 재처리라고 부른다.

재처리에 의하여 연료를 다시 이용하는 것을 연료 사이클이라고 하며, 그 과정이 사이클로 되어 있는데 화석연료에서는 보지 못하는 현상이다. 농축 우라늄의 연료 사이클을 그림 12.1에 보인다.

금속 우라늄연료의 경우나 산화물 연료의 경우도 원광석을 채광한 후 산에 의한 침출, 조제련의 공정을 거쳐, 이를 다시 정제하여 연료 소재를 만든다. 농축 우라늄의 경우는 6불화 우라늄의 형태로 농축을 하므로 이를 위한 전환 조작이 첨가된다.

산화물연료의 경우, 현재 널리 사용되고 있는 것은 UO_2 분말을 소결하여 고밀도의 패렛을 만들어 이를 피복관에 채워서 연료요소로 한다.

우라늄의 정재련 과정을 좀더 자세히 설명하면 정광을 산에 녹여 용매추출 및 이온 교환에 의하여 $UO_2(NO_3)_2$ 혹은 UO_2Cl_2 형태의 정제 용액을 얻어 이것으로써 UF_4로 전환시킨다. UF_4금속 U의 제조원료로, 또는 농축용 제조 원료로 쓰인다.

U 금속을 만들기 위하여서는 UF_4를 Mg 및 Ca에 의하여 환원시켜 직공 주조하여 잉곳를 만든다. U 농축은 기체상의 U화합물로서 UF_6을 사용하여 $U^{235}F_6$와 $U^{238}F_6$의 분자량의 차에 의하여 이들 기체가 다공질의 격막 중을 통과하는 속도가 다른 것을 이용하여 농축을 행한다.

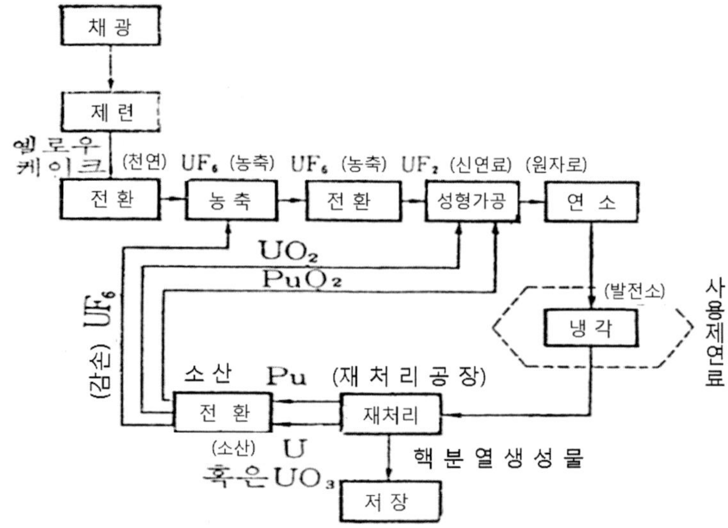

그림 12.1 농축우라늄의 연료 사이클

UO_2 분말은 세라믹 연료로서 사용되는 것인데, 농축 U 연료로서 이용된다. UF_6의 형태로 농축을 하여 이를 암모니아수 중에서 가수 분해시켜, 다시 중우라늄산 암모니아로 전환시키고 이를 구워 UO_2 분말로 만든다.

원자로에 사용하는 연료는 우라늄 금속, 우라늄 합금 및 산화우라늄을 피복재로 싸서 사용하는데, 이는 연료와 냉각재가 직접 닿으면 부식 및 연료 중에 생성 축적된 핵분열성 물질의 일부가 냉각재 속으로 옮겨가는 것을 방지하기 위한 것이다.

피복재로서 가져야 할 성질은 중성자를 될 수 있는 대로 흡수하지 않아야 할 것은 물론 원자로의 사용 온도보다 훨씬 높은 온도의 융점을 가진 것이어야 한다. 또한 열전도도가 크고 열팽창률이 연료와 거의 같아야 하며, 연료 및 냉각재와 화학반응을 하지 않는 것이어야 한다. 이러한 것으로는 Al, Mg, Mg합금, 스테인레스 강, Zr합금 등이 있다.

12.2.3 연료의 특성

현재 원자로는 거의 U^{235}를 연료로 사용하도록 설계되어 있다.

U는 원자 번호 92의 원소로, 동위 원소로서의 질량수는 234, 235, 238의 3종류가 있고, 점유비는 각각 0.005[%], 0.712[%], 99.28[%]이다.

순수한 괴상의 U는 은백색의 광택이 있는 금속으로, 공기 중에서는 곧 산화물의 막이 생긴다.

금속 U는 비중이 약 19이며 융점은 약 1130[℃]이나, 상온과 융점 사이에는 3가지의 다른 결정계가 있어 α상, β상, γ상이라고 하며, 상 사이의 변태점 온도는 $\alpha \leftrightarrows \beta$는 665[℃], $\beta \leftrightarrows \gamma$는 775[℃]이다. α상은 심한 이방성을 가지고 있으며, 결정 방향에 따라 열팽창 계수가 각각 다르다. α와 β상 사이의 변태점에서는 금속 U는 큰 용적 변화를 나타내어 연료의 사용 최고 온도에 제한을 준다.

금속 U의 강도가 낮고, 내식성이 나쁘며, 또 방사선 조사 및 열 사이클에 인한 변형을 방지하기 위하여 Zr, Mo, Nb 등을 첨가 원소로 한 고용체 또는 Al과의 금속 간의 화합물이 Al 금속 중에 분산된 상태의 분산화 합금이 개발되었다.

한편으로는 고온 강도가 우수하고, 열팽창이 적고, 내식성 및 열, 방사선에 대한 안전성이 우수한 세라믹연료의 개발이 이루어졌는데, 현재 원자로 연료로 이용되는 세라믹은 주로 UO_2형 산화물이다.

12.3 연료 외의 재료

12.3.1 감속재

감속재(moderator)로서 가져야 할 성질은,

① 중성자 흡수 면적이 좁을 것.

② 원자량이 적은 원소이어야 할 것.

③ 감속능 및 감속비가 클 것.

등으로 실제 사용되고 있는 것은 경수, 중수, 흑연 등이다.

(1) 경수

수소는 약간 중성자 흡수 단면적이 높으나 양호한 감속 물질이다. 단, 이를 기체로서 사용하면 밀도가 너무 적어 불가능하며, 산화물인 물의 형태로 사용된다. 이는 값이 싸고 냉각재를 겸할 수 있는 잇점이 있다.

(2) 중수

중수소는 1회의 충돌에서는 중성자 에너지의 감속도는 수소보다 작으나 열중성자의 흡수 단면적이 대단히 작다. 따라서, 중수는 훨씬 높은 감속율을 갖는 우수한 감속재이다.

중수를 감속재로 사용하면 원자로 연료로서는 천연 우라늄을 사용할 수 있게 되는데, 동일한 조건에서의 흑연을 사용한 경우보다 원자로의 크기가 작아진다. 순수한 중수

(D_2O)의 융점은 3.82[℃], 비점은 101.42[℃]이다. 이것은 경수 중에 약 0.015[%]가 포함되고 있는데 이를 농축하여 얻는다. 현재 이용되고 있는 농축방법은 두 개의 온도에서 수소와 중수소의 교환 반응의 평형정수의 차를 이용하는 2중 온도교환법이다.

(3) 금속 베릴륨(Be)

베릴륨은 감속재로서도 반사재로서도 대단히 우수하나 제조비가 높고 가공관성이 적은 것이 결점이다. 산화 베릴륨은 금속 베릴륨보다 약간 개선된 감속재이다.

(4) 흑연(graphite)

흑연은 원자로용으로는 순도가 높은 것이 요구되고 그 성능은 중수나 베릴륨보다 떨어지나 감속재로서 널리 사용된다. 기계적 성질이 좋고 열에 대하여도 안정하나, 고온에서는 공기 중의 산소 및 수증기와 반응하며 또한 냉각재로서 사용되는 CO_2와 반응하여 CO가 되므로 그 양이 줄어든다.

흑연은 중성자 조사에 의하여 흑연 원자가 정규의 위치에서 내쫓겨 결정체의 층과 층 사이에 들어가므로 한쪽 방향으로 수축하는 성질이 있다. 또한 이 중성자 조사에 따라 에너지가 축적되어 그 양은 중성자 조사가 증가함과 동시에 증가하고, 조사 온도가 높아지면 감소한다. 이를 Wigner 효과라고 한다.

(5) 유기화합물

감속 물질로서 수소나 탄소도 우수한 감속재이나, 이들 원소로 된 탄화수소도 우수한 감속재가 될 가능성이 충분히 있다. 일반적으로 유기화합물인 탄화수소도 무기화합물에 비하여 고온에 있어서의 안정성은 떨어지며 방사선 조사에 의하여 중합하는 결점은 있으나, 벤젠 고리는 열과 방사선에 대하여 비교적 안정하며, 그 유도체인 폴리페닐류는 그 실용도가 주목된다.

12.3.2 냉각재

냉각재(coolant)로서 필요한 요건은,

① 중성자 흡수가 적을 것
② 열전도성이 우수하고 비열이 높은 것
③ 밀도 및 점도가 낮아 펌프 동력이 적을 것
④ 융점이 낮을 것
⑤ 비점이 높을 것

등이다. 이러한 각각의 성질 외에 비열과 밀도의 곱은 일정한 양의 열을 인출하는데 필요한 냉각재의 용적에도 관계가 있으며, 핵적, 화학적, 열적 성질도 중요한 사항이다. 즉, 사용 온도에서 분해되지 않아야 하고, 화학적으로는 불활성이어서 다른 물질과 반응을 하지 않아야 한다.

(1) 물

경수 및 중수는 감속재와 냉각재를 겸하여 널리 사용된다. 이들은 비열이 크고 열전도성도 비교적 좋고, 점도도 비교적 낮아서 냉각재로서 적당하다. 중수는 값이 비싼 것이 결점이나, 경수는 얻기가 쉬워 값도 싸다.

결점으로는 비점이 낮아 고압을 걸어서 사용해야 하므로 노의 구조상 내압성이 요구되고 방사선에 의하여 수소와 산소로 분해되기 쉽다. 그리고, 고온에서 부식성이 크고, 물의 산소 원자핵과 고속 중성자 간에서 생기는 N^{16}, N^{17}의 방사능에 대한 문제를 고려해야 하는 점이다.

(2) 가스 냉각재

열적, 방사성, 안전성, 취급이 쉬움, 안전성의 견지에서는 공기, He, CO_2 등이 널리 사용된다.

공기는 열전도성이 좋지 못하고, 공기 중 산소에 의한 부식 및 순화시키기 위한 큰 동력이 필요하므로 출력의 밀도가 큰 것에는 불리하다.

He은 중성자 흡수가 거의 없고, 불활성이며, 방사선 및 열에 대한 안정성과 열전도성이 우수하나 값이 비싸고 누설되기 쉬우므로 사용에 불리하다.

CO_2는 안정성과 취득이 쉬운 점으로, 코울타르형 원자로 이래 흑연가스 감속재의 냉각제로서 잘 이용한다.

(3) 액체금속

액체금속은 열전도성이 높고 증기압이 낮은 것과 중량, 용량비열이 크며, 열과 방사선에 안정하다. Na, Bi 등 융점과 열중성자 흡수 단면적의 점에서 보면 대단히 유망한 냉각재이며, 특히 고속 중성자에서는 감속을 시킬 필요가 없으므로 원자량이 큰 물질이 요구되는 점에서 그 개발이 진행되고 있다. 다만 취급이 불편하고 부식성이 있는 것이 결점이다.

(4) 유기화합물

탄화수소는 물과 같이 양호한 감속재이며, 비점이 높고 증기압이 낮으며, 냉각재와 겸용할 수 있다.

12.3.3 반사재(reflector)

원자로에서 핵분열되어 발생한 중성자를 산란에 의하여 노내로 되돌려 보내어 중성자를 유효하게 경제적으로 이용할 수 있게 하는 목적으로 사용된다. 반사재는 감속재와 같은 성질이 요구되므로 열중성자로에서는 같은 재료가 사용된다.

반사재로서 첫째로 필요한 것은 중성자 산란이므로 스테인레스강, 동 등 감속재로서는 부적당한 재료라도 고속 중성자에서는 이용된다.

12.3.4 제어재(control materials)

원자로에서 일어나는 연쇄반응을 조절하기 위한 목적으로 중성자를 흡수하기 쉬운 물질이 사용되며, 제어재로서 요구되는 성질은

① 중성자 흡수 단면적이 클 것
② 높은 중성자속 중에서 장시간 그 효과를 간직할 것
③ 열과 방사선에 대하여 안정할 것
④ 작동의 신속을 위하여 질량이 크지 않아야 하고, 내식성이 크고 기계적 가공이 쉬어야 할 것

비교적 열중성자 흡수 단면적이 큰 원소로는 Cd(2400[barn]), B(750[barn]), Hf(115[barn]), Ir(440[barn]), Hg(380[barn])과 그 밖에 희토류 원소가 있다. 그러나, Cd, B가 가장 많이 사용되는데, 이 밖에 Ag는 단체로서 중성자 흡수가 적으나 합금성이 우수하므로 Cd, In과 섞어서 된 합금(In 15[%], Cd 5[%])이 필요한 중성자 흡수, 내식성, 가공성, 내방사선성에 우수하다.

12.3.5 차폐재(shield materials)

핵분열에 생긴 α, β, γ선, 중성자선 및 핵분열파편선 중 α, β선과 핵분열 파편선은 하전입자로서, 물질과의 상호 작용에 의하여 곧 정지한다.

한편으로 중성자선 및 γ선은 물질과의 상호 작용이 약해서 물질을 투과하기 쉽다. 이들 중 중성자선은 중성자가 전하를 갖지 않았으므로 물질과의 상호 작용이 적어서 에너지의 손실이 적으나, 투과 중의 물질이 핵과 충돌하여 산란을 되풀이함으로써 에너지를 잃게 되므로 중성자 속도가 늦어지면 물질 중의 원자핵에 흡수되어 버린다. 그러므로, 차폐의 견지에서는 중성자 속도를 늦게 하는 것이 좋으며, 빠른 중성자는 가벼운 원자와 충동하여 서서히 에너지를 잃게 된다.

이렇게 감속된 중성자가 물질에 흡수되면 일반적으로 γ선을 방출하는데, 이 포획 γ선의 에너지는 흡수된 물질에 따라 다르나, 보통 높아서 주의를 하여야 한다.

γ선은 전자파로서 중성자선과 같이 전하가 없으나, 이것은 광전효과, 콤프턴효과, 쌍전자생성의 과정을 거쳐 흡수, 산란된다. 광전효과(photoelectric effect)는 물질의 핵외전자에 γ선이 충돌되어 에너지가 전부 흡수되고, 흡수한 전자가 원자 밖으로 튀어나가는 형상으로 γ에너지가 약할 때에 잘 일어난다.

γ선의 에너지가 좀 커지면 물질의 핵외전자와 상호 작용하여 일부 에너지를 전자에 주어 튀어나가게 하면, 자기의 에너지가 줄어들어 파장이 길어지고 스스로 산란하게 하는데, 이를 콤프턴효과(compton effect)라 한다. γ선 에너지가 이보다 더 커져서 1.02[MeV] 이상이 되면 원자 내의 핵의 전자장과 작용하여 음전자(negative electron)와 양전자(positron가) 한 쌍이 되어 Υ선은 소멸방사(annihilation radiation)가 된다. 이를 쌍전자 생성(pair production)이라고 한다.

그러므로, 차폐재로서 가져야 할 성질은,

① 감속비가 커야 하고

② 중성자 흡수 면적이 넓어야 하고

③ 구조적으로 강해야 하며, 방사성 손상에 대하여 강해야 하고

④ 중성자선 차폐체로서는 수소 등의 가벼운 원소를 포함하는 물질로서, 포획Υ선을 많이 내지 않는 것이라야 한다.

γ선의 강도를 줄이는 효과는 H_2O, C, 콘크리트, Al, 중정석 콘크리트, 철, 연, W 등의 순서로 크며, 특히 콘크리트는 일반적으로 차폐체로서 널리 사용된다. 이것은 견고하여 구조재로서 경제적이며 시공상의 융통성도 겸하고 있다. 모래, 자갈을 사용한 보통 콘크리트는 밀도가 2.3~2.4[g/cm^3]으로 물을 시멘트 중량의 약 10[%] 포함하고 있으므로, 빠른 중성자의 감속에도 유효한 물질이다. 콘크리트는 중성자선 및 γ선에 대하여 좋은 차폐재이나, 동일한 차폐 효과를 갖기 위하여서는 연이나 철에 비하여 두께가 커지므로 철 등을 혼합하여 밀도를 높여 다량층 구조물로 하여 사용된다.

12.3.6 구조재(structural materials)

원자로를 구성하는 연료, 감속재, 냉각재, 제어재를 수용하는 용기와 연료를 고정하고, 제어재를 원활하게 작동하도록 하는 구조재가 있다. 후자는 연료연료피복재(fuel cladding materials) 등으로 앞에서 설명했거니와, 이들이 가져야 할 성질은,

① 중성자 흡수 면적이 충분히 작아야 하고

② 내열응력 및 내식성이 우수하여야 한다.

③ 특히 방사선 조사에 의한 내식성의 변화가 없어야 하며,

④ 유도방사능(induced radioactivity)을 억제하기 위하여 CO, Ta 등의 불순요소의 함유량이 극히 적어야 한다.

원자로 압력용기의 구조재로서는 방사선 조사에 의하여 인장량도 및 체적이 증가하여 액성천이 온도(Nil-Ductile Transition Tempertature, NDTT), 금속의 온도를 말함)가 상승하여 재료의 액성화를 일으키는데, 오스테이나이트계 스테인레스강에서는 이러한 현상은 일어나지 않는다.

그러나, 이것은 값이 비싸므로 현재 원자로의 압력용기 재료로서는 Mn-Mo-Ni() (A-212B, A-302B, A-533 등)을 모제로 하고, 내면에는 오오스테나이트계 스테인레스강을 약 4~6[mm] 용접하여 입힌 것이 사용된다. A-212B 등은 450[° F] 이하에서는 상당히 NDTT가 상승하나, 그 이상의 온도에서는 다소의 완냉효과에 의하여 그 증가가 체감한다.

연.습.문.제

01 원자로 농축우라늄 핵연료 사이클에 대하여 설명하시오.

02 핵연료 특성에 대하여 설명하시오.

03 감속재가 갖추어야 할 성질 및 실제 사용하는 감속재를 비교 설명하시오.

04 냉각재가 가져야 할 필요 조건 및 냉각재를 비교 설명하시오.

05 원자로 제어재로서 요구하는 성질을 설명하시오.

13 원자로의 안전과 방사선

ELECTRIC ENERGY

13.1 원자로의 안전성

원자력 발전소는 종래의 발전소 설비와는 다른 위험성을 내포하고 있다. 특히 원자로에는 운전에 따른 많은 양의 방사능을 갖는 분열성 물질이 축적되어 있어, 어떤 사고에 의하여 밖으로 방사되어 나아가면 일반 주민에게 방사능의 피해를 입히기 쉽다. 따라서, 원자로에는 예상되는 사고와 이에 따른 피해의 정도를 실험 측정치와 이를 근거로 한 이론적 해석에 의하여 이를 추정하여 위험을 예방하는 대책이 절대적으로 필요하다.

13.1.1 내장된 방사능

원자력 발전소에서 원자로 내에의 핵분열 시 중성자, α, β, γ선 등의 방사선이 방출된다. 그러나, 이것은 핵분열과 함께 곧 방출되는 것과 핵분열 생성물에 의하여 천천히 방출되는 것이 있어서, 원자로 내에 축적되어 원자로를 정지한 후에도 상당량의 방사능이 노내에 내장되어 서서히 감소하는데, 그 비율은 Wigner Way의 식에 의하면,

$$\text{방사능의 강도} = 1.16P[T^{-0.2} - (T + T_1)^{-0.2}] \times 10^7[\text{curie}]$$

여기서 T_1은 운전시간[sec], T는 원자로 정지 후의 시간[sec], P는 원자로 열출력[MW]이다. 여기서 1×10^7[curie]의 방사능은 약 라듐 10[ton]분에 해당한다. 분열생성물 중 인체에 대한 영향이 큰 것은 에너지 큰 γ선을 내는 Xe, Kr 등의 희가스이고, 체내에 흡수되어 갑상선에 집중 흡수되는 I 및 근육과 뼈 등에 집중으로 축적되는 Cs, Sr 등이 있다.

13.1.2 붕괴열

원자로는 정지한 후에도 상당히 긴 시간 동안 핵분열에 의하여 생긴 분열생성물의 방사선붕괴로 인하여 열의 발생을 계속한다. 이를 붕괴열(decay heat)이라 하며, 이는 다음과 같은 식으로 표시된다. 즉,

$$붕괴열 = 0.0622P[T^{-0.2} - (T + T_1) - 0.2][MW]$$

이다. 따라서, 원자로를 정지시킨 후에도 붕괴열을 제거하여 연료가 녹는 것을 방지하기 위하여 정지시 냉각계를 가지든가, 또는 냉각재의 자연 대류에 의하여 냉각되도록 설계하든가 하는 대책이 필요하다.

13.1.3 원자로의 핵적 일탈

원자로의 핵적 일탈은 제어봉이 노심에서 갑자기 빠지든가 하여 노내의 여분의 반응도가 급속히 증가될 때 일어나는데, 급격한 출력상승으로 연료요소가 파괴된다. 이때, 그 과정은 출력상승이 과도하여 연료 피복으로부터의 열제거가 불충분하게 됨으로써 연료 피복의 온도가 올라가서 파손되든가, 연료 중의 출력상승에 따라 연료 내부가 부분적으로 녹아서 이가 있어서 출력상승에 따른 부반응도 효과에 의하여 출력상승이 자동적으로 억제된다. 이 특성을 원자로의 고유 안정성이라고 한다. 따라서, 이렇게 하여 방출된 에너지는 그렇게 크지는 않다.

13.1.4 화학반응

핵적 일탈이나 노심의 냉각 능력 부족에 따른 사고에 의하여 노심의 온도가 과도하게 올라가면 노심 구조재와 냉각재 사이에 급격한 화학반응이 생겨 다시 노심 온도를 올리게 되어 마침내 연료를 녹이게 될 가능성이 있다.

이들을 대표적인 것만을 들면 다음과 같다.

(1) 지르코늄(zirconium)수 반응

최근 경수로에서는 지르코늄 합금이 사용되는데, 정상 운전 온도에서는 이것이 냉각수와 반응할 우려는 없다. 그러나, 1,000[℃] 이상으로 온도가 올라가면 다음과 같은 화학반응에 의하여 물이나 증기와 반응하여 1,560[cal/g(Zr)]의 반응열과 수소가 발생한다. 즉,

$$Zr+2H_2O=ZrO_2+2H_2+1500[cal/g(Zr)]$$

또한, 이 반응속도는 온도가 높을수록 빨라서

$$W = [33.3 \times 10^6 t \cdot \exp(-\frac{45500}{RT})]^{\frac{1}{2}}$$

여기서, W : 단위 면적당 지르코늄 반응량[mg/cm^2],
t : 시간[s], R : 기체정수(1,987[cal/mol° K]), T : 절대 온도[°K]

이 반응이 일어나면 연료 피복의 온도가 다시 상승하여 반응이 점차 더 진척되는 악순환을 되풀이하며, 또한 이 반응에 의하여 생긴 수소가 산소와 일정한 비율로 혼합되면 폭발적으로 반응할 가능성이 있다.

이러한 사고로 발생한 H_2 가스와 산소가 혼합하여, 폭발해서 격납용기를 파손할 가능성을 제거하기 위하여서는 격납용기 내에 N_2 가스로 채우는 경우가 있다.

(2) 흑연공기반응

흑연감속, 이산화탄소 냉각형 원자로에서는 1차계 관로가 파손되는 것과 같은 냉각재 상실 사고가 일어나면 이산화탄소가 일부의 공기와 대체되어 흑연 공기반응에 의하여 흑연의 온다가 올라가고, 따라서 연료피복 온도가 올라간다. 이 반응의 발생열량 및 반응속도는 다음과 같은 식으로 표시되는데, 반응속도는 흑연속도가 400[℃]까지는 적고, 600[℃] 이상 되면 급증한다.

$$C+O_2=CO_2+8100[cal/g(C)]$$

$$Q= K \cdot t \cdot \exp\left(-\frac{40000}{RT}\right)$$

여기서, Q : 흑연 단위 질량당 반응량[mg/g],
K : 흑연의 중성자 조사량에 따라 정하여지는 정수이다.

13.2 방사선 보호

원자력의 개발은 동시에 지금까지 취급하여 경험한 방사능의 몇천 배가 되는 방사능을 취급하여야 함을 뜻하며, 방사능으로부터 인간을 어떻게 확실하게 보호할 수 있는가가 중요한 문제로 되어 있으며, 이러한 새로운 문제를 계통적으로 종합적으로 해결하기 위하여 보건물리(health physics)라는 새로운 분야가 생겼다.

방사능이 생물에 미치는 영향은 여러 가지가 있으나, 이러한 영향에는 방사선량이 어느 양까지 달하지 않으면 장해를 가져오지 않는 것과 미량의 방사선량으로도 영향을 미치는 것이 있다.

방사선이 발견되기 훨씬 이전부터 인류는 우주선 및 자연에 존재하는 방사선 물질에 의하여 방사선은 피폭 되어져 왔으나, 그 피해는 불명료하다. 그리하여, 원자력의 평화적인 이용은 필수적인 데 반하여 부과적인 방사선에의 위험도 피할 수 없게 되었다. 그렇지만, 이 위험이 원자력 이용에 의한 이익과 비교하여 볼 때, 방사선 이외의 위험 요소와 비교하여 그 위험을 인정하여 줄 수 있는 정도까지 방사선 피폭량을 허용하여 주어야 할 것이다. ICRP(International Commission in Radiological Protection)는 원자력 이용에 따른 이러한 방사선 피폭의 제한량을 검토하여 그 값을 권고하고 있다.

방사선 보호의 입장에서 보면 방사선 물질 중을 통과하는 거리, 즉 비정이 긴 것, 즉 γ선 및 빠른 중성자가 문제가 되나 일단 체내에 들어가면 물질 중의 단일 길이를 달리는 사이에 잃게 되는 에너지(Line Energy, LET)가 큰 방사선, 즉 α입자, 속중성자 등의 영향이 β 입자 및 γ선에 비하여 비교적 크다.

13.2.1 방사선의 영향

생물은 수많은 종류의 세포로 되어 있는데, 세포가 방사선을 받으면 방사선의 에너지를 흡수하여 세포의 기능의 정지, 억제 및 염색체의 절단 구조 변화를 일으키거나, 방사선으로 말미암아 화학적 변화를 매개로 하여 손상을 받는 경우가 있다.

인간의 방사성 장해는 일반적으로 신체적 장애와 유전적 장애가 있으며, 신체적 장애에는 조기 효과와 만발 효과가 있다. 그러나, 이러한 영향도 동일선량의 피폭일지라도

① 그 피폭이 신체의 전체인지, 부분인지, 그 부위가 어딘지에 따라 다르며
② 급성피폭인지, 만성피폭인지에 따라 다르다.
③ 또한 태아인지, 아이들인지, 어른인지에 따라 다르며,
④ 건강 상태의 양부 또는 개인차에 따라 다르다.

일반적으로 방사선의 반응이 높은 부위는 조혈장기[골수, 임파선이는 혈액의 변화, 즉 백혈구, 적혈구의 감소로 백혈병]와 생식선(생식능력 저하)이며, 다음으로는 피부[피부염, 암]와 눈의 수정체[백내장] 등이다.

급성피폭에 의한 만발 효과는 피폭 후 임상증상이 나타날 때까지 장기간이 요하는데, 백혈병, 갑상선 악성 종양, 골종상이 발생한다. 그 발생 확률은 1[rad]의 피폭에 대하여 매년 10^{-6}정도이다.

13.2.2 방사선 보호의 기본원리

방사선 보호에 대하여서는 먼저 방사성의 특이성을 알아두어야 한다. 즉,

① 방사선은 오감으로는 느끼지 못한다. 그러므로, 간접적인 수단을 써서 검출한다.
② 방사능은 인위적으로 소멸시킬 수 없다. 각각 방사성물질의 고유의 방사성 붕괴에 따라 시간적 감쇠를 기다려야 한다.
③ 질량적으로는 적으나 강력한 방사선을 가지는 경우가 많다.

④ 공기, 물 등 우리들이 접촉하기 쉬운 물질의 방사성 물질에 의한 허용오염도는 극히 적다.

⑤ 한 번 방사성 물질이 체내에 들어가면 신체 조직에 정착하여, 자연 배설을 기다리는 외의 강제 배설은 일반적으로 어렵다.

⑥ 방사선 장해는 만발성과 유전성이 있어서 그 원인을 파악하기 힘들다.

방사선의 피폭에는 체내에 습취한 방사성 물질에서 받는 내부 피폭과 체외에 있는 방사성원에서 신체 외부를 통하여 받는 외부 피폭이 있는데, 이를 방호하기 위하여서는 다음과 같은 3개의 기본 원칙을 지켜야 한다.

(1) 거리

방사선 원과의 거리를 될 수 있는 대로 크게 하고, 거리의 제곱에 역비례하여 감쇠하는 방사선의 감쇠를 잴 것

(2) 차폐

방사선 원과의 사이에 차폐물을 놓고 차폐물에 의한 방사선의 감쇠를 잴 것

(3) 시간

방사선을 받는 시간을 될수록 짧게 할 것

다음에 내부피폭의 방호는 방사성 물질을 체내에 넣지 않는 것이 첫째 요건이다. 그 경로는 입으로부터 소화기관을 통하여, 호흡기관을 통하여 신체의 표면 특히 상처를 입은 곳을 통하여 직접 체내로 들어가는 3가지를 생각할 수 있다. 이때의 방호 대책으로는 방사성 물질이 직접 접촉하지 않아야 하므로 작업 시에는 장갑, 구두, 특별한 의복을 착용해야 한다.

13.2.3 허용선량

ICRP에 의하면 방사선 보호의 기본 목적은 방사선에 의한 급성 효과를 방지하고, 만발성의 위험을 허용하는 수준에 제한치를 두어서 그 제한 방사선량을 원자력 이용에서 얻어지는 이익과 이에 따른 피폭의 위험을 충분히 고려한 후에 설정하여야 한다. 또한 피폭이 발전소 근무와 같이 직업상의 경우에는 높은 안전 수준에 있는 대부분의 다른 산업 및 과학에 관한 직업에서 용인되는 것 이상의 위험을 가져와서는 안 된다.

14
발전용 원자로

ELECTRIC ENERGY

14.1 가압수형 원자로

14.1.1 개요

가압수형 원자로(Pressurized Water Reactor, PWR)는 저농축 우라늄을 연료로 하고 경수를 감속재 및 냉각재로 사용한 원자로로서, 원자로의 압력용기(pressure vessel) 안에서의 압력은 약 2,000[psi](140[kg/cm^2])로서 경수의 비등을 억제하고 있다. 이와 같이 높은 압력을 가함으로써 경수의 포화 온도를 높이고 증기 조건을 좋게 함으로써 발전소 전체의 효율을 높이려는 것이다.

원자력 발전소의 건설을 계획할 때에는 반드시 안전성, 신뢰성, 경제성 및 운전과 보수 등의 문제를 고려하여야 하는데, 최근에는 PWR의 공급자로서 Westinghaus사, Babcock & Wilcocks사 및 Combustion engineering사가 서로 그 개발을 경쟁하고 있는 것을 보면, PWR이 다른 것에 비하여 앞서 말한 조건을 가장 만족시키고 있음을 말하고 있다.

PWR을 발전소에서 사용한 시초는 1957년 12월에 운전을 개한 Shippingport 원자력 발전소의 60[MWe]로서, 이것은 1953년에 군사용으로 핵잠수함용으로 개발이 시작된 후 많은 경험에 입각한 것이다. 그러나, 이 발전소는 상업용 목적으로 건설된 것이 아니고, 운전, 노물리, 핵연료 기술 등의 기술적 가능성을 검토하기 위한 시험용원자로(prototype)라고 할 수 있고, 1961년 1월에 완성된 Yankee 원자력 발전소(200MWe)는 어느 정도 경제성을 보기 위한 상업용의 것이라 할 수 있다.

미국에서는 안정성과 경제성의 확립으로 1970년 이후 운전 개시되는 출력 700[MWe] 이상의 발전소의 대부분은 PWR형 및 BWR형으로서, 이 두 원자로형이 고속증식로가 개발 및 실용화될 때까지 원자력 발전은 주류를 이루게 될 것이다.

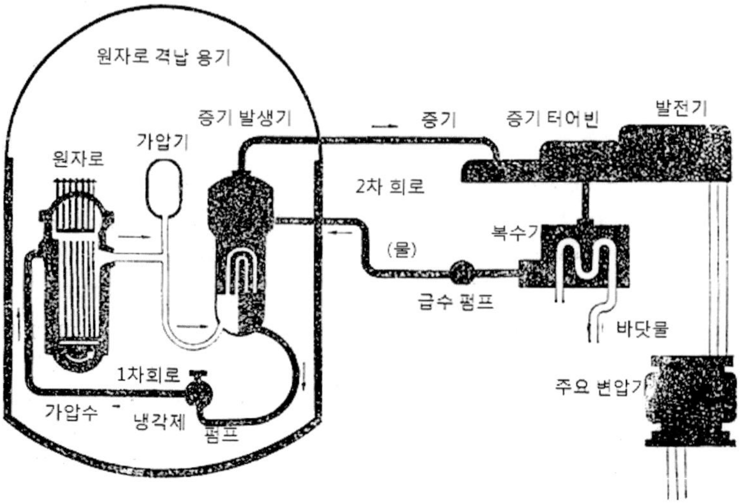

그림 14.1 PWR 발전소 계통도

14.1.2 PWR형 발전용 원자로의 원리

PWR형 발전소의 계통계는 그림 14.1에서 보는 바와 같이 연료는 저농축우라늄, 감속재 및 냉각재는 경수(H_2O)로 되어 있어, 노심에서 발생한 열을 효과적으로 빼내기 위하여 노심 출구 부근에서는 다소 국부비 등을 허용하나, 증기중량비 7[%](체적율 32[%]) 이하로 억제함과 동시에 냉각제를 고온(약 320[℃])으로 하기 위하여 약 160[kg/cm^2]로 가압하고 있다.

이 고온수가 증기 발생기에서 2차 측에 증기를 발생시켜 터빈 발전기를 회전시키게 된다. 방사능을 갖는 1차계와 이를 갖지 않는 터빈계가 분리되어있어 여러 가지의 잇점과 운전 특성이 안정되어 있다.

PWR형 발전소에서는 증기 발생기, 냉각펌프로 된 냉각 회로의 수를 표준화하여 출력이 큰 발전소에서는 이 회로의 수를 증가시키거나 가압기는 원자로 하나에 대하여 한 대 밖에 없다.

14.1.3 원자로의 구조와 설계

원자로는 그림 14.2와 같이 원자로 용기와 그 안에 들어 있는 노심, 노내 구조물, 제어봉 클라스터(control rod cluster) 및 이것의 구동장치로 되어 있다.

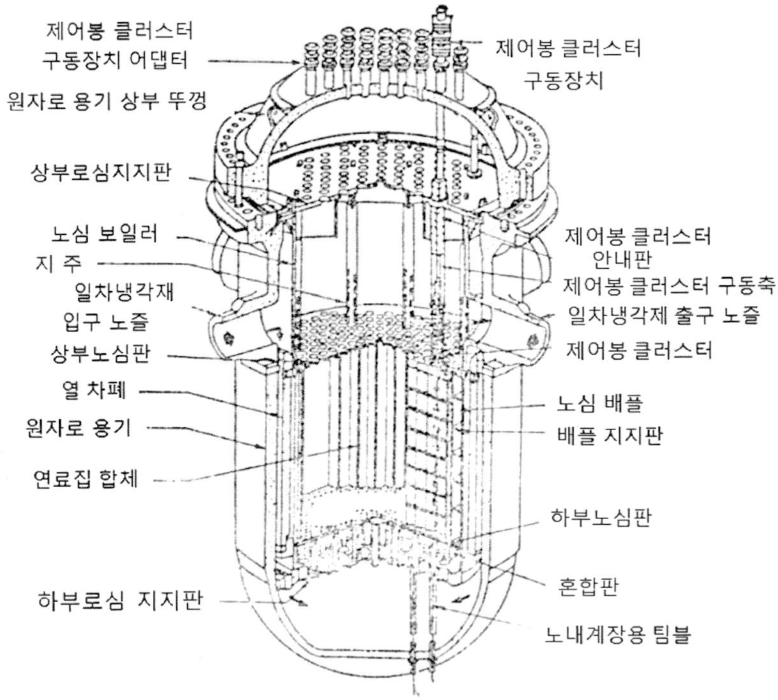

그림 14.2 원자로 용기 내 구조도

노심는 연료집합체군이 상, 하부 노심판 및 배플(baffle)로 고정되어진 부분으로 전체적으로는 거의 원주형으로 되어 있다. 원자로 용기의 냉각재 출입구 노즐(outlet nozzle) 및 저압주입 노즐(inlet nozzle)은 노심 상부보다 훨씬 위에 놓여 있어 노심은 항상 냉각재 중에 놓이도록 설계되어 있다. 원자로용기 상부의 노즐로부터 들어가는 1차 냉각재는 노심 바렐(core barrel) 구조물과 원자로 용기 간에 원환부를 거쳐 아래쪽으로 흘러 원자로 용기 저부에서 위쪽으로 방향을 바꿔, 혼합판(flow mixer plate)을 통해 균일 유량분포로 노심 하부로 들어간다. 연료요소의 핵분열에 의한 열을 흡수하여 고온이 된 1차 냉각재는 원자로 상부의 노즐에서 증기 발생기에 보내어진다.

지금 원자로의 구성요소와 작용을 좀 더 자세히 설명하면 다음과 같다.

(1) 연료요소 및 연료 집합체

PWR의 대표적인 연료요소(fuel element)는 외경이 약 11[mm], 두께가 약 0.6[mm]의 지르칼로이(zircaloy, Zr의 합금) 피복관에 직경이 약 9[mm], 길이가 약 15[mm]의 저농축 우라늄 패렛트를 소요 수만큼 봉입하여 그 위쪽에 열절연을 넣고 양단을 용접한 것으로, 출력 300[MWe] 급에서는 약 3[m] 길이의 것을, 500[MWe]급 이상에서는 약 3.7[m]

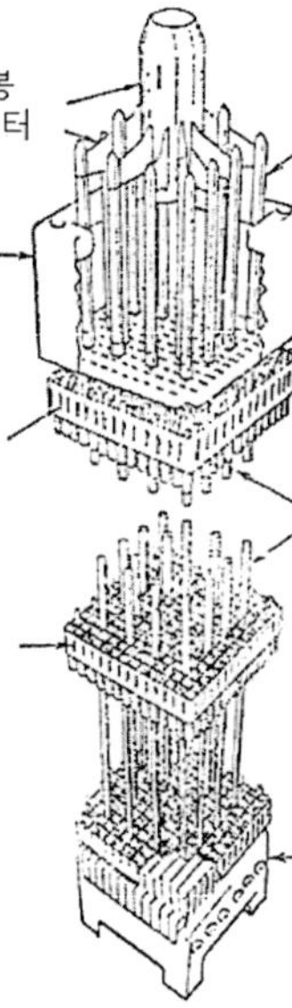

그림 14.3 연료 집합체 및 제어봉

길이의 것이 사용된다. 12[%] 과출력의 패렛트 중심부의 최고 온도는 약 2,180[℃]로 최소 한계 열유속비는 1.3이다. 이러한 연료요소의 집합체인 연료집합체(fuel assembly)는 그림 14.3과 같이 16봉(출력 800[MWe] 이상에서는 20봉)의 스테인레스제강의 제어봉 클라스터 안내관(control rod cluster guide sheaths)과 하부 노즐 및 6개의 인코드 제지지격자(grid assembly)를 소정 간격으로 용접하여 연료 집합체의 골격을 형성하여 연료요소를 삽입시켜서 상부 노즐을 가져다 붙인 것이다.

연료 집합체는 격판이 없어 1차 냉각재의 혼합을 좋게 하며, 또 지지격자에 스프링을 붙여 연료요소의 진동 및 회전을 방지하고, 축 방향의 팽창을 허용하므로 연료요소가 구부러지는 것을 막는다.

(2) 노심의 설계

이제까지의 발전 원가의 설비비분을 저하시키기 위하여서는 노심의 출력 밀도를 상승시키고, 연료비분을 저하시키기 위하여는 노심의 연소 수명이 오래가도록 힘써 왔다. 이를 위하여 새로운 기술을 노의 설계에 응용하게 되는데, 이를 구체적으로 설명하면 다음과 같다.

① 노심의 설계법

여기에는 다역노심(multi-zone core)방식, RCC 제어(rod cluster control)방식 및 화학체적 제어(chemical shim control)방식 등의 새로운 기술에 입각하여 노심의 출력 밀도를 상승시키도록 노심을 설계하는 것으로, 이들은 모두 노심의 장기적인 반응도의 변화에 대응하는 필요한 조치인 것이다.

먼저 다역노심방식은 노심을 대략 같은 수의 동심원상의 연료 집합체를 갖는 여러 영역(보통 3 영역으로 나눔)으로 나누어, 초장하연료의 경우 농축도를 변화시켜 외통 부분에는 농축도가 높은 연료 집합체를 장치한다. 연료 교환 때에는 중심 영역의 연료를 먼저 끄집어 내고 밖의 두 영역의 연료를 중심 방향으로 이동시키고, 외주에 새 연료를 채우는 3 영역 체크보드식 3 사이클 방식(3 zone check boad-3 cycle system)이 채용된다. 이렇게 하면 노심의 출력 분포가 평탄하게 되어 출력 밀도가 높아지고, 연료 평균연소도도 높아지며, 따라서 연료비가 저하된다. PWR의 연료 교환 기간은 연료에 따라 다르나 대략 1년 이상이다.

② RCC 제어방식 및 화학체적 제어방식

반응도 제어는 제어봉 클라스터 및 1차 냉각수 중의 중성자 흡수제인 붕소의 농도 조정으로 행하여진다. 제어봉 클라스터는,

㉮ 노의 정지

㉯ 고온 영출력으로부터 전출력 간의 1차 냉각재 평균 농도의 변화에 따른 반응도 변화

㉰ 반응 출력계에 따른 반응도 변화

등을 제어하고, 붕소 농도 조정으로서는

㉮ 상온 정지 상태로부터 고온 영출력 상태까지의 1차 냉각재의 온도 변화에 의한 반응도변화

㉯ 핵분열 생성물인 Xe, Sm의 변화에 따른 반응도 변화

㉰ 핵분열성 물질의 연소와 Xe, Sm 이외의 수명이 긴 핵분열 생성물의 추적에 따른 반응도 손실

등을 제어한다. 후자는 제어봉만을 사용했을 때보다 연료 연소도를 크게 잡을 수 있다.

③ 노심의 열수력설계

노심의 열수력학적 기준으로서는 정상 운전 중의 최대 열 유속이 한계열유속(Departure from Necleate Boiling, DNB)에까지 가지 않게 하여야 하며, 12[%] 과출력에서의 과도 상태에서도 최소 DNB비가 1.3 이하가 되지 않도록 하여야 한다. 또한, 산화우라늄 연료의 중심 최고 온도는 설계 과도 운전 상태에서도 그 용융점을 넘지 않도록 한다.

14.1.4 원자로의 제어

(1) 제어방식

PWR 발전소의 제어는 기본적으로는 원자로의 높은 자기제어성을 이용하게 되는데, 전기 부하의 증감에 따른 터빈의 조속기가 동작하여 증기 열량의 변화를 일으키며 그 변화한 분만큼 원자로의 입구 온도가 저하 또는 증가하게 되고, 이때 원자로는 그 반응도가 온도와는 상반되는 부온도계수(negative temperature coefficient)를 가지고 있으므로, 원자로의 반응도가 증가 또는 감소되어 전기 부하에 맞는 출력을 유지하게 된다.

그러나 기동, 정지 및 전기 부하에 따른 비교적 급격한 반응도 조정이라든지 연료 연소에 따른 반응도 감도의 보상, Xe, Sm의 변화에 따른 반응도 조정과 상온에서 운전 온도까지의 온도 변화를 위한 반응도 조정은 따로 외부에서 제어해 주어야한 한다. 또한, 기력 발전소에서와 같이 2차 냉각계의 증기 압력을 일정하게 하여 터빈 또는 보일러, 급수 펌프 등의 효율을 좋게 하기 위한 정압력 제어방식(constant-pressure program)의 채택 또한 일정 출력 시 평균 온도를 일정하게 하여 1차 냉각계의 냉각 수량을 일정하게 함으로써 가압기의 크기를 극소화하기 위한 평균 온도 일정 제어방식)(constant average temperature program)을 채택하게 함으로써 원자로 발전 설비비를 저렴하게 하려면 원자로의 자기 제어효과의 강제 반응도 제어 기구가 필요하다.

PWR형 발전소에서 비교적 급격한 반응도 조정에는 RCC 제어봉(rod cluster control assembly)이 이용되고, 완만한 반응도 변화에 대응하는 반응도 조정에는 1차 냉각재 중에 용해시키는 붕소농도조정방식이 채택된다.

(2) 제어봉과 구동장치

PWR의 제어봉은 처음에는 십자형의 것이 사용되었으나, San Onofer 발전소(1967) 이후에 RCC 제어봉이 채택되게 되었다.

RCC 제어봉은 상부에 구동축과의 연결 기구에 RCC 제어봉 요소 16개를 용접하여 붙인 집합체로서, 이것이 연료 집합체의 골격으로서 고정된 16개의 스테인레스강관의 안내관 내에서 상하로 움직여 반응도를 제어한다.

RCC 요소는 중성자의 흡수재로서 Ag-In-Cd 합금(80[%]-15[%]-5[%])으로 예상 수명은 15년이다.

RCC 제어봉을 사용함으로써 중성자의 피킹이 없어져서 연료 수명이 길어졌으며, 이 제어봉의 구동장치로서는 전자식 제어장치을 채택하였다. 이는 제어봉과 연결되어 있는 구동축이 전자 코일의 작용과 갈고리(rack and pinion)의 운동 작용으로 상하로 운동하게 되어 있는데, 전자 코일의 급전이 비상정지(scram) 신호 및 전원 상실 사고에 의하여 차단되면 RCC 제어봉과 구동 장치의 자유로 갈고리에서 벗어나 재빨리 노심 속으로 하락하게 되어 원자로를 정지시킨다.

14.1.5 1차 냉각 설비와 보조 설비

PWR형 발전소의 주요한 기기로서는 노심을 지탱하는 원자로 압력용기, 노심에서 얻은 열을 빼내기 위한 1차 냉각계의 펌프, 열에너지를 터빈 발전기로 보내는 증기 발생기, 계류의 압력을 일정한 설정치에 보지하는 가압기 및 이들 압력용기 기기의 연결배관 등이 있는데 이를 총칭하여 1차 냉각계라 부른다. 이외 1차 냉각계를 정상적으로 운전하기 위한 계통으로서 원자로보조계가 있는데, 여기에는 1차 냉각재의 수질, 수량 및 중성자 흡수재인 붕산의 농도를 제어하는 화학 및 체적제어계, 발전소에 축적된 방사성 물질을 처리하여 유해한 물질이 방출되지 않도록 하는 폐기물 처리계, 기기를 냉각하는 보조 냉각계, 연료 교환시 혹은 긴급 시에 붕산수를 공급하는 안전주입계 등이 있다.

(1) 증기 발생기

증기 발생기는 W.H사의 것은 U자관을 전열관으로 하는 종치의 열교환으로 윗부분에 내장된 기수분리에서 증기와 물을 분리하고, 증기는 다시 건조기를 통하여 터빈 입구에 있어서 습분의 약 0.4[W/O] 이하의 관 포화 증기를 터빈에 보낸다.

B&W사의 것은 종치의 관류형에서 역방향 흐름의 열전달이 행하여져 비등영역의 열전달계수가 커져 과열 증기가 얻어진다.

(2) 1차 냉각재 펌프

1차 냉각 펌프에는 누설제어 축봉형전동기 구동종치 사류 펌프(shaft-sealed pump 혹은 leakage controlled motor-pump)를 사용하는데, 종래 사용된 카논 모터 펌프(canned motor pump)에 비해 값이 싸고, 효율이 높고, 또한 관성 모멘트가 큰 외에 플라이 휠이 붙어 있어 정전 사고 시의 노심 보호의 안전도가 높아졌다.

(3) 가압기 및 부속 설비

가압기는 저합금체로서, 내면은 스테인레스강으로 발라 놓았다. 저부에는 스테인레스강으로 피복시킨 액침형 전열기를 설치하여 1차 냉각재의 기동 시의 가압, 운전 시의 압력 제어 시에 가열시킨다. 또한 가압기 상부에는 1차 냉각 회로의 고압 측 배관과 분기 연결이 되어 있는 스프레이를 설치하여 부하감소에 따라 압력상승 시 가압기 내의 증기를 응축시켜 압력을 규정치에 조절한다.

정상 운전 중의 가압기는 용적의 $\frac{1}{2}$이 액상이며, 다른 부분은 기상이 되도록 조정된다. 더욱이 가압기에는 최대 운전압력에 설정한 런웨이 밸브 및 설계압력 이상에 설정한 안전 밸브를 설치하여 압력 제한을 행한다. 만일 규정치를 넘는 경우에는 런웨이 밸브 및 안전 밸브에서 방출된 증기 및 물은 가압기 런웨이 탱크를 거쳐, 응축 냉각된 후 방사성폐기물 처리시설에 보내어진다.

14.1.6 PWR 발전소의 특징

(1) 경수감속 냉각형으로 방사성 물질을 포함하는 원자로계와 포함하지 않는 터빈계를 완전히 분리하고 있다. 그러므로,

① 원자로계의 운전압력, 냉각 온도, 유량 및 수질을 터빈계와 독립하여 선정한다.

② 1차 냉각재에 붕산을 용해하여 반응도 제어를 행할 수 있기 때문에 노심의 과잉반응도를 크게 할 수가 있고 연소도를 높일 수 있다.

③ 원자로계의 부식을 방지하기 위하여 물이 중성자에 의하여 분해하여 생겨나는 유리산소는 수소첨가로 처리되며, pH의 제어를 위하여 리튬(Li)에 첨가된다.

④ 원자로계가 폐회로로 되어 있으므로, 만일 연료 피복재가 파손하여 핵분열 생성물이 1차 냉각계에 방출되어도 특히 운전에 지장을 주지 않는다.

⑤ 터빈계의 보수, 점검이 화력의 경우와 같이 쉽다.

(2) 원자로계 및 1차 냉각재계가 원자로 격납용기 내에 설치되어 만일 원자로계에 사고가 생겨도 방사성 물질의 주변에의 확산을 방지한다.

(3) Chemical Shirm이 채용되어, 그림 14.4와 같이 RCC가 거의 전부 빠져 버린 상태에 있게 되어, 보이드(void)의 문제가 거의 없어 노심 출력 분포를 미리 예상할 수 있다.

(4) RCC는 16~20본의 RCC 요소를 대칭적으로 자치시킬 수 있고, 축방향의 출력 분포를 수정하여 평탄화시키고, 또한 축방향의 Xe 진동을 억제한다.

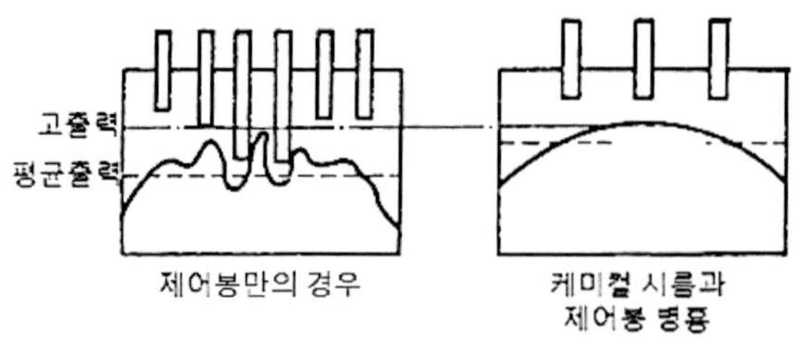

그림 14.4 Chemical Shrim의 사용에 의한 노심의 출력 분포

14.2 비등수형 원자로

14.2.1 개요

비등수형 원자로(Boiling Water Reator, BWR)는 끓는 경수 및 중수를 냉각재로 하는 원자로를 총칭하는 것으로, 일반적으로 경수를 감속재 겸 냉각재로 사용하는 동력로(이를 경수로-Light Water Reactor, LWR)중 노심내에서 물을 끓게 한 원자로로서, 이 점이 PWR와 다른 점이다.

노심 부하에 들어간 비등점 이하의 냉각수는 연료봉에 따라 상승하여 연료에서 열을 받고 비등점에 달하여 기포량을 증가시키면서 노심 출구에 달한다. 이리하여 노심 내에서 발생한 증기와 물을 분리시켜, 직접 터빈에 공급되든가(직접 사이클), 혹은 증기 발생기에 공급되어 그 2차 측에서 발생한 증기가 터빈에 공급된다(간접 사이클). 또한 압력용기 내에서의 압력은 PWR에 비하여 약 $\frac{1}{2}$(1,000[psi]) 밖에 안되므로 용기 내에 경수의 비등을 허용하게 된다.

BWR은 2차 대전후 미국의 ANL연구소(Argone National Laboratory)에서 처음부터 평화적 이용을 목적으로 개발되어, 이른바 EBWR(Experimental Boiling Water Reactor)이며, General electric 사에 의하여 실용화되어 PWR와 함께 세계의 원자력 발전의 주류를 이루고 있다.

14.2.2 BWR의 종류

BWR에는 그 열 사이클에 따라 몇 가지 형식이 있으나, 현재 발전용 BWR로서는 직접 사이클 강제순환 BWR(Direct Cycle Pressure Circulation BWR)가 표준형으로 되어있다.

그림 14.5와 같은 직접 사이클에는 노내에서 발생한 증기를 직접 터빈에 보내는 형식으로, 발전소 구성은 단순하게 되고 열효율도 높게 취할 수 있어 방사능을 띤 증기가 직접 터빈에 보내어지므로 차폐등의 운전상에 문제가 생긴다. 간접 사이클은 노내에서 발생한 증기를 일단 증기 발생기에 끄집어 내어, 그 2차 측에서 발생하는 증기를 터빈에 보낸다. 그러므로, 터빈에는 방사능을 띠지 않는 증기가 작동하므로 방사성의 안전성 에 따른 문제는 생기지 않으나, 계가 복잡하게 되어 열효율이 떨어지는 결점이 있다.

직접 사이클에 일부 간접 사이클을 첨가한 혼합 사이클로서 그림 14.6과 같은 2중 사이클이 있는데, 이것은 우수한 부하응답성을 갖는 특징이 있다.

자연 순환형은 노심 냉각수의 순환이 노심 내의 기수 혼합물의 평균밀도와 예열(subcooled)되어 낮아지는 물의 평균 밀도와의 차이로서 행하여 지는 것으로, 원자로계는 단순하여지나 노심 출력을 높일 수는 없다.

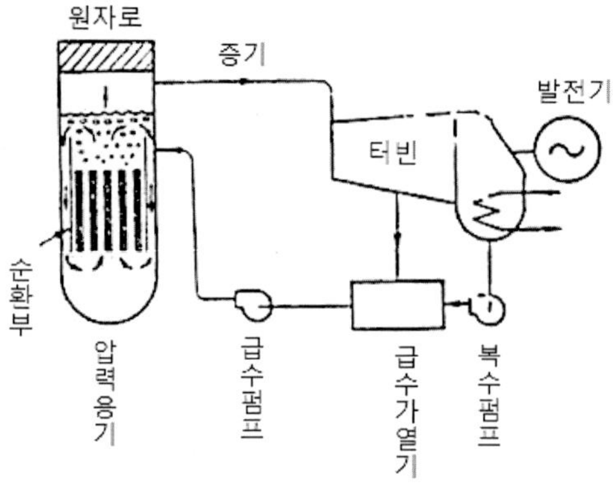

그림 14.5 직접 사이클 자연순환형 BWR 계통도

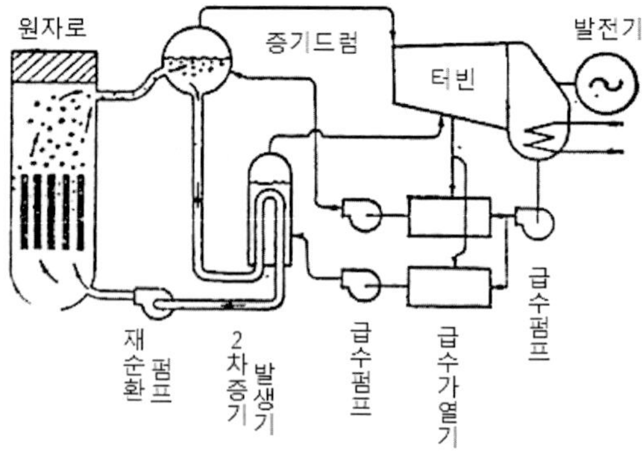

그림 14.6 2중 사이클 강제순환형 BWR 계통도

강제순환형은 냉각수순환을 위하여 펌프를 사용한 것으로, 냉각수를 펌프로 강제 순환시키므로 해서 노심 내의 기포량을 증가시키지 않고 증기 발생량을 증가시켜서 고출력을 얻게한다.

14.2.3 원자로 설비

(1) 원자로심

원자로는 그림 14.7과 같이 원자로 압력용기와 그 안에 수용된 노심, 내부 구조물, 제어봉 및 그 구동장치로 되어 있다.

노심 시라우드(reactor core shroud) 외주변의 원환형 부분에 배치된 20개의 제트펌프의 노즐에서 고속으로 분출된 냉각수는 원환부의 물을 흡수하여 노심하부의 프레임 부분에 보낸다. 이 냉각수는 각 연료 집합재의 지지나사에 붙어 있는 구멍(orifice)을 거쳐 각 연료집합체에 분배된다.

각 연료 집합체 내에서 가열된 기수 혼합물로 된 냉각재는 노심 상부 프레임에 모여 많은 기수분리기에 재분배된다. 기수분리기에서 분리된 증기는 다시 윗부분의 증기건조기를 거쳐 증기 출구 노즐에서 터빈에 보내어진다.

증기와 분리된 물은 급수 탱크에서 들어오는 급수에 의하여 예냉(subcolled)되어 노심 시라우드 헤드 주위의 원환부로 내려가서, 그 일부는 재순환수 출구노즐에서 재순환펌프에 보내어져 가압되어 재순환수 입구 노즐에서 제트 펌프에 공급된다.

BWR의 노심는 각 7×7의 연료봉을 정방 격자상으로으로 고정한 그림 14.8과 같은 연료집합체를 여러 개 직원통상으로 배열한 것이다. 그림 14.9는 노심배열의 한 예를 보여주고 있다.

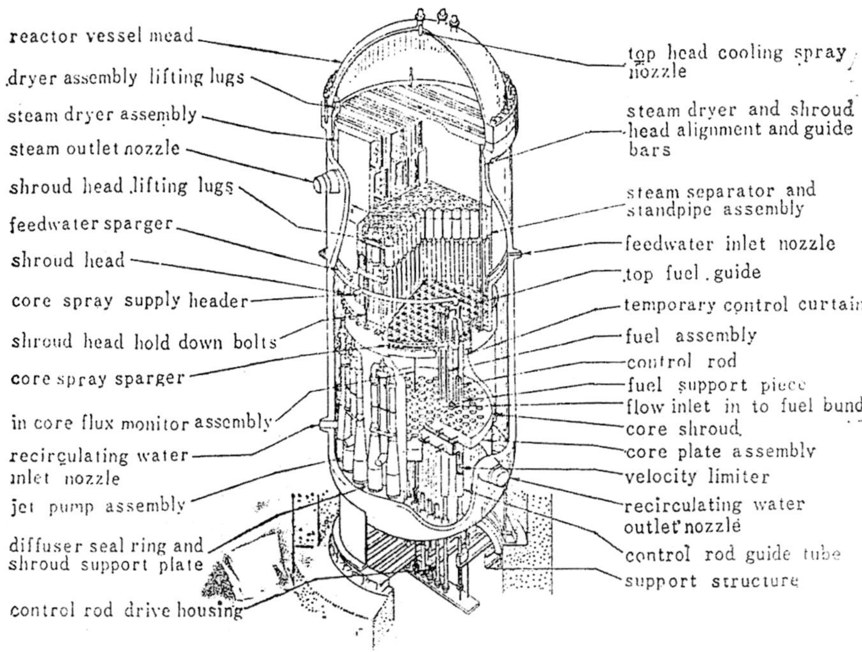

그림 14.7 BWR 원자로 내부 구조

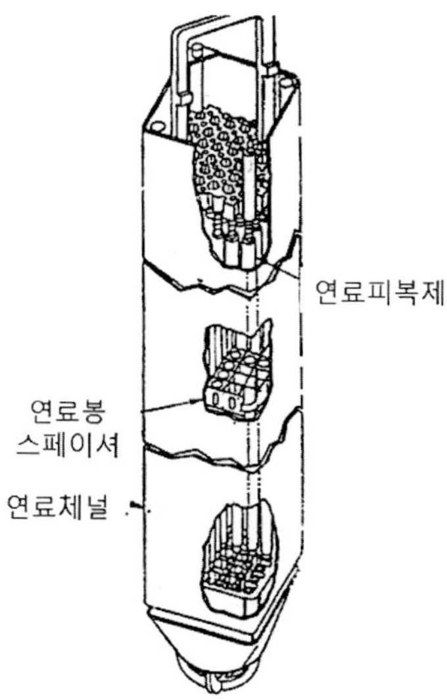

그림 14.8 BWR 연료집합체

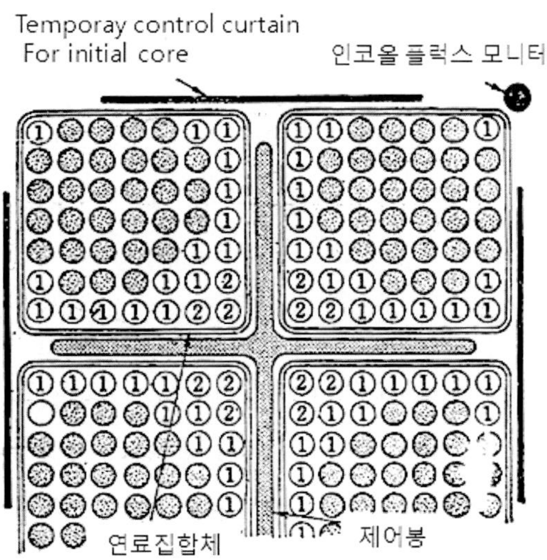

그림 14.9 BWR 노심배치

최근 대표적인 연료봉은 외경이 약 14.3[mm], 두께가 약 0.8[mm]의 Zircaroy-2제 피복관 내에 직경이 약 12[mm], 길이가 약 22[mm]의 저농축 우라늄 소결산화물 패렛을 삽입하여, 위 끝에 핵분열 생성물 가스를 남겨 높고, 양끝을 용접하여 밀봉시킨 것으로 유효 길이 약 3.7[m]가 표준화 되어 있다.

연료집합체는 49개의 연료봉을 배치한 것으로, 제어봉을 빼낸 후에 물이 들어가기 위하여 일어나는 국부적인 중성자속의 상승, 채널벽 근방의 유량 감소로 인한 국부적인 고온점을 피하기 위하여 집합체 내의 연료 농축도를 3영역으로 나누어 집합체 내의 출력을 균일화시키며, PWR와 달리 BWR에서는 연료집합체의 조성은 노심 내에서 동일하다. 그리고, 초기 노심의 초과반응을 제어하기 위하여 제어봉이 들어 있지 않은 연료집합체간의 갭에는 붕소를 함유하고 있는 스테인레스 강판으로 된 포이즌 커튼(poison curtain)을 삽입한다.

(2) 노심설계

노심설계에 있어서 반응도 제어능력에 대한 기준으로서, 일반적으로 노심의 최대 반응도를 가질 때 한 개의 제어봉이 삽입 불가능일 때에도 노심을 충분히 임계 미만이 되도록 설계한다.

최근에는 고연소도를 위하여 초기 노심에서에서의 과도 반응도는 약 25[%]에 달하며, 제어봉만의 제어능력의 한계를 넘게 되므로 보조 제어재로서 포이즌 커튼이 사용된다. 또한 가연성 중성자 흡수재인 Gd_2O_3를 일부러 연료봉에 혼합시키는 방법도 있다.

BWR의 노심특성의 특징으로, 노심 내에 생기는 증기포(void)의 핵적 특성의 효과가 있다. 보이드가 노심 내에 존재하면 그 부분의 감속재 밀도가 감소하여 부분적으로 감속부족이 되며, 반응도가 감소한 결과 그 부분의 출력이 떨어진다.

BWR에서 이 보이드에 의한 반응도 효과가 크므로 보이드에 의한 출력의 변화를 하게 하는 출력의 재순환 유량 제어가 가능하게 되며, 출력 운전 중 보이드로 인하여 노심 내 중성자속 분포가 편재하는 현상이 나타나므로, 제어봉의 배치에 의하여 이를 조정하는 것이 큰 문제가 된다. 이처럼 보이드는 BWR의 노심특성에 중요한 역할을 하게 된다.

일반적으로 BWR에서는 제어봉을 노심하부에서 삽입하여 여러 개의 제어봉의 삽입 위치를 적당히 선정함으로써 출력 분포를 조정할 수 있게 된다.

(3) 제어봉과 구동장치

BWR의 제어봉은 십자형 단면으로 되어 있으며, 길이는 연료봉의 유효 길이와 거의 같고, 포이즌 부분은 탄화붕소(B,C)의 분말을 가느다란 스테인레스 통관에 채운 것을 십자형으로 배열하여 이를 다시 스테인레스통(stainless sheath)에 정비하였다.

제어봉은 독립된 수압식구동기구에 의하여 작동한다. 이것은 BWR의 제어봉이 용기의 하부에서 삽입, 인출토록 되어 있기 때문이다. 삽입 시에는 피스톤 하부에 Pr(원자력 압력)+250[psi], 상부에 Pr+10[psi]의 수압이 가하여져, 그 차압으로 어느 위치에서도 삽입이 된다. 인출 시에는 일단 삽입 방향에 수압을 가하였다가 삽입 시와 반대방향의 수압을 피스톤에 가한다. 이 경우, 위치 조정용의 24개의 노치 중의 하나에 오게 되면 거기에 고착된다. 긴급정지에는 중력의 10배에 해당하는 수압이 작용하여, 긴급정지 신호로부터 3[sec] 이내에 완전한 동작이 이루어지게 되어 있으며, 제어봉의 삽입속도는 보통 6[in/sec]이며 최고 8.5[in/sec]까지 가능하다.

제어봉의 역할은 물론 중성자의 수를 제어함으로써 핵분열을 조절하는 것이지만, 또 한편으로는 노의 과잉반응도를 억제하는 기능도 가진다. 그러나, 이 같은 역할을 제어봉에만 부담시키는 것은 경제적으로 불리하고 운전 보수에도 좋지 못하므로 과잉반응도가 가장 큰 노심에만 임시로 중성자 흡수물인 포이즌 커튼을 사용해서 과잉반응도를 누르고, 연료의 연소가 충분히 이루어진 경우에는 제거할 수 있도록 되어 있다.

(4) 출력 제어방식

이제까지는 BWR의 출력제어는 제어봉의 위치 조정과 1차 냉각 수량의 조절에 의한 노심 보이드량의 제어로서 가능함을 설명하였는데, 이들 방법에 따라 노출력을 변화시키려 할 때에는 원자력압력 제어계(initial pressure regulator)가 주증기 가감 밸브나 또는 터빈의 바이패스 밸브 등에 조정 신호를 보내어 원자로계의 압력을 일정하게 유지한다. 즉, 원자로압력을 일정하게 하는 것을 원칙으로 한다. 또한 제어봉은 주로 기동과 정지, 비상 시, 그리고 노출력 분포의 조정 시에 한하여 사용되며, 대부분의 경우에는 재순환 유량에 의한 출력 제어방식을 사용한다.

제어봉에 의한 출력 변화율이 겨우 1분 동안에 2[%]에 불과한데 비하여, 재순환 유량에 의한 출력 변화율을 1분에 약 30[%]에 달할 뿐만 아니라 가동되고 있는 출력의 35[%]까지 유량으로 조정할 수 있다는 것이다.

14.2.4 냉각식 재순환계통

초기에 개발된 BWR는 2중 순환식이므로, 노심에서 발생된 2상류(two phase flow)를 증기 드럼으로 보내서 수분을 분리, 건조하여 터빈으로 보내고 복수기에서 응결된 냉각수는 노로 직접 보내지 않고 다시 증기 드럼으로 보내어 속의 냉각수를 열교환기로 통과시키고 저압의 수증기를 발생시켜, 다시 터빈의 저압 측에 보내는 한편 열교환기를 통과한 냉각수는 온도가 낮아진 채 노용기로 돌아오는 것이다. 그런데, 증기 드럼이 크다는 것과 증기 중에 포함된 방사성 오염물의 존재가 심각하지 않은 정도의 것이라는 것이 알려지자 단일 순환식으로 대체되었다. 따라서, 냉각재의 일부를 국부적으로 순화시켜 주는 재순환 펌프가 사용되게 되어, 부하추종을 냉각재 유량 조절방식으로 하게 되었다. 재순환펌프는 PWR의 1차 냉각펌프와 같이 저토출 수두 대용량 펌프로서, 요즈음에는 축사형펌프가 사용된다.

최근에는 제트펌프(jet pump)방식을 채용하게 되었는데, 이 원리는 ventri관의 원리와 같아서 원자로내부의 원환벽 가까이 둥글게 설치되어 재순환펌프와 연결되어 있다. 따라서, 냉각수의 일부분을 노용기 외부로 인출하여 재순환펌프에 의하여 ventri관 입구에 강제로 유입시키면, 이 강제 유량의 운동량으로 전체 재순환을 촉진시키게 된다. 그리하여 800[MWe]급 BWR에서 6개의 재순환펌프가 필요하던 것이 2개면 충분하게 되었다.

BWR에서는 재순환계에 기수분리기(steam separator)와 기수건조기(steam dryer)가 있는데, 노심에서의 비등으로 인한 2상류는 기수분리기에서 원심 작용에 의하여 물은 노심으로 흘러 내려가고, 양질의 증기는 다음 단계인 증기건조기의 지그재그형 고정판 사이를 지나가는 동안 운동량의 변화가 일어나는 우측에서는 수분이 노심으로 내려가고, 충분히 건조된 증기만 터빈으로 가게 된다. 이 사이에 증기 수분을 약 0.3[%] 포함하는 포화증기가 된다.

이 밖에 원자로 보조 설비로서 원자로 냉각수 정화계, 잔류열제거계(RHR계), 노심 격리시 냉각계(RCIC) 및 비상용 복수기, 액체독물계 등이 있다.

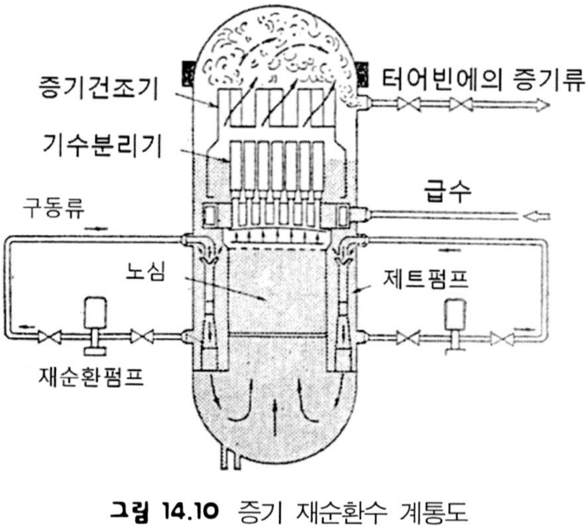

그림 14.10 증기 재순환수 계통도

14.2.5 BWR 발전소의 특징

(1) BWR에서는 보통 직접 사이클 방식이 사용된다. 이 경우에는 원자로 내에서 직접 물을 끓여 증기를 만들고 이로써 터빈 발전기를 움직이는데, 여기서는 다음과 같은 이점이 있다.

① 노내 압력이 낮아도 좋다.

② 증기발생기가 없으므로 건설비가 절약된다.

(2) BWR는 감속재가 부(−)의 반응계수를 갖는 것 외에, 보이드의 부의 반응도가 대단히 크므로 고유의 안정성이 있다.

(3) 원자로 제어계로서는 십자형의 제어봉과 포이즌 커튼이 사용되며, 출력 분포의 조정 및 반응도 제어는 전부 제어봉에 의하여 행하여지므로 운전조작이 쉽다.

(4) 보이드에 의한 부의 반응도계수가 크므로, 중성자 속의 공간진동이 일어나기 어려워 제어계에 의한 공간 진동 방지 대책이 필요 없다.

(5) 재순환 유량 제어를 행하는 경우에는 유량변화에 따른 노내의 보이드 발생 상태의 변화와 보이드의 큰 반응도계수와의 관계에서 부하변동에 대한 응답이 빠르고, 최고로 정격출력의 약 30[%/min]의 비율로 출력을 변화시킬 수 있다.

14.3 천연우라늄 가스냉각형 원자로

14.3.1 개요

천연 우라늄 가스 냉각형 원자력 발전소는 천연 우라늄 흑연 감속 이산화탄소 냉각로를 사용하는 발전소를 말한다.

이 형은 주로 영국에서 개발되었으며, 최초의 발전소는 1956년에 정식 송전되었다. 그 후 차차 개량되어 대형 상업용 원자력 발전소를 건설하고 있으며, 프랑스에 있어서도 독자적으로 개발하여 국내에 대형로를 건설 하고 있다.

천연 우라늄 가스 냉각형 원자력 발전소의 원자로의 중심에는 감속재로서 여러 개의 흑연블록이 거의 원주형으로 싸여 있는데, 이 흑연군에는 약 2,000개의 가로지른 구멍이 설치되어 있으며, 이 중에는 연료봉 약 16,000개와 제어봉 98개가 같이 포함되어 있다.

노심은 강철재의 원자로 압력용기가 설치되어 있으며, 이 용기 중에는 약 14.5[kg/cm^{2g}]로 가압된 이산화탄소 냉각재가 채워져 있어서 열교환기 사이를 순환하고 있다.

핵분열에 의해 발생한 열은 노심의 연료구를 상승하는 냉각재를 가열하며, 고온이 된 가스는 가스 순환기에 의해서 원자로에서 가스 터빈을 통하여 열교환기에 유도되고, 여기서 수관 내의 물을 증기로 되게 하며 이 증기를 터빈에 공급하여 발전한다.

열교환기를 통과할 때 열을 빼앗긴 이산화탄소는 가스 터빈을 경유하여 다시 원자로에 돌아온다.

압력용기의 주위는 방사선을 차폐하기 위하여 두께가 약 3[m]의 콘크리트로 되어 있다.

원자로의 반응도를 제어하기 위하여 원자로 내에는 붕소강재와 스테인레스 강재의 두 종류의 중공봉 제어봉이 들어 있다. 붕소강봉은 주로 노출력의 제어에 사용되며, 스테인레스 봉은 주로 출력 분포의 조정에 사용하고 있다.

최근 발전소 설계에 있어서는 강제 압력용기 대신에 PS 콘크리트 압력용기를 사용하고 있다. 이 콘크리트 용기의 채용은 냉각재 압력의 상승을 쉽게 하는 이점 외에도 용기 내에 원자로, 열교환기, 가스 순환기를 수용할 수 있어서 1차계의 가스덕트(gas duct) 등을 압력용기 밖으로 내보내게 되어, 이 노의 안전성을 크게 개선하고 있다.

14.3.2 원자로

(1) 노심 및 압력용기

흑연 블록(block)은 여러 개의 정육각형으로 되고, 블록의 대부분은 육각형의 측면에 키와 키웨이를 겹친 형으로 되어 있어서 서로 엇물리어 조합돼 있다.

그래서 전체로서는 직경이 약 14[m], 높이가 약 8[m] 원통형으로 되어 있고, 이 외부는 강제의 원통판에 의해 구속시킨 내진설계로 되어 있다.

노심을 포함하는 원자로 용기는 직경이 18.34[m], 두께가 8~9.2[cm]의 강판으로 조립된 구상용기로 되어 있고, 설계압력은 16.17[kg/cm^{2}g]이다.

용기의 재료는 저탄소 고망간강이 사용되고 있다.

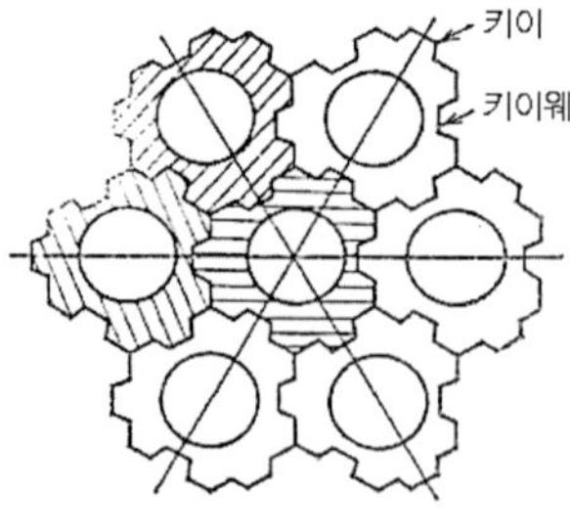

그림 14.11 블록의 구성

압력용기에는 냉각재 순환용의 8개의 가스덕트(gas duct) 및 연료의 출입과 제어봉 구동 장치가 들어가기 위해서 여러 개의 스탠드 파이프(stand pipe)가 부착되어 있다.

(2) 연료요소

연료요소에는 천연 우라늄 금속의 중공봉이 이용되고 있다(그림 14.12).

영국의 동형로에서는 모두 중실봉이 사용되고 있으며, 중공봉은 중실봉에 비하여 연료 정격을 크게 하는 이점이 있다.

우라늄봉은 Magnox라 부르는 Mg 합금의 피복재 중에 밀봉되어 있다.

피복재는 우라늄봉과 탄산봉 간의 열 전달을 개선하기 위하여 72장의 나선형 날개와 4장의 종형 냉각판을 겹쳐 놓았다. 또, 피복재의 주위에는 흑연의 슬리브에 의하여 주위를 형성하고 있다.

노심의 1개의 가로지은 구멍에는 길이 84.8[cm]의 연료요소가 8개나 겹쳐 들어 있으므로 연료봉의 무게는 모든 슬리브에 의해 지지되며, 이 방법에 의해 하부의 연료봉의 만곡, 파손을 최소 한도로 막고 있다.

(3) 열교환기 및 가스 순환기

열교환기는 4기가 있고, 내경이 약 6.5[m], 높이가 25[m]의 원통상의 내압용기이다. 노내의 고온의 이산화탄소에 의해 열교환기 내에서는 고압 및 저압의 2종류의 과열증기가 발생해 이것이 주터빈에 보내어진다. 가스 순환기는 열교환기의 하부에 붙어 있는 단단원심통풍식으로 열교환기에서 발생한 고압증기의 일부를 사용하는 증기 터빈 구동이다. 또, 열교환기는 지진 또는 열팽창에 따른 응력에 견딜 수 있는 원통형의 강제 지지물로써 지지한다.

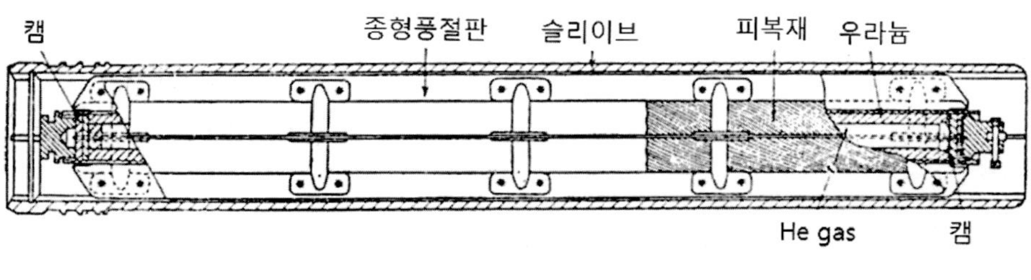

그림 14.12 연료요소

14.3.3 안전 설비

(1) 원자로 정지장치

원자로 내에서 이상 상태가 발생하면 바로 안전봉(제어봉)이 원자로 내에 낙하해서 원자로를 정지한다.

이상 상태를 검출하는 신호로는 중성자속고, 원자로 주기단, 연료피복 온도의 과대상승, 가스 출구 온도의 과대상승, 어떤 진도 이상의 지진일 때 등 10종류 이상이 있고, 이와 같은 검출계의 대부분은 2out-off 3방식을 이용하고 있다.

그리고, 긴급 시 정지장치로서는 붕소강구를 원자로 상부에 배치하고 있다. 이것은 지진 및 압력 변화 과대와 같은 긴급 사고 시 제어봉의 back-up이라는 작동을 통해 붕소강구를 노내에 낙하시켜 원자로를 긴급 정지시키는 장치이다.

(2) 긴급 냉각장치

1차계 가스덕트가 파손되었을 경우의 사고를 생각할 때, 이산화탄소의 자연 순환에 의한 노심 냉각은 기대할 수 없고 붕괴열을 제거하기 위해서는 원자로 정지 후에도 가스 순환을 할 필요가 있다.

이 때문에 가스 순환용 증기 터빈에 확실히 증기를 공급할 수 있도록 2기의 소내 보일러가 설치되어 있다. 그리고, back-up으로서 각 가스 순환기에 모터를 설치해서 가스 순환기를 회전시키는 설계가 되어 있다.

14.3.4 개량형 가스 냉각기

AGR(Advanced Gas-cooled Reactor)는 앞에서 말한 천연 우라늄 가스 냉각로를 영국에서 발전시킨 노형으로 1963년에 Windscale AGR(30[MWe])를 건설해서 순조로운 운전을 하고 있다. 현재의 AGR로서는 출구 온도가 약 675[℃]이며, 신예화력의 증기 조건 및 열효율이 얻어진다.

(1) 원자로 및 압력용기

1차 회로는 그림과 같이 모든 PS 콘크리트 압력 용기 내에 수용되어 있다. 이 콘크리트의 두께 중에는 다수의 긴장 케이블이 매립되어 있어서, 이것에 의한 내압에 견딜 수 있는 설계를 해야 한다.

압력용기(대부분 원통형)의 중심부에는 원자로가 있고 이 주변에 압력 실린더, 또 그 외부에 보일러(열교환기) 및 송풍기가 배치되어 있다. 압력용기의 상부에는 열교환기, 제어봉, 계측용의 스탠드 파이프가 있고, 측면에는 보일러 급수관과 증기관 등이 관통하고 있다.

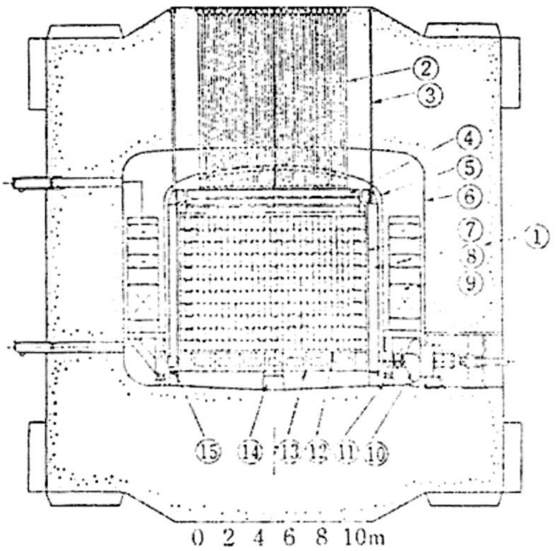

① 콘크리트 압력용기 ② 연료 교환 stand pipe ③ 계측장치 stand pipe ④ 상부 중성자 차폐
⑤ 압력 실린더 ⑥ 콘크리트 압력 용기 라이너 ⑦ 구속 실린더 ⑧ 중성자 차폐 ⑨ 보일러
⑩ 가스송풍기 ⑪ roller unit 및 support beam ⑫ 지지 plate ⑬ grid ⑭ center support
⑮ 재유입량 조절장치

그림 14.13 AGR의 노심 단면도

노심은 흑연블록을 쌓아 놓은 것으로서 대부분의 블록의 중앙에는 가로지른 구멍이 있고, 그중에는 연료요소와 제어봉이 들어 있다.

AGR에서는 냉각가스의 재유입방식을 채용하고 있는 특징이 있다. 이것은 송풍기에서 나오는 냉각된 가스의 일부는 직접 연료 채널에 들어가며, 남은 것은 감속재를 냉각시킨 후 연료 채널을 냉각하도록 되어 있다. 이처럼 흑연감속재 온도를 저온으로 유지시킬 때 뒤에 말하는 질량이행을 방지할 수 있다.

(2) 연료 및 연료교환

연료는 핀형으로서 저농축의 산화우라늄 패렛을 스테인레스강 피복관에 봉입시켜 놓았으며, 피복관 외경은 15.24[mm], 두께는 0.38[mm]이다. 연료요소는 연료 핀(pin) 36개로 구성되고, 그 길이(핀 길이와 같음)는 약 1[m]이다. 이것은 재래의 천연 우라늄 가스 냉각로의 연료와는 차이가 없다. 원자로 내에는 8개(600[MWe]급)의 연료요소를 한데 쌓아서 그 위에 plug string을 연결하고 있다. 이 설계에 의해 연료 교체는 한 채널을 단위로 해서 원자로 운전 중에 행하는 것이다.

(3) 보일러와 송풍기

보일러는 콘크리트 압력 용기 내에 수용시키는 것으로 관통공수를 최소로 하기 위해 관류식이 채용된다. 송풍기는 송풍기 축에서의 가스의 누설을 방지하기 위해 모터를 냉각 가스 압력과 동일한 압력으로 하는 설계를 하고 있다.

송풍기는 유도전동기구 등의 원심식 송풍기로서 유량제어는 밴 휠(van wheel) 입구 안내 날개의 각도를 변화시켜 행하고 있다.

(4) 제어

발전소는 20~100[%]의 부하 범위로 계통의 부하 변동률에 대응해서 자동적으로 출력 응답이 되게 설계되어 있다. 제어는 증기 온도 및 고압증기 압력을 일정하게 하고, 제어봉의 작동, 가스 유량의 증감 및 보일러 급수유량의 증감을 조합시켜 행한다. 또, 각 채널의 출구 가스 온도를 모두 균일하게 하기 위해 각각의 채널의 유량을 중앙 제어실에서 변화시키도록 설계하고 있다.

14.4 중수감속 중수냉각형 원자로

14.4.1 개요

중수감속냉각형의 대표적인 것으로서는 캐나다가 중심이 되어 개발한 압력관형의 이른바 CANDU(Canadian Deuterium Natural Uranium Reactor)형이 있다. 이 형의 대형로로는 캐나다의 Douglas point 발전소(약 200[MWe])가 있으며, 1967년 초에 발전을 개시했다. 이 형이 가진 특징을 들면,

① 천연우라늄을 연로로 해서 사용하므로 연료비가 적게 든다.

② 고가인 중수를 다량으로 사용하므로, 이 누설을 최소한으로 할 수 있는 연구를 요한다.

③ 중수에서 생기는 토륨(Th)의 장해를 방지할 수 있는 연구가 필요하다.

이하에서는 Douglas point 발전소를 예로 해서 CANDU형의 대략을 설명한다.

14.4.2 CANDU형 발전로의 설계

그림 14.14에 보이는 원자로의 중심부에는 중수감속재를 수용하는 칼렌드라이어가 있다. 이것은 길이 5.1[m], 외경 6.05[m]의 횡축 배치의 원통형 용기로서, 양단부에는 306개의 구멍이 있어서 칼렌드라이어(calendryer)관이 삽입되어 있다.

감속재는 큰 원통부로 그 중에 있는 다수의 관 사이에 들어가게 된다. 칼렌드라이어관의 중에는 압력관이 수평방향으로 들어 있고 그 중에 연료가 들어 있다.

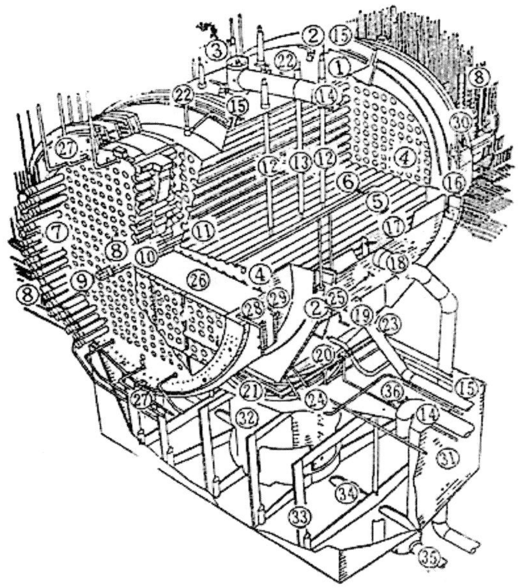

① calendryer tank ② 보강 링 ③ hatch ④ tube seat ⑤ calendryer관 ⑥ 압력관 ⑦ 단관
⑧ 급수관 ⑨ seal plug ⑩ 차폐 plug ⑪ 연료 ⑫ 부스터봉 ⑬ 흡수봉 ⑭ 헬륨 계 ⑮ bellium 제거 계
⑯ calendryer ⑰ 감속재 다기관 ⑱ 감속재 출구 ⑲ 감속재 입구 ⑳ 이동부 ㉑ 신축계수
㉒ calen-dryer spray 냉각 ㉓ Iamp 상 spray 냉각 ㉔ 이동부 spray 냉각 ㉕ 수위지시계 입구
㉖ 단차폐 ㉗ 단차폐 냉각부 ㉘ 단차폐 링 ㉙ 열차폐 ㉚ 단차폐 banker ㉛ damp tank
㉜ 차폐 보강재 ㉝ 보강재 ㉞ trans-rot ㉟ damp tank 출구 ㊱ damp tank 및 계수 냉각

그림 14.14 CANDU 원자로

연료요소는 19개의 연료봉을 한데 묶은 것으로서 각 연료봉은 외경이 15.2[mm]로서 천연우라늄 산화물 펠렛을 zircaroy 피복관에 봉입시킨 것이다.

각 압력관에는 12개의 연료요소가 들어 있다.

연료 교체는 원자로의 양측면에 각 1대씩 연료 교체기를 장치해서 원자로의 운전 중에 행한다. 교체는 연료요소를 단위로 해서 행하며, 새 연료를 일단에서 삽입해서 사용한 연료를 다른 단에서 끄집어낸다. 양단에서 서로 교차해서 연료를 삽입하므로 연소도의 분포를 균일화하는 것이다.

중수의 사용에 의해 천연우라늄 연료에서 9,000~10,000[MWD/tU]라는 비교적 큰 연소도를 얻을 수 있다.

반응도 제어는 보통은 흡수봉 및 부스터봉(농축우라늄으로 Xe overlight한 것을 사용)에 의해서 행해지는 것이다. 비상 시에는 감속재를 원자로 하부에 있는 증기 탱크 중에 급속 하락시켜 노를 정지시킨다.

1차 냉각계(압력 약100[kg/cm^2])에 의한 지지대를 흘러 나온 열량은 증기 발생기에 의해 2차계에 전달되고, 여기서 발생되는 증기에 의해 터빈을 돌린다.

14.5 중수감속 비등경수 냉각형 원자로

이 형의 원자로는 감속재에 중수를 이용하는 압력관형의 것으로 대표적인 원자로는 영국의 SGHWR(Steam Generating Heavy Water Reactor) 원형로(100[MWe], 1967년 임계)가 있다.

이 형의 발전소의 특징은,

① 연료로는 천연 우라늄 또는 미농축 우라늄을 사용한다.

② 경수로에 비해 전환율이 양호하고 U^{238}을 유효하게 이용할 수 있다.

③ 중수 부분은 상온에서 정지계 등에서 누설이 적고, 따라서 토륨 재해의 위험도 적게된다.

지금 이 SGHWR 원자로를 예로 해서 간단히 설명하고자 한다.

원자로는 압력관형으로서 CANDU형과 유사한 것이나, 채널을 종축배치해서 냉각재로서 경수를 이용하는 점이 다르다. 또, 연료 채널의 구성도 CANDU 노 때와 거의 같은 것이다. 즉, 연료요소와 연료봉을 속으로 한 것으로 되어 있고, 이 연료요소가 압력관 중에 들어가고 압력관을 칼렌드라이어가 수용한 구조로 되어 있다.

압력관 내에는 약 65[kg/cm^2]으로 가압시킨 물과 증기의 혼합유체가 아래에서 위로 향해 흐른다. 압력관 입구에서 물의 상태로 들어가 냉각재는 출구에서는 증기 함유율 약 11[%]의 기수 혼합체가 되어 증기 드럼에 오면, 여기서 기수분리기에 의해 증기는 직접 터빈에 간다.

연료요소는 직경 약 1.5[cm]의 연료봉 36개가 3중의 동심원상으로 묶어서 있는 것으로서, 이것이 내경 약 13[cm]의 압력관 중에 들어 있다.

연료봉은 긴 노심길이와 동일한 3.7[m]로 되어 있고, zircaroy 피복관 중에 농축우라늄(농축도 1.4[%])의 산화물펠렛을 채우고 있다.

연료 교체는 원자로의 운전 중에 행하도록 되어 있다.

14.6 고온 가스 냉각형 원자로

고온 가스 냉각로 HTGR(High Temperature Gas Cooled Reactor)의 예로는 영국에 있는 Dragon 노(20[MWt]), 서독의 AVR(15[MWe]) 및 미국의 비치 보돔 노(400[MWe]) (그림 14.15)가 있어 이것으로 출력 운전을 달성하고 있다.

고온 가스 냉각로는 흑연을 감속재로 하고, 흑연과 산화반응이 적은 헬륨을 냉각재로 해서 후술하는 바와 같이 흑연 분산형 연료를 이용하고 있어, 이 설계에 의해 높은 냉각재 온도 및 신예화력과 같은 증기 조건이 얻어진다.

그리고, 앞서 말한 중성자 흡수가 적은 재료로써 구성하여 연료에도 금속 피복을 사용함으로써 중성자를 절약할 수 있게 하고 전환율도 크게 한다.

고온 가스 냉각로에서는 독특한 연료를 사용하는데 그 개요를 살펴보면 우선 U과 Th의 탄화물에 탄소의 얇은 피막을 입힌 미립자(직경 수백 미크론)를 만든다. 지금 피막은 탄화물의 산화를 방지하는 것으로, 핵분열 생성물의 유출을 방지하기 위한 것이다. 연료부는 이와 같은 미립자를 흑연 중에 혼입한 것으로서, 이 외측에 흑연 슬리브를 입힌 연료요소이다.

미국의 Fort St. Vrain 발전소(330[MWe])에서는 PS 콘크리트 압력용기를 사용하며, 이 중에 열교환기와 가스 순환기를 수용하도록 설계하고 있다.

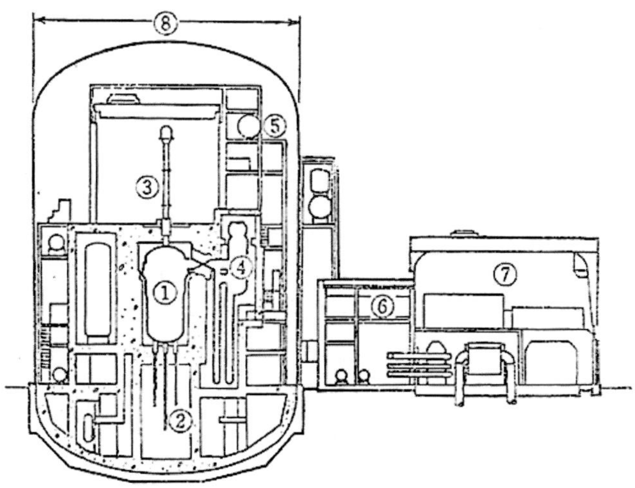

① 원자로 ② 제어봉 구동장치 ③ 연료 이송기 ④ 증기 발생기 ⑤ 증기 드럼 ⑥ 제어실
⑦ 터빈 발전기 ⑧원자로 건옥 30m

그림 14.15 고속 가스 냉각형 발전소

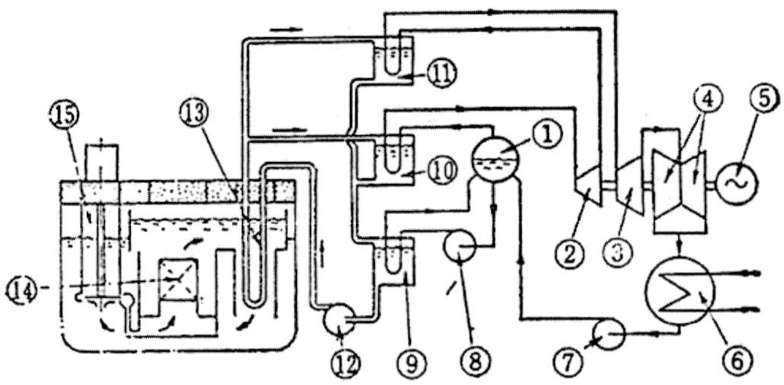

① 보일러 드럼 ②③④⑤ 터빈 발전기 ⑥ 컨덴서 ⑦ 급수 펌프 ⑧ 순환수 펌프 ⑨ 증발기
⑩ 과열기 ⑪ 재열기 ⑫ 2차 Na 보일러 ⑬ 중간 열 교환기 ⑭ 노심 ⑮ 1차 Na 보일러

그림 14.16 Na 냉각 고속 증식로 계통도

14.7 고속 증식형 원자로

14.7.1 개요

고속 증식로에는 감속재가 없고 핵분열 물질(U^{235} 및 Pu^{239})의 분열은 주로 고속 중성자에 의해 일어난다. 이처럼 고속 중성자로의 변환율(즉 증식율)은 1 이상이 되어 노내에서 소비시킨 이상의 핵분열 물질인 Pu^{239}가 되어 나오게 된다. 따라서, 고속 증식로는 자연에 존재하는 잠재적 에너지원인 U^{238}을 보다 더 유효하게 이용할 수 있는 원자로이다. 실제 경수로에서는 천연우라늄이 가지는 에너지의 1[%] 정도, 중수 감속로에서도 수[%] 정도가 이용되는 데 비해 고속 증식로는 80[%] 정도까지 이용할 수 있다고 생각하고 있다.

고속로의 냉각재로는 증기와 같은 기체도 사용할 수 있으나, Na과 같은 유리한 성질을 가진 것도 널리 사용되고 있다. 여기서는 Na냉각 고속 증식로를 중심으로 설명한다.

1차 Na냉각 고속 증식로 회로의 열량은 중간 열교환기를 매개로 방사능이 없는 2차 Na 회로에 전해지고, 여기서 2차 회로의 열을 증기 발생기를 매개로 증기계에 전해진다. 연료로는 최근의 설계에 의해 산화물 혹은 탄화물이 사용되며, 직경 수 [mm]의 피복관에 채워 연료봉을 만든다.

노심은 농축연료로 된 노심부와 이것을 둘러싼 블랭킷으로 되고, 후자는 천연 혹은 열화우라늄 연료를 사용한다.

원자로 및 1차 Na 냉각계의 배치 방법에는 루프 방식과 탱크 방식의 두 가지가 있다. 루프 방식은 원자로와 중간 열교환기를 별도로 장치하고, 이것을 1차 냉각배관에 의해서 연결하는 것으로 경수로에 있어서와 유사한 방식이다. 한편 탱크 방식에는 한 개의 1차 Na 탱크 사이에 Na을 채우고, 이 중에 원자로, 중간열교환기, 1차 Na 펌프를 포함하게 한 방식으로서 1차 냉각배관은 필요 없다.

이 방식은 실제 통공을 탱크 윗면에 장치한 것으로, 냉각재의 누설을 최소로 하는 이점이 있다.

14.7.2 Na 냉각 고속로의 특징

(1) 증식

고속로에 있어서 중성자 에너지를 높게(평균 약 0.1[MeV])하므로 해서 증식율을 쉽게 1 이상으로 되는 것은 주로 다음의 이유에 의한다. 즉, 핵분열 물질(U^{235} 및 Pu^{239})의 분열 단면적은 중성자 에너지가 크면 적어지게 되나, 그 이상은 이 포획단면적이 적어져서 연료의 비효율적인 흡수가 감소되므로 증식률이 크게 된다.

증식율을 BR이라 하면 G=BR-1은 소멸하는 핵분열물질의 단위량당의 핵분열 물질의 유효분 증가량으로서 G를 증식이득이라 부르고 있다.

(2) 출력 밀도와 제거법

고속 증식로의 노심 평균 출력 밀도는 200~800[kW/l] 정도로서 열중성자로에 비해 상당히 크다. 이 때문에 열제거의 필요성이 생겨 냉각재에는 열전달 특성이 좋은 Na이 이용되며, 또 연료봉은 직경이 대단히 작은 것이 사용되고 있다.

(3) Na 냉각재

Na은 열전달이 크고 비등점이 880[℃] 정도의 높은 것으로, 가압없이 고온을 얻을 수 있다. 이 결과 증기 조건도 신규화력과 같이 된다. 그러나, Na은 공기 및 물과 발열반응을 일으키기 쉽고, Na23은 중성자 흡수의 결과 방사성 물질인 Na24가 되며, 1차 Na 회로가 방사능을 띠게 되는 결점이 있다. 더욱이 2차 Na 회로를 설치하는 주된 이유는 증기 발생기의 증기 측 배관이 파손할 때에도 물-Na반응의 영향이 노심에 파급하지 않고, 또 Na-물 반응에 방사능이 관련되지 않도록 하기 위한 것이다.

(4) 연료

분열성물질과 원물질의 조합으로 U^{235}와 U^{238} 혹은 Pu^{238}과 U^{238}이 많다. 고속 중성자의 분열 단면적은 적으므로, 노심부 연료의 U^{235} 혹은 Pu^{239}의 농도는 약 20[%] 정도 높게 된다. 연료 연소도는 크고 50,000~100,000[MWD/t] 정도가 되므로, 피복관의 방사선 손상 등 연료설계상 충분히 고려할 필요가 있다.

연.습.문.제

01 원자로 위험을 예방하는 방사선 보호의 기본원칙을 설명하시오.

02 발전용 원자로의 종류를 설명하시오.

03 가압수(PWR)형 발전용 원자로의 원리를 설명하시오.

04 PWR형 발전용 원자로의 특징을 설명하시오.

05 비등수(BWR)형 발전용 원자로의 2중 사이클 강제 순환형에 대하여 설명하시오.

06 BWR형 원자로의 냉각재 순환계통을 설명하시오.

07 BWR형 발전용 원자로의 특징을 설명하시오.

08 중수감속 중수냉각형 원자로(CANDU)에 대하여 설명하시오.

제4편

수력 발전

ELECTRIC ENERGY

15 수력에너지의 변환

ELECTRIC ENERGY

15.1 개요

자연에 존재하는 지형 변화에 따른 물이 가지고 있는 위치에너지를 수차발전기를 통하여 수송이 쉬운 전기 에너지로 변환하여 이용하는데, 수력학에서는 물이 갖고 있는 기계적 에너지를 그 상태에 따라 위치, 압력 및 속도의 세 가지의 에너지 형태로 상호 변환하여 흐르고 있는데, 이를 수두(water head)라고 하는데 수력에너지 변환의 개요는 그림 15.1과 같다. 그리고 이러한 물은 하천에 집중적으로 흐르는 성질이 있으므로 수량 집중점인 하천을 이용함이 편리하다. 이러한 하천을 대용량 발전에 이용하려면 그 흐름을 바꿔야 하며, 이 때문에 하천을 막아 그 자연유량을 필요에 따라 적당히 조절하는 방법이 쓰이고 있다.

발전지점의 이론수력을 발전수력이라고도 하는데, 유효수두를 H[m], 유량을 Q[m^3/s]라 하면

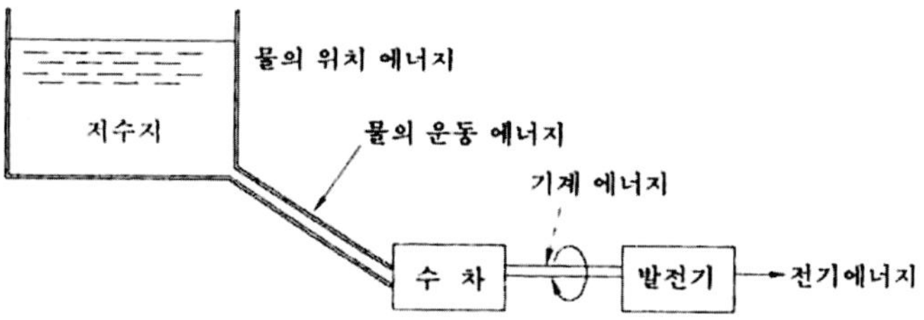

(a)

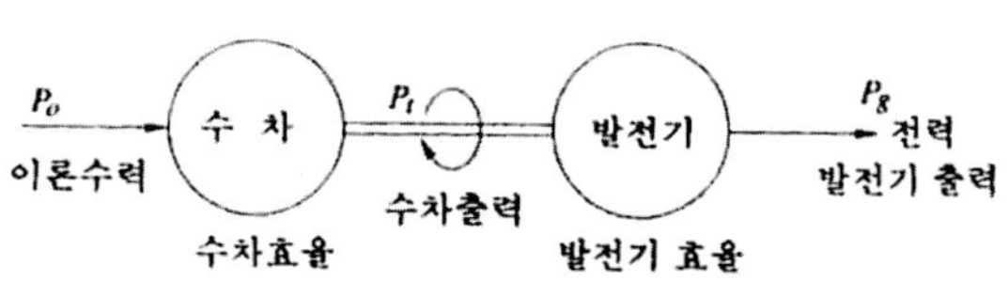

(b)

그림 15.1 수력에너지 변환 개요

$$\text{이론수력} = 9.8Q.H[kW] \quad (15.1)$$

이고, 발전소 출력은 발전소 종합효율을 η라 하면,

$$\text{발전소 출력} = 9.8\eta Q.H[kW]$$

라 표시된다.

수력 발전소는 수력지점의 지형 및 수두에 따라 여러 가지 형태의 발전 설비와 발전방식이 있으며, 최근에 10[m] 이하의 저수두까지 이용하는 방식이 개발되고 있다.

15.2 포장수력

우리나라에서 대규모적으로 수력자원을 개발한 것은 1919년 11월에 부전강수력이며, 이 후에 장진강 수력, 허천강 수력 및 세계적으로 자랑하는 압록강의 수풍 등 대수력이 개발되었으며, 한국의 지세는 산맥이 동해안에 치우쳐 있어서 동해안 쪽은 그 경사가 격심한 반면, 서해만으로는 유량이 풍부한 큰 강이 완만하게 흐르고 있다. 이러한 지세를 이용하여 북한의 발전시설은 큰 강의 상류지역에 대저수지를 축조하고, 이것을 산맥을 관통하는 터널에 의하여 경사가 급격한 동해안으로 유출시켜 고낙차를 얻어 발전하는 유역변경식이 동부지방에 위치하고, 서부지방에는 유량이 풍부한 큰 강을 둑으로 막아 낙차를 얻는 댐식이 위치하고 있다.

16 수력학

ELECTRIC ENERGY

16.1 물의 정역학

16.1.1 물의 성질

기체는 그에 가해지는 압력이 변하면 그 체적이 변한다. 그러나 액체의 일종인 물은 이에 압력을 가해도 그 체적은 거의 변하지 않는다. 따라서 보통의 수력학에서는 물은 압축 불가능(incompressible)이라고 본다. 그리고 물은 점성(viscosity)을 가지고 있다. 물론 물의 점성은 기름과 같이 크지는 않으나, 물이 운동할 때에는 이 성질이 매우 큰 영향을 준다. 따라서 실제 문제에 있어서 이 성질을 생략할 수가 없다. 그러나 이 점성을 고려하여 일일이 계산하는 것은 매우 힘든 일이며, 대부분의 경우에는 불가능하기 때문에 이 점성을 극히 개략적으로 고려해 넣어서 계산한다. 또, 물을 이상유체로 취급할 때가 있다. 이 이상유체(ideal fluid) 또는 완전유체(perfect fluid)라고 하는 것은 점성도 없고 압축도 될 수 없는 가상적 유체를 말한다. 그러나 정지하고 있는 물인 경우에는 점성이 나타나지 않으므로 이상유체로서 취급해도 실험 결과 거의 틀리지 않는다.

또, 맑은 물은 4[℃]에서 최대 밀도를 가지며, 이때의 1[m^3]의 물의 무게는 1[t]이다. 또, 물의 밀도는 온도에 따라 변하는 일이 극히 적으므로, 수력학에서는 보통 일정하다고 본다. 바닷물은 맑은 물보다 무거워서 평균 1.025의 비중을 갖고 있다.

16.1.2 압력과 압력의 세기

정지하고 있는 물의 압력은 어떠한 면에 대해서도 항상 직각으로 작용한다. 이 압력을 생각할 때, 이 세기를 비교할 필요가 생긴다. 물속의 한 점에서의 압력의 세기(intensity of pressure)라는 것은 그 점에서의 단위 면적당의 압력이다. 지금 문제의 한 점을 포함하고 있는 극히 좁은 면적 dA[m^2]를 생각하여 그 면상에 작용하는 압력을 dF[kg]라고 하면, 압력의 세기 p는 일반적으로 다음 식으로 표시된다.

$$p = \frac{dF}{dA}\,[\mathrm{kg/m^2}] \tag{16.1}$$

또, 압력 F[kg]가 면적 A[m^2] 상에서 균일하게 작용하고 있을 때에는 압력의 세기 p는 다음 식으로 표시 된다.

$$p = \frac{F}{A}[\mathrm{kg/m^2}] \tag{16.2}$$

이처럼 압력의 세기는 힘을 면적으로 나눈 것으로, 힘과는 전혀 다른 것이다. 이 압력의 세기를 줄여서 압력이라고 부를 때, 본래의 압력 즉 어떤 표면적 전체에 작용하는 힘을 전압력(total pressure) 또는 총 압력이라고 부른다. 이것을 혼동해서는 안 된다.

16.1.3 압력과 수두

정지하고 있는 수면은 보통 평면이라고 본다. 지금 정지하고 있는 수면에서 H[m]만큼의 깊이를 갖고 있는 수직한 수주를 생각한다. 수주의 단면은 어디서나 균일하며, A[m^2]라고 한다. 이 경우 물은 가정에 의하여 정지하고 있으므로 점성은 나타나지 않는다.

또, 수주의 측벽에 작용하는 압력은 서로 평형을 유지하고 있다. 따라서 이 수주의 무게는 저면에서의 아래 방향으로부터 작용하는 물의 압력과 평형 될 것이다. 지금 물의 단위 용적의 무게를 w[kg/m^3]이라고 하면, 이 수주의 용적은 AH[m^3]이므로 수주의 무게 W[kg]은 AHw[kg]이 된다. 따라서 저면에 작용하는 물의 전압력을 F[kg]이라고 하면 F와 W는 평형을 유지하고 있으므로 서로 같아야 한다. 그런데, 이때 압력의 세기는 수평한 저면상 어느 곳에서나 균일하므로 전압력을 저면적 A로써 나누면 저면에서의 압력의 세기를 얻는다.

$$\begin{aligned} p &= \frac{F}{A} = \frac{W}{A} = \frac{AHw}{A} = wH\,[\mathrm{kg/m^2}] \\ \therefore\ p &= wH[\mathrm{kg/m^2}] \end{aligned} \tag{16.3}$$

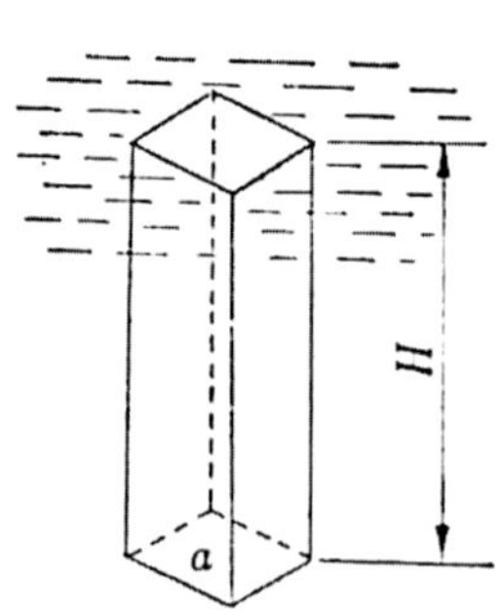

그림 16.1 수주

이 식에서 알 수 있는 바와 같이 압력의 세기 p는 수주의 단면적 A와는 관계가 없으며, 깊이 즉 수주의 높이 H에 비례한다. 이 깊이 H[m]를 수력학상(head)라고 한다.

이처럼 수두 H[m]에 물의 단위 체적의 중량 w[kg/m^3](w는 상수)을 곱하면 압력의 세기를 얻는다. 따라서 H[m]인 수두에 의하여 p[kg/m^2]인 압력의 세기가 일어난다고 생각할 수 있다. 이 관계로부터 압력의 세기를 표시하는 데 수주의 높이를 사용할 때가 있다. 피에조미터(piezometer)는 이 관계를 이용한 것이다.

16.1.4 평면상에 작용하는 정수압

이미 말한 바와 같이 압력의 세기, 즉 단위 면적당의 압력을 보통 압력이라고 부르며, 이에 대하여 어떤 면적상에 작용하는 압력을 전압력이라고 부른다. 그리하여 이 면적이 평면인 경우에는 이에 작용하는 힘은 모두 평면에 직각이므로 전압력은 이들 병행력의 합과 같다.

이 평면의 모양이 간단할 경우에는 압력 체적도라고 하는 것을 작성하면 쉽게 전압력을 알 수가 있다. 가장 간단한 경우로서, 그림 16.2의 (a)에서와 같은 수심 H[m], 폭 B[m]인 수로를 가로막고 있는 구형의 게이트(gate)에 작용하는 전압력을 생각한다. 이 수문의 물과 접하고 있는 면상의 한 점 m에서의 압력의 세기 p[kg/m^2]는 그 점에서의 깊이, 즉 수두 h[m]에 비례하며, $p = wh\,[\mathrm{kg/m^2}]$이다.

지금 m점에서 수평으로 h[m]와 같은 거리를 취하여 그 끝을 n점이라고 한다. 이 n과 같은 조건을 갖는 점을 여러 가지 깊이에 대하여 구하고 이들 점을 연결하면 직선이 되며, 삼각형 AMN이 얻어진다. 게이트의 전압력은 이 삼각형의 면적 $\dfrac{H^2}{2}$에 게이트의 폭 B를 곱하여 생기는 삼각기둥 체적과 같은 물의 중량으로 표시된다. 즉,

$$F = wB\frac{H^2}{2}\ [kg] \qquad (16.4)$$

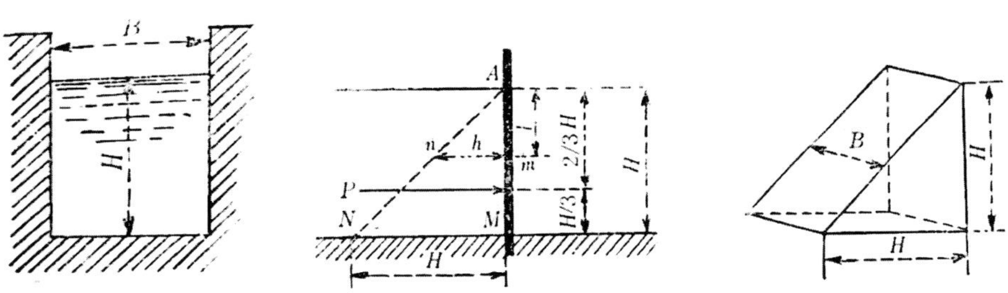

(a) (b) (c)

그림 16.2 구형수문의 압력도

또한, 전압력은 한 개의 합성압력으로서 한 점에 작용한다고 생각했을 때, 그 작용점을 압력의 중심(center of pressure)이라고 부른다. 이때, 작용점은 계형 체적의 중심을 지나 게이트면에 직각으로 그은 선상에 있다. 따라서 압력의 중심은 수면에서 $\frac{2}{3}H[\mathrm{m}]$의 깊이 수저로부터 $\frac{1}{3}H[\mathrm{m}]$dml 높이인 곳에 있다. 그러므로 이 합성압력이 작용하여 게이트를 넘어뜨리려는 모멘트(moment)는 $\frac{1}{3}H\times F[\mathrm{m\cdot kg}]$가 된다.

16.2 물의 동력학

16.2.1 물의 운동의 모양

최초에 밸브를 조금 열어 유리관 내의 물을 극히 완만히 흐르게 하면 세관에서 흘러나오는 착색액은 유리관 내를 물과 함께 선을 그리면서 흐른다. 이와 같은 경우, 물은 유선운동(stream line motion)을 한다고 한다. 다음에 밸브를 크게 열어 물을 점차 빠르게 흘리면 착색액의 선이 왼쪽 끝으로부터 흐트러지기 시작하여, 나중에는 유리관 전체에서 착색액은 와류형을 이루면서 흐른다. 이와 같은 흐름의 모양을 난운동(turbulent motion)이라고 한다. 이처럼 물의 운동에는 전혀 서로 다른 두 가지 종류가 있다. 물의 흐름이 어느 운동 상태를 취하게 되는가 하는 것은 주로 속도의 다소에 의하여 정해진다. 이 중의 한 운동 상태에서 다른 운동 상태로의 이행할 때의 흐름의 속도를 임계 속도(critical velocity)라고 한다. 이 임계속도의 크기는 같은 물이라도 관의 크기, 온도 등에 의하여 변한다. 그러나 보통 기술상으로 취급하는 흐름은 거의 모두 임계 속도 이상이라고 보아도 좋다. 즉, 실제의 흐름은 거의 모두 난운동을 하고 있다.

이처럼 실제로는 유선운동은 거의 일어나지 않으나, 난운동은 매우 복잡하여 계산하기 곤란하므로 편의상 유선운동을 하고 있는 것으로 가정하여 계산해서 대체적인 운동의 경향을 알고자 할 때가 많다. 시간에 관계없이 유선의 위치가 변하지 않는 운동을 정상류(stationary flow)라고 가정하여 계산한다.

16.2.2 유량과 평균속도

유량이라는 것은 흐름의 어떤 단면적을 단위 시간 내에 통과하는 물의 체적이다. 이 유량을 항간에서는 보통 수량이라고 하는데, 이는 엄밀히 말하면 이 양자는 서로 전혀 다른 량이다. 즉 유량은 반드시 시간과 관계가 있는 데 대하여 수량은 시간과 아무런 관계가 없다. 발전하기 위하여 이용하는 하천의 수력에 대하여 말할 때 수량은 엄밀하게 말하면 유량을 말하는 것이다. 바닷물은 수량이 얼마든지 있어도 유량이 아니므로 발전수력으로서는 가치가 없는 것이다. 물이 난운동을 하고 있을 때에는 물론, 유선운동을 하고 있을 때에도 흐름의 단면적 상에서 속도는 균일하지 않다. 예를 들면 직선상 구형 수로를 물이 조용히 흐를 때 양측 벽에 가까운 부분은 물과 벽간의 마찰 저항 때문에 물의 속도는 낮고, 흐름의 중앙부에 가까워짐에 따라 점차로 빨리 흐른다. 또, 저부에 가까운 부분에서도 마찬가지로 흐름의 속도가 적다. 또, 수면에 가까운 부분에서도 공기와의 마찰 저항 때문에 속도는 약간 줄어든다. 관내에 물이 흐를 때에도 마찬가지로 중앙을 흐르는 물의 분자가 가장 빨리 흐르며, 관벽에 가까운 분자일수록 더디게 흐른다. 이와 같이 흐름의 속도는 단면적의 각 점에서 서로 다르다. 그러나 물 분자의 속도를 일일이 아는 것은 불가능하며, 또한 그 필요도 없다. 따라서 수력학에서는 관 또는 수로에서의 흐름이 난운동일지라도 속도는 단면각 점에서 균일하다고 가정한 평균유속(mean velocity)을 가지고 유량을 계산한다.

예를 들면, 수로에서의 흐름의 단면적이 A[m^2]이고 평균유속이 v[m/sec]일 때, 유량 Q[m^3/sec]를 다음 식으로 계산할 수 있다.

$$Q = A \cdot v\,[\mathrm{m^3/sec}] \tag{16.5}$$

16.2.3 연속의 원리

운동하고 있는 물속에 입방체를 가상한다. 물이 압축 불가능한 물체라고 생각하면, 이 입방체의 물의 질량은 일정해야 한다. 따라서 입방체의 어느 면에서 이 중에 유입한 물의 질량이 있다고 하면, 이와 같은 질량의 물이 같은 시간 내에 다른 어느 면을 통해서 유출해야 한다.

이상이 압축 불가능한 액체에 대한 연속의 원리이다. 다음 그림 16.3에서와 같이 물이 흐르고 있는 관에서 단면적 A_1과 A_2에 의하여 구분된 장소를 생각한다. 이때, 단면 A_1을 통하여 단위 시간 내에 이 장소에 유입하는 수량 Q는 면적 A_1과 이 단면에서의 평균유속 v와의 곱으로서 주어진다. 즉, $Q = A_1 v_1$이다. 그런데, 연속의 정리에 의하여 같은 단위 시간 내에 같은 양의 물이 단면 A_2에서 유출하여야 하므로 $Q = A_1 v_1 = A_2 v_2$가

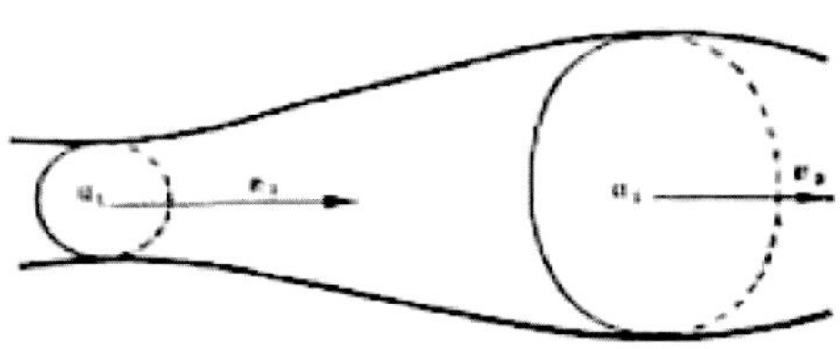

그림 16.3 유량관

성립한다. 이 관계는 관의 어떠한 단면에서도 성립할 것이므로 일반적으로 $Q = Av$라고 쓸 수 있다. 이는 식 (16.5)를 관속의 흐름에 적용하여 일반화시킨 것이다. 이 관계로부터 어떤 순간에 있어서 관의 어느 단면에서도 유량 Q는 일정하다고 말할 수 있다.

16.2.4 베르누이의 정리(Bernoulli's theorem)

지금 물이 점성이 없는 압축 불가능한 이상유체라고 가정하고, 정상류인 상태에 있는 경우를 생각한다. 이 수류 중에 그림 16.4와 같은 단면이 극소한 유관 mn을 상상한다. 이 두 단면 m, n에서의 면적, 평균유속 및 압력의 세기를 각각 $A_1[\mathrm{m}^2]$, $A_2[\mathrm{m}^2]$; $v_1[\mathrm{m/sec}]$, $v_2[\mathrm{m/sec}]$ 및 $P_1[\mathrm{kg/m}^2]$, $P_2[\mathrm{kg/m}^2]$이라 하고, 임의의 수평면 xx에서 측정한 m, n 두 점의 높이를 $H_1[\mathrm{m}]$, $H_2[\mathrm{m}]$라고 한다. 그렇게 하면 정상류라고 가정했으므로 이 유관의 위치는 고정된 것이나 마찬가지이다. 따라서 단면 A_1에서 mn에 유입하는 물의 에너지는 같은 시간 내에 A_2에서 mn을 나가는 물의 에너지와 같아야 한다. 지금 $w[\mathrm{kg/m}^3]$을 단위 체적의 물의 무게라고 하면, 매우 짧은 시간 $dt[\mathrm{sec}]$ 사이에 A_1에서 유입하는 물의 질량은 $\frac{w}{g}A_1 v_1 dt[\mathrm{kg}]$이다. 단, g는 중력의 가속도를 표시한다.

따라서 $\frac{w}{g}[\mathrm{kg/m}^3]$은 단위 체적의 물의 질량이고, $A_1 v_1 dt[\mathrm{m}^3]$은 dt사이에 mn에 유입한 물의 체적이다. 그런데, 운동에너지는 일반적으로 $\frac{1}{2}mv^2$으로 표시되므로 이 경우에는, $\frac{1}{2}(\frac{w}{g}A_1 v_1 dt \times (v_1)^2)[\mathrm{Joule}]$이다. 또, 위치에너지는 mg로 표시되므로 이 경우에는 $(\frac{w}{g}A_1 v_1 dt) \cdot g \cdot H_1[\mathrm{Joule}]$이다. 또, A_1에서 유입하는 물은 $P_1[\mathrm{kg/m}^2]$인 세기의 압

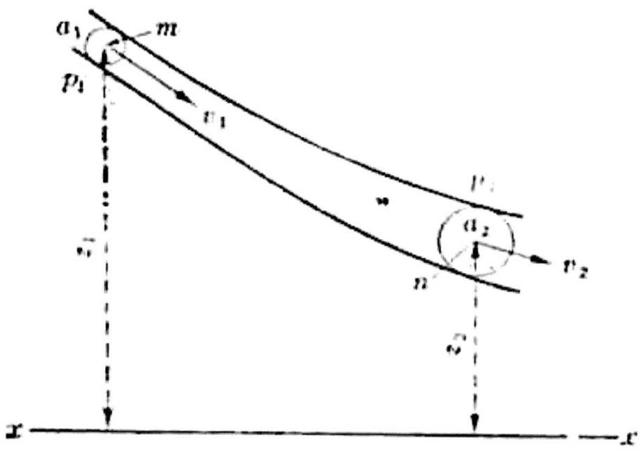

그림 16.4 수관 내의 에너지

력에 작용되므로 이 P_1이 dt 사이에 유입하는 물에 한 일을 (힘)×(거리)인 곱으로 표시되므로 이 경우에는 $(P_1A_1)(v_1dt)$[Joule]이 된다. 결국 dt인 시간 내에 A_1에서 관 mn에 유입한 물이 갖고 있는 에너지는 위의 3가지 에너지의 합계가 된다. 즉,

$$\frac{1}{2}(\frac{w}{g}A_1v_1dt){v_1}^2+(\frac{w}{g}A_1v_1dt)\cdot g\cdot H_1+(P_1A_1)\cdot v_1dt\,[\text{Joule}]$$

이다. 이와 동일하게 하여, 단면 A_2에서 같은 dt 사이에 유출하는 물의 에너지의 합계는

$$\frac{1}{2}(\frac{w}{g}A_2v_2dt){v_2}^2+(\frac{w}{g}A_2v_2dt)\cdot g\cdot H_2+(P_1A_1)\cdot v_2dt\,[\text{Joule}]$$

로 표시된다. 그리하여 이 두 에너지는 같아야 하므로,

$$\begin{aligned}&\frac{1}{2}(\frac{w}{g}A_1v_1dt){v_1}^2+(\frac{w}{g}A_1v_1dt)\cdot g\cdot H_1+(P_1A_1)\cdot v_1dt\,[\text{Joule}]\\&=\frac{1}{2}(\frac{w}{g}A_2v_2dt){v_2}^2+(\frac{w}{g}A_2v_2dt)\cdot g\cdot H_2+(P_1A_1)\cdot v_2dt\,[\text{Joule}]\end{aligned} \tag{16.6}$$

로 된다. 이를 정리하고, $Q=(A_1v_1)=(A_2v_2)$를 대입하면

$$\frac{{v_1}^2}{2g}+H_1+\frac{P_1}{w}=\frac{{v_2}^2}{2g}+H_2+\frac{P_2}{w}\,[\text{m}] \tag{16.7}$$

가 되며, 이 관계는 정상류에서는 어디서나 성립할 것이므로, 다라서 일반적으로 다름과 같이 쓸 수가 있다.

$$\frac{P}{w}+\frac{v^2}{2g}+H=H_0\,[\text{m}] \tag{16.8}$$

이 식의 좌변의 각항은 중량(질량)×g이 1[kg]인 물이 갖고 있는 3가지의 에너지를 나타낸다고 볼 수 있다. 즉, $\frac{P}{w}$는 압력 에너지[kg · m]를 m으로 표시하여 이를 압력수두(pressure head)라 하고, $\frac{v^2}{2g}$는 운동에너지[kg · m]를 m으로 표시하여 이를 속도수두(velocity head)라고 한다. 그리고 H는 위치에너지[kg · m]를 m으로 표시하여 이를 위치수두(protential head)라 한다. 그리하여 이 3가지의 에너지의 합계, 즉 수두의 합이 일정하다는 것을 이 식이 표시하고 있는데, 이를 베르누이의 정리(Bernoulli's theorem)라 한다.

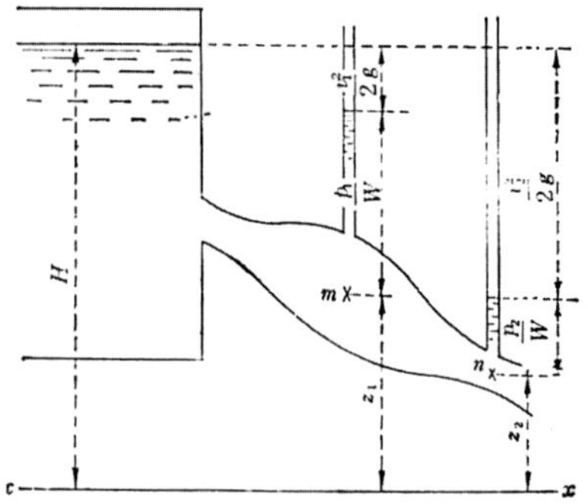

그림 16.5 종합 수두

예제 16.1

그림과 같은 수관 A에서 지름은 0.5[m], B에서 지름은 0.2[m]이고, A점의 압력 및 유속은 각각 20,000[kg/m^2], 0.4[m/s]이었을 경우 B점의 압력은 얼마인가? 단, A와 B면의 낙차는 10[m]로 한다.

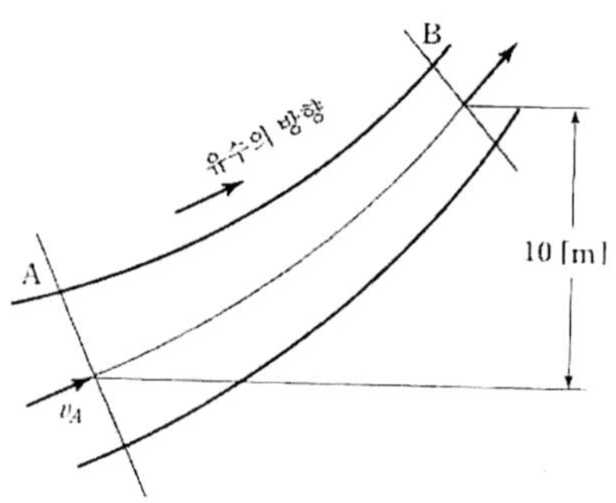

풀이

연속의 원리를 적용하기 위해서 각 점 A, B의 단면적을 구하면

$S_A = \frac{\pi}{4}(0.5)^2 = 0.196[\text{m}^2]$, $S_B = \frac{\pi}{4}(0.2)^2 = 0.0314[\text{m}^2]$

연속의 원리 $S_A v_A = S_B v_B$에서

$v_B = \frac{0.196}{0.0314} \times 0.4 = 2.5[\text{m}]$

베르누이의 정리를 적용하여 B 점의 압력을 구하면

$P_B = w(H_A - H_B) + \frac{w}{2g}(v_A^2 - v_B^2) + P_A$

$w = 1,000[\text{kg/m}^2]$, $H_A = 0$, $H_B = 10[\text{m}]$, $P_A = 20,000[\text{kg/m}^2]$를 대입하면

$P_B = 1,000(0-10) + \frac{1000}{2 \times 9.8}(0.4^2 - 2.52^2) + 20,000 = 9.684[\text{kg/m}^2]$

예제 16.2

수력 발전소에서 유효 낙차 H[m]가 변화하였을 경우 수차의 최대출력 Pt는 어떻게 변화하는지 설명하시오. 단 수차효율 η_t는 일정하다고 가정한다.

풀이

수차출력 $Pt = 9.8QH\eta_t$[kW], 단 Q=유량[m^3/s]
수압관 출구의 단면적을 A[m^2], 유속을 v[m/s]라 하면 유량 Q[m^3/s]는 연속의 정리에 의해서 $Q = Av$[m^3/s]
한편 유속 v는 토리첼리의 정리로부터
$v = c\sqrt{2gH}$ 이므로
$Q = Ac\sqrt{2gH}$ 로 된다.
이것을 수차의 출력식에 대입하면
$Pt = 9.8\,Ac\sqrt{2gH}\,H\eta_t = KH^{3/2}$
그러므로 수차출력은 수차효율이 일정할 경우 낙차의 3/2승에 비례한다는 것을 알 수 있다.

17 유량과 낙차

ELECTRIC ENERGY

17.1 강수량

발전수력으로서의 이론수력은 이미 말한 바와 같이 유량과 낙차의 곱으로 주어진다. 그러므로 수력자원개발 지점의 수량과 낙차를 엄밀히 조사하여야 한다. 이중 유량은 하천유량을 이용하는데, 이는 강수량에 의하여 생긴 수량 중 발전 지점의 하천유량으로서 이루어지므로 강수량을 측정하여야 할 것이다.

강수량은 비, 눈, 우박, 서리 등이 지상 표면에 내린 것을 통틀어 말하는 것으로, 그 단위는 수심을 mm로 표시한다.

이러한 강수량은 동일한 유량이라도 강우 상태에 따라서 그리고 기온 및 풍속과 온도에 따라서 유량으로 되는 비율이 다르다. 그리고 수면과 지면에 따라 그 증발량이 다른데, 수면의 경우 지면에 대하여 약 80[%] 정도이면 보통 1.6~2.7[mm/day] 정도이다.

17.1.1 강수량의 측정방법

강수량은 물의 높이로 표시하며, 높이는 [mm]를 단위로 하는 것이 보통이다. 그림 17.1은 우량계의 한 예로서, 이것은 D, C, B를 금속 원통 A속에 넣고 전체를 지표상에 노출되도록 땅 속에 되묻는다. 유리병 D에 저수된 유리제의 측정기 E로 측정하는 것이다. 또 이런 것 외에도 여러 가지 종류의 자동유량계가 있다.

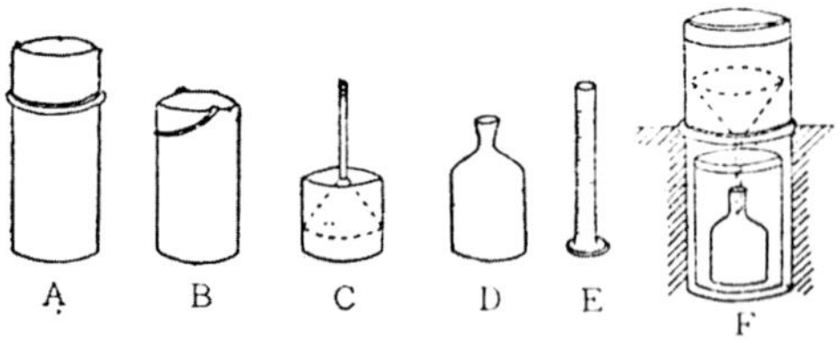

그림 17.1 유량계

17.1.2 우리나라의 강수량

우리나라의 평균월별 강수량은 우리나라 기상의 특이성에 의하여 4월부터 9월까지의 6개월과 10월부터 그 이듬해 3월까지의 6개월 사이에는 각별한 차이가 있다.

과거의 우리나라의 기상개황을 보면 하기 7월 및 8월은 저기압이 심히 내습하는 이른바 태풍기이며, 동기는 시베리아 동부의 바이칼호를 중심으로 하는 지방에 고기압이 매우 발달하는 시기이므로, 우리나라는 건조기가 된다. 우리나라의 강수량은 1년에 500~1,500[mm]이다. 그러나 하기인 6월, 7월 및 8월의 3개월간에 연 강수량의 50~60[%]의 강우가 있기 때문에 하천이 일시에 증수 범람하여 각 지방에는 홍수가 빈발한다.

1개년 중의 평균월별 강수량을 관찰하면, 13개도 중 평안 남북도, 함경남북도의 4개도를 제외하고는 매년 4월부터 9월까지의 6개월과, 10월부터 그 이듬해 3월까지의 6개월은 그 차가 매우 현저함을 쉽게 알 수 있다. 그러나 평안 남북도 및 함경 남북도의 4개도는 북방에 위치하고 있는 관계로 남한에 비하여 약간 시기적으로 편차가 있기 때문에, 1개월 편이하여 매년 5월에서 10월까지의 6개월과 11월부터 다음해 4월까지의 6개월을 비교하면 나머지 9개도인 경우와 하등의 변화가 없다.

17.2 하천유량

하천유량이란 하천의 어떤 지점의 일정 단면을 단위 시간에 흐르는 물의 양을 말하며, 그 단위는 일반적으로 $[m^3/sec]$로 표시한다. 유량은 그 지점보다 상류에 있는 유역 내의 강수량, 온도, 지질, 식물의 번성 상태에 의하여 큰 영향을 받는다.

따라서 계절과 해에 따라 변동이 있으나, 그 변동에는 어떤 한도 및 주기가 있어, 수년간에 걸쳐 측수하면 그 하천 특유의 경향을 측정할 수 있다. 하천의 유량은 전력 개발에 가장 중요한 것으로 우리나라에서는 오래전부터 수차에 걸쳐 수력 조사가 있었으며, 전국의 주요 하천의 주요한 위치에 측수소 및 기상관측소가 설치되어 하천 유량의 측정을 하고 있다. 이 밖에 각 수력 발전소에서도 위와 같은 측정을 하고 있다.

하천의 종합개발, 홍수조절용 저수지, 그 밖의 큰 댐 계획 또는 급수계획에 대해서도 하천유량의 자료가 극히 중요하다.

17.2.1 강수량과 유량과의 관계

강수량과 유량과의 관계는 강수량 전부가 지표수로 되어 유량이 되는 것이 아니기 때문에 유역의 상태에 따라 많은 변화가 있다. 강수량의 일부는 지하수, 초목의 엽면 증발량,

지면 또는 수면의 증발량이 되며, 나머지가 지표수로 되어 하천 유량이 된다. 따라서 강수량의 사소에 따라 또는 같은 양의 강수량일지라도 그 강우 상태에 따라서 다르기 때문에 동일 지점이라 하더라도 일률적으로는 논할 수 없다. 그러나 오랜 세월에 걸쳐 관측을 하면 강수량과 유량과의 사이에는 일정한 관계가 발견되며, 강수량이 유출하는 유량의 비율을 구할 수 있다. 홍수를 일으키는 호우는 80[%] 이상의 10~30일간에 유량이 되는 경우가 많다. 적은 양의 비인 경우에는 그 40[%] 이하가, 그리고 지표수가 유역에 전답이 있으면 관개, 그 밖의 목적에 사용되므로 그 유출비율은 감소된다. 강수량은 일반적으로 관측소가 있는 인가 부근과 산악 부근과는 현저한 차가 있으며, 따라서 유역 전체의 강수량을 정밀하게 안다는 것은 실제상 매우 곤란하다. 유역 내에 경지가 많아 그것이 전체의 30[%] 이상이 되거나 또는 강수량이 적은 지방에서는, 연 유량과 연 강수량과의 비는 40[%] 이하로 된다. 유역에 수목이 잘 번성하고 있고 강수량이 많은 산악 지방에서는 비가 70[%] 이상에 도달하는 경우가 있다. 삼림지방에서는 지면 증발량이 감소하므로 엽면 증발량이 있어도 결과적으로는 유량이 증가한다. 또한 삼림은 유량조절의 역할도 하고, 홍수량을 감하며, 하천의 최소유량을 증가시키게 한다. 화산지대로서 지질이 다공성일 때도 유량조절의 작용이 있는데, 강수는 일단 지하에 저장된 다음 지표수로 되는 비율이 커지기 때문이다.

17.2.2 유량의 계절적 변화

유량과 강수량 사이에는 유역의 상태에 따라 거의 일정한 관계가 있으며, 각 하천에 따라 거의 일정하다. 3~4월에는 눈이 녹기 때문에, 그리고 6, 7월경은 계절우계가 되어 강수량이 이 증가하며, 동계에는 감소하여 최갈수는 1월에 일어나고 있다. 전국 주요 하천인 각 수계의 각 측수소에서 측정한 5~6개년 내지 10수 개년의 평균 유출량의 월별 유출량을 각 수계의 대표적인 측수소별로 표시하면 유출량도 강수량에서와 같이 매년 4월부터 9월까지와 10월부터 다음해 3월까지의 2기(期)로 나누어서 관찰하면 판이한 차이가 있다.

17.2.3 유량의 종류

유량에는 다음과 같은 종류가 있다.

(1) 갈수량

1년 365일 중 355일은 이 양 이하로 내려가지 않는 유량인데, 주로 엄동설한에 일어나며, 여름에도 일어나는 곳이 있다.

(2) **저수량**

1년 365일 중 275일은 이 양 이하로 내려가지 않는 유량인데, 9개월 유량이라고도 한다.

(3) **평수량**

1년 365일 중 185일은 이 양 이하로 내려가지 않는 유량으로, 6개월 유량이라고도 한다.

(4) **풍수량**

1년 365일 중 95일은 이 양 이하로 내려가지 않는 유량인데, 3개월 유량이라고도 한다.

(5) **고수량**

매년 1~2회 발생하는 유량이다.

(6) **홍수량**

3~4년에 한 번 발생하는 유량이다.

(7) **최대 갈수량, 최대 홍수량**

과거의 사실과 구전 등에 의하여 판정한 최저, 최고의 유량이다.

(8) 갈수량, 저수량, 평수량, 풍수량은 다음에 설명하는 유황곡선에 의하여 정확히 규정 지어진다.

17.2.4 유량도(hydrograph)

이는 가로축에 1년 365일을 달력의 순으로 취하고, 세로축에 유량을 취하여 매일의 측정유량을 그 그림 안에 기입하여 이들 점을 연결한 것을 말하며, 일정한 양식에 따라 작성되며, 천후, 기온, 강수량, 수위 등을 기입하게 되어있다.

17.2.5 유황곡선(duration curve)

유량도를 기초로 하여 가로축에 1년 365일을, 세로축에 유량을 하여 유량이 큰 것부터 순차적으로 배열하여 이들 점을 연결한 곡선으로 일반적으로 2차 곡선이 된다. 그림 17.2는 그 한 예로서 이 유황곡선은 하천 및 지방에 따라 변화가 있으며, 지역에 삼림이 잘 번성하고 상류에 호수 혹은 저수지 등을 가지는 하천에서는 갈수량과 풍수량의 비율이 작아 곡선은 완만하며, 그림 17.2의 A가 그 대표적인 예이다. 유황곡선은 발전계획에 있어서 가장 중요한 것으로, 일반적으로 수십 년간의 기록으로부터 평균 유황곡선을 작성하여 이것에 의하여 혹은 평균곡선에 가까운 해의 유황곡선에 의하여 발전소의 사용수량, 기계 대수, 기계 형식 등이 선정된다.

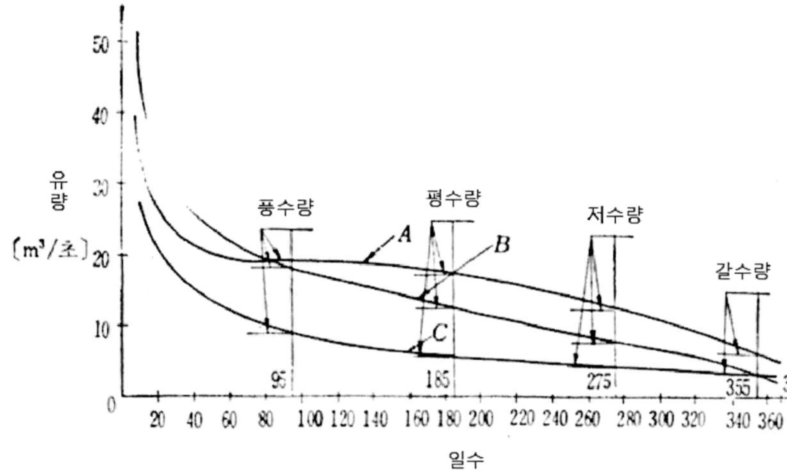

그림 17.2 유황곡선

17.2.6 적산유량곡선

누가유량곡선(mass curve)이라고도 하며, 풍수기가 시작되는 점을 기점으로 1년 365일을 가로축으로 수량을, 세로축으로 취하여 매일의 유량을 누가하여 작성한 곡선이다. 세로축의 수량에는 일반적으로 [m^3day]가 사용된다. 1[m^3day]는 1[m^3/sec]의 유량의 24시간분이란 의미로서, 36400[m^3]의 수량에 상당한다. 적산유량곡선은 하천에 둑을 만들고, 저수지를 설치하여 하천유량을 조절할 때 하천유량에 대하여 필요한 저수지용량을 구하는데 사용된다. 1년간의 하천유량을 조절하는데 저수지를 사용할 때에는 수십 년간에 대한 적산유량곡선을 작성하여 저수지가 매년 계획대로 사용될 수 있는가의 여부를 조사하게 되는 것인데, 특히 수년간에 한 번 일어나는 홍수도 저수하여 조절 사용할 계획인 경우에는 수년간의 연속적인 적산유량곡선을 작성하여 계획대로 사용할 수 있는가의 여부를 검토할 필요가 있다.

17.2.7 수위유량곡선

하천의 수위와 유량과의 사이에는 일정한 관계가 있다. 수위로부터 유량을 구하려 면 수위 유량곡선을 사용하는데, 측우소의 양수표가 있는 장소의 수위와 유량과의 수위와 유량과의 실측치로부터 정해진다. 수위유량곡선의 일반식은 다음과 같이 표시된다.

$$Q = a + bh + ch^2 \tag{17.1}$$

여기서, Q : 유량[m^3/sec], a, b, c : 계수, h : 수위 [m]

위의 식에서 a, b, c의 계수는 실측결과로부터 구하는데, 이를 구하는 데는 최소자승법, 3점법, 적분법 등이 있다. 이 중 3점법이 가장 간단하며 오차도 적기 때문에 가장 많이 사용된다. 3점법이란 처음 실측치의 3점을 지나는 곡선을 임의로 그려 계산에 의하여 근사치를 구하는 방법이다.

하천의 수위와 유량과의 관계는 출류할 때마다 토사의 유하에 의한 하천의 횡단면적 및 형상의 변화로 인하여 변한다. 따라서 특수한 장소를 제외하고는 계절에 따르는 출수로 인하여 위의 식의 계수치가 변하므로 적어도 1년에 3회 정도 곡선을 조정할 필요가 있다.

17.3 유량측정

17.3.1 종류

수력 발전소에서의 유량측정은 하천의 유량조사를 위한 것과 발전소의 사용 수량의 실측(수차 효율분석을 포함)을 위한 것으로 나눌 수 있다. 전자에는 유속계법, 부자측법(float method), 공식측법 등이 있고, 후자에는 유속계법, Pitot관법, Bellmouth법, 수압시간법, 염수속도법(Gibson method), 염수농도법 등이 사용된다. 언측법은 수량이 적을 경우와 모형수차시험에서의 유량측정에도 사용된다.

17.3.2 언측법(weir measurement)

물이 유수통로를 횡단하여 설치된 장해물을 일류할 때를 둑(weir)이라고 하는데, 그 모양에는 구형, 삼각형, 원형 등이 있으며, 둑머리는 어떤 두께를 갖고 있을 때와 또는 예각을 형성할 때가 있으며, 또 일류부에 축류를 일으키는 때와 일으키지 않는 때가 있다.

보통 수량이 적은 곳에는 일류수량이 충분히 크도록 삼각형 둑을 사용하며, 중류량인 경우에는 양쪽에 축류를 수반하는 구형 둑을 사용하고, 대유량인 경우에는 축류가 없는 구형 둑을 사용한다.

수로가 직선적이며 단면의 변화가 적고 난류가 없으며, 또한 바람 등의 영향을 거의 받지 않는 장소를 선택하여 둑을 설치하며, 둑의 상류에는 가능하면 수면에 재목 등을 띄워서 수파가 생기는 것을 방지한다. 둑 상류에 둑에 의하여 생긴 수면 물매의 영향이 없는 장소에 바람 등의 영향을 피하기 위하여 연통관 등을 사용하여 조용한 수면을 만든 다음, 보통 훅 게이지에 의하여 수위를 측정한다. 훅 게이지(hook gauge)라는 것은 선단이 낚시바늘과 같이 구부러진 모양을 갖고 있는 막대기로서, 이를 물속에 집어넣었다가 조용히 꺼내어 거의 수면과 접촉하려 할 때의 위치를 측정하는 것이다.

17.3.3 유속계법(current-water method)

(1) 유속계

프로펠러 모양의 수차를 유수에 의하여 회전시키는 구조로 되어 있다. 유속은 이 회전부의 회전수로부터 다음 식에 의하여 구해지며, 그 계수는 해마다 1~2회 정수 중을 기지 속도로 움직이면서 검정할 필요가 있다.

$$V = aN + b \ [\mathrm{m/sec}] \tag{17.2}$$

여기서, V : 유속[m/sec], N : 단위 시간 내의 회전수[rps], a, b : 계수

회전수는 얕은 곳을 측정할 경우에는 일정한 회전마다 직접 소리를 내게 하는 음향식에 의하고, 깊은 곳에서는 전기회로의 개폐에 의한 검출장치에 의한 전기식으로 측정하는 것이 편리하다.

(2) 측정개소의 선정

측수함에 있어 강 혹은 수로가 될 수 있는 한 꼿꼿하며, 만곡점에서 상당히 하류이며 난류가 적은 장소, 수로중의 공작물, 그 밖의 것에 의한 배수의 영향이 없고, 또 잠류, 역류, 와류 등이 없는 장소를 선택할 필요가 있다. 또, 유속이 0.3~0.5[m/sec]의 범위를 벗어나면 오차가 커진다. 오차를 1[%] 이내로 유지하려면 0.6[m/sec] 이상의 유속이라야 한다. 하천의 측우소에서는 정기적으로 수위와 유량과의 관계를 구하여 일상 시에는 수위를 측정함으로써 유량을 구하기 때문에 물이 흐르는 부분 및 하천의 바닥이 변화할 우려가 적고, 측수작업에 편리한 지점을 선정해야 한다.

(3) 측정방법

하천 혹은 수로에 직각으로 횡단선을 설정하여 도보, 배, 다리 등에 의하여 횡단선과 하폭에 연하여 1~4[m]마다 수심을 측정하고, 수심 측정선에 따라 횡단면을 구분하여 각 구분마다의 유수 단면적을 구한다(그림 17.3). 이때, 수면 변동의 상황에 대하여 측정 중 항상 주의를 기울여야 한다. 각 구분의 중심을 통하는 수직선상의 수개점에서 유속을 측정한 다음 수직 유속 분포곡선을 구하여 평균유속을 산출하고 이와 그 구분의 유수 단면적과의 상승적으로부터 그 구분의 유량을 구한다.

전 구분을 합계하면 전유량이 얻어진다. 한 유수 단면적 내의 유속 측정점의 수 N은 유수 단면적을 F[m^2]이라 하면,

$$7.5\sqrt{F} \le N \le 14\sqrt{F}$$

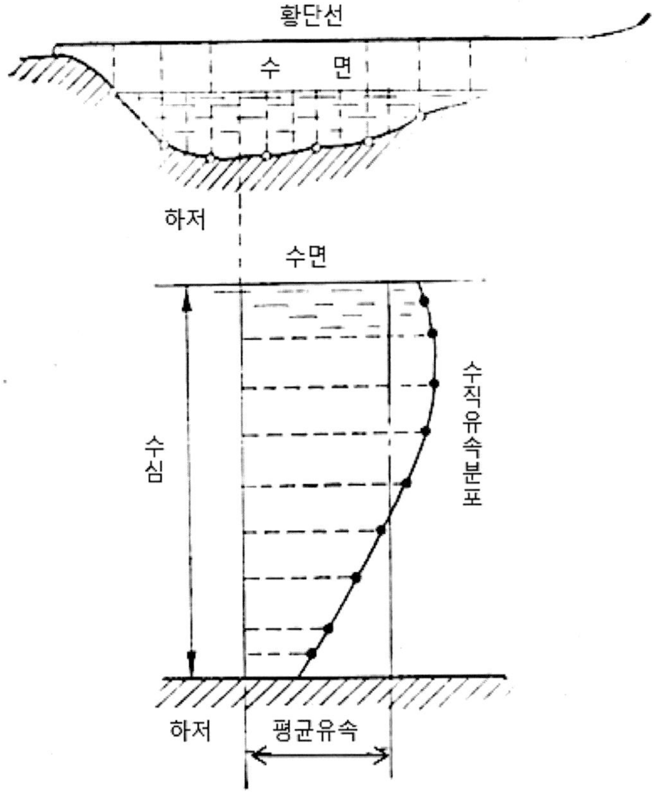

그림 17.3 유수단면과 수직 유속 분포

로 하는 것이 좋으며, 측정점의 분포는 수로의 측벽 또는 저면에 가까워짐에 따라 배게 하는 것이 좋다. 규칙적인 형태를 갖고 있는 수로에서의 측정, 또는 단시간 내에 행하는 측정인 경우에는 수직 유속 분포를 구하는 대신에 수면에서부터 수심의 20[%]와 80[%]가 되는 2점의 유속을 구하여 그 평균치를 그 구분의 평균유속으로 취하든가, 또는 수심의 60[%]되는 점의 유속을 평균 유속으로 취하든가, 또는 표면 유속의 80[%]를 평균 유속으로 취하든가 간이법에 의하는 경우도 있다. 그러나 간이법에 의한 경우는 수로의 측벽 및 수저의 상태, 풍향 등에 주의 할 필요가 있다.

17.3.4 부자측법(float method)

표면부자, 간부자, 2중부자의 3종류가 있다. 주로 홍수 시의 하천유량의 측정에 사용된다. 유수 중의 적당한 직선 구분 간에 부자를 흘려 띄워서 그 속도를 측정하여 적당한 계수를 곱하여 그 단면의 평균 유속을 구한다. 유속계법에서와 같이 수로의 횡단 면적을 수직선으로 구분한 수개의 단면으로 나누어서 생각하여 각 단면의 면적과 평균유속과의 곱의 총합으로써 전 유량을 구한다.

17.3.5 Pitot관법

도수관의 측벽에서 유수 중에 삽입한 관의 수류방향에 직각으로 열린 개구(측압개구)로부터의 압력은 유수의 그 위치에 있어서의 수압을 표시하며, 유수 중에 삽입한 관의 수류 방향으로 향하여 열린 개구(충격개구)에서 도입한 압력은 유수의 언지압력, 즉 수압과 속도수압에 상당하는 압력과의 합을 표시한다. 따라서 양자의 압력을 수주압력계로 나타내면 양 수주의 높이의 차이는 다음과 같이 속도수두를 표시하며, 이로부터 유속을 구할 수 있다.

$$h_1 = p/w[\mathrm{m}] \tag{17.3}$$

여기서, h_1 : 수주에 직각인 개구에 의한 수주의 높이[m]
p : 유수수압[kg/m^2], w : 단위 체적의 물의 중량[kg/m^3]

$$h_2 = \frac{p}{w} + c\frac{v^2}{2g}[\mathrm{m}] \tag{17.4}$$

여기서, h_2 : 수류에 대응하는 개구에 의한 수주의 높이[m]
c : 피토트 관 고유계수, v : 유수속도[m/sec], g : 중력의 가속도[m/sec^2]

$$h_2 - h_1 = c\frac{v^2}{2g}[\mathrm{m}] \tag{17.5}$$

유속계법의 경우와 같이 수로 단면을 몇 개로 구분하여 각 구분마다의 유속과 유수 단면적을 구하여 전유량을 산출한다.

17.3.6 Bellmouth 법

그림 17.4에서와 같이 Bellmouth형을 갖고 있는 관로의 하류(변곡부 종단에서부터 관경의 약 0.7배되는 위치)에서는 유로의 전단면에서 유속 분포가 균일하다. 이 단면 내의 임의점에서의 정수두를 h_1[m], 수조의 정수두를 h_0[m], $h_0 - h_1 = h$[m]라고 하면, 유속 v[m/sec]는 다음과 같이 표시된다.

$$\begin{aligned} v &= c\sqrt{2g(h_0 - h_1)} \\ &= c\sqrt{2gh}\,[\mathrm{m/sec}] \end{aligned} \tag{17.6}$$

여기서, c는 계수로서 대략 0.97이다.

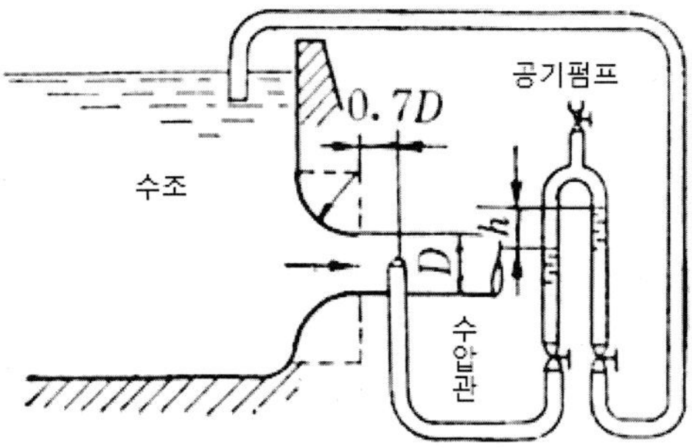

그림 17.4 Bellmouth 법

유량 Q[m^3/sec]는

$$Q = C \cdot \frac{\pi}{4} D^2 \sqrt{2gh}\,[\mathrm{m^3/sec}] \tag{17.7}$$

로 표시되며, D는 수압관의 직경[m]이다. 정수두를 측정하려면 Pitot 관법인 경우에서와 같이 관벽에 구멍을 뚫든가 또는 관 내에 측압구를 삽입해서 측정한다. 수조 측의 수압은 수조 내의 유수속도를 무시할 수 있을 때에는 어디서 측정하거나 관계없지만, 속도수두가 측정 결과에 영향을 미칠 경우는 수조내의 물의 전체 수두를 측정하는 것과 같이 수류의 동압을 포함한 압력을 측정하든가, 또는 유수가 벽에 부딪혀서 수면에 융기부가 생긴 곳의 정압을 측정해야 한다.

17.3.7 압력시간법(Gibson method)

수압철관 내의 유수속도를 가이드 베인(guide vane) 등에 의하여 감소시키면 수압이 상승하여, 이른바 수격작용(water hammering)을 일으킨다. 지금 가이드베인을 천천히 폐쇄한다고 하면, 이때의 상승압력과 시간과의 곱은 이 시간 내에 수압철관 내의 유수 중에 발생한 운동량 변화와 같다. 즉,

$$A\int_0^t p\,dt = \frac{W}{g}(v_0 - v_t)\,[\mathrm{kg \cdot sec}] \tag{17.8}$$

여기서, A : 수압 철관의 단면적[m^2], p : 상승 수압[kg/m^2]
W : 수압 철관 내의 유수중량[kg]
v_0 : 가이드 베인 폐쇄 전의 유수속도[m/sec]
v_t : 가이드 베인 폐쇄 개시부터 t초 후의 유수속도[m/sec]
g : 중력가속도=9.8[m/sec^2]

또는,

$$A\int_0^t h\,dt = \frac{w}{g}AL(v_0 - v_t)\,[\text{kg}\cdot\text{sec}] \tag{17.9}$$

여기서, h : 수주로 환산한 상승 수압[m]
L : 수압 철관의 길이[m]
w : 물의 단위 체적당 중량[kg/m^2]

따라서

$$(v_0 - v_t) = \frac{g}{L}\int_0^t h\,dt = \frac{g}{L}S_t\,[\text{m/sec}] \tag{17.10}$$

여기서 S_t는 t 사이의 $h-t$ 곡선으로 이우러지는 도형의 면적이다. 그러므로, t 사이의 유량 변화는

$$A(v_0 - v_t) = \frac{gA}{L}\cdot S_t\,[\text{m}^3/\text{sec}] \tag{17.11}$$

와 같이 되며, 어떤 방법으로 t 사이의 $h-t$의 도형면적 S_t를 알 수 있다고 하면, t 사이의 유량의 변화를 알 수 있다. 지금 T를 가이드 베인을 전폐하는 데에 요하는 시간[sec]이라 하고, 다른 방법으로 가이드 베인 전폐 시의 누설수량 Q_t[m^3/sec]를 알 수 있다면, 수차의 사용 수량 Q[m^3/sec]는 다음 식으로 표시된다.

$$Q = \frac{gA}{L}S_t + Q_t\,[\text{m}^3/\text{sec}] \tag{17.12}$$

만일 수압 철관의 단면적이 전장에 걸쳐 동일하지 않고 n개의 다른 단면적으로 되어 있을 때에는 Q는 다음과 같이 표시된다.

$$Q = gS_t\sum_{i=1}^{n}\frac{A_i}{L_i} + Q_l\,[\text{m}^3/\text{sec}] \tag{17.13}$$

17.3.8 염수속도법(selt-velocity method)

수압관 내의 어떤 거리 l[m]만큼 떨어져 있는 두 점에 각각 한 쌍의 전극을 설치하고 상류에서 염수를 주입하면, 염수가 전극을 통과할 때 도전율이 증가하여 전류가 급증하므로 염수가 양 전극 사이를 통화하는 데 소요되는 시간 t[sec]를 측정할 수 있다. 수압관의 단면적을 A[m^2]라고 하면, 유량 Q[m^3/sec]는 다음 식으로부터 구할 수 있다.

$$Q = A\,l/t\,[\text{m}^3/\text{sec}] \tag{17.14}$$

17.3.9 Venturi관법

수평으로 놓여 있는 관의 중도에서 관의 안지름을 갑자기 축소시키면 단면 변화의 전후에서 압력수두를 무시하면 다음 식으로 표시된다.

$$h = \frac{p_1 - p_2}{w} = \frac{{v_2}^2 - {v_1}^2}{2g}[\mathrm{m}] \tag{17.15}$$

여기서, p_1 : 단면 축소 직전 부분의 수압[kg/m²]
p_2 : 단면 축소 직후 부분의 수압[kg/m²]
v_1 : 단면 축소 직전 부분의 유수속도[m/sec]
v_2 : 단면 축소 직후 부분의 유수속도[m/sec]
w : 물의 단위 체적당 중량=1000kg/m³

또, 유량 Q는 다음 식으로 표시된다.

$$\begin{aligned} Q &= A_1 v_1 \\ &= A_2 v_2 [\mathrm{m}^3/\mathrm{sec}] \end{aligned} \tag{17.16}$$

여기서, A_1 : 단면 축소 직전 부분의 관 단면적[m²]
A_2 : 단면 축소 직후 부분의 관 단면적[m²]

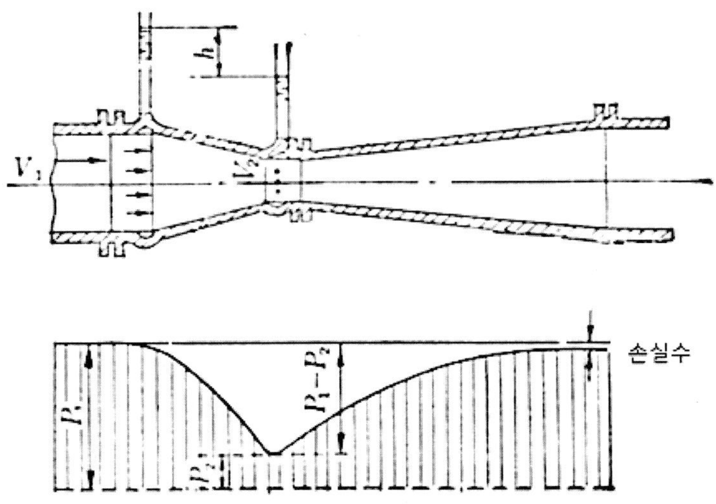

그림 17.5 벤투리 법

따라서 (5.18), (5.19) 식으로부터

$$v_1 = \sqrt{\frac{2gh}{m^2-1}}\ [\mathrm{m/sec}]$$
$$m = \frac{A_1}{A_2} \tag{17.17}$$

로 표시된다. 일반적으로 적은 양이지만 손실수두를 수반하므로 유량은 다음 식으로 표시된다.

$$Q = CA_1v_1 = CA_1\sqrt{\frac{2gh}{m^2-1}}\ [\mathrm{m^3/sec}] \tag{17.18}$$

여기서, C : 유량계수

유량계수는 1에 가까운 값이 되나, 엄밀하게 말하면 유수량에 의하여 변화하고, 또 유수는 관단면 축소가 끝난 부분에서 수축하며 그 후 확대했다 수축했다 하는 경향이 있으므로, 관 단면 축소 후의 수압을 측정하는 위치에 따라서 이 계수에 차가 생긴다. 관 단면이 한번 축소한 후에는 될 수 있는 한 손실을 적게 하기 위하여 완만한 각도를 가진 둥근 관을 사용하여 처음 단면으로 복귀시키는 것이 필요하다.

17.4 낙차

17.4.1 개요

수력을 발생하는 요소는 유량과 낙차이다. 유량이 아무리 풍부해도 평지에 있는 하천은 물매가 작아서 낙차을 얻기 어려우나, 산 속에 존재하는 하천인 경우에는 유량은 적어도 낙차는 쉽게 얻을 수 있는 잇점이 있다.

수력 발전소 건설에는 댐, 취수구, 수로 등의 토목공작물에 소요되는 공사비가 많은데, 하천 상류에서는 비교적 짧은 수로로서 높은 낙차가 얻어지므로 수로비가 싸게 들며, 하천의 폭이 좁으므로 댐 등의 건설비가 적게 든다.

같은 출력의 수차인 경우에는 유량이 적은 쪽이 기계가 작아지므로, 따라서 중량도 가벼워져 기계, 건물 등 모든 점에서 공사비는 싸진다.

실제로는 다른 여러 가지 조건도 필요하므로 간단히 결론을 내릴 수는 없으나 일반적으로 고낙차가 될수록 건설비는 싸진다고 봐도 좋다. 그러나 소용량의 기계를 설비한

소발전소일수록 단위 출력당 건설비는 비교적 고가로 되며, 상류 지방에서는 운반비, 그 밖에 공사 진행상 여러 가지 경비가 많이 들기 때문에 실지로는 여러 가지 조건을 상세히 검토하여 그 우열을 결정해야 한다.

같은 수차라도 낙차의 변동에 따라 효율이 상당히 변하므로 따라서 발전력도 변한다. 이상과 같이 수력 발전소에서는 낙차라는 것이 특히 중요한 요소가 된다.

17.4.2 하천의 물매(구배)

하천의 물매가 급하면 짧은 수로로서 고낙차를 얻을 수 있는 것은 위에서 설명한 바와 같다. 이 낙차를 충분히 이용하기 위하여 어떤 하천에서는 유리한 지점으로부터 개발하여, 나중에는 한 하천에 있어 상류에서부터 하류에 이르기 까지 거의 낙차를 빼놓지 않고 수력 발전에 이용한 경우도 있다.

17.4.3 낙차를 얻는 법

수력 발전소를 건설할 때, 낙차를 얻는 방식에는 다음과 같은 것이 있다.

(1) 자연 하천 물매를 그대로 이용하는 방식

수로식 발전기에서 하천의 기울기를 그대로 낙차로 취하는 경우이며, 하천의 굴곡부를 이용하여 가능한 한 수로를 짧게 하든가 또는 다른 방법에 의하여 유리한 지점을 선정하도록 한다.

(2) 댐을 설치하여 저수지 또는 조정지를 만드는 방식

댐을 설치하여 저수지 또는 조정지를 만들어 낙차를 얻는 방식으로서, 하천의 자연유량을 저수 또는 조정하여 갈수기의 전력공급 또는 하루의 첨두 부하 시의 공급에 사용한다.

(3) 계곡 등으로부터 양수하여 발전하는 방식

주수로 도중에서 수로 수면보다 낮은 계곡 또는 천연호수 등의 물을 주수로 중에 양수하는 방법으로서, 우리나라에는 부전강의 제1댐과 제2댐 사이에 이런 예가 있다.

(4) 유역변경에 의한 방식

이는 산악 지방의 분수령에다 터널을 파고 이 터널을 통하여 한 하천의 물을 분수령의 반대쪽에 있는 다른 하천에 떨어뜨려 유효낙차를 얻는 것으로, 우리나라의 부전강, 장전강 발전소 등 북한의 동해안에 위치한 발전소들은 이의 좋은 예이다.

이상과 같은 여러 가지 방법으로 낙차를 얻는데, 특수한 예로서 폭포를 그대로 이용한 것도 있다. 또, 하천 하류에 설치한 댐은 그 하류의 관개를 위하여 하천의 유량을 평균화시키는 이른바 역조정이 주 목적이나, 이 댐에 의한 낙차를 이용한 역조정지식 발전소도 있다.

17.4.4 총 낙차와 유효 낙차

(1) 총 낙차(gross head)

취수구에서의 수위와 방수구(tail race)에서의 수위와의 차를 총 낙차라고 한다. 총낙차 중 최대의 것을 최고 총 낙차라고 한다.

(2) 정 낙차(static head)

이는 발전기의 수차 전부가 정지했을 때의 상수조(또는 조압수조) 수면과 방수로 싯점의 수면 또는 충동수차의 최저점 간의 위치수두(position head)를 발한다.

(3) 겉보기 낙차(apparent head)

이는 수차가 운전하고 있을 때의 상수조(또는 조압수조) 수면과 방수로 싯점의 수면 또는 충동수차의 최저점 간의 위치수두를 말한다.

(4) 유효 낙차(effective or net head)

유수가 취수구로부터 수로와 방수로에 이르는 사이에 수로의 기울기, 마찰, 기타로 인하여 낙차에 손실을 일으키는데, 이를 손실 낙차라고 한다. 총 낙차에서 이 손실 낙차를 뺀 것, 즉 사용 상태에서 수차 운전에 이용되는 수두를 유효 낙차라고 한다.

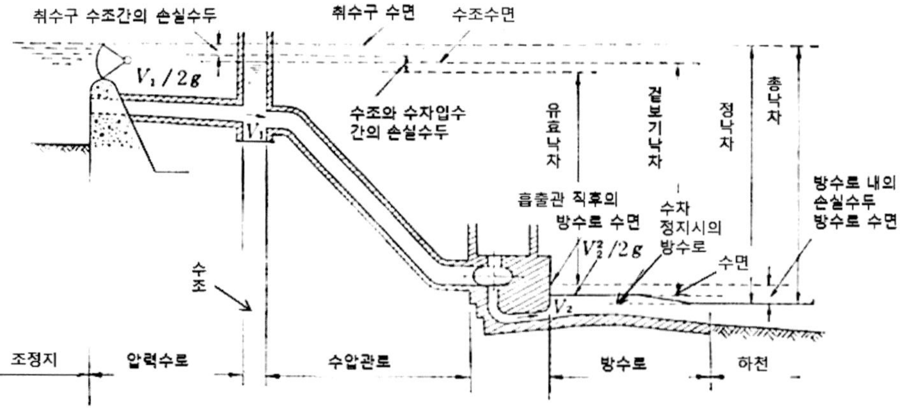

그림 17.6 총 낙차, 겉보기 낙차, 정 낙차, 유효 낙차의 관계 설명도

(5) 손실 낙차

손실 낙차의 주된 것은 다음과 같다.

① **취수구손실** : 유수가 유로 단면이 큰 하천에서부터 비교적 협소한 취수구에 들어가기 때문에 생기는 단면수축에 의한 손실이며, 익제가 있을 경우에는 익제손실, 관벽에 의한 손실, 진제격자손실 등이 있다.

② **수로손실** : 자연유하식 수로에서는 주로 수로의 기울기에 기인하는 손실, 압력수도인 경우에는 마찰에 기인하는 손실 등 이 있다.

③ **수로 구조물에 의한 손실** : 침사지, 수조 등에서의 단면의 급변, 진제격자, 익제격벽에 의한 손실등이 있다.

④ **수압철관 손실** : 수압 철관 내의 마찰손실로서, 철관 입구의 구조, 수압 철관로의 굴곡, 제수변 등에 의하여 생긴다.

⑤ **방수로 손실** : 방수로에 있어서의 기울기, 단면의 급변 등에 의한 손실이다.

예제 17.1

총낙차 300[m], 사용유량 20[m3/s]인 발전소의 수차 출력과 발전기 출력을 계산하라. 단 수차효율은 98[%]라하고 손실 낙차는 총 낙차의 6[%]라 한다.

풀이

손실 낙차=300×0.06=18[m], 유효 낙차=300−18=282[m]
그러므로, 수차 출력=9.8×20×282×0.9=49.745[kW]
발전기 출력=9.8×20×282×0.9×0.98=48.750[kW]

예제 17.2

최대 출력 50,000[kW] 수력 발전소에서 유효낙차가 80[m], 수차 및 발전기 효율이 각각 92[%], 97[%]라고 한다면 수차의 사용 유량을 계산하시오. 또, 발전소의 연간 이용률이 75[%]라면 연간 발전전력량은 몇 [MWh]가 되겠는가?

풀이

발전기 출력에 관한 계산 식으로부터 사용유량은
발전기 출력 $= 9.8\,QH \times$ 효율

$$Q = \frac{P}{9.8H \times \text{효율}} = \frac{50{,}000}{9.8 \times 80 \times 0.92 \times 0.97} \fallingdotseq 71.5\,[\mathrm{m^3/s}]$$

연간 이용률=0.75이므로
연간 발생 전력량= $50{,}000 \times 0.75 \times 365 \times 24 = 328.5 \times 10^6\,[\mathrm{kWh}] = 328.5 \times 10^3\,[\mathrm{MWh}]$

연·습·문·제

01 수력 발전의 개요를 설명하시오.

02 피에조 미터의 원리를 설명하시오.

03 게이트에 미치는 정수압을 계산하시오.

04 연속의 원리를 설명하시오.

05 베르누이의 정리를 설명하시오.

06 유황곡선을 활용하여 유량의 종류를 설명하시오.

07 발전소의 사용수량을 측정하는 방법을 설명하시오.

08 수력 발전에서 낙차를 얻는 방법을 설명하시오.

09 발전에 필요한 유효 낙차를 설명하시오.

10 최대 사용유량 80[m^3/s], 유효 낙차 75[m], 발전소 종합효율 85[%]인 수력 발전소의 최대 출력 Pm을 구하시오.

또 이 발전소를 1년 중 200일간은 평균 사용유량 60[m^3/s], 효율 70[%]로 운전하고, 50일간은 평균 사용유량 30[m^3/s], 효율 55[%]로, 나머지는 최대 사용유량으로 운전하는 경우 1년 365일 동안 생산한 전 발전량을 계산하시오. 단, 유효 낙차는 사용수량에 관계없이 일정하다고 가정한다.

11 유역면적 400[km^2], 1년간의 총 강수량 1,500[mm]인 수력지점이 있다. 유출계수를 70[%]라 하고 저수량을 연간 평균 유량의 1/3이라 할 때 이 하천의 저수량을 계산하시오.

12 그림과 같은 유황곡선을 가진 하천에서 최대 사용수량 90[m^3/s], 유효 낙차 60[m]의 수력 발전소를 설계 시 아래 값을 계산하시오. 단, 수차효율은 88[%], 발전기효율은 97[%]라 가정한다.

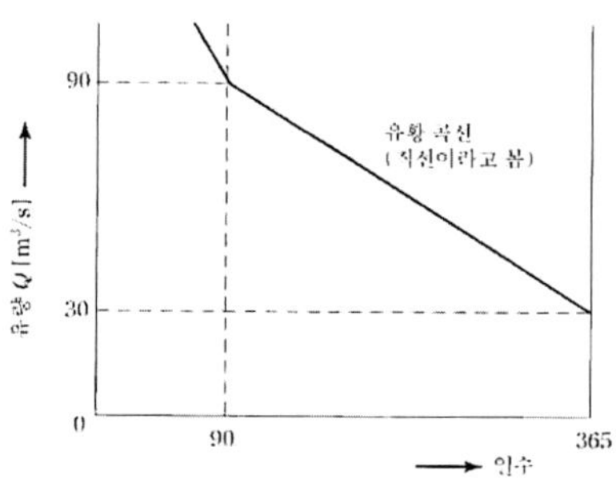

(1) 발전소 최대 출력

(2) 연간 발전 전력량

(3) 연간 발전소 이용률

18
취수 설비

ELECTRIC ENERGY

18.1 댐(dam)

수력 발전용으로 하천의 물을 취수하거나, 또는 낙차를 얻기 위하여 하천에 둑을 축조하는데 이것을 댐이라 한다.

댐은 사용 목적에 따라 분류하면 취수 댐과 저수지 및 조정지 댐으로 된다.

그리고 댐은 하상 암반 위에 콘크리트 또는 돌과 흙으로 축조되는 고장 댐(fixed dam)과, 이 고정 댐 위에 설치되는 가동 댐(movable dam)으로 구성된다.

또, 고정 댐은 정부를 일류시키는 일류형(over flow type)과 그렇지 않는 비일류형(bulk head type)으로 크게 나눈다.

댐을 축조재료에 의하여 분류하면 콘크리트 댐, 흙 댐, 석조 댐, 목조 댐 및 강재 댐 등이 있다.

18.1.1 콘크리트 댐

시멘트에 골재 즉 자갈, 모래를 혼합하고 이것에 물을 가하여 결합한 것이며, 전체가 하나로 되어 있는 인조석(人造石)으로 현재 가장 많이 사용되는 댐이다. 이것은 또 설계상의 이론에 의하여 중력(重力) 댐(gravity dam), 아치 댐(arch dam) 및 부벽 댐(buttress dam) 등으로 나누어진다.

(1) 중력 댐

중력댐은 댐 자신의 중량으로 외력에 대하여 안정을 유지하는 것이며, 내구성이 풍부하므로 현재 높은 댐에는 이 형식이 널리 쓰이고 있다. 그러나 기초 암반에는 큰 압력이 가해지므로 지질이 양호하며, 기초 암반이 극히 견고한곳, 더욱 다량의 자재를 필요로 하므로 하폭이 좁은 곳에서 축조된다. 댐의 건설비는 일반적으로 발전소 건설비의 $\frac{1}{2}$ 이상에 달한다.

중력 댐은 수압, 지진, 비압, 그밖의 외력과 자중과의 합력으로 댐 자체의 각부에 장력이 생기지 않은 범위 내에서 안정을 유지하는 형식의 댐이다. 중력 댐의 안정 조건으로서 다음의 기본적인 세 조건이 있는데, 댐은 이 조건이 만족되도록 설계된다.

① 댐의 수평 단면상에서 결코 활동하지 않을 것. 이것은 특히 기초 암반면에서 특히 중요하다.

② 전도에 대하여 안정되어 있을 것. 이 조건을 만족시키기 위하여는 합력의 작용점이 댐의 저변 중앙 $\frac{1}{3}$ 이내에 있어야 한다.

③ 댐 및 기초 암반의 어느 곳에서든지 그 최대 응축압력이 댐 및 기초 암반의 허용응축 압력을 초과해서는 안된다. 더욱 콘크리트 속에는 장력이 생겨서는 안 된다. 그림 18.1은 중력 댐의 구조의 한 예를 표시한 것으로 일류부에 격자 및 가동 댐을 설치한 것이다. 그림에서 감사용 통로는 댐 내부의 상황을 검사하고, 또 댐에 침투한 물을 배출하는 데 편리하기 위하여 설치한 일종의 통로이다. 또, 그라우트(grout)공은 암반 내의 균열을 막기 위하여 고압의 시멘트, 모르타르를 주입한 구멍이며. 이러한 공법을 그라우팅(grouting) 공법이라 한다.

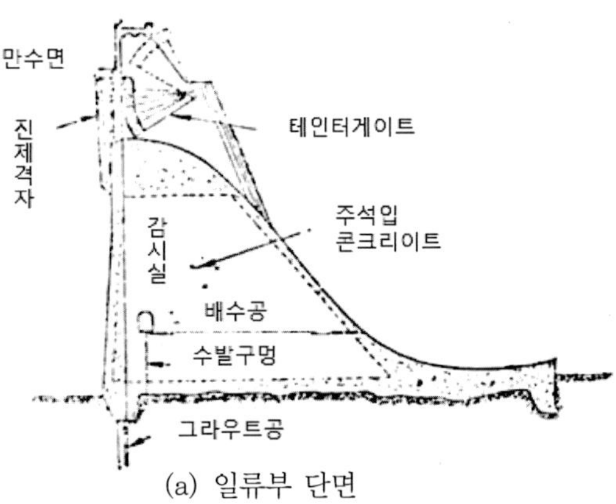

(a) 일류부 단면

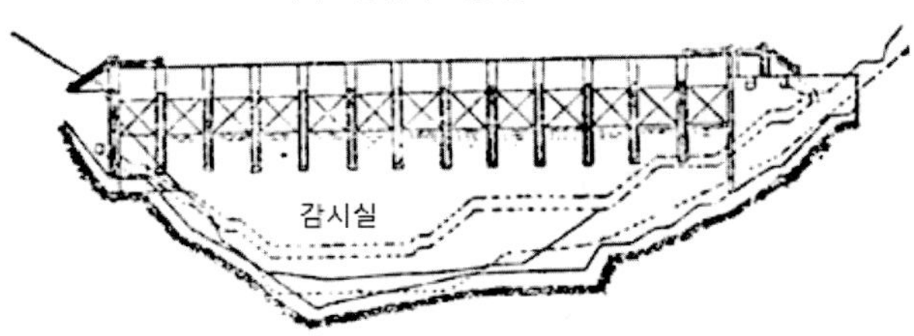

(b) 정면

그림 18.1 중력 댐의 구조

(2) 아치 댐

아치 댐은 수평 방향의 아치 작용에 의하여 수압을 지지하는 것이며, 중력 댐과 다른 점은 수압을 계곡의 저부보다 오히려 측벽에 전달한다는 점에 있으므로, 그 안전도는 댐 자신의 무게보다 재료의 내압강도에 의하여 좌우된다. 그러므로 아치 댐의 축조장소로서는 그 기초와 양쪽의 암반이 극히 양호하며, 또 아치 작용에 적합하도록 계곡의 폭이 충분이 좁아야 한다.

아치 댐의 재료는 콘크리트 또는 철근 콘크리트를 사용한다. 특징은 중력 댐에 비하여 댐의 두께를 엷게 할 수 있고 따라서 재료가 절약되며, 더욱 그 강도는 다음의 부벽댐 보다 크다는 점 등이다

(3) 부벽 댐(중공 댐)

수압을 수평에 대하여 대략 45[°]의 경사를 한 철근 콘크리트 조의 차수판으로 받아 이것을 다수의 부벽으로 지지하도록 한 것이다. 시멘트 등의 사용량이 적으므로 운반이 불편한 산간 벽지에 적합하다. 기초가 견고하며, 내구성이 풍부해야 하나 그렇지 않으면 차수판의 하부를 지수벽으로 하여 기초 속으로 충분히 들어가게 하고, 그라우팅 공법을 실시하여 누수를 방지하도록 한다.

지수벽의 물매는 완만하게 하므로 이 벽에 작용하는 수압의 수직분력이 커져 댐 자신의 중량을 감소시킬 수 있기 때문에 중력 댐에 비하여 재료는 $\frac{1}{2}$ 이하로서 충분하며, 더욱 기초 암반도 중력 댐과 같이 양질의 곳이 필요 없다는 특징이 있다. 그러나 중력 댐보다 공법이 복잡하며 강도가 떨어진다. 그러므로 유목, 뗏목 등이 충돌할 우려가 있는 곳에는 사용되지 않으나 조정지용으로 널리 사용된다.

18.1.2 흙 댐

이것은 모래, 자갈, 찰흙을 적당히 혼합하여 계곡 및 깊숙한 지역 등을 횡단하여 축조되는 것이며, 주로 저수지, 조정지 등에 이용된다. 이 종류의 댐의 기초는 견고하여 누수의 우려가 없는 지반이면 좋으며, 특별한 기초 공사를 필요로 하지 않는 이점이 있다. 소요 재료가 주로 찰흙, 모래이므로 시멘트, 철근 등의 자재가 적게 들고 적당한 흙이 다량으로 필요하다는 점과 주의 깊게 롤러로 다져야 하기 때문에 장기간의 건설 기간을 요한다는 단점이 있다. 또, 이 댐은 홍수토를 필요로 하는 경우에는 댐 밖에 설치해야 하므로 홍수량이 많은 큰 하천에는 축조할 수 없다.

흔히 제형 단면을 사용하며, 댐의 대략 중심부에 찰흙 또는 콘크리트의 심벽(core well)을 만들고, 하류 측과 상류 측에 각각 통토(댐 내에 충진하는 흙)를 넣고 최상류 측의 물에 접하는 부분은 표면 보호층을 만들어 댐 내의 안정 및 누수의 방지를 꾀한다.

흙 댐의 안정 조건으로서는

① 기반의 지지력이 충분할 것
② 활동에 대하여 안전할 것
③ 댐에서는 절대로 일류하지 않을 것
④ 댐의 법면 물매는 지진의 경우라 할지라도 안전 상태를 유지할 수 있을 것 등이다.

18.1.3 석괴 댐(rock fill dam)

흙 댐이 찰흙, 모래, 자갈로 축조되는 데 대하여 석괴 댐은 암석의 공극을 작게 하도록 큰 것과 작은 것을 적당히 혼합하여 축조되는 것이며, 석재가 쉽게 얻어지는 지방에 적당하다. 설계상 흙 댐에 준하여 만들어지는데, 형상은 보통 삼각형에 가까운 제형단면으로 하고, 댐의 대부분을 차지하는 암석군과 표면에 가까운 부분의 조석적 및 상류면의 물을 막기 위한 목재 또는 철근 콘크리트 조의 페이싱(facing)으로 되어 있다. 이 댐에도 필요에 따라 심벽을 넣는다.

18.1.4 목조 댐

이 댐은 목재를 주재로 하여 구축하는 것이며, 발전용으로서는 작은 규모의 낮은 취수 댐에 사용된다. 통나무 등을 정행으로 조립하여, 조합부를 철사로 묶고, 저부와 정부에 통나무를 늘어 놓고, 내부에 할석, 옥석 또는 콘크리트 블록을 채운 공작물이다. 이 댐은 홍수의 일류 또는 유목, 유수등의 부유물이 격돌하여도 충분히 견딜 만큼의 강도를 가져야 하므로 상류 측은 가급적 경사시킨다.

18.1.5 강재 댐

이 댐은 구조용 강재로 조립한 구조의 표면에 강판을 붙여서 만든 것인데, 우리나라에는 이 종류의 댐은 아직 그 예가 없다.

18.2 댐의 부속 설비

18.2.1 여수토, 홍수토

보통 콘크리트 중력 댐에서는 댐의 중앙부 부근을 일류 댐으로 하고, 가동 댐에 의하여 항상 수위를 가감하며, 홍수 시에는 가동 댐을 완전히 열어 물을 흘려보낸다. 즉, 상류 지역에서는 수위상승으로 인한 피해를 주지 않도록 한다. 여수토 또는 홍수토로서는 일류 댐형이 많이 사용된다. 댐의 높이가 현저하게 높은 경우 또는 아치 댐과 같은 경우에는 댐 하류부의 에이프론(apron)의 보호가 곤란해지므로, 댐으로부터는 일류시키지 않는 이른바 비일류형으로 하여 댐과 별도로 옆에 일류부를 설치한다. 에이프런은 일류 댐의 일류부 최하단이 큰 유속으로 인하여 하상이 세굴됨으로써 댐 자체의 안전에 위험을 미치는 것을 방지하기 위해서 설치하는 것이며, 에이프런은 수류가 차차 유속을 감소하여 하저를 세굴하지 않을 점까지 설치하면 되는데, 너무 길게 하면 비경제적이므로 가급적 간단한 공사로 하상이 패어지는 것을 방지한다. 여수토의 일류 댐의 길이를 충분히 잡을 수 없는 지형, 또는 수위의 상승을 극도로 피할 필요가 있는 곳에서는 급속히 다량의 물을 배출시키기 위하여 사이펀(syphon) 여수토로 한다.

18.2.2 토사토

하천의 상류로부터 흘러 내려온 토사는 댐의 상류측에 침전하여 퇴적되므로 저수지 또는 조정지의 경우에는 점점 그 용량이 감소되고, 취수 댐에 있어서도 침단까지 토사가 쌓여 취수에 지장을 초래하게 된다. 따라서 댐에는 이러한 토사를 배제하기 위하여 토사토 수문을 설치한다. 취수 댐에서는 취수구 바로 옆의 댐의 일부를 잘라서 배사문을 설치하되 취수구 밑바닥보다 적어도 1[m] 이하의 밑에 배사문의 밑바닥이 있도록 하여 하천 유량이 많을 때 이것을 열어 쌓인 모래를 수류에 의하여 흘려 내려 보내도록 한다. 배사문의 밑바닥은 하상과 거의 일치시키고 상당한 물매를 붙이는 것이 보통이다. 배사문 게이트로서는 보통 슬라이딩 게이트, 롤러 게이트 등이 사용되는데, 특히 유하토사가 많은 하천에서는 댐 전체의 배사용 가동 댐을 설치하여 홍수 때 한꺼번에 토사의 배출을 하는 설비도 있다.

18.2.3 어도

하천의 어족은 보통 일정한 곳에서 살지 않고 성장함에 따라 그 위치를 바꾼다. 댐의 축조로 하천이 가로막히면 어족은 상류로 올라갈 수가 없으므로 충분한 번식을 할 수 없게 된다. 그 대책으로서 어족이 올라갈 수 있게 한 통로, 즉 어도를 설치해야 한다.

18.2.4 유목로, 주벌로

댐의 상류 지방에서 벌채된 목재의 운반에 하천을 이용하는 지방에서는 댐의 축조로 그 운반에 지장을 초래하므로, 댐에 유목을 유하시키는 설비가 필요하게 된다. 유목로는 보통 콘크리트 조의 구형 단면으로 하고 댐의 하류면에 연하여 물매 $\frac{1}{4} \sim \frac{1}{10}$, 폭 1.5~3.0[m] 정도의 개거로 하여 필요한 유량을 방출한다.

18.3 가동 댐

일반적으로 홍수 유하의 목적 및 토사 퇴적 방지를 위하여 고정 댐 정상에 게이트를 배열한다. 이것을 가동 댐이라 한다. 하천유량이 적을 때에는 문을 닫아 취수하고, 많을 때에는 문을 적당히 열어 취수위가 심하게 변동하지 않도록 조작하고, 홍수 때에는 완전히 열어서 홍수를 완전히 흘러내리도록 한다.

18.3.1 슬라이딩 게이트(sliding gate)

이것은 상하로 움직여 개폐하는 인양 게이트(sluice gate)의 일종이며, 그림 18.2와 같다. 게이트는 문주에 설치한 수구에 장치되어 모양은 구형이며, 문과 문주가 닿는 부분에서 슬라이드하도록 되어 있고, 이 마찰을 감소시키기 위하여 쌍방에 완금이 사용되는 일이 많다. 크기는 보통 폭 4[m], 높이 3[m] 이하이다. 이 종류의 게이트는 수밀성이기는 하나, 조작에 큰 힘이 들어 동력이 많이 소요되는 단점이 있다.

18.3.2 롤러 게이트(roller gate)

슬라이딩 게이트는 대형이며, 높은 수압인 경우에는 마찰이 과대하므로, 이 마찰을 적게 하기 위하여 롤러를 게이트에 고정하여 설치한 것, 즉 롤러 게이트이다. 경간이 상당히 큰 것도 제작이 쉬우므로 다음의 스토우니 게이트(stoney gate)와 더불어 널리 사용된다. 이 게이트에서는 롤러가 있으므로 수밀성은 떨어지나 마찰이 작아 동력이 절약되는 이점이 있다. 그러나 수밀성을 갖게 하기 위하여 보통 고무판 또는 고무봉을 게이트에 붙여 게이트의 상류면에서 문주 측에 밀착시킨다.

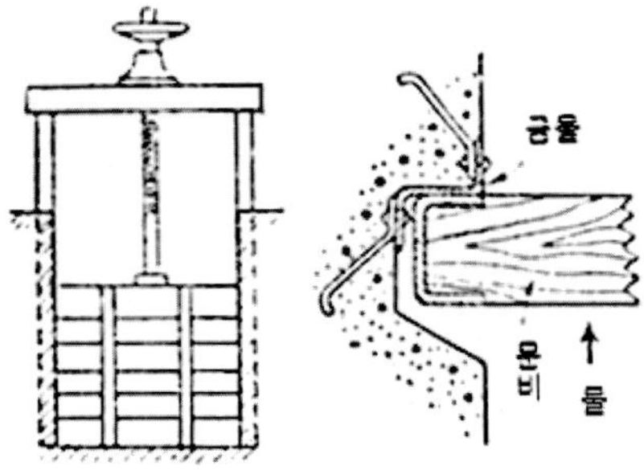

그림 18.2 슬라이딩 게이트

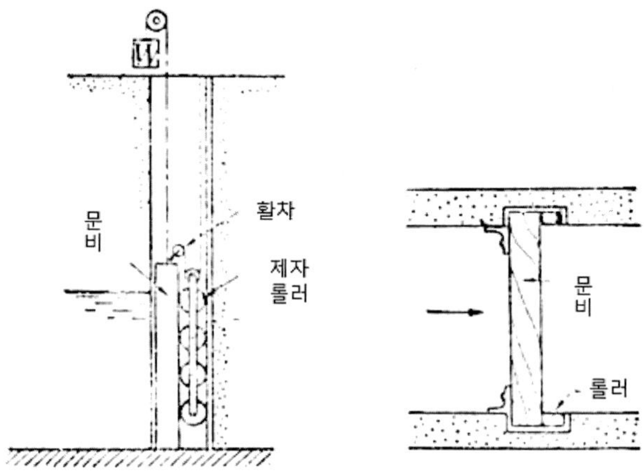

그림 18.3 스토우니 게이트

18.3.3 스토우니 게이트(stoney gate)

롤러를 게이트에 고정한 롤러 게이트에 대하여, 이것은 롤러를 게이트와는 별개로 한 것이며, 그림 18.3과 같은 구조이다. 게이트의 개폐에는 게이트의 양정의 $\frac{1}{2}$만큼 롤러가 움직이며, 이로 인하여 마찰이 현저하게 감소되므로 대형 게이트에 적합하다.

18.3.4 롤링 게이트(rolling gate)

그림 18.4에 표시한 바와 같이 강판제의 긴 원통형의 게이트이며, 문주 또는 측 벽면 사이에 수평(水平)으로 놓여져 유수를 막는다. 개방할 때에는 게이트의 일단 또는 양단에 붙인 로프 또는 체인을 권양기로 감아 문주에 설치한 경사진 궤조에 연하여 원통양단의 기어에 의하여 회전시키면서 끌어올린다. 롤링 게이트는 경간이 긴 것을 만들 수가 있고 또 구조상 강성이 크므로 유목, 자갈 등의 다소의 충격에도 견디며, 장경간으로 할 수 있으므로, 한꺼번에 다량의 물을 조정할 수 있음과 동시에 다량의 일류에 대하여도 안전하다. 그러나 반면에 자중이 다른 게이트에 비하여 크므로 공사비가 많이 드는 것과 댐 자체의 수밀 및 배수에 주의하지 않으면 내부에 침수하여 권양할 때 자중이 더욱 무거워지는 등의 경우가 있다는 결점이 있다.

18.3.5 테인터 게이트(taintor gate)

이것은 그림 18.5에 표시한 바와 같이 차수판이 원통형의 일부를 이루고, 수압은 게이트의 위치에 관계없이 항상 활꼴의 중심(中心)에 놓은 O란 핀에 집중하도록 한 구조로 하고, 게이트의 양단에 지주를 붙여 그 종단을 한 곳에 모아 핀으로 게이트를 지지한다.

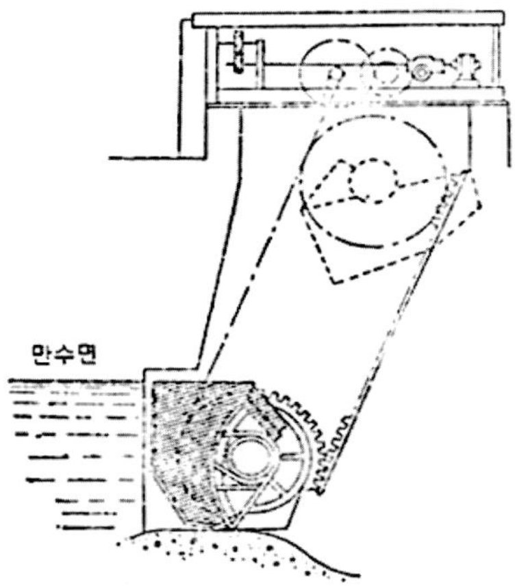

그림 18.4 롤링 게이트

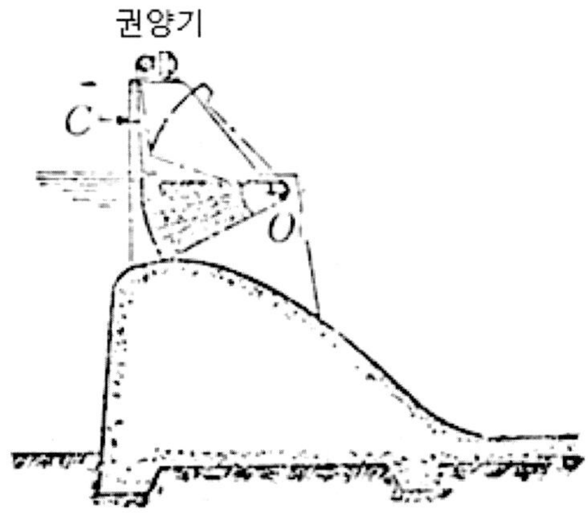

그림 18.5 테인터 게이트

게이트의 하부좌우 양단 가까이에 체인 또는 로프를 달아(그림에서 C), 이것을 권양기로 감아 O를 중심으로 하여 개폐한다. 테인터 게이트는 수압이 핀으로 집중하는데, 개폐동작 시의 저항은 축의 마찰뿐이므로 근소하다.

인양 게이트에 비하여 게이트의 변형이 작고, 권양 설비가 비교적 간단하며, 인양 게이트와 같이 감아올리기 위한 높은 문틀이 필요 없다는 등의 특징을 가지고 있다. 그러나 댐 높이 및 수위 차가 큰 곳에서는 축동력이 과대하게 되어 인양 게이트보다 못하다는 점, 일류에 대해서는 특수한 설계를 요하는데, 일반적으로 부유물이 많은 곳에는 사용할 수 없다는 점 등의 결점이 있다. 또, 수밀장치에 곤란이 있으며, 구조가 복잡하여 높이, 폭 등 너무 큰 것에는 사용할 수 없는 결점도 있다.

18.3.6 결사판(플래시판 : flash board)

저수의 목적으로 고정 댐 위에 설치하는 간단한 댐판이며, 홍수 때 유실시키거나 또는 댐 위에 눕혀 물을 유하시킨다. 적당한 간격으로 설치한 지주의 상류 측에 단지 판을 대 놓은 것, 지주의 후방을 횡량으로 지지해 놓고, 필요할 때 이것을 감아올리면 확실한 개폐동작을 할 수 있도록 한 것 등이 있다.

18.3.7 스톱 로그(stop log)

이것은 가장 간단한 것이며, 후판 또는 각목 등을 문주의 수구에 수개 수평으로 밀어 넣어 차례로 위쪽으로 쌓아 올려 물을 막는 것이다. 보통 게이트의 수리 등을 할 때 일시적으로 물을 막는 경우 사용된다. 수압이 높고, 또 지간이 길어지면 목재는 부적당하며 철재가 사용된다.

18.4 취수구(intake)

취수구는 소요의 유량을 취입하는 설비이며, 댐의 축조에 의하여 높여진 물을 수로로 도입하고 발전소의 요구에 따라 수로에의 유입수량을 임의로 조정하는 것이 그 주목적이다. 수로에의 유입구는 적당한 구조로 하고 진제격자, 제수문, 그 밖의 부속 설비를 설치하며, 물이 흐르기 쉬운 형상으로 하는 것인데, 이 공작물을 취수구라 한다.

취수구의 설치 장소는 취수 댐의 위치가 결정됨에 다라 정해지는 것이며,

① 홍수 때에 유수의 격돌의 우려가 없는 곳

② 토사의 퇴적 및 유입이 적은 곳

③ 취수 댐, 배사문의 바로 상류의 하안

④ 하천의 직선부 또는 완만하게 굴곡되는 곳 등을 선정해야 한다.

또, 취수구는 소요수량을 지장없이 취수할 수 있을 것, 필요에 따라 수로에의 유입수량을 완전히 차단할 수 있을 것, 배사가 잘 되도록 할 것, 수로에 부유물이 들어가지 않도록 할 것 등의 조건이 만족되어야 한다.

18.4.1 수로식 발전소의 취수구 구조

그림 18.6은 수로식 발전소의 취수구의 구조 설명도이다. 댐의 배사문의 작용이 유효하게 되도록 가급적 댐 근처에 설치하고, 취수구의 밑바닥은 배사문의 밑바닥보다 최소한 1~1.5[m] 높게 하여 토사의 유입을 방지하고, 또 가급적 배사문의 기능을 좋게 하기 위하여, 하천과 평행으로 취수구의 전면에 익제를 설치한다. 취수구의 크기는 계획 취수량을 1~1.5[m/s] 정도의 유속으로 취수할 수 있을 정도로 한다.

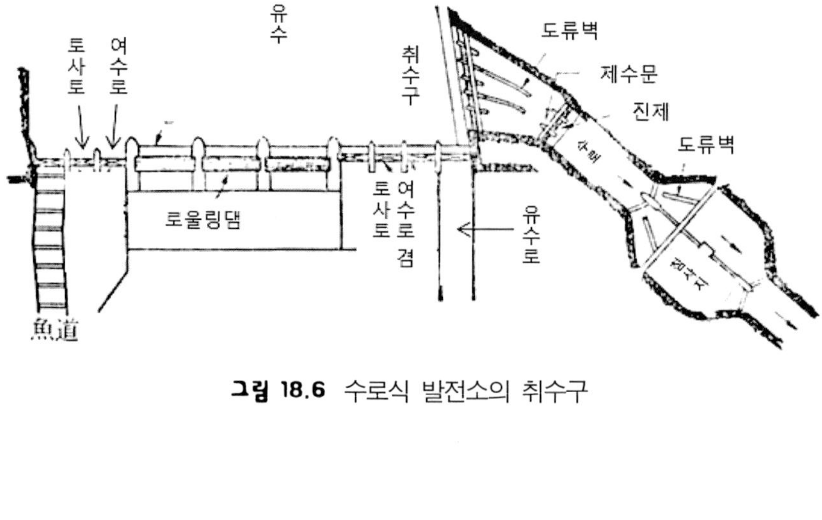

그림 18.6 수로식 발전소의 취수구

취수구의 밑바닥은 하상 및 배사문의 밑바닥에 의하여 결정하며, 취수구의 높이는 댐의 높이에 의하여 정해지고, 또 취수구의 폭과 게이트 수는 계획 취수량에 의하여 결정된다.

18.4.2 저수지, 조정지식 발전소의 취수구의 구조

저수지, 조정지식 발전소의 취수구의 한 예를 그림 18.7에 표시한다. 취수지, 조정지에서는 이용 수심의 최저 수위에 있어서 계획된 취수량을 취입할 수 있도록 한다. 이용수심이 특히 크면 게이트의 조작상 취수탑을 설치하거나, 또는 수괭을 사용하여 게이트를 조작한다. 발전소가 댐의 바로 아래 있을 때에는 직접 댐 내부에 취수구를 설치하는 경우도 있다. 그림 18.7은 이용 수심이 큰 저수지의 취수구의 한 예이다. 이용 수심이 클 때에는 수위의 변동에 따라 취수구의 위치를 몇 개의 단으로 하여 설치한다.

18.4.3 취수구의 부속 설비

취수구의 부속 설비로서는 취입수량을 조절하기 위한 제수문이 설치되고, 이것에 사용되는 게이트는 슬라이딩 게이트, 롤러 게이트 및 스토우니 게이트 등이며, 제수문의 앞에는 반드시 스톱 로그를 설치해 두어 게이트의 고장 및 수리 시의 필요에 따라 이것에 스톱 로그를 넣어 유수를 차단하도록 한다. 또 취수구에는 진개, 수목편, 유수설, 그 밖의 다른 물체가 수로 내에 유입하는 것을 방지하기 위하여 취수구의 입구 또는 제수문의 앞에 철제의 진제격자(screen)를 설치한다. 진제격자는 보통 두께 5~10[mm], 폭 5~8[cm]의 철판을 중심 간격 10~15[cm] 정도로 배열하고, 이것에 철봉을 통하여 격자상으로 만들어 수평면과 약 70[°]의 물매를 붙여 설치한다. 또, 압력수도의 경우 수차까지의 사이에 격자를 설치할 수 없는 경우에는 이 취수구의 격자도 가는 것을 설치할 필요가 있다.

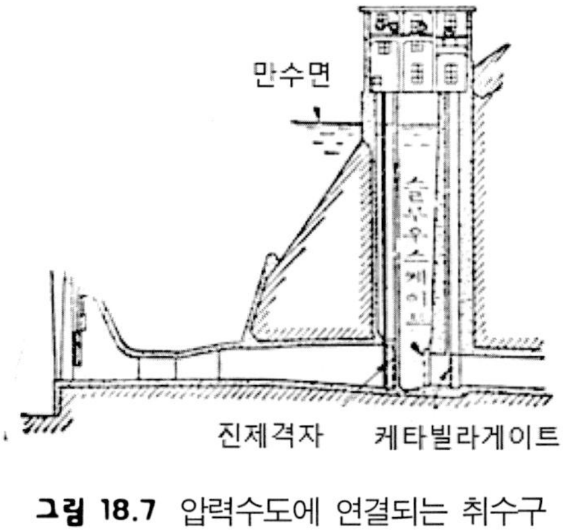

그림 18.7 압력수도에 연결되는 취수구

격자에 걸린 진개는 보통 갈퀴로 걷어올린다. 특히 가을철의 홍수 때에는 다량의 낙엽, 나뭇가지 등이 일시에 취수구에 유입하여 격자에 부착하게 되므로 드디어는 취수 불능하게 될 우려가 있다. 이러한 발전소에는 자동제거기에 의하여 기계적으로 처리하고 있는 예도 있다.

18.4.4 배수

하천에 댐이 축조되면 댐 상류의 수위는 본래의 하천 수위보다 상승하여 댐의 수면 상류까지 상류로 퍼지게 된다. 이것을 배수(back water)라 하며, 상류에 대하여 그 영향이 미치는 거리를 배수거리라 하고, 배수면이 만드는 종단곡선을 배수곡선이라 한다. 즉, 그림 18.8에서 l은 배수 거리이며, 이 구간에서는 상류의 기설 공작물 그 밖에 침수가 되므로 댐의 높이를 결정하는 경우에는 이 배수곡선을 상세히 검토해야 한다.

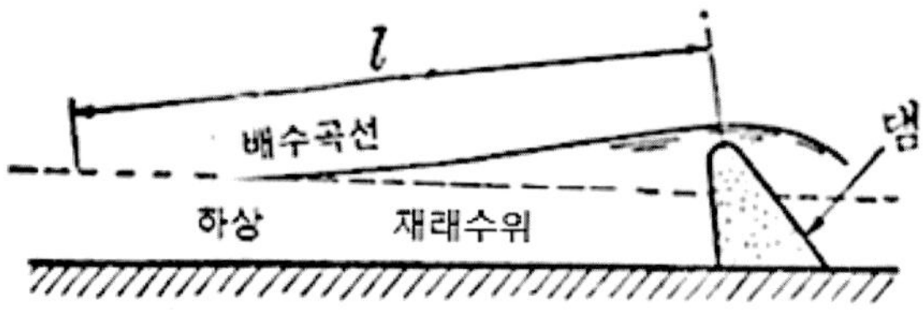

그림 18.8 배수곡선

19 도수 설비

ELECTRIC ENERGY

19.1 수로

취수구의 바로 다음부터 수조 입구까지를 도수로, 취수로 또는 단지 수로라 한다. 그리고 통과하는 토지의 지형에 따라 개수로(canal), 덮인수로(covered channel) 또는 터널(tunnel)에 의하나 소용량의 것에서는 관로 또는 통으로 하는 경우도 있다. 더욱 계곡 또는 굴곡지 횡단개소에는 수로교 또는 사이펀을 사용한다.

수력 발전소에서도 수로의 공사비가 전 공사비의 주요 부분을 차지하므로, 한 수력 발전소의 건설에 있어서 우선 최초로 고려해야 할 것은 수로의 중심선의 선정이다. 취수구, 수조 수압관로 및 발전소 위치가 결정되면 수로의 길이가 짧고 지질이 양호한 곳을 통하며, 더욱 시공이 쉬운 중심선을 선정한다. 보통 수로식 발전소의 공기는 수로 중의 가장 긴 수도의 공기에 지배되므로 한 개의 수도의 길이는 적어도 1[km] 이하로 하고, 많은 수갱 또는 사갱을 설치하여 재료 및 토사의 배출을 편리하게 한다.

사용유량을 수조까지 도입하려면 어느 정도의 물매가 필요하다. 그러나 이 물매는 통수량을 결정하는 요소가 되며, 물매를 급하게 하면 단면이 작아도 통수량을 크게 할 수 있어 공사비는 적어지게 되나, 이로 인하여 손실 낙차가 커져 발전력이 감소하고 또 유속이 빨라져 수로가 팰 우려가 있다. 또, 물매를 완만하게 하면 단면이 커져 공사비가 증가하고, 유속이 작아서 수로에 잡초가 무성하게 될 염려가 생긴다. 그러므로 물매의 변화에 따라 공사비의 증감과 발전력의 득실을 비교하여 발전원가를 싸게 하도록 적당한 물매를 결정하여야 한다.

경제적 물매는 실제로는 유속에 지배된다. 즉, 유속이 너무 크면 수로 내부에 토사가 유입하여 소손되고, 내용 연수를 현저하게 감소시킨다. 또, 유속이 너무 작으면 토사가 수로 내에 가라앉게 되고, 물벌레나 수초류의 발생과 부착을 쉽게 하여 수로의 통수용량을 감소시킨다.

이처럼 수로의 물매와 단면과는 일정한 유량에 대하여 상관적으로 결정되는 것이며, 그 값을 여하히 결정하면 가장 경제적이냐 하는 것은 중요한 문제이다.

그러나 실제 문제로서는 전력 요금과 공사비의 높고 낮음은 반드시 일치하지도 않으므로 일률적으로 이론적으로만 결정하기에는 곤란하다. 즉, 전력 요금과 공사비와는 그 때의 경제 사정에 의하여 다르므로, 같은 지점의 수로에 대하여도 그때의 경제 사정에 다라 그 경제적 물매가 달라지는 셈이 된다.

종래의 경험에 의하면 수로 내의 유속으로서는 2[m/s] 내외가 적당하다고 하며, 이에 따라 물매가 결정된다. 대체로 소용량의 수로에서는 $\frac{1}{600}$ 정도, 대수량의 것에서는 $\frac{1}{1,000} \sim \frac{1}{1,500}$ 정도가 적당하다고 되어 있다. 수로의 최대통수량이 정해지고 단면의 형상 및 물매가 결정되면 계산에 의하여 수로의 단면 치수를 구한다. 이 경우 미리 단면의 치수를 가정하고 이로부터 소요의 유량을 안전하게 통수시킬 수 있으냐 없느냐를 반복 검토하는 방법을 취한다. 통수량의 계산에는 체이지(Chezy)의 유속에 관한 기본식 및 구터(Gutter) 또는 맨닝(Manning)의 유속계산식이 사용된다.

19.2 개거(open channel)

개거는 평탄지이며 수로수면이 재래의 지표에 비교적 가까운 경우에 사용되며, 공사비도 싸고 가장 경제적인 수로이다. 그러나 산등성이를 우회하는 경우는 수로의 길이가 현저 하게 길어져 손실 낙차도 많고 다른 수로에 비하여 반드시 경제적으로는 되지 않는다. 특히 적설이 많은 지방 또는 토사가 무너질 우려가 많은 곳에는 수로 내에 눈, 눈덩어리, 토사 등의 이물이 유입하여 통수에 지장을 초래하고, 또 한냉지에서는 물이 얼어 수로벽을 손상시킬 우려가 있다.

개거의 형상은 구형 또는 제형으로 하고, 단면을 측벽의 물매와 수심 등을 고려하여 최소 단면으로 되도록 한다. 즉, d는 수심[m], b는 저폭[m], A는 유수 단면적[m^2], R은 동수반경[m], θ는 측벽이 수평과 이루는 각이라 하면, 가장 경제적인 단면은 다음 식들이 만족될 때이다.

$$\text{구형(직사각형) 단면의 경우 } d = \frac{1}{2}b \tag{19.1}$$

$$\text{제형(사다리꼴) 단면의 경우 } d = \sqrt{\frac{A\sin\theta}{2-\cos\theta}} \tag{19.2}$$

$$b = 2d\tan\theta$$

$$R = \frac{d}{2}$$

단면을 고르게 하는 것은 곤란한 경우가 많고 통과지의 지질, 지형에 따라 적당히 변경시킬 필요가 생긴다.

개거의 물매는 보통 $\frac{1}{1,000} \sim \frac{1}{2,000}$의 범위로 취하며, 유속은 보통 2[m] 내외로 한다.

개거 양측벽의 법물매(그림 7.2에서 h/d)는 지질에 따라 다르나 대체로 1 : 0.25~1 : 0.5 정도로 하는데, 단면이 적은 것에서는 연직으로 하는 경우도 많다. 내면의 끝매기는 측벽 및 저면은 콘크리트, 철근 콘크리트 또는 석적, 석장하여 피복하고 그 두께는 콘크리트의 경우 10~20[cm], 돌로 쌓는 경우는 30~40[cm]로 한다. 저면은 보통 수평으로 끝매기를 하나, 단면이 큰 것에서는 상향의 아치로 하는 경우가 많다.

콘크리트는 대략 1 : 3 : 6 또는 1 : 2 : 4의 배합으로 하고, 온도에 의한 수축의 영향을 고려하여 6~10[m]마다에 신축 조인트를 두어 균열에 의한 누수를 방지한다. 조인트에는 아스팔트 등을 충진하고 경우에 따라서는 철판 또는 강판을 삽입한다.

19.3 수도(tunnel)

수도는 산지에 축조되는 것이며, 최근의 발전용 수로의 대부분은 전부 수도이다. 수로의 길이가 단축되고 다른 수로에 비하여 고장이 비교적 적으며, 이물이 혼입할 기회도 적고, 또 보수도 쉽다. 그러나 수도의 굴삭 및 콘크리트 권립공사는 개거나 암거에 비하여 공사비가 많아지므로 그 중심선의 결정은 신중을 기해야 하며, 가급적 산의 심부에 가까운 것이 좋으나 공사 대문에 토사의 배출에 필요한 수직 구멍이나 횡형 구멍의 관계 등도 고려하여 결정해야 한다. 수로로서의 수도는 무압수도와 수압이 걸리는 압력수도(pressure tunnel)의 둘로 대별된다. 무압수도의 단면 형상은 그림 19.1(a)와 같이 대체로 마제형이 채용되는데, 지질이 연약하고 토압이 크며, 또 외축으로 부터의 수압이 클 때에는 마제형이라도 원형에 가까운 것으로 하고 철근을 넣는다. 지질이 양호한 경우에는 측벽을 연직으로 한 예도 비교적 많다.

마제형 단면의 경우, 최대 유량을 줄 유수 단면은 대체로 높이의 90[%] 정도의 수심으로 하고 보통 높이의 10[%]의 여유를 갖게 한다. 이것은 물이 만수되어 흐르면 윤변장이 급히 증가하여 마찰이 커지기 때문이다.

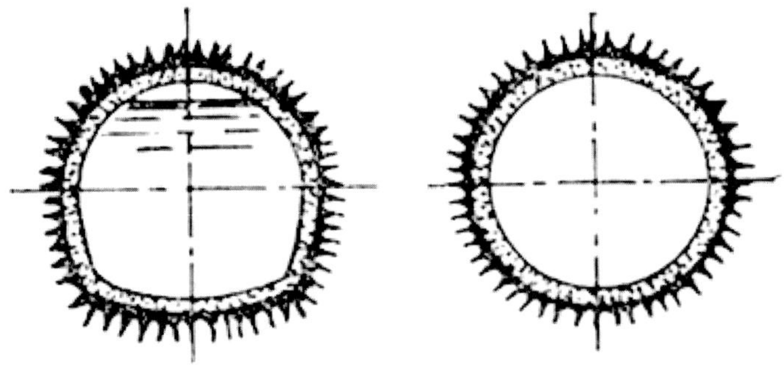

(a) 무압수도 (b) 압력수도

그림 19.1 수도단면

무압수도인 경우의 유속의 기본 식은

$$v = C\sqrt{mi}\ [\mathrm{m/s}] \tag{19.3}$$

여기서, C : 유속계수, m : $\dfrac{A}{P}$ = 경심, A : 유수단면적,

P : 윤변의 길이, i : 수로 물매

이로부터 알 수 있는 바와 같이 기설수로에 있어서는 유속 v는 물매가 일정하므로 $m^{1/2} = (\dfrac{A}{P})^{1/2}$에 비례한다. 따라서 부하의 증감, 즉 사용 유량의 증감에 대하여 유속도 유수 단면도 함께 변화하는데, 유속과 유수의 단면의 곱이 유량이 되므로 부하의 증감에 대하여서는 유량의 변화는 비교적 적다.

무압수로에 있어서의 물매 및 유속은 개거의 경우와 마찬가지로 $\dfrac{1}{1,000} \sim \dfrac{1}{2,000}$ 및 2~2.5[m/s]로 취해지는 것이 통례이다.

19.4 압력수도

저수지, 조정지가 있는 경우에는 지면의 수위를 유효하게 사용하기 위하여 수압관로까지의 공작물에는 이용 수심에 상당한 수압이 가해져 수로의 단면 내에 물이 충만하여 어느 압력을 가지고 흐르는 이른바 수압수로로 한다. 이것을 압력수도 또는 수압수도라 한다.

압력수도의 구조는 수압에 대하여 강할 것이 필요하며, 암반이 양호한 곳은 마제형으로 하는 경우도 있으나 보통 원형으로 하는 때가 많다. 어느 경우에나 철근 콘크리트 권립을 실시하고, 특히 중요한 것에는 강판을 내장한다. 압력수도에서 특히 고려해야 할 점은 내압과 누수방지이므로 수도중심선은 토사가 충분한 곳을 선정하도록 하고, 지상과 철근 콘크리트와의 사이에 공극을 절대로 남겨 놓지 않도록 충분히 콘크리트를 충진시켜야 한다.

지질이 그다지 견고하지 않고 수압이 상당히 높을 때에는 콘크리트 권립의 내측에 강판의 내장을 실시하는 일도 있다. 그림 19.1(b)는 이 종류의 수도의 단면을 표시한다.

압력수도의 특징으로서는 부하의 변동에 대하여 유량의 증감이 쉽고 또 빠르다는 점, 필요한 유량만을 흘리므로 수량의 허비가 생기지 않는다는 점 등이다. 이 수도의 물매는 요구되는 유량에 적응하기 위하여 $\frac{1}{300} \sim \frac{1}{400}$과 같이 크게 잡아, 조압수조의 수위에 심한 변동이 있어도 필요한 유량을 자유로이 통수할 수 있게 한다.

단면의 결정은 실제로는 첨두 부하 시 이외에는 손실수두가 감소하므로 무압수도 보다 약간 유속을 빨리 3~4[m]로 하고, 단면은 $A = Q/v[\text{m}^2]$로 결정 한다.

유수도 단면 전체에 충만하여 흐르므로 부하의 증감, 즉 사용유량의 증감에 대하여 유속은 정비례하여 변화한다. 따라서 만일 사용유량이 반감하면 유속도 또한 반감하게 된다.

19.5 암거(closed channel)

수도로 하기에는 토사가 얇아 위험하고, 개거로 하기에는 지산의 절취 굴삭량이 많아져 공사비가 증대하여 비경제로 될 경우가 있다. 또, 공사 후 법면이 무너질 우려가 예상되는 경우 또는 굴곡지, 계곡 등의 밑을 통과하는 경우 등에는 암거가 채용된다. 보통 암거는 개거와 마찬가지로 지산의 절취를 행한 후 권립하고 흙으로 덮는다. 단면은 일반적으로 수도에 준하여 만들어지는데, 지면의 관계상 권립을 크게 하는 일이 많고 상당한 토압을 고려하여 철근을 넣어 외압에 견디도록 하는 일도 있다.

저수지, 조정지로부터 수조에 이르는 구간의 수로는 보통 압력수도로 되는데, 지형에 따라 압력수도로 할 수 없는 경우에는 암거 또는 관로로 한다. 이 경우의 암거를 특히 압력암거라 하며, 시공도 상당한 수압 때문에 누수 방지를 고려하여 양질의 콘크리트 권립으로 하거나 또는 철판 내장의 콘크리트 권립 등의 방법이 실시된다.

19.6 통(flume) 및 수로관

통은 수로가 하천, 계곡 등의 굴곡지 또는 산등성이 등을 통과할 때, 또는 수로 등과 교차하는 경우에 채용된다. 주로 유량이 적은 경우에 사용되며, 목재, 철판 또는 철근 콘크리트제의 긴 관상의 것을 지상에 부설하거나 또는 지대로써 지지한 것이다.

수로관은 목재, 철판, 철근 콘크리트 등으로 만들며, 보통 땅 속에 매설하거나 또는 지대로 지지한다. 목관은 옛날의 소수력 발전소에서만 볼 수 있으며, 현재는 거의 사용되지 않는다.

19.7 수로교 및 역 사이펀

19.7.1 수로교

수로교는 폭이 좁고 깊은 계곡 등을 횡단할 대 교량을 설치하여 그 위에 수로를 통하거나 또는 교량의 상부를 수로로 한 것이다. 전자에는 목교 또는 철교가 이용되고, 후자에는 철근 콘크리트 교 또는 드물게 철근이 사용된다.

19.7.2 역 사이펀

수로교가 폭이 좁은 계곡을 횡단하는데 대하여, 이것은 폭이 넓은 굴곡지, 도로, 철도의 아래를 횡단하거나 또는 하천을 횡단하는데 사용된다. 역사이펀은 횡단 지점에 있어서 수로의 위치를 저하시키는 것이며, 이 부분은 압력관으로 되는데, 낮은 수압의 경우에는 철근 콘크리트관, 높은 수압의 경우에는 철관이 사용된다. 사이펀의 입구에는 간단한 수조를 설치하여 여수의 일류 또는 배사에 편리하도록 하고, 더욱 하부에는 배수 밸브를 두어 점검과 수리에 편리하도록 하고 있다.

19.8 침사지(settling basin)

취수구의 전면에 있어서 댐에 배사문을 설치하여 토사의 배사를 하는 것은 이미 설명한 바 있으나, 여기서는 유수 중의 토사를 완전히 제거하기 곤란하다. 토사는 수로 내를 유하하여 일부는 수로의 바닥에 퇴적하여 통수를 방해하는데, 더욱 점차 이동을 계속하여 드디어 수조에 도달하게 되고, 이어 수조저부에 퇴적하게 되며, 더욱 나아가 수압관로에 유하하여 수차에 이르게 되므로 관내는 물론 수차 러너(runner) 또는 노즐(nozzle)을 마멸시킨다. 그러므로 취수구에 가급적 가까운 하안의 평탄부에 침사지를 두어 유속을 극히 완만하게 보통 0.25[m/s] 정도 이하로 하여 토사의 침전을 쉽게 한다.

침사지의 목적은 유수 중의 토사를 침전시키고, 또 이것을 유효하게 배제하는데 있으므로, 침사지 내의 유수 단면적을 크게 하여 유속을 가급적 적게 한다. 와류는 침전의 효과를 현저하게 감소시키므로 단면의 변화는 점진적으로 하고 더욱 침사지 내에서는 유속이 같아야 한다. 토사의 침전속도, 깊이 등을 고려하여 침사지의 길이를 충분히 취한다. 따라서 이러한 목적을 위하여 수로의 중심선상에 대략 직사각형으로 만들고, 지내에 침전하여 퇴적하는 토사를 모아 통수에 지장이 없도록 하기 위하여 침사지의 수심을 수로의 그것보다 깊게 하고, 더욱 수로로부터 침사지에의 접속부는 점차 확대하도록 하여 폭을 넓힌다. 지형의 관계상 입구 중심선에 각도를 붙일 필요가 있을 때에는 유입구 및 지내에 도류벽을 적당히 배치함으로써 균일한 유입이 되도록 하여 와류를 방지하도록 한다.

침사지의 길이는 다음 식으로 결정되는데, 실제로는 침전을 늦추는 유수의 저항이 있으므로 보통은 산출치의 1.5~2배를 소요의 길이로 한다.

$$l \geq \frac{v_1}{v_2}h \qquad (19.4)$$

여기서, l : 침사지의 최소 길이[m], h : 침사지의 수심[m]
v_1 : 침사지 입구유속[m], v_2 : 토사의 침전속도[m]

침전한 토사는 배사해야 하므로 배사 설비를 설치한다. 배사방식으로서는 횡취식과 종취식 등이 있다.

침사지의 부속 설비로서는 제수 게이트, 배사 게이트, 진제격자, 여수토 등이다.

제수문으로서는 보통 슬라이딩 게이트, 롤러 게이트가 사용되고, 배사 게이트로서는 특히 견고하고 내구성이 있는 강재의 슬라이딩 게이트가 좋다.

19.9 수조(head tank)

수로의 말단에 수조를 설치하여 수로를 흘러 내려오는 토사를 최종적으로 침전시키고, 진제격자에 의하여 부유물을 제거하며, 또 발전소의 부하변동에 의한 수차의 사용유량의 증감에 대하여 유량을 조절한다.

발전소 부하의 변동은 곧 수차의 사용유량에 영향을 미치므로, 수조는 이 경우의 과부족 수량을 배출 또는 보급한다.

수조의 용량은 지형상의 한도 내에서 가급적 큰 것이 좋고, 부하의 급변에 응할 수 있도록 어느 정도의 조절 용량을 가져야 한다. 대체의 표준으로서는 수조의 최소 한도는 최대 사용 수량의 1~2분간의 용량, 가급적이면 3~4분간의 수량을 이상적으로 한다. 또, 수조 내의 유속은 0.3[m/s] 정도로 하는 것이 보통이다.

위치의 선정에는 다음 각 사항을 고려해야 한다.

① 가급적 수조의 용량을 크게 할 수 있는 곳일 것.
② 눈사태, 산사태, 누수, 지진 등에 충분히 안전한 곳일 것.
③ 지반이 견고한 곳일 것.
④ 발전소 위치 및 수압관로와 관련하여 위치를 정할 것.
⑤ 가급적 굴삭, 절취 등이 필요 없는 곳일 것.

수조의 구조는 그림 19.2와 같다. 수조의 밑바닥은 수로 입구로부터 내림 물매를 붙이고, 물매의 종단부에는 홈을 만들어 수조 내의 토사의 침전 및 배출에 편리하도록 한다. 이 홈의 수압관측 하류의 측벽은 적어도 1[m] 이상의 높이로 하고, 상류 측의 수조 밑바닥보다 일단 높이 하여 수압관 입구의 밑바닥에 퇴적한 토사가 술류에 의하여 뛰어 올라 수압관으로 유입하지 않도록 한다. 밑바닥이 일단 높은 곳에 진제격자와 제수문을 설치하여 부유물의 제거, 유량의 조절을 한다.

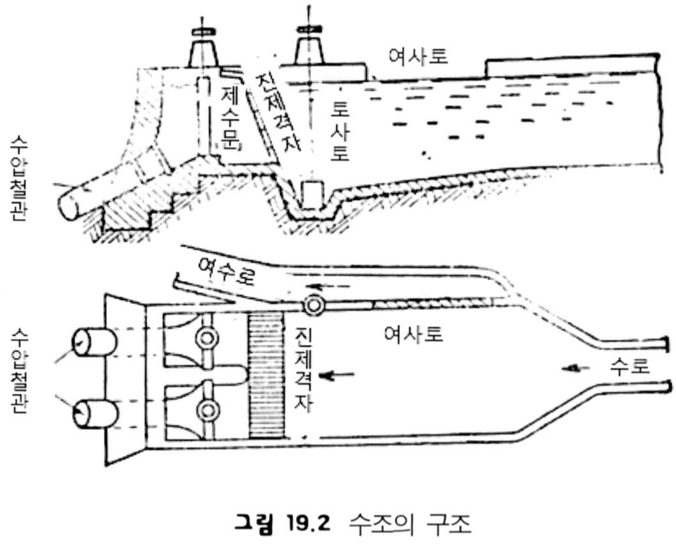

그림 19.2 수조의 구조

진제격자는 구조, 물매에 있어서 취수구의 경우와 마찬가지인데, 단지 철재는 2~3[m] 간격으로 조금 가는 눈으로 조립된다. 제수문은 보통 슬루우스 게이트, 롤러 게이트 등이 사용된다. 수압관 한 조에 대하여 1문이 보통이다. 또, 수압관의 입구는 수조의 최저 수위에 있어서도 공기를 빨아들이지 않도록 하기 위하여 관의 중심이 수조의 최저 수위보다 관직경의 1.5~2.5배 정도 낮게 되도록 한다. 수조의 저부에는 침전한 토사의 배출을 위하여 토사토가 설치된다. 또, 수압관의 입구의 곳에 직접 제수 게이트 또는 플랩 게이트(flap gate)를 취부하는 경우에는 수압관로의 윗부분에 공기관 또는 공기 밸브를 두어 단수시 수압관 내가 진공으로 되는 것을 방지한다.

19.10 조정지 및 저수지

하루 동안에 심하게 변동하는 부하에 대하여 수량을 헛되게 함이 없이 공급의 책무를 다하자면 조정지의 설치가 필요하다.

조정지는 갈수 시에 모든 기능을 발휘해야 하므로 갈수량에 대하여 설계된다. 즉, 갈수량에 상당한 출력 다시 말하면 항시 출력 이하로 부하가 저하한 경우에는 이때 생기는 잉여수량을 조정지에 저수하고, 부하가 항시 출력보다 증가하면 이 저수를 사용하여 첨두부하의 수요에 응하도록 한다. 그러므로 그림 19.3에서와 같이 조정지가 있는 발전소는 조정지가 없는 발전소에 비하여 같은 자연유량으로써 항상 높은 수요에 응할 수 있게 된다.

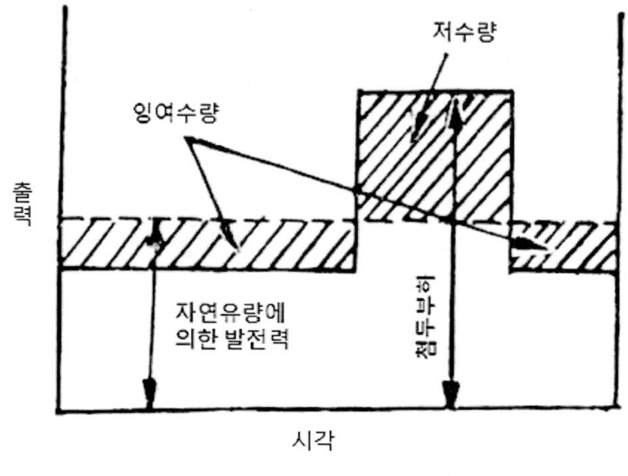

그림 19.3 조정지의 원리

조정지에 의하여 첨두출력의 발전을 하는 경우에는 하천의 자연 유량을 변동시키므로 발전소의 하류에 있는 수리사업, 이를테면 관개용 수로, 유목, 발전용수 등에 지장을 초래하는 일이 있다. 이 원인은 비 첨두 부하 시에 조정지에 저수하기 때문에 하류에의 방수량이 감소되는 데 기인하므로, 이 피해를 방지하려면 조정지에 의하여 조정된 변동 수량을 다시 불변한 자연유량으로 환원하면 된다. 이를 위하여서는 조정지의 작용과는 반대로 변동 수량을 재조정하면 된다. 이 목적으로 발전소 하류에 시설되는 조정지를 역조정지라 한다.

공급 부하는 하루 동안만 변동하는 것이 아니라 일 년 동안을 통하여도 계절적으로 상당히 변동한다. 일반적으로 풍수기에는 발전력에 여유가 있으나 갈수기에는 출력이 저하하여 공급에 지장을 초래한다. 갈수기의 부족한 전력(電力)을 보급하는 데는 화력 발전을 이용하면 되나, 저수지를 설치하여 풍수기의 잉여수량을 이에 저수하여 이것을 갈수기에 사용하도록 해도 동일한 목적을 달성할 수 있다. 이러한 목적으로 설치되는 못을 저수지라 한다. 조정지는 하루 동안 또는 1주일 동안의 부하변동에 응하여 하천유량을 조절하는 역할을 하고, 저수지는 계절적인 부하변동에 응하여 일 년 동안의 하천유량을 조절하는 역할을 한다.

19.11 조압수조(surge tank)

저수지 또는 조정지로부터의 수로가 압력수로이며, 그 길이가 긴 경우 수압관과의 연락에 조압수조를 설치한다. 이것은 발전소에 있어서의 부하의 급격한 변동에 의하여 사용 수량이 급변할 때 수격작용(water hammering)으로 인하여 압력수로, 즉 압력수도와 수압관 내에 직접 피해를 입히지 않도록 하기 위하여 압력수도와 수압관 사이에 설치되는 일종의 보안 장치이다.

그림 19.4는 조압수조에 있어서의 수위의 승강을 설명하는 그림이며, B는 상태의 위치, A는 수차에의 유입을 차단했을 때 조압수조 내의 수위가 상승하여 최고로 되었을 경우 , C는 B의 상태로부터 반대로 조압수조로부터 저수지로 향하여 물이 역류하기 때문에 강하한 수위의 위치를 표시한다. C의 수위로 되어 역류가 멈추면 다시 저수지로부터 조압수조에의 유입이 시작하여 조압수조의 수위가 상승한다.

이와 같은 현상이 몇 번이고 반복되는데, 그 사이에 수로 내의 마찰로 인하여 점차 물이 가진 에너지가 감쇠되어 드디어 저수지 수위와 수조 수위가 동일하게 되어 B의 위치로 멈추어 물의 운동이 정지된다. 이 현상을 서어징(surging)이라 하며, 부하의 급증의 경우

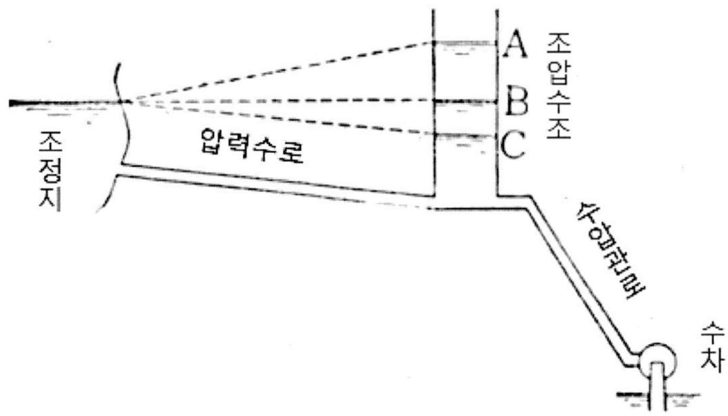

그림 19.4 조압수조의 수위 승강

에도 마찬가지 현상이 일어나 조압수조 수위는 부하에 상당한 수위(水位)를 중심으로 하여 승강작용을 벌인 후 그 수위에 위치한다.

조압수조는 부하 급감의 경우, 압력수로 내의 물의 운동에너지를 압력상승으로 인한 압력 에너지로 바꾸는 대신 조압수조 내에서의 물의 위치에너지로 바꿈으로써 압력수로 내의 압력상승을 방지하는 기능을 가지고 있다.

조압수조에는 단동조압수조, 차동조압수조, 수실조압수조 및 소공조압수조 등의 4종류가 있다. 각각 장단점이 있으므로 압력수로의 연장, 유량, 지형 및 공사 등을 고려하여 가장 경제적인 것으로 한다.

19.11.1 단동조압수조(simple surge tank)

그림 19.5와 같이 고가식과 보통형이 있으며, 단지 보통의 수조의 측벽을 높게 한 모양이다. 이 형식은 부하의 변동에 의한 수면의 승강이 완만하므로 수로 내의 유속 변동에 대한 동작도 느리고 다른 형에 비해서 비교적 큰 용적을 필요로 하므로 일반적으로 불경제이다.

그러나 수위의 변동이 완만하므로 발전소의 운전이 안정하다는 이점이 있다.

일반적으로 조압수조의 설계는 부하의 증가를 $\frac{1}{2}$로부터 전부하로 급증하는 경우, 부하의 감소는 전부하가 급격히 차단되는 경우를 가정한다.

서어징이 안정하게 될 토오마의 조건 등이 있는데, 이것은 조압수조의 단면적에 제한을 주는 조건이다. 그러나 여기서는 이를 생략한다.

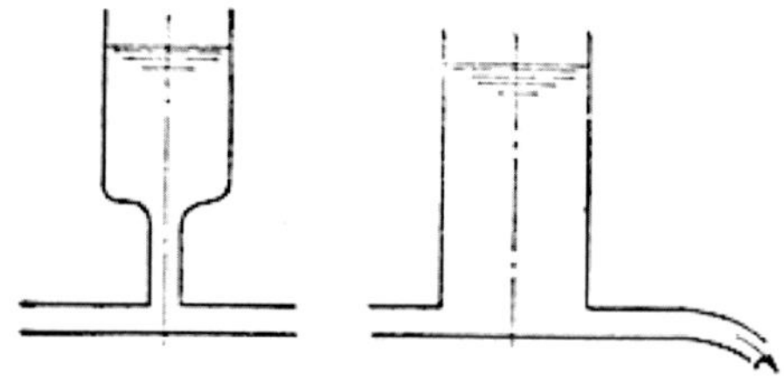

(a) 고가식　　　　(b) 보통식

그림 19.5 단동조압수조

19.11.2 차동조압수조(differential surge tank)

이것은 그림 19.6과 같이 고가식과 보통형이 있다. 수조의 내부에 라이저(rizer)라 하는 원통을 세우고, 수조의 아래 부분에 소공(port)을 둔 구조로서 수로 단면적과 동등 또는 $\frac{3}{4}$의 단면적을 가진 라이저와 외부수조로 되어 있으며, 이들은 하부의 소공에 의하여 연락되어 있다. 부하변동의 경우에는 라이저의 수위만이 급히 승강하게 되므로 수로 내의 유속도 또한 비교적 단시간에 부하의 변동에 응할 수 있게 되며, 그 사이의 수차에 대과부족 유량도 비교적 적고, 따라서 수조의 용량이 적어도 된다. 그리고 과부족 수량의 수용 또는 보급은 하부의 소공으로부터 이루어진다. 라이저의 단면적은 보통 수로 단면적의 70~100[%]로 한다. 이 형식은 단동식에 비하여 같은 직경이면 그 서어지의 높이를 반감하고, 또 같은 높이의 수조이면 그 단면적을 반감할 수 있다고 한다. 또, 서어지가 누가하지 않고 비교적 감쇠하는 이점이 있어 일반적으로 단동식보다 경제적으로 유리하다. 특히 조압수조가 수압관의 중간에 있는 경우, 사용유량이 많고 수로가 긴 경우 또는 저수지, 조정지의 유효 수심이 큰 경우에는 차동식이 유리하다. 그러나 구조가 단동식보다 복잡한 것이 그 결점이다.

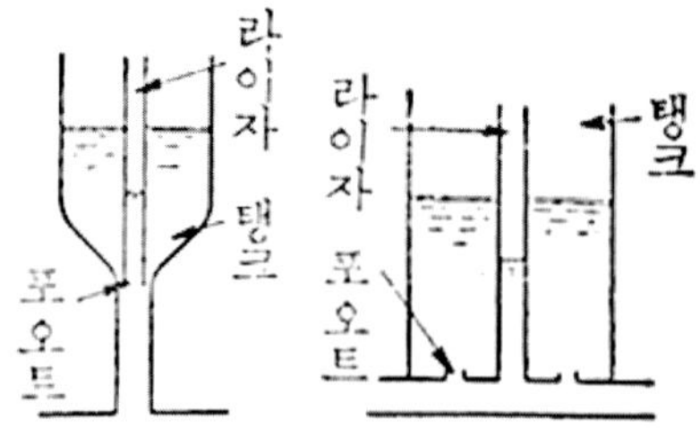

(a) 고가식　　　　(b) 보통식

그림 19.6 차동조압수조

19.11.3 수실조압수조(chamber surge tank)

그림 19.7에 표시한 바와 같이 수조의 직경을 가급적 축소하고 그 상하부에 수실을 설치하여 물을 수용하거나 또는 보급하거나 하는 장치이다. 원래 조압수조는 수위의 상승에 대하여서는 저수지의 최고 수위를 기준으로 하므로 저수지의 이용 수심이 클 때에는 상하단만 충분한 용량이 있으면 되고, 그 중간부는 동일한 단면으로 할 필요는 없으며, 최소한의 단면적만 있으면 충분하므로 이용 수심이 큰 경우에는 이 형식이 경제적이다. 이 형식에서는 부하급감의 경우와 관계없이 상부수실의 용적을 적당히 선정함으로써 수위상승을 비교적 적게 하고, 수로 내의 수압을 비교적 낮게 할 수 있는 이점이 있다.

19.11.4 소공조압수조(restricted orifice surge tank)

그림 19.8과 같이 차동조압수조의 특수한 경우이며, 물이 수조를 출입할 때 마찰 손실이 생기게 하기 위하여 수조와 수로와의 연락을 소공으로 제한한 것이다. 부하를 차단하면 수로의 물은 소공을 통하여 수조 안으로 들어가고, 부하급증의 경우를 수조로부터 소공을 통하여 부족 수량을 수압관에 보급하는 것이다. 이 형식은 단지 경제적으로 보면 유효하지만 부하의 급변에 의한 수격작용을 완전히 흡수할 수 없으며, 가속수두(부하급변의 경우), 또는 감속수두(부하 차단의 경우)의 발생이 급격하여 수차에 작용하는 유효낙차를 급변시키는 결과 수차의 조속기의 동작에 혼란을 일으키기 쉬우므로 그다지 실용되지 않는다.

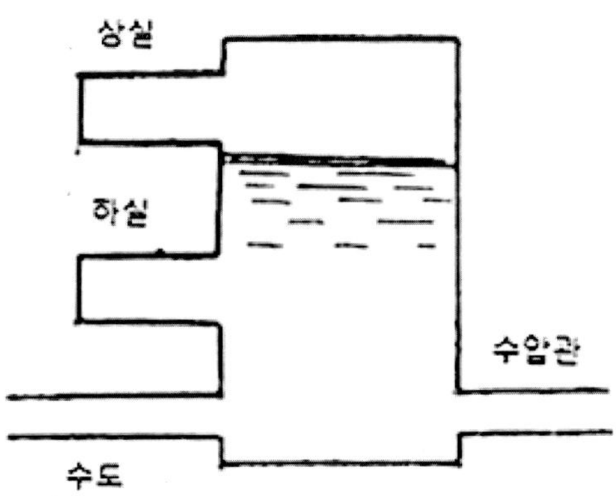

그림 19.7 수실조압수조

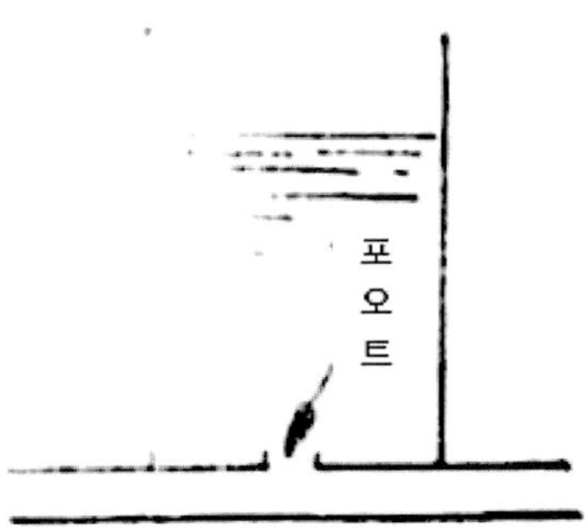

그림 19.8 소공조압수조

19.12 여수로(spill way)

수조에도 여수토가 설치되는데, 이것은 발전소의 부하급변에 응하여 남은 양의 물을 수조로부터 배출시키기 위한 것이다. 대체로 수조 측벽의 일부를 낮게 하여 일류제식으로 하여 일류시키는 것인데, 일류제의 위치가 좁아 일류제의 길이를 충분히 취할 수 없는 경우에도 수조의 내부에 원통형 또는 타원통형의 일류 통을 설치하는 일도 있다. 또, 지형에 따라 충분한 길이의 일류제를 설치하기 곤란한 곳에서는 사이펀 여수토가 사용된다.

여수로는 수조의 여수토로부터 배출된 물을 근처의 계곡 또는 하천에 도입하기 위한 수로이며, 보통 수조의 배사문으로부터의 배사도 합쳐서 유하시키는 구조로 하는 경우가 많다. 여수토, 여수로의 크기는 계획수심에서 수조의 최대 사용유량을 안전하게 배출할 수 있는 크기라야 한다.

19.12.1 일류형 여수토

그림 19.9(a)와 같이 수조 측벽의 일부를 밑으로 내려 일류제로 한 것이며, 일류수심을 적게 하여 수조 수위의 변동을 적게 하기 위하여 가급적 제장을 길게 한다. 일류수심 H [m]와 일류량 $Q\,[\mathrm{m^3/s}]$와의 관계는 다음 식으로 구해진다. 다음 식 중 b는 유효일류제장[m]이다.

$$Q = 1.84 b H^{3/2}\,[\mathrm{m^3/s}] \tag{19.5}$$

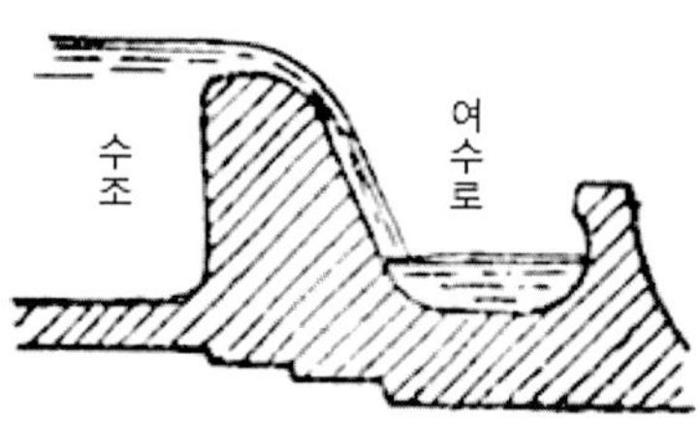

(a) 일류제형

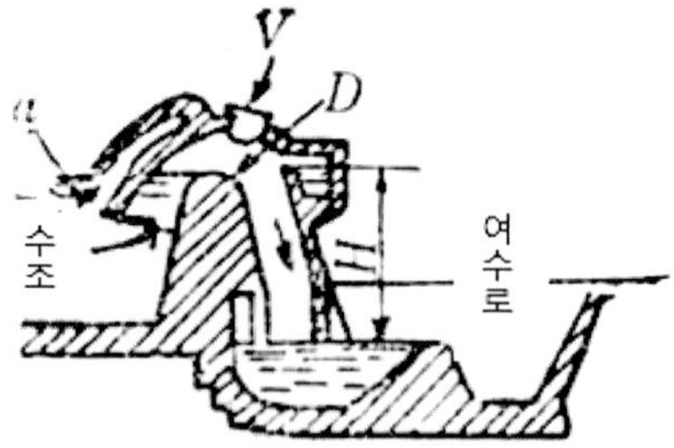

(b) 사이펀

그림 19.9 여수토

19.12.2 사이펀 여수토

그림 19.9(b)와 같이 수조 측벽의 빨아들이는 구멍은 항상 수조 중에 잠겨 있다. a는 공기 구멍이며, 수조에 유입하는 유량과 사용유량이 평형을 이루고 있는 동안에는 항상 수면보다 위에 있어 D에 공기가 통하고 있다. 따라서 보통의 여수토로서 동작한다. 그런데 부하가 감소한 경우에는 수조의 물이 남아 돌아가므로 수면이 올라가 a를 막아 D에의 공기의 유통을 막는다. 이 경우 D로부터는 이미 물의 여수로로서 일류하고 있으므로 이 낙하수로 인하여 D 내의 공기가 점점 배출되어 D내는 점점 기압이 내려가 드디어 사이펀 작용을 일으켜 비상한 세력으로 여수를 곧 배출하게 된다. 다음에 여수의 원인이 멎어 수면(水面)이 내려가고 a의 공기구멍이 다시 수면상으로 나오면 D에 다시 공기가 들어가 사이펀 작용이 자연히 멈추게 된다. 더욱 사이펀의 상부에는 V란 공기 밸브를 두어 평상시에는 닫아 둔다. 어떠한 원인으로 사이펀 작용이 멈추지 않고 수위가 규정 이하로 하강하는 경우, 이 공기 밸브를 열어 사이펀 작용을 정지시킨다. 사이펀의 배출 수량은 다음 식에 의한다.

$$Q = \alpha A \sqrt{2gH} \ [\mathrm{m^3/s}] \tag{19.6}$$

여기서, A : 사이펀 입구의 단면적[$\mathrm{m^2}$], α : 계수 0.5~65
g : 중력에 의한 가속도; 9.8[$\mathrm{m/s^2}$]
H : 사이펀의 상하 수위 차(보통 5~6m)

19.12.3 여수로

여수로는 보통 급물매의 사면에 연하여 축조되기 때문에 물살이 급격하므로 설계에도 신중을 기해야 한다. 단면은 본래의 수로를 흘러 내려오는 최대 유량을 안전하게 흘릴 수 있고, 더욱 다소의 여유를 가진 것이라야 한다.

여수로는 개거, 암거, 관로 등이 사용되는데, 개거는 수로 물매가 완만하고 굴곡이 적은 곳에 한한다. 여수로가 급물매로 인한 물살로 인하여 부근의 토지가 세굴되는 등의 피해를 방지하기 위하여 시설하는 감세장치로서는 물 쿳숀을 이용한 것, 큰 수세를 가진 물을 상대되는 방향으로부터 충돌시켜 서로 감세시키는 방법, 또는 장애물을 설치하여 두는 방법 등이 있다. 장애물은 이것이 손상될 우려가 있어 그다지 사용되지 않는다.

19.13 방수로(tail race)

수압관으로부터 수차에 도입된 물은 그가 가진 에너지를 수차에 준 후 방출되는데, 이 방출된 물을 하천으로 도입하기 위한 수로를 방수로라 하며, 하천에의 출구를 방수구라 한다. 구조는 도수로와 같으나 단지 그 단면을 크게 하여 수위의 변동을 피하도록 한다. 방수로는 가급적 방류되는 하천의 흐름과 같은 방향으로 향하도록 하고, 원활하게 합류하도록 하며, 수심이 가급적 깊은 곳이 선정된다. 또, 홍수 때에는 하천의 증수로 인하여 반대로 방수로로 향하여 토사가 침입되는 일이 있으므로 방수구의 상류에 익제를 설치하고, 또 방수로면의 수리에 편리하도록 방수로의 출구에 스톱 로그를 설치한다.

동일한 하천에서 다수의 발전소가 개발되는 경우, 한 발전소의 방수를 원래 하천에 방류하지 않고 곧 하류 발전소의 수로에 취수하는 경우에도 방수로에 하류 발전소에 이르는 수로를 접속하는 외에 원래 하천에 직접 방류하는 분기수로를 설치하여 쌍방의 수로에 게이트를 두고 단독 운전을 가능케 하는 경우가 많다.

19.14 수압관로(penstock)

낙차를 가진 수조의 물을 발전소 수차 입구까지 도수하기 위한 도수관을 수압관이라 하며, 이 수압관을 지지하는 공작물과 지반과를 총칭하여 수압관로라 한다.

수압관로는 경사의 변화가 적고 낙차에 대하여 그다지 길게 되지 않도록 하는 지형을 골라 만들어지며, 보통 그 긍장은 낙차의 2~3배 정도이다.

수압관의 조수는 각 수차 발전기마다 설치하는 것이 보통이며, 250[m] 정도 이상의 고낙차의 경우에서는 수차 2대 이상에 대하여 한 조의 수압관으로 하는 것도 많다. 수차의 사용유량이 적고 관로의 연장이 긴 경우에는, 상부를 한 조로 하고 하부에서 분기하여 2대 이상의 수차에 급수하는 경우도 있다.

19.14.1 수압관의 종류

수압관에는 목관, 철근 콘크리트관, 철관의 3종류가 있다. 수압관은 정수압 이외에 수차의 사용유량의 변동에 따르는 수압상승에도 충분히 견디어야 하므로 30[m] 내외의 저낙차에 한하여 철근 콘크리트관이 사용된다. 또 수조로부터 곧 땅 속으로 들어가 견고한 암반 중을 통과하여 발전소 입구에서 수차에 접속하는 초고압수도라 하는 것도 있다.

19.14.2 수압관의 직경

수압관은 특히 철관을 사용하는 경우에는 운반 및 공작에 편리하도록 보통 안지름은 4[m] 정도를 한도로 하나(저낙차)의 경우는 5[m]에 가까운 것도 있다), 직경을 크게 하면 두께도 커져야 하므로 고낙차의 경우에는 관 두께에 한도가 있으므로 조수를 많이 하여 관경을 작게 한다.

관 내의 유속은 보통 2~4[m/s]로 한다. 유속을 크게 하면 마찰손실이 증가하므로 저낙차인 경우에는 가급적 직경을 크게 하고 유속을 작게 한다. 그러나 고낙차에서는 어느 정도의 손실 낙차를 희생하더라도 유속을 크게 하고 관경을 작게 하여 강판의 두께의 증대를 방지하는 결과 관 내의 최하부의 유속은 10[m/s]에 가까워지는 일도 있다.

수압관의 직경을 작게 하면 유속이 증대하여 손실수두는 증가하나 관 두께는 엷어도 되므로 건설비는 싸진다. 즉, 관로에는 경제적인 직경이 있는 셈이 되며, 이에는 다음의 두 가지 경우가 있다.

① 관 내의 손실수두에 기인하는 전력 요금의 수입량과 건설비에 대한 금리 및 운전유지비의 합을 최소로 할 직경을 구하는 방법이다.

② 투자자본에 대한 순수입의 비율을 최대로 할 조건으로 구하는 방법이다.

①의 방법에 대하여는 다음 식이 주어진다.

$$D = \sqrt[7]{\frac{0.04 f k \gamma \sigma \eta Q^3}{c g y \lambda \mu \pi^3}}\ [\mathrm{m}] \qquad (19.7)$$

또, ②의 방법에 대하여도

$$D = \sqrt[7]{\frac{0.04 \alpha f k \sigma \eta Q^3}{c g y \mu \pi^3}}\ [\mathrm{m}] \qquad (19.8)$$

여기서, D : 관경[m]　　f : 마찰 계수
γ : 전력요금[원/kW(1년)]
k : 발전계수(단위유량, 단위 유효 낙차에 의하여 발생할 수 있는 발전력)
σ : 관재의 허용강도[kg/m^2]　　η : 관재의 접합효율(소수)
Q : 유량[m^3/s]　　g : 중력의 가속도[m/s^2]
c : 철관 단위중량당 건설비[원/t]　　μ : 관재의 비중
y : 철관에 작용하는 평균수두[m]　　λ : 금리의 이율(소수)
α : 총공사비[원/kW]

19.14.3 수압관의 두께

수압관을 파괴시키는 주된 것은

① 수압에 의한 파열,

② 수압관 내의 진공 발생으로 인한 압괴,

③ 수압관의 접속, 병철 등의 불완전에 의한 누수 등이며,

이상 수압에 대한 파열이 주로 수압관의 두께를 결정하는 요소가 되고, 그 밖은 두께의 결정에 대하여 영향이 적다. 그림 19.10에서 p는 수압[kg/m^2], D는 관의 내경[m], t는 관의 두께[m]라 하고, 단위 길이에 대하여 생각하면 XX'의 위치에 있어서 직경과 직각의 방향으로 관을 파열시키려고 하는 힘 P[kg]가 작용한다. 이것은 어느 위치의 직경에서 생각해도 마찬가지이다. 지금 원주상의 임의의 점 A가 직경 XX'에의 수직선 YY'로부터 θ란 각도의 위치에 있다고 하면, 그림의 $d\theta$에 상당한 관의 내원주의 길이는 $\frac{D}{2}d\theta$[m]이며, 따라서 관의 길이 1[m]에 대하여 $d\theta$의 원주상에 만드는 면적은 $\frac{D}{2}d\theta$[m^2]가 되고, 이 면적상의 전수압은 $\frac{pD}{2}d\theta$ [kg]이며, OA란 벡터로 표시된다. 이 수압의 YY'방향의 성분은 $AB=\frac{pD}{2}cos\theta\, d\theta$ [kg]가 되고, 이것과 직각인 방향의 성문 OB는 점 O의 반대 측에도 이와 동일한 성분이 있어 이들은 서로 상쇄된다. 따라서 YY' 방향의 힘 P는 AB의 합성이므로,

$$P=2\int_0^{\frac{\pi}{2}}\frac{pD}{2}cos\theta\, d\theta=pD\,[\text{kg}] \tag{19.9}$$

가 된다. 이 P에 대항하는 것은 양쪽의 관벽이므로, 그 두께를 t[m], 강재의 허용한도를 σ[kg/m^2]라 하고, η을 관의 접합효율이라 하여 허용인장하중을 구하면,

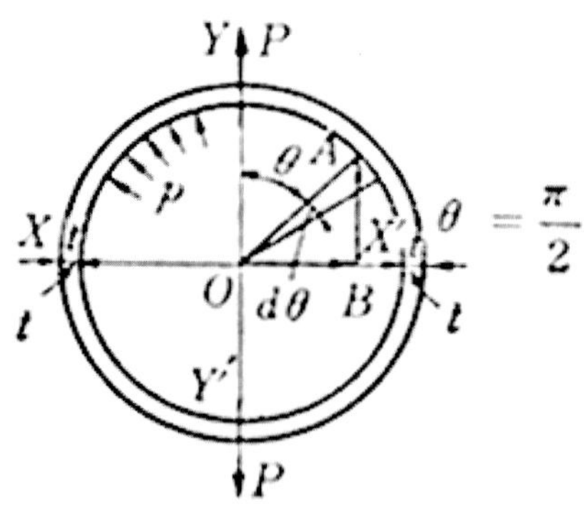

그림 19.10 수압관

$$P = 2t\sigma\eta\,[\mathrm{kg}] \qquad (19.10)$$

그런데 $pD = 2t\sigma\eta$이므로,

$$t = \frac{pD}{2\sigma\eta}[\mathrm{m}] \qquad (19.11)$$

또, 수압 P[kg/m^2]를 수두 h[m]로 환산하면 $p = 1{,}000h\,[\mathrm{kg/m^2}]$이므로, 수압관의 두께는,

$$t = \frac{1000pD}{2\sigma\eta} \qquad (19.12)$$

또, 위 식에서 각각의 단위를 [kg-cm]로 표시하면, 관의 두께 t는

$$t = \frac{pD}{200\sigma\eta} = \frac{hD}{20\sigma\eta}[\mathrm{cm}] \qquad (19.13)$$

여기서, p는 수압[kg/cm^2], D는 관의 내경[cm], σ는 강재의 허용강도[kg/cm^2], η는 관의 접합효율, h는 두께를 구하는 곳의 수두로 10p[m]이며, h는 단지 정수두뿐만 아니라 수격작용에 의한 수압상승을 고려한 값을 취한다. 수격작용에 의한 수압 상승은 일반적으로 제압기의 유무, 안내 날개의 폐쇄시간 등을 생각하여 결정해야 한다. 중낙차의 경우는 특수한 예를 제외하고는 정수두의 30~40[%]를 취하고, 대단히 높은 낙차의 경우는 수압상승을 특히 제한하기 위하여 펠턴 수차에 디플렉터 또는 제압노즐 등을 설치하므로 10~20[%] 정도로 잡는 일도 있다. 또, 저낙차의 경우는 수압상승이 그다지 문제가 되지 않으므로 오히려 어느 정도 높게 잡아(정수두의 50~60[%]), 수차 발전기의 회전수의 상승을 억제하는 방법을 취하는 것이 더 좋은 경우가 있다.

강재의 허용강도는 인장강도 3,400~4,100[kg/cm^2]의 일반 구조용 압연강재가 사용되는데, 실제로는 더욱 안전율을 3~4로 잡아 850~1,000[kg/cm^2] 정도로 보고 계산한다. 접합효율은 중접합의 경우 0.5~0.73, 충격접합 및 용접의 경우 0.8~0.9로 한다.

일반적으로 수압관의 두께는 최소 한도(수조부근) 6~10[mm], 최대 한도(공작방법에 의함) 27-36[mm] 정도이나, 최근 용접관에서는 50[mm] 이상의 것도 만들어지게 되었다. 더욱 마손, 부식 등을 고려하여 1~2[mm] 정도의 여유를 가하여 설계 두께로 하는 것이 보통이다.

예제 19.1

사용유량 5[m^3 /s], 수조 수면과 수저와의 고저차 160[m]의 발전소에 용접 수압철관을 설치하려고 한다. 철관의 안지름 및 상하 양단에서의 강판의 두께를 계산하시오. 단 안지름은 상하 같은 크기라 하고, 발전소의 전부하 차단 시 수압관 내에 수압상승은 25[%]라 하며, 용접의 효율을 고려한 허용 인장력은 1,000[kg/cm^2]라고 한다.

풀이

수랍관 두께의 식 (19.11)을 이용하기 위해서 전 부하 차단 시의 수압상승을 고려한 수두 H를 구하면

H=160(1+0.25)=200[m]

고로, $P=\omega H=1000\times200[kg/m^2]=20[kg/cm^2]$

수압관 내의 유속은 3~5[m/s] 정도인데 여기서는 이것을 3[m/s]로 가정하면 지름 D[cm]는

$$Q=Av=\frac{\pi D^2}{4}v$$

그러므로,

$$D=\sqrt{\frac{4Q}{\pi v}}=\sqrt{\frac{4\times5}{\pi\times3}}=1.46[m]=146[cm]$$

여기서 $\sigma\eta=1{,}000[kg/cm^2]$이고 여유 두께를 2[mm]로 하면

$$t=20\times\frac{146}{2\times1000}+0.2=1.66[mm]$$

19.14.4 수압철관의 구조

수압관은 보통 연강판을 원통형으로 하여 이은 것인데, 직경이 작고 고수압의 것에는 인발강관을 사용하는 경우도 있다. 수압관에는 병접관, 용접관, 무접합관 및 밴디드 파이프 등의 종류가 있다. 병접관(riveted pipe)은 연강판을 소요의 직경으로 로울하여 리벳으로 조립한 것이다. 용접관(welded pipe)은 로울한 연강판을 가스 또는 전기용접으로 이은 것이며, 특히 전기용접 중의 아크 용접법이 최근 널리 채용되고 있다. 무접합관(seamless forged pipe)은 원통형의 잉곳(ingot)을 가열 로울하여 제작한 것이며, 강도가 크고 고압에 견디는 관경이 큰 것을 만들 수 있다. 밴디드 파이프(banded pipe)는 비교적 엷은 용접관의 외측에 조인트 없이 특수강 밴드로 끼운 것이다. 리벳 관에는 중접합(lap joint)과 충격접합(butt joint)이 있으며, 특수형으로서는 주철관을 사용하는 경우도 있다. 강도의 점으로 볼 것 같으면 인발강관, 용접관, 충격병접관, 중병접관의 순위로 크다.

이상과 같이 하여 원통의 길이를 보통 12~15[m]로 만들어 이들을 서로 잇는다. 그 접속 방법으로서는 플랜지 이음(flange joint), 머프 이음(muff joint), 밤프 이음(bamp joint)이 있다.

수압관의 굴곡 부분에는 고정대(anchor block)를 설치하여 관을 안정시킨다. 굴곡이 없는 경우에도 긴 관로에서는 고정대를 두지 않으면 위험하므로 25~30[m] 정도마다 설치하도록 한다. 또, 고정대 사이에는 대략 4~10[m]정도의 간격으로 콘크리트 소지대(saddle)를 설치하는데, 이것은 단지 관을 지지하는 데 그치며, 온도의 변화에 의하여 관이 신축할 경우에는 이 소지대 위를 자유로이 활동할 수 있게 한다.

19.15 수압관 부속 설비

수압관은 보안상 또는 내부 점검 수리를 위하여 신축 이음, 공기 밸브 또는 공기관, 제수 밸브, 배수 밸브, 맨홀 등을 설치한다.

19.15.1 신축 이음(expansion joint)

철관은 온도의 변화에 수반하여 신축하므로 변형하거나 또는 굴곡하여 파괴를 초래할 우려가 있다. 그러므로 고정대와 고정대 사이에는 상방(上方)의 고정대 가까이에 신축 이음을 설치한다. 신축 이음으로는 주로 머프 이음이 사용된다.

19.15.2 제수 밸브

수조에 있어서의 수압관 입구에는 전술한 바와 같이 철관마다에 제수문을 설치한다.

제수 밸브로서는 플랩 밸브(flap valve), 스토니게이트, 나비형 밸브(butterfly valve), 슬루우스 밸브(sluice valve), 니들 밸브(needle valve) 및 회전 밸브(rotary valve) 등이 사용되고 있다.

이들 밸브는 어느 것이나 철관의 사고 시에 유수를 정지시키고 또 점검 수리의 경우에 관내의 단수를 위하여 사용된다.

운전 정지 시에 철관 내의 물이 얼 우려가 있는 지방 또는 저낙차의 경우에는 철관 입구의 제수 밸브를 생략하는 경우도 있다.

19.15.3 공기 밸브 및 공기관

조압수조의 경우와 같이 철관의 입구 또는 관의 도중에 밸브를 설치한 경우에는 이것을 급히 닫으면 관 내의 압력이 대기압 이하로 되어 외경으로 인하여 수압관이 압궤될 우려가 있다. 이 위험을 방지하기 위하여 제수 밸브의 직후에 공기 밸브(air valve) 또는 공기관(air pipe)을 두어 관 내의 압력이 저하했을 때 자동적으로 공기가 유입 보급되도록 한다.

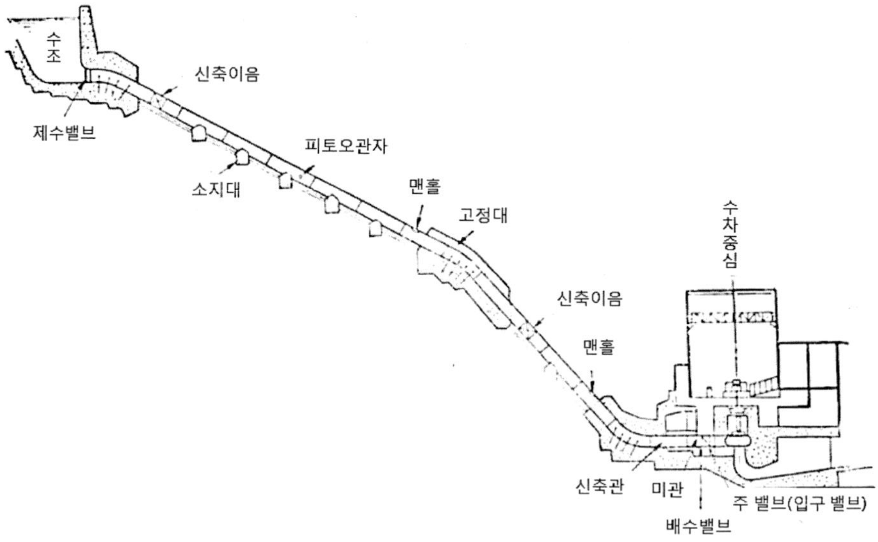

그림 19.11 수압관로 단면도

19.15.4 맨홀(manhole)

수압관의 내부점검 및 수리를 하기 위하여 적당한 곳에 맨호울을 설치한다.

크기는 대략 450×350[mm] 정도가 적당하다. 통수 시에는 내부로부터 뚜껑을 하고, 이것을 외측에서 철관에 죄어 붙인다.

19.15.5 배수 밸브(drain valve)

수압관 단수의 경우 제수문 또는 제수 밸브로부터의 누수를 배제하거나 또는 토사를 방수로에 배출하기 위하여 보통 수압관의 하단, 수차의 주요 밸브의 바로 앞에 배수 밸브를 설치한다. 일반적으로 배수 밸브에는 슬루우스게이트가 채용된다. 이상에 든 것 외에 관내의 유량을 측정하기 위하여 피이트 관취부반 등을 설치한다.

그림 19.11은 수압관로의 구조를 총합적으로 도시한 것이다.

19.16 초고압 수도

일반의 수력 발전소에 있어서의 수압관은 작용하는 정수압이 크다는 점, 수격작용의 영향도 고려에 넣어야 한다는 점, 시공이 비교적 쉽다는 점 등으로 해서 대부분 지표에 수압관을 부설한다 그러나 만일 강재 등이 부족한 경우에는 강판을 거의 사용하지 않는 수갱, 사갱 또는 수평식의 수도를 수압관로로 채용할 수 있다.

이 방식을 초고압수도라 하는데, 이것은 암반 중에 원형단면의 수도를 뚫어 이것에 철근 콘크리트로 권립을 실시하여 수압의 일부를 이들 권립에 부담시키고, 나머지를 지산에 부담시키도록 한 것이다.

20 수력 설비

ELECTRIC ENERGY

20.1 수차

20.1.1 개요

수차(water turbine)는 물이 가지는 에너지를 기계적 에너지로 바꾸는 기계로서, 발전기를 회전시켜서 기계적 에너지를 다시 전기적 에너지로 바꾼다.

즉, 수차는 물이 가진 위치수두 h, 속도수두 $V^2/2\ g$ 및 압력수두 p/w 라고 하는 세 종류의 에너지를 이용하여 이것을 기계적 에너지로 바꾸는 것이다.

또, 수차에 공급된 물이 갖는 에너지를 Pi, 수차의 축에 발생된 에너지를 Po라 하면, 수차의 효율 η는 다음 식과 같이 표시된다.

$$\eta = Po/Pi \times 100[\%] \tag{20.1}$$

또 유효 낙차를 H[m], 유량을 Q[m^3/s]라 하면,

$$\mathrm{Pi}=9.8\mathrm{QH}[\mathrm{kW}] \tag{20.2}$$

여기서 Pi는 이론수력이다.

20.1.2 수차의 종류

수차를 크게 나누면 충동 수차(impulse)와 반동 수차(reaction)가 있다.

충동 수차는 압력수두(pressure)를 모두 속도수두(velocity)로 바꾼 유수를 러너(runner)에 작용시키는 구조로서, 노즐(nozzle)에서 물을 분사시켜 러너 주변의 브래킷에 작용시키는 구조인 펠턴(pelton) 수차가 여기에 속한다.

반동 수차는 압력 수두를 갖는 유수를 러너에 작용시키는 구조의 수차로서, 프란시스(francis) 수차와 프로펠러(propeller) 수차가 여기에 속한다. 반동 수차는 압력 수두를 갖는 유수를 러너에 작용시키는 구조의 수차로서, 프란시스(francis) 수차와 프로펠러(propeller) 수차가 여기에 속한다. 프란시스 수차는 러너의 날개가 테두리에 연결된 구조

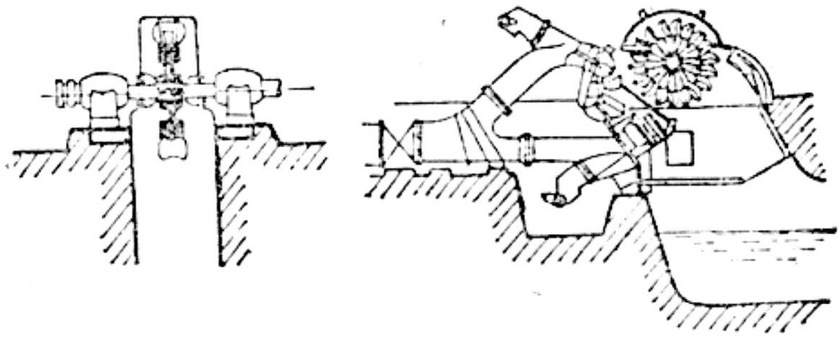

그림 20.1 횡축이륜사사 펠턴 수차

로서 수차가 반경 방향으로 러너에 인입하고 러너 내에서 축 방향으로 방향을 바꾸어 인출하는 반동 수차이나, 프로펠러 수차는 러너 날개의 외단을 연결하는 테두리를 갖지 않는 구조로서, 유수가 러너를 축 방향으로 통과하는 반동 수차이다. 또 저낙차에 사용되는 카플란(kaplan) 수차는 프로펠러 수차의 일종이다. 수차는 그 축방향에 따라 수축형(horizontal shaft type)과 입축형(vertical shaft type)으로 나눈다.

또, 하나의 수차가 갖는 러너수에 의해서 단륜형, 이륜형(2개의 러너)를 갖는 것, 3륜형, 4륜형으로 나누며 펠턴 수차에서는 노즐 수에 의해서 단사형. 이사형, 삼사형, 사사형, 육사형 등으로 나누며, 현재 사용되고 있는 수차의 종류를 들면 다음과 같다.

(1) 충동 수차(펠턴 수차)

① 횡축단륜사차 펠턴 수차
② 횡축단륜이사 펠턴 수차
③ 횡축2륜사사 펠턴 수차
④ 횡축2륜사사 편봉 펠턴 수차
⑤ 횡축2륜사사 양봉 펠턴 수차
⑥ 입축단륜사사 펠턴 수차
⑦ 입축단륜육사 펠턴 수차

(2) 반동 수차

① 프란시스 수차
㉮ 횡축단륜단류와권 프란시스 수차
㉯ 횡축단륜복류와권 프란시스 수차
㉰ 횡축2륜단류와권 이연 프란시스 수차
㉱ 횡축2륜 복류와권 프란시스 수차

㉮ 횡축2륜 단류와권 양봉 프란시스 수차
㉯ 입축단륜단류와권 프란시스 수차
㉰ 횡축단륜단류전구 프란시스 수차
㉱ 횡축 2륜 단류전구 이연 프란시스 수차
㉲ 횡축 2륜 단류횡구 이연 프란시스 수차
㉳ 횡축 단륜 단류 노출 프란시스 수차
㉴ 횡축 2륜 단류노출 2연 프란시스 수차
㉵ 입축 단륜 단류 노출 프란시스 수차

② 프로펠러 수차

㉮ 고정 날개 수차(프로펠러)
㉯ 가동 날개 수차(카플란)
㉰ 원통형 수차(tubular)

③ 사류 수차

④ 펌프 수차

20.2 펠턴(Pelton) 수차

20.2.1 펠턴 수차의 구조

펠턴 수차는 유일한 충동 수차이고, 노즐에서 유출하는 분수를 러너 주변의 버킷에 작용시키는 구조인 수차로, 주로 고낙차(200[m] 이상) 또는 중낙차(150[m] 정도) 라도 비교적 유량이 적을 경우에 사용된다. 또, 종래에는 대부분 횡형이 사용되었지만, 최근에는 입형이 사용되고 있다.

일반적으로 펠턴 수차는 여러 개의 노즐을 하나의 러너에 작용시키는 경우에는 각 버킷은 한 노즐에서 나온 물이 충분한 작용을 한 후에 다음 노즐에서 나온 물이 맞부딪히게 하기 위하여 노즐을 상호 60[°] 이상. 될수록 90[°]의 간격을 두고 작용하게 한다.

현재 노즐의 최고수는 6개이다. 또, 펠턴 수차는 비교적 구조가 간단하고 보수도 용이하나, 버킷(bucket)은 항상 물의 충동력을 받기 때문에 균열이 생기기 쉽다. 그림 20.2는 2사형 펠턴 수차의 구조 및 부품의 명칭을 나타낸다.

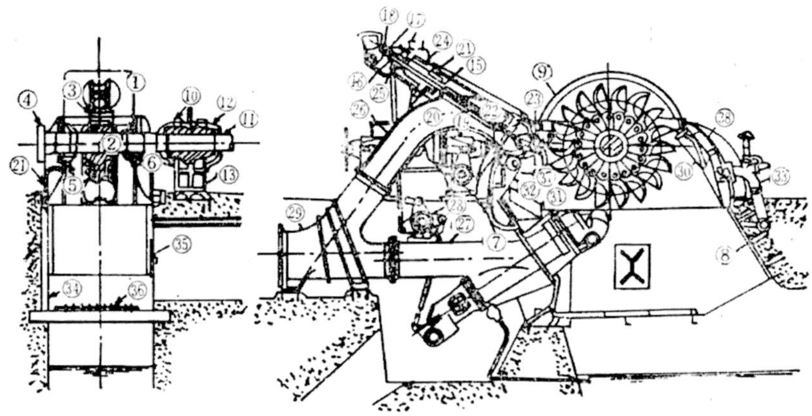

① 버킷 ② 디스크 ③ 버킷 볼트 ④ 주축 ⑤ 링크 ⑥ 커버 ⑦ 노즐 샤프트 ⑧ 피트 라이너
⑨ 상 커버 ⑩ 추력 베어링 ⑪ 배빗 메탈 ⑫ 상부 메탈 함 ⑬ 베어링 대 ⑭ 니들 ⑮ 니들 로드
⑯ 너트 ⑰ 링크 ⑱ 레버 ⑲ 니들 로드 가이드 ⑳ 보호관 ㉑ 특수 패킹 ㉒ 노즐 ㉓ 노즐
㉔ 스프링 ㉕ 노즐 커버 ㉖ 상 노즐 커버 ㉗ 하 노즐 파이프 ㉘ 이쌍 레버 ㉙ 분기관 ㉚ 수수
㉛ 수제 ㉜ 디플렉터 서포트 ㉝ 백워터 브레이크 ㉞ 철판 라이너 ㉟ 맨호울 커버 ㊱ 그레트
㊲ 디플렉터 ㊳외피

그림 20.2 펠턴 수차의 구조

(1) 러너(runner)

주축에 끼운 디스크(disc)의 바깥 둘레에 버킷이 있고, 버킷 중앙에 물갈퀴가 있어서 노출에서 나온 분사수는 좌우로 나누어 버킷에 작용한다. 횡축형 러너는 보통 버킷과 디스크는 따로따로 주조하든지, 버킷 취부 볼트로 취부하기도 하지만 디스크, 버킷을 같이 주조한 것도 있다. 버킷은 보통 주강인데, 물에 모레나 산이 많은데는 특수강을 사용하고, 디스크는 주강 또는 주철을 쓴다.

버킷 수 Z는 러너의 직경 D와 d 출수 제트(jet)의 직경 d의 비 D/d에 따라 다르고, 대개 18~30개 정도가 디스크에 취부된다.

이와 같이 러너 축의 중심을 중심으로 하여 분출수의 중심선에 정하는 원을 러너의 pitch circle 이라 하고, 이 pitch circle의 직경 D를 보통 펠턴 수차의 직경이라 칭한다.

(2) 노즐(nozzle)

단면이 원형인 관으로서 중앙에 니들(needle)이 있고, 이것을 전진 후퇴시켜서 버킷에 분사하는 유량을 조정한다. 노즐 수는 보통 러너 하나에 대해서 하나인데, 수량이 많은 경우와 경부하 시의 고효율 운전을 하고자 할 때에는 러너 하나에 대하여 노즐 수를 2개 이상하든지 러너 수를 증가시킨다. 또, 4개 이상의 노즐을 러너 하나에 취부할 경우는 취부할 경우는 입축형으로 한다.

(3) 디플렉터(deflector)

수차의 부하가 급감하는 경우에는 분사수를 바로 꺾어 버킷에 부딪히지 않고 밑으로 해서 천천히 니들을 달아 수차의 속도 상승과 수압관 내의 압력 상승을 10[%] 정도 줄인다.

(4) 제트 브레이크(jet brake)

디플렉터와 니들이 동작한 후, 버킷의 배후에서 전부하 시의 사용 수량의 2~5[%]의 물을 분사시켜 러너의 속도 상승을 막는 동시에 제동 작용을 한다.

(5) 케이싱(casing)

펠턴 수차에서는 수압을 받지 않으나, 케이싱 하부는 노즐을 취부하므로 상당한 강도와 강성을 필요로 하기 때문에 주철 또는 주강을 사용한다. 케이싱 윗뚜껑은 대형일 때에는 일반적으로 강판제이다.

20.2.2 펠턴 수차의 이론

펠턴 수차에 있어서는 분출수는 한 개의 버킷에 대하여 그림 20.4와 같이 충돌한다. 지금 러너가 u의 속도로 운동하고 있을 때, V_1의 속도로 노즐에서 분사하는 물을 유입시키면 유수의 버킷에 대한 상대유입속도 w_1은 V_1-u 로 되고, 또 유출속도 V_2는 버킷의 속도 u와 유말의 버킷에 대한 상대유출속도 W_2 와의 벡터로 구해진다.

버킷을 u의 방향으로 밀어서 러너를 돌리는 힘은 u의 방향에 있어서 그 운동량의 변화에서 구할 수 있다. 지금 분출수량을 $Q[m^3/s]$, 단위용량의 물의 중량을 $w[kg/m^3]$라 하면 $\omega Q\omega_1/g$ 은 버킷에 들어가는 운동량이고, $\omega Q\omega_2/g.\cos\beta_2$ 는 $-u$ 방향으로 버킷을 떠나는 운동량이므로 버킷의 출력 p는 다음과 같이 된다.

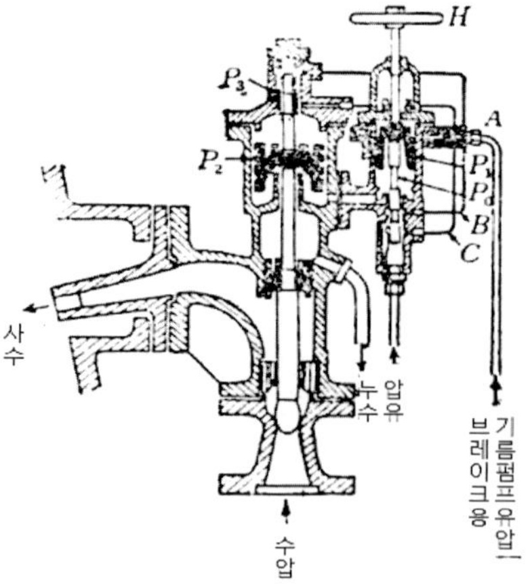

그림 20.3 제트 브레이크

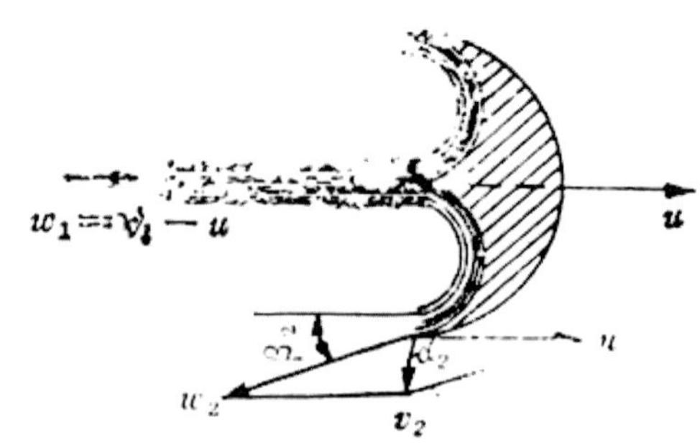

그림 20.4 버킷에 작용하는 힘

$$p=\frac{wQu}{g}(w_1+w_2\cos\beta_2)[\text{kg}\cdot\text{m/s}] \tag{20.3}$$

보통 β_2는 5~15° 이다. 이 출력 p를 내기 위하여 필요한 입력은 $\frac{wQv_1^2}{2g}$[kg·m/s]이기 때문에 러너의 효율은 다음과 같이 된다.

$$\eta=\frac{p}{\frac{wQv_1}{2g^2}}=\frac{\frac{wQu}{g}(w_1+w_2\cos\beta_2)}{\frac{wQv_1}{2g^2}} \tag{20.4}$$
$$=\frac{2u}{v_1^2}(w_1+w_2\cos\beta_2)$$

지금 σ를 유수의 버킷면에 대한 마찰계수라 하면

$$\frac{w_1^2}{2g}=\frac{w_2^2}{2g}+\sigma\frac{w_2^2}{2g} \tag{20.5}$$

이기 때문에

$$w_2=w_1/\sqrt{1+\sigma}$$

또, $w_1=v_1-u$이기 때문에 식 (20.6)을 식 (20.4)에 대입하면

$$\eta=\frac{2u}{v_1}(1-\frac{u}{v_1})(1+\frac{\cos\beta_2}{\sqrt{1+\sigma}}) \tag{20.6}$$

즉, u의 값이 변하면 효율이 변화한다.

따라서 최고효율은 $\frac{d\eta_r}{d\frac{u}{v_1}}=0$으로 구할 수 있다. 이것을 계산하면

$$\frac{u}{v_1}=\frac{1}{2} \tag{20.7}$$

따라서 러너의 최고효율 $\eta_{r\max}$는

$$\eta_{r\max}=\frac{1}{2}(1+\frac{\cos\beta_2}{\sqrt{1+\sigma}}) \tag{20.8}$$

실제의 수차에서는 여러 조건이 들어가기 때문에 $\frac{u}{v_1}=\frac{1}{2}$일 때가 아니고 $\frac{u}{v_1}=$ $=0.42\sim0.48$일 때 최대효율이 된다.

또 수차의 출력은 (20.3) 식에서 구한 p 보다 적다. 그것은 수차의 베어링에서 생기는 마찰과 회전체가 회전할 때에 생기는 공기 저항에 의한 손실 등의 기계적 손실이 있기 때문이다. 그들 값을 ϕ라 하면,

기계적 출력 η_m는

$$\phi\,\eta_m=\frac{p-\phi}{p} \tag{20.9}$$

다음에 노즐의 효율을 η_m라 하면, 수차 전체의 효율 η_t는

$$\eta_t=\eta_n\eta_r\eta_m \tag{20.10}$$

로 표시된다.

또, (20.10) 식에 사용된 η_n는

$$\eta_n=\frac{\frac{v^2}{2g}}{H}=(C_vC_a)^2 \tag{20.11}$$

로서, 이것은 니들의 개도에 대하여 대개 일정값 0.92~0.95를 갖는다. 또, H는 유효낙차이고, v는 물이 버킷에 부딪히는 순간의 속도 [m/s]라 할 때

$$v=C_av_o=C_vC_a\sqrt{2gH}\ [\mathrm{m/s}] \tag{20.12}$$

$$v_o=C_v\sqrt{2gH}\ [\mathrm{m/s}] \tag{20.13}$$

여기서, v_0 : 수유가 노즐에서 분사할 때의 속도[m/s]

C_a : 수요가 노즐에서 버킷에 부딪힐 때까지의 공기 저항으로 0.98~0.99

C_v : 노즐의 속도계수(내부의 마찰계수)로서 0.95~0.98

20.2.3 러너의 직경

펠턴 수차의 직경에 관한 참고식을 보면 다음과 같다.

$$N=38\frac{\sqrt{H}}{D}\ [\mathrm{rpm}] \tag{20.14}$$

$$D = 0.545 \frac{\sqrt[n]{Q}}{H^{\frac{1}{4}}} \tag{20.15}$$

여기서, N : 회전수[rpm], H : 유효 낙차[m], D : 러너의 직경[m]
Q : 노즐 유량[m^3/s] n= D/d

20.3 프란시스(Francis) 수차

20.3.1 프란시스 수차의 구조

프란시스 수차는 반동 수차의 일종으로서, 광범위한 낙차에 이르러 사용되는(10[m]~300[m]정도) 수차이다.

일반적으로 반동 수차에서는 안내 날개에서 나온 물은 압력수두의 일부를 속도수두로 바꾸고, 일부는 압력수두를 그대로 보유한 채 러너에 들어간다. 따라서 러너 중에서 물의 통로는 물로서 충만되고 압력은 이 통로를 흘러 지나가는 사이에 변화하게 된다. 즉, 수압관에서 나온 물은 케이싱을 지나 안내 날개에 의해 수류의 방향과 유속을 정하여 러너에 유입해서 이 러너에 회전력을 준 다음, 러너 바로 밑에 있는 흡출관으로부터 방수로에 방출된다. 따라서 안내 장치의 출구에서부터 그 이하의 낙차도 어느 정도 이용할 수 있다.

그림 20.5는 이런 종류의 수차로서 가장 일반적인 입축 단륜 단류와권 프란시스 수차의 구조를 보인 것이다.

(1) **러너**(runner)

러너는 보통 볼트나 용접에 의하여 주축에 연결되어 있고, 물이 가진 에너지를 기계적 에너지로 변환하는 것으로서 러너 날개, 러너 밴드, 러너 크라운, 러너 코운 등으로 이루어져 있다.

재질은 낙차, 수질 등으로 결정되지만, 일반적으로 낙차 50[m] 이하는 주철, 그 이상에서는 주강을 사용한다. 수질이 나쁜 경우에는 특수강, 동합금을 사용하는데, 마모되기 쉬운 부분만 용접한 후 손질한다.

최근에는 용접 기술의 발달로 강판을 용접하여 제작하는 수도 있다. 그림 20.6은 러너의 단면을 나타낸다. 또, 이 수차는 사용 낙차 및 유량에 따라 여러 종의 형태를 가진 러너가 제작되고 있으며, 형의 적부는 효율에 미치는 영향이 크다. 곧 이 수차는 광범위한

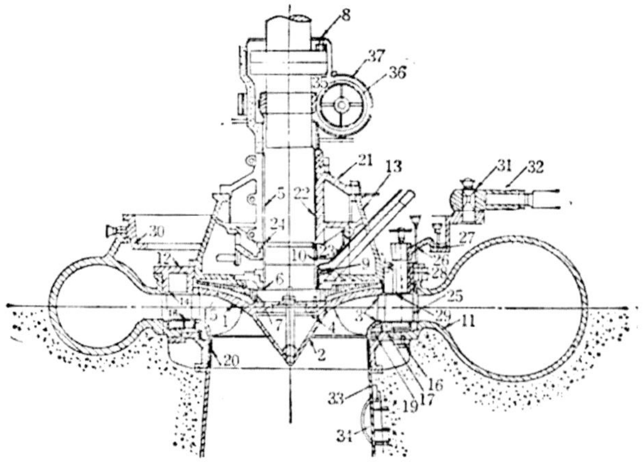

① 러너 ② 러너 보스커버(크라운) ③ 러너 라이너 ④ 취부 볼트 ⑤ 주축 ⑥ 샤프트 라이너
⑦ 플랜지 라이너 ⑧ 수차축접속 볼트 ⑨ 패킹 그라우드 ⑩ 패킹 ⑪ 외피 ⑫ 수차상 커버(외측)
⑬ 수차상 커버(내측) ⑭ 커버 라이너 ⑮ 프로젝트 라이너 ⑯ 수차상 커버 ⑰ 월링 ⑱ 월링 라이너
⑲⑳ 프로텍트 라이너 ㉑ 가이드 베어링 ㉒ 래빗 메탈 ㉓ 오일 복스 ㉔ 유절 링 ㉕ 안내 날개
㉖ 안내 날개 레버 ㉗ 링크 ㉘ 패킹 그라운드 ㉙ U자형 패킹 ㉚ 가이드 링 ㉛ 가이드 링 핀
㉜ 조속기 아이엔드 ㉝ 흡출관 ㉞ 맨홀(핸드홀) 커버 ㉟㊱ 조속기 구동용 헬리컬 기어
㊲ 동 기어

그림 20.5 입축 프란시스의 구조

낙차에 대해서 채용되기 때문에, 수차 한 대에 사용하는 유량, 회전수 등으로 러너의 형태를 변화시킬 필요가 있다. 일반적으로 낙차가 높은 지점에서는 유량이 적고, 낙차가 낮을수록 유량은 풍부하다. 따라서 고낙차용 러너는 그림 20.7(c)에서와 같이 입구의 폭이 좁고 출국의 직경도 작아서 저낙차용과는 반대로 되어있다. 그림 20.7(a)는 저낙차용 고속차, (b)는 중낙차용 중속차, (c)는 고낙차용으로서 저속차라고 부른다. 또, 수차의 속도(회전수)를 선정 하는 것은 특유속도에서 설명한다. 러너의 날개수 Z은 소형이 8~9장, 대형이 20장 이상이고, 러너의 직경을 D_1[m]라 하면

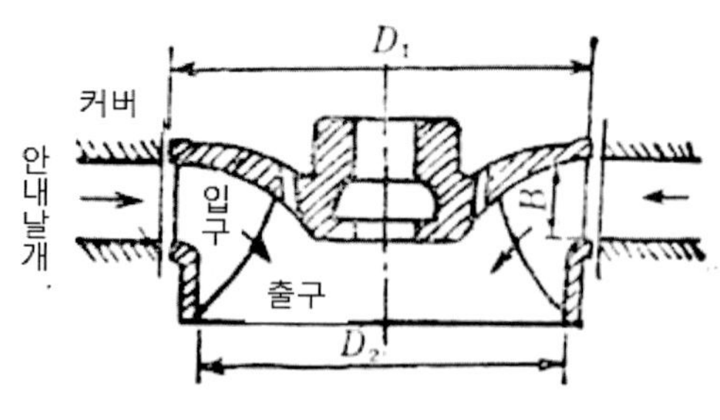

그림 20.6 러너의 단면도

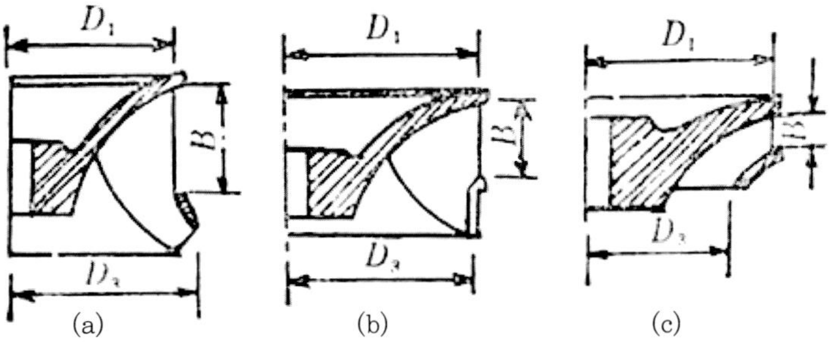

그림 20.7 프란시스 수차의 러너의 형태

$$Z = \phi\sqrt{D_1} \tag{20.16}$$

로 나타낸다. 여기서 ϕ의 수치는 15~17로 한다.

(2) 케이싱(casing)

프란시스 수차의 케이싱은 보통 때의 수압을 생각하고 부하의 차단 시에 급격한 수압 상을을 감안해서 여기에 견딜 수 있도록 한다.

또 낙차와 수량에 따라 주철, 주강, 강판 혹은 철근 콘크리트를 재료로 쓴다. 주철 케이싱은 보강볼트를 넣고 대형은 적당히 분할하여 제작하여, 그 합친 것을 볼트로 연결한다.

강판 케이싱은 일반적으로 스피드 링과 별개로 제작하여 전 둘레를 십수 등분한 것을 리벳 이음하나, 최근에는 용접 기술의 발달로 강판 용접 케이싱도 제작되고 있다.

(3) 스피드 링

기본 출력에 있어서 안내 날개의 개도에 따라 유수가 가장 적당히 통과하도록 설계한다. 수차 부품 가운데 특히 강도를 요하기 때문에 주강의 것이 많으나 최근에는 용접한 것도 있다. 대형이 되면 수송 때문에 분할해 제작하기도 한다.

(4) 안내 날개

안내 날개는 러너의 바깥 둘레에 배열되어 있는데 이것은 유수에 적당한 방향을 줌과 동시에 필요한 유량을 러너에 공급하기 때문에 각 날개는 항상 같은 각도로 회전할 수가 있고, 그 개구면적에 따라서 러너에 유입되는 유량이 결정된다. 따라서 이 개구면적에 의해서 부하의 변동에 대응하는 유량이 얻어지게 되며, 이 조정에는 외측 조정식과 내측 조정식이 있으나, 현재는 거의 외측 조정식을 쓰고 있다. 이 조정법은 수차축 둘레에 안내링을 붙여 그림 20.8과 같이 2개의 rot로써 움직인다. 이 2개의 rot는 S를 돌리면 움직이

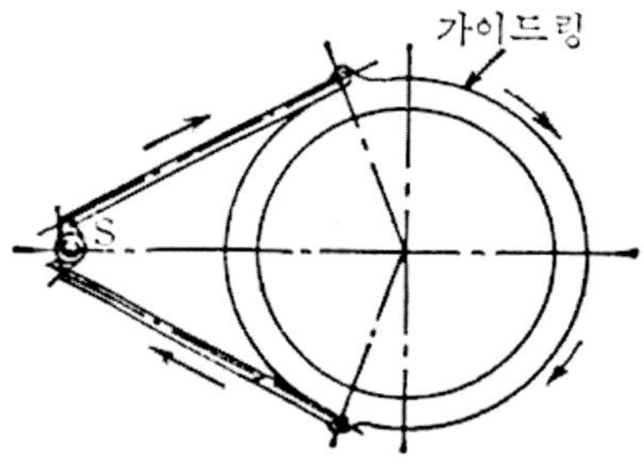

그림 20.8 가이드 링그림

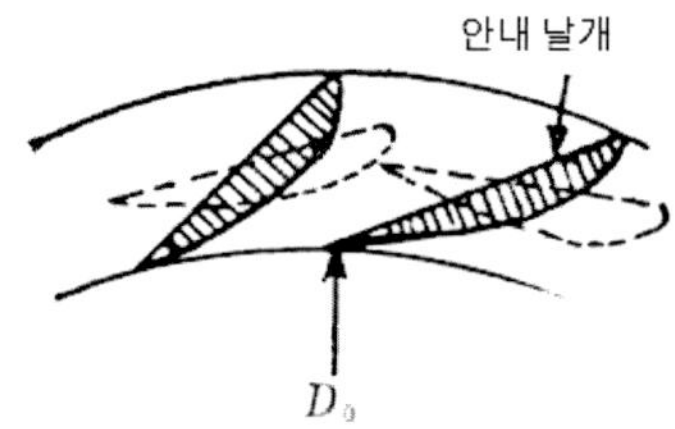

그림 20.9 안내 날개

게 되는데, S는 수차조속기에 연결되어 있다. 이 조작에는 상당한 힘을 요구하기 때문에 조작에는 유압을 사용한다. 그림 20.9는 안내 날개의 개폐 상태를 나타내는데, 실선은 전개, 점선은 전폐의 위치를 표시한다.

안내 날개 수 Z_0는 러너의 날개 장수 Z_1보다도 몇 장 정도 많은 것이 보통인데, 공작상 반드시 짝수이며, D_0[m]를 안내 날개의 내측 직경이라 하면,

$$Z_0 = \phi_0 \sqrt{D_0} \tag{20.17}$$

로 표시되며, ϕ_0는 대략 13~20 정도이다.

최근 저낙차 수차에서는 입구 밸브가 생략된 경우가 많고, 안내 날개가 입구 밸브의 역할을 하는 경우도 있다.

안내 날개는 주철인 것이 많으나, 전단강 또는 강판인 것도 있고, 수질이 나쁜 경우는 특수강을 쓰는 경우도 있다.

또, 최근에는 이 안내 날개가 수압자동 개폐식인 것이 있는데, 극히 드문 일이지만 유압 이상 저하 시 회전체가 탈주(run away)함을 막기 위한 보호장치로서 수압에 의한 불평형장치를 써서 위치 여하에 불구하고 수압에 의해서 자동적으로 안내 날개를 폐쇄하는 장치를 갖는 것이다.

20.3.2 프란시스 수차의 이론

v_1 : 러너 입구에 있어서 유수의 절대속도[m/s]

w_1 : 러너 입구에 있어서 유수의 러너에 대한 상대속도[m/s]

u_1 : 러너 입구에 있어서 러너의 주변속도[m/s]

r_1 : 러너 입구의 반경[m]

a_1 : v_1과 u_1의 사이 각[rad]

v_2 : 러너 출구에 있어서 유수의 절대속도[m/s]

w_2 : 러너 출구에 있어서 유수의 러너에 대한 상대속도[m/s]

u_2 : 러너 출구에 있어서 러너의 주변속도[m/s]

r_2 : 러너 출구의 반경[m]

a_2 : V_2와 U_2의 사이각[rad]

이라 하면, 그림 20.10에 있어서 러너 입구 A점에서 물은 v_1인 속도로 러너에 작용하나, 러너는 u_1의 주변속도로 돌고 있기 때문에 러너에 대한 물의 상대속도는 w_1의 방향이 된다. 따라서 러너 입구에 있어서 w_1의 방향으로 러너의 물 통로를 향해두면 유수가 날개 사이를 통과하는 동안에 그 방향을 바꾸어서 러너의 출구에서 w_2인 상대속도로 나오게 된다. 그런데, 러너 출구는 u_2의 속도로 회전하고 있기 때문에 유수가 러너의 출국에서 나갈 때의 절대속도는 w_2와 u_2의 합성속도인 v_2로 된다.

지금 물의 중량을 w[kg/m^3]이라 하고, Q[m^3/s]의 유량이 러너 입구 A에서 출구 B까지 사이에 러너에 공급하는 회전력을 T라 하면,

$$T = \frac{wQ}{g}(r_1 v_1 \cos a_1 - r_2 v_2 \cos a_2) \quad (20.18)$$

따라서 러너가 유수에서 받는 동력 p는

$$p = Tw = \frac{wQ}{g}(u_1 v_1 \cos a_1 - u_2 v_2 \cos a_2)[\text{kgm/s}] \quad (20.19)$$

여기서, w : 러너의 각속도[rad/s]

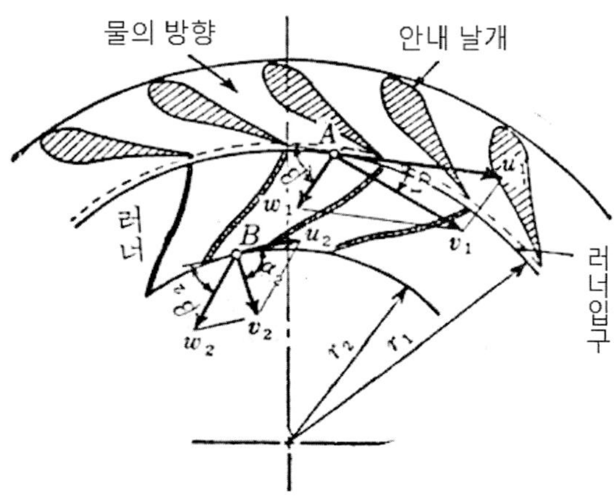

그림 20.10 프란시스 수차에 있어서의 물의 작용

러너에 작용하는 유효 낙차를 H[m]라 하면, 그 보유 동력은 wQH[kgm/s]이기 때문에 러너의 효율은,

$$\eta = \frac{p}{wQH} = \frac{1}{gH}(u_1 v_1 \cos a1 - u_2 v_2 \cos a_2) \tag{20.20}$$

따라서 수차의 효율을 높이기 위해서는 $u_1 v_1 \cos a_2 - u_2 v_2 \cos a_2$를 될수록 크게 하면 된다. η는 $a_2 = 90°$ 일 때 최대가 되고, 그 값은

$$\eta_{\max} = \frac{1}{gH} u_1 v_1 \cos a_1 \tag{20.21}$$

수차에서 나오는 물은 어떤 속도를 갖는데 이것을 v_e라 하면 $v_e^2/2g$만한 운동에너지는 수차에서 유효하게 이용되지 못하게 되는데, 이 때문에 프란시스 수차에서는 이 손실을 회수하기 위하여 흡출관(draft tube)을 사용하지만 유출수의 속도를 0으로 할 수 없기 때문에 다소 에너지손실을 감안해야 한다. 이 손실을 배기손실(discharge loss)이라 부른다.

20.3.3 러너의 직경

프란시스 수차의 러너 직경에 대해서는 다음과 같은 식이 있다.

$$D_1 = \frac{60K_1\sqrt{2gH}}{\pi N}[\mathrm{m}]$$
$$D_2 = \sqrt{\frac{4Q}{\pi K_m \sqrt{2gH}}}[\mathrm{m}] \tag{20.22}$$

여기서, D_1 : 러너 입구의 직경, D_2 : 러너 출구의 직경

K_1 : 계수 고낙차용 수차는 0.6~0.7
중낙차용 수차는 0.7~0.8
저낙차용 수차는 0.8~0.9

K_m : 계수 고속차에서는 0.35~0.4
저속차에서는 0.15~0.2

H : 유효 낙차[m], Q : 사용유량[m^3/s], N : 회전수[rpm]

또, 수차 전체로서의 효율을 가장 양호하게 하는 직경 D_2는(수차의 배기손실과 마찰손실의 총합을 최소로 한다.)

$$D_2 = 4.4\sqrt[3]{\frac{Q}{N}}[\mathrm{m}]$$

20.3.4 부분 부하인 경우의 효율저하

프란시스 수차는 부분 부하가 되면 효율이 저하한다. 그 비율은 특유속도 N_s가 클수록 크다. 이유는 그림 20.11에서 알 수 있다.

지금 u_1, v_1, w_1를 날개 입구에 있어서 정격인 경우의 주변속도, 절대속도, 상대속도라 한다. 부분부하가 되면 안내 날개의 개도 및 방향이 변함과 동시에 유량도 감소하기 때문에 반경 방향의 분속도도 작아져서 절대유입속도는 v_1'로 변한다. 따라서 w_1은 w'_1인 방향으로 되기 때문에 w_1단과 w'_1단을 잇는 길이 v_s가 충돌을 일으키는 원인이 되고, 그 때의 손실은 $v_2/2g$로 표시된다.

이것을 충돌손실이라 한다. 유량은 변하지 않고 유입 방향만 변하는 경우는 그림 20.12와 같이 되는데 역시 격동손실 $v_3^2/2g$로 표시된다. 그러나 같은 크기의 v_s로서도 v_1이 작은 v_1로 되는 쪽이 손실이 크다.

러너의 출구에서도 같은 현상이 일어난다. 즉, 그림 20.13에서 a_2=90°일 때에는 흡출관에는 물의 선회분속도를 갖지 않기 때문에 배기손실은 최소로 되나, 부분 부하로 되면 v_2로 변해서 물은 러너의 회전 방향과 같은 방향으로 선회속도를 갖고 흡출관 내를 흘러내리게 된다.

카플란 수차에서는 안내 날개의 각도를 자동적으로 조정해서 격동손실을 없애고 효율저하를 방지하도록 되어있다. 그러나 프란시스 수차에서는 날개가 고정되어 있어 조정이 불가하기 때문에 경부하 운전 기간이 길 때에는 별도로 경부하전용 러너를 준비해 두었

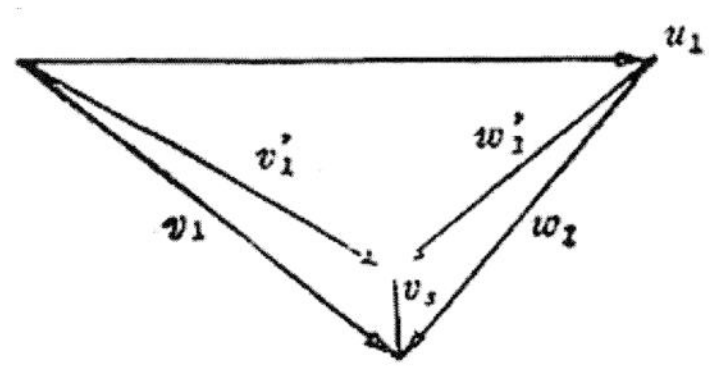

그림 20.11 속도선도

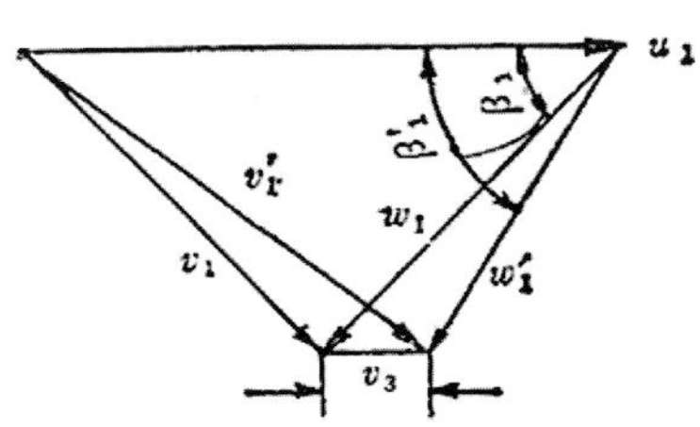

그림 20.12 속도선도

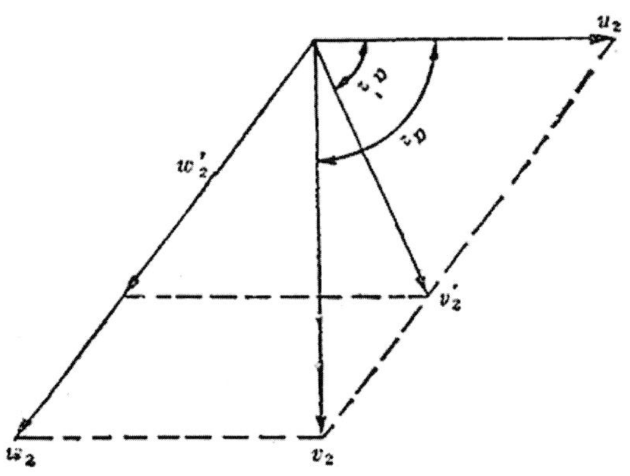

그림 20.13 속도선도

다가 경부하 운전 기간에 돌입하면 러너를 바꾸어 운전하게 된다. 이것을 경부하 러너(light load runner또는 half runner)라 하고, 이에 반해서 수차가 최대 출력을 내는 러너를 정규 러너(normal runner)라 한다. 경부하 러너의 무구속속도는 아주 크기 때문에 러너 교체 시에는 발전기의 회전자 강도를 검사할 필요가 있다.

20.4 프로펠러 수차

20.4.1 프로펠러 수차의 구조

프란시스 수차를 저낙차에 사용하면 러너 내의 유수의 상대속도가 크게 되고 마찰손실이 증가하나, 날개의 수를 줄이고 날개의 높이를 낮추면 효율이 좋은 수차가 된다. 즉, 이와 같은 구조의 수차를 프로펠러 수차라 부르며, 저낙차용 수차로는 오직 이 프로펠러 수차가 쓰인다.

프로펠러 수차는 프란시스 수차와 같이 물의 압력과 속도를 이용하지만 일반적으로 프란시스 수차에 비해서 속도를 이용하는 비율이 더 크다.

프로펠러 수차의 날개는 보통 3~10장 정도이며, 구조상으로 고정 날개형과 가동 날개형으로 나누는데, 가동 날개 프로펠러 수차의 대표적인 것에는 카플란 수차가 있다. 고정 날개 프로펠러 수차는 주로 소용량 내지 중용량에 쓴다.

20.4.2 프로펠러 수차의 이론

그림 20.14에서 w는 상대속도, C_a는 날개형과 입사각 δ 에 의해서 결정되는 양력계수, K_θ 는 날개의 피치 t와 길이 l과의 비로서 정해지는 날개 열의 간섭계수, Γ는 길이 l 인 날개 둘레의 순환이라 하면,

$$\Gamma = \frac{1}{2} C_a K_\theta l w$$

또 날개의 미소폭 dr당 양력 dA는 물의 밀도를 ρ 라 하면 $dA = \rho \Gamma w dr$로 된다. 중심에서 r의 거리에 있는 분할 수차가 하는 일 dW는 z를 날개 매수, dR를 축방향의 추력, λ =dR/dA라 하면,

$$\begin{aligned} dW &= zu(dA sin\beta - dR cos\beta) \\ &= zudA(\sin\beta - \lambda\cos\beta) \\ &= zu\rho\Gamma w dr v_m/w - \lambda(u - v_u)/w \end{aligned} \tag{20.23}$$

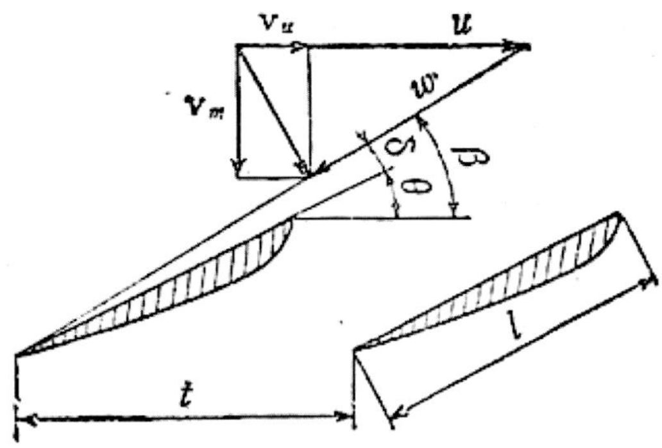

그림 20.14 스로펠러 수차에 있어서 물의 작용

유효 낙차 H에 있어서 $dQ = 2\pi r dr v_m$ 인 물이 하는 일이 dW와 같다 하면 분할수차의 수력효율 η_h는

$$\eta_h = \frac{z\Gamma}{gH}\frac{r_a}{2\pi r}1 - \frac{\lambda(u - v_u)}{v_m} \tag{20.24}$$

여기서, r_a : 러너 바깥둘레의 반경, u_a : 러너 바깥둘레에 있어서의 주변속도

20.4.3 프로펠러 수차의 직경

프로펠러 수차의 직경은 날개 선단에 있어서의 주변속도를 U[m/s], H를 유효 낙차 [m], N을 회전수[rpm]라 하면 다음과 같은 관계가 있다.

$$U = K\sqrt{2gH} = \frac{\pi DN}{60} \tag{20.25-1}$$

위 식에서

$$D = \frac{60K\sqrt{2gH}}{\pi N}\,[\mathrm{m}] \tag{20.25-2}$$

여기서, K는 대개 1.5~2.0 정도 범위의 계수이며, 특유속도가 클수록 그 값이 크다.

또, 앞에서 설명한 프란시스 수차 러너 출구에 있어서 배기손실 과 마찰손실의 총합이 최소로 되는 조건에서 유도된 (20.22-3)식의 $D_2 = 4.4\sqrt[3]{\frac{Q}{N}}\,[\mathrm{m}]$ 에서도 계산된다.

20.5 카플란(Kaplan) 수차

20.5.1 카플란 수차의 구조

카플란 수차는 운전 도중 안내 날개의 각도를 조절함과 동시에 러너 날개의 각도를 바꾸어 유량에 따라서 이에 알맞은 경사각을 얻을 수 있기 때문에 어떤 부하에 대해서도 고효율로 운전되는 특징을 갖고 있다. 그림 20.15는 카플란 수차의 구조를 나타낸 것이다.

(1) 러너(runner)

러너는 유수를 축방향으로 흘리는 편평한 날개와 날개에 가해진 수압과 원심력을 지지하는 vane boss로 구성되어 있고, 날개수는 낙차에 따라서 4~8장이 보통이다. 러너 보스(runner boss)는 러너를 받치고 러너에 생기는 회전력을 주축에 전달하는 부분으로서, 러너 날개 개폐기구를 내장하고 있다. 러너 보스 내부의 날개 조작 기구는 강한 작용력을 받기 때문에 보스 내부에는 윤활유가 충만 되어 있다. 날개와 보스는 일반적으로 조강

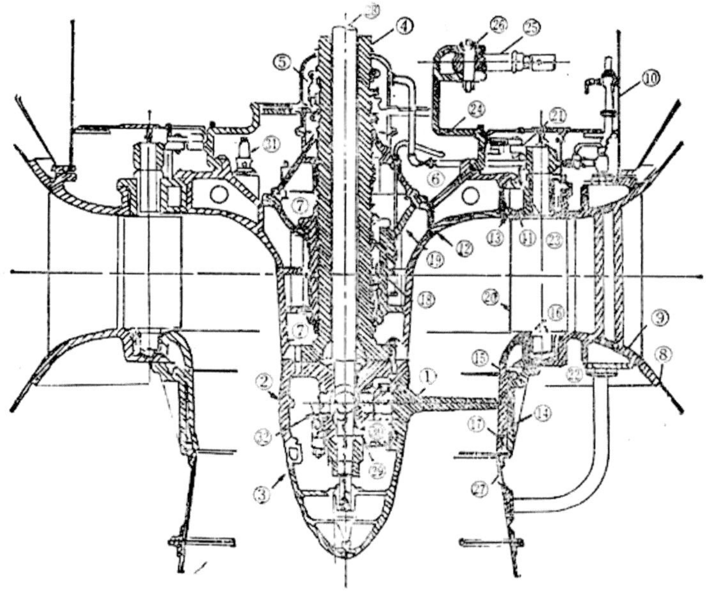

① 러너 날개 ② 러너 보스 ③ 러너 보스 커버 ④ 추사축 ⑤ 샤프트 라이너 ⑥ 스태핑 복스
⑦ 레비 린스 ⑧ 외피 ⑨ 속도환 ⑩ 피트 라이너 ⑪ 수차상 커버(외측) ⑫ 수차상 커버(내측)
⑬ 커버 라이너 ⑭ 수차하 커버 ⑮ 월링 ⑯ 월링 라이너 ⑰ 프로텍트 라이너 ⑱ 가이드 베어링
⑲ 가이드 베어링 케이스 ⑳ 안내 날개 ㉑ 안내 날개 레버 ㉒ 안내 날개 하부 메탈 ㉓ 패킹 그랜드
㉔ 가이드 링 ㉕ 아이 엔드 ㉖ 핀 ㉗ 흡출관 ㉘ 러너 날개 조작 로드 ㉙ 레버 ㉚ 레버
㉛ 공기 밸브 ㉜ 스템

그림 20.15 카플란 수차의 구조

또는 특수강이 사용되나, 날개 바깥 둘레 및 선단 등 마모되기 쉬운 부분은 스테인레스강을 입혀 용접한다.

(2) 러너 날개 조작기구

압유도입장치, 러너 서어보우 모터, 조작 로드, 러너 보스 내부 기능 등으로 되어있다.

카플란 수차에서는 운전 중에 러너 날개를 각도를 바꾸는 데는 보통 주축의 중심부에 있는 구멍을 이용해서 여기에 압유를 보내어 조작봉을 움직이게 하는 방법을 취하고 있다. 즉, 그림 20.16과 같이 러너 날개는 조정축의 상하운동으로 날개 회전축을 움직이어 날개축을 회전시켜서 날개의 경사를 바꾼다. 조정축은 상하 운동과 동시에 수차주축과 함께 회전한다. 또, 조정축은 발전기의 최상부까지 뻗어 있다.

그림 20.17과 같이 수차와 발전기사이에 피스톤을 취부한 서어보우 모터가 있어서 조정축은 이 원통 내에 들어가 있다. 조속기까지의 기구는 서어보우모터에 부속된 배압밸브에서 유압을 피스톤 상하에 보내어 조정축을 상하 운동시킴과 동시에 피스톤 자체도 서어보우 모터 내에서 주축과 같이 회전한다.

20.5.2 카플란수차의 효율곡선

카플란수차는 부하변동에 따라서 날개의 경사각도 가변한다. 그림 20.18은 러너 날개 각도를 각각 어떤 값으로 고정시키고, 부하를 변동시켰을 때의 효율 곡선을 그린 것이다. 따라서 부하변동 시의 최고 효율곡선은 이들 각 곡선에 대한 포물선(envelope)에서 구할 수 있으나, 실제로는 수량의 정밀측정이 어렵기 때문에 효율의 결정이 곤란하다. 이 때문에 그림 20.18과 같이 안내 날개 개도와 출력을 관련시킨 포물선을 구해서 최고 효율 곡선을 결정한다.

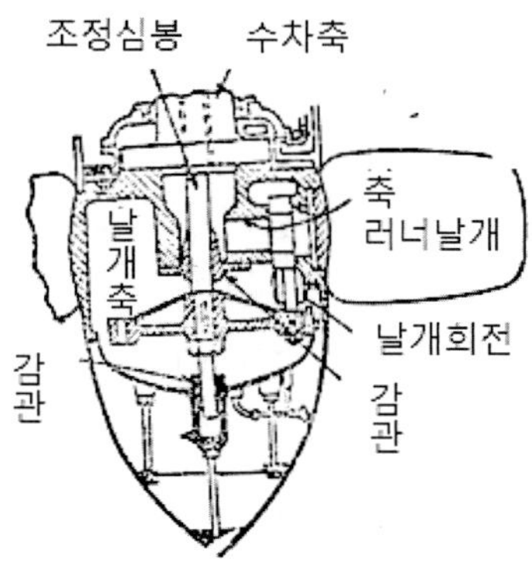

그림 20.16 러너 날개 구조

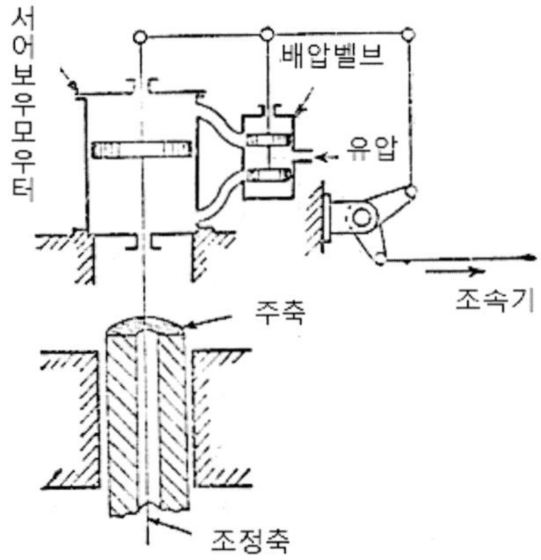

그림 20.17 날개의 개패 기구

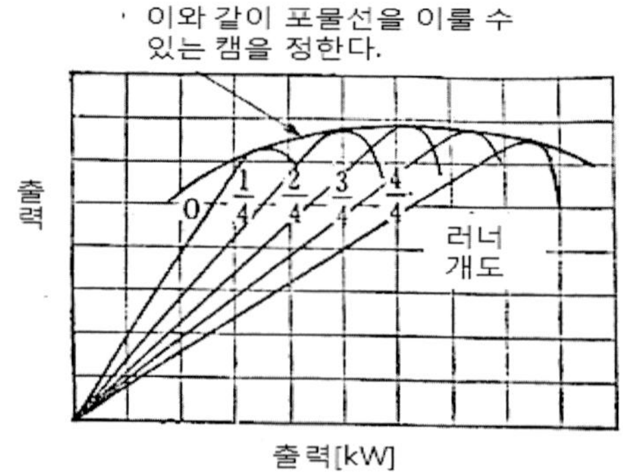

그림 20.18 회전 날개의 각도 변경과 효율의 관계

이처럼 해서 최고효율을 나타내는 곡선이 결정되면 발전기 출력과 안내 날개 개도를 운동시키는 캠 형상을 결정할 수가 있게 된다.

20.5.3 고낙차 카플란 수차

종래에는 카플란 수차의 사용 범위는 낙차 30[m] 이하라고 생각하는 것이 상식이었고, 30[m] 이상은 주로 프란시스 수차를 사용했다. 그러나 최근에는 70[m]의 고낙차(종래의 저낙차에 비해서)에 대해서도 카플란 수차를 쓰고 있다.

고낙차에 카플란 수차를 사용하는 경우, 프란시스 수차에 비해서 유리한 점과 불리한 점은 다음과 같다.

(1) 유리한 점

① 프란시스 수차에 비해서 고속도인 것을 쓸 수 있기 때문에 발전기의 가격이 싸고, 효율도 좋고, 소형으로 되어 있기 때문에 발전소 건물비 이외에 비용이 적다.

② 사용유량과 낙차의 변동에 대하여 러너 날개 각도를 바꿈으로써 고효율을 유지할 수 있다. 따라서 유량이 변화하는 경우는 프란시스 수차 2대와 똑같은 성능을 발휘할 수 있어 경제적이다.

③ 대유량 수차로 러너 직경이 크게 되어도 러너 보스와 날개를 나누어 수송할 수 있기 때문에 프란시스에 비해서 대유량인 것을 만들 수 있다.

④ 프란시스 수차의 러너는 한 덩어리로 주조하는 것이 보통인데, 카플란 수차에 비해서 제작, 다듬질이 곤란하다.

⑤ 낙차 변화가 큰 경우, 프란시스 수차에서는 저낙차로 되면 유량이 감소하여 출력이 아주 적어지나, 카플란 수차는 저낙차에서 안내 날개를 크게 열고 다시 러너 날개를 열어 유량의 감소를 보상해서 출력저하를 경감시킬 수 있다.

(2) 불리한 점

① 한 장의 날개가 받는 출력이 크기 때문에 날개 이면에 생기는 최대 부하가 크게 되어 캐비테이션 발생에 의한 지장을 방지하기 위하여 러너를 방수로 수위에 대해서 상당히 낮은 위치에 설치해야 한다.

② 효율의 저하 때문에 흡출관 및 방수로 물매에 어떤 제한이 있게 되는데, 수차의 위치가 낮으면 경우에 따라서는 필요한 만큼의 방수로를 얻는 공사비가 많이 든다.

③ 러너 보스 내의 기구가 복잡해지고, 강도상 및 캐비테이션상에서 고급재료를 사용할 필요가 생기므로 가격이 높다.

④ 무구속속도가 높기 때문에 발전기의 강도와 필요한 관성계수를 고려해서 제작해야 한다는 곤란이 있다.

이상 여러 점을 고려해서 카플란 수차를 쓰는 것이 유리한 발전소 조건은, 일반적으로 수로식 발전소에서 유량의 변화가 큰 경우, 저수지식 또는 조정지식 발전소에서 광범위한 부하조정을 하는 경우, 또는 큰 낙차 변동이 있는 경우에 유리하다.

20.6 새로운 수차

지금까지 설명한 수차는 최근에 발달된 고낙차 카플란 수차와 입축 펠턴 수차를 제외하면 옛날부터 잘 알려져 있는 수차이다.

그러나 최근 사류 수차, 튜우불러 수차, 가역펌프 수차 등이 출현했다. 여기서 이에 관한 것을 간단히 설명하고자 한다.

20.6.1 사류 수차(diagonal flow turbine)

이는 가동 날개형 수차로서 그 구조는 카플란 수차와 프란시스 수차를 섞어 놓은 것이다. 즉, 러너에 물을 유도하는 부분과 러너가 물을 방수로에 내뿜는 부분은 종래의 수차와 같다. 또, 러너 날개의 서보모터에 압유를 보내는 배압기구도 카플란 수차와 같으나, 가장 다른 점은 비스듬히 배열된 날개를 움직이는 구동 기구 자체이다.

사류수차의 러너 모양은 프란시스 수차와 카플란 수차의 중간 모양이다. 이 수차의 중요 장점을 들면,

① 변낙차, 변부하에 대하여 수차특성이 우수하다.

② 프란시스 수차에 비해서 무구속속도가 낮다.

③ 고낙차 카플란 수차에 비해서 특성이 좋다. 또 이 수차는 주로 40~100[m] 갱도의 낙차를 갖는 수력 지점에 사용한다.

20.6.2 튜블러 수차(tubular turbine)

튜블러 수차(원통형 수차, roll turbine이라고도 함)는 프로펠러 수차의 일종으로 보통형 프로펠러 수차와 다른 점은 와권형 케이싱이 없고, 흐름이 거의 직선적으로 축에 따라서 흐르는 구조로 되어 있다는 점이다. 이 때문에 종래의 카플란 수차와는 설치하는 방법이 아주 달라서, 유수로 내에 발전기를 설치하는 독특한 방법을 쓴다.

20.6.3 펌프 수차(reversible pump turbine)

펌프 수차라는 것은 수차를 역전하여 펌프 작용을 하게 한 것으로, 사류형과 프란시스형이 있다. 둘 다 각각 전용기로 설계한 것보다 다소 못하긴 해도 다음과 같은 장점이 있기 때문에 양수 발전소 수차로서 급속도로 발달한 것이다.

① 전용 펌프가 절약되고, 하나의 수력기계와 하나의 전기기계라고 하는 간단한 구조라 할 수 있기 때문에 가격이 싸다.

② 특수한 펌프 축 커플링이 필요하지 않다.

③ 기계의 배치 취부가 간단하다.

④ 철관, 입구 밸브가 각각 하나면 된다.

사류형에서는 이 밖의 다음과 같은 이점이 있다.

① 가동 날개이기 때문에 낙차 부하 변동에 대하여 효율 저하가 적다.

② 일정양정으로 광범위한 유량 조절이 가능하기 때문에 여유 있는 양수 계획을 할 수 있다.

③ 펌프와 수차를 별도로 설치하는 데 비해서 펌프 수차는 날개를 양수, 발전의 절환시간은 다소 길기는 해도 사류형 펌프 수차는 날개를 완전히 열어서 물의 저항을 이겨 그대로 펌프로서 기동이 가능하므로 절환시간이 아주 단축된다.

20.7 입구 밸브

20.7.1 입구 밸브의 종류

입구 밸브는 수압관의 말단, 수차의 입구에 붙어 있는데, 수차의 내부 점검, 장시간의 정지 또는 수차의 사고 발생 시 필요할 때에는 수차에 들어오는 물을 차단하는 일을 한다. 입구 밸브는 보통 전개 또는 전개 만의 기능을 행하고, 그 개도를 가감하여 수차의 출력을 조정하는 일은 못한다. 따라서 입구 밸브는 물이 세지 않고 조작이 확실 용이하며, 또 물의 저항이 작아야 한다.

입구 밸브의 종류에는 나비형 밸브, 스루우스 밸브가 가장 많이 쓰이고, 그 밖에 회전 밸브, 존슨 밸브 등이 있다.

20.7.2 나비형 밸브(butterfly valve)

일반적으로 중낙하(150[m] 이하)의 대구경 수차에 적합하다.

구조는 원통 내에 원판을 두고, 이 원판의 면이 원통의 중심선에 대하여 직각일 때 흐르는 물을 가로 막도록 되어 있다.

밸브의 구조상 다른 것에 비해서 유수의 마찰면이 커서 손실수두가 가장 크다. 특히, 고낙차가 되면 강도상 밸브 자체의 두께가 무겁게 되어 불리하다. 전폐 시의 누수도 다른것에 비해서 비교적 많다. 그러나 구조도 조작 기수도 간단하고 다른 것에 비해서 넓은 장소도 요하지 않으며, 가격이 가장 저렴하다. 최근에는 누구 방지 방법으로 밸브의 주위에 경질 고무를 붙여 수밀하게 한 것이 많다.

20.7.3 슬루스 밸브(sluice valve)

관과 직각으로 설치된 평판이 관의 윗부분에 강하하여 유수를 막는 구조로서 소구경 고낙차에 적합하다. 밸브 조작을 위한 유압 서보모터가 아주 크고 높이가 커서, 기기배치와 공간 이용이란 점에서 나비형 밸브에 비해서 불리하다. 또, 제품 중량도 크고 가격도 비싸다. 그러나 수두손실이 아주 적어 보통 때에 운전하는 발전소에서는 유리하다. 또, 전개시의 누수는 아주 적다.

20.7.4 회전 밸브

밸브의 외곽은 중공원통형 으로 그 중심선에 직각으로 설치된 회전축에 의해서 90[°] 회전하게 되어 있다. 밸브의 원통 회전부는 수압관과 직경이 같아서 완전히 열었을 때에는 유수에 방해를 주지 않다가 밸브가 90[°] 회전하면 유수의 통로를 막아 유수를 차단한다. 보통 적용범위는 30~100[m] 이상의 낙차에서 250~3,000[mm] 정도의 구경의 것이 사용되고 있다. 이 밸브는 전개 시의 수두손실이 다른 형식의 밸브에 비해서 적고 전폐 시의 누수도 적으나, 기구가 복잡하여 기계적 약점이 있다. 또, 중량도 무겁고 가격도 비싸나 개량돼서 중낙차에서 고낙차에 사용되게끔 되었다.

20.7.5 존슨 밸브

니들 밸브의 일종으로서 밸브 자체를 물이 흐르는 방향으로 새로 시키는 구조이며, 수압에 의하여 조작되고, 누수가 적고 바이 패스 밸브가 필요치 않는 이점이 있다. 중고 낙차에 사용된다.

20.7.6 바이 패스 밸브

입구 밸브의 수압관 측과 수차 측의 수압을 바이 패스시켜 물이 정지된 상태에서 입구 밸브를 개폐하기 위하여 소구경의 바이 패스 밸브를 설치한 것이다. 일반적으로는 슬루우스 밸브가 사용되나 존슨 밸브를 쓰는 경우도 있다.

20.8 조속기

20.20.1 개요

발전기의 부하는 항상 일정하지 않고 수시로 변한다. 수차의 유입구 개도를 일정하게 유지하고 부하를 변동시키면 유입 수량의 과부족이 생기므로 수차의 회전수가 변한다. 이 경우 부하가 감소되면 회전수가 상승하고, 부하가 증가하면 회전수는 내려간다. 그리하여 이와 같은 회전수의 변동이 있으면 수차에 직결된 발전기는 전압의 불평형, 주파수의 변동을 일으키게 된다. 따라서 수차는 부하 여하에 불구하고 항상 정해진 회전수를 유지하지 않으면 안 된다. 이와 같이 부하가 변해도 규정 회전수를 유지하기 위해서는 부하의 증감에 대해서 유입구의 개도를 조정해서 수차에 유입되는 수량을 증감하면 된다. 즉, 펠턴 수차에서는 니들 밸브의 유수통과량을, 반동 수차에서는 안내 날개 개도를 가감하면 된다. 이처럼 수량을 조절하여 속도를 일정하게 유지시키는 governor 라고 한다.

갑자기 수차 발전기가 전부하중에 차단되는 경우에는 수차 자체가 갖는 커다란 잉여 에너지에 의해서 지나치게 큰 속도의 상승이 일어난다. 방지하는 것도 조속기의 역할이므로 발전소의 준공 검사에는 반드시 조속기의 시험을 해야한다.

조속기를 크게 나누면 기계식과 전기식이 있는데, 기계식은 수차 발전기의 속도 변화 검출을 스피이더에 의해서 행하는 것으로서, 종래의 조속기는 이것이 거의 전부였다. 또, 스피이더에 수차의 회전을 전달하는 방법에 따라서 벨트 구동방식, 기어 구동방식, 전동 구동방식 등이 있다.

전기식은 수차 발전기의 회전수에 비례하는 보조 발전기의 주파수를 공진 회로로 검출하고, 전자관 증폭기 또는 자기증폭기로 증폭해서 변환기에 의하여 기계력으로 변환된 것이 배압 밸브를 조작하는 것인데, 출력의 조정, 조정률의 조정 등을 간단히 각각 독립적으로 행하기 위해서는 자동 제어 장치와의 병용이 기대되며, 차차 발전하는 경향에 놓여 있다.

20.20.2 조속기의 작용

그림 20.19(a)는 기계적 조속기의 동작을 나타내는데, 수평 레버가 P_0, R_0, C_0의 위치에 있을 때 배압 밸브가 중립의 위치에 있다고 하자.

지금 수차 발전기의 부하가 감소하여 회전이 상승하고 슬립 링 S가 P_1으로 이동했다고 하면, 수평 레버는 R_0를 지점으로 해서 C_0에서 C_1으로 움직인다. 그 때문에 배압 밸브의 밸브는 아래쪽으로 이동하고 압유가 A에서 C를 통하여 서보모터에 전달되어 피스톤을 왼쪽으로 눌러서 조정축을 움직여, 수차의 안내 날개(또는 니들 밸브)를 닫는다.

서보모터의 왼쪽 기름은 B에서 D로 통해서 배유된다. 그러나 수평레버가 언제까지나 C_1에 있으면 서보모터의 피스톤의 이동이 지나쳐 필요 이상으로 안내 날개를 닫게 되고, 다음에는 반대운동을 해서 이번에는 지나치게 안내 날개를 열어 결국 이것을 반복하게 함으로써 난조의 원인이 되는 것이다. 이것을 막기 위하여 그림 20.19(b)와 같은 복원기구(Return relay mechanism)가 설치된다. 즉, 서보모터의 위치가 적당한 곳까지 움직이면 R_0는 R_1으로 이동하고, 따라서 C_1은 C_0로 돌아와 배압 밸브를 중립 위치로 오게 한다. 즉, 안내 날개의 지나친 닫힘을 막아 수량이 감소한 결과 회전이 서서히 떨어져 P_1이 P_0에 다달았을 때에는 R_1도 R_0에 도달하도록 되어 있어서 수평 레버는 최초의 중립 위치에 도달하게 되는 것이다. 수차의 부하가 증가한 경우에는 P_0는 P_2로, C_0는 C_2로 이동하여 앞에서와는 반대 운동을 한다.

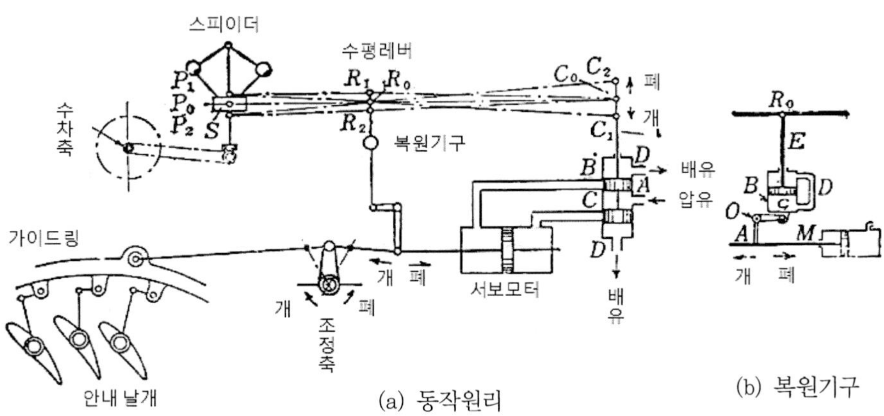

그림 20.19 조속기 동작 설명도

20.20.3 조속기의 구조

그림 20.20은 기계식 조속기의 구조를 나타낸 것이다.

(1) 스피더(speeder)

스피더는 주로 원심식인 것이 사용되며, 수차축에서 회전을 받아 원심추가 원심력에 의해서 개폐하는 운동을 슬립링의 상하 운동으로 바꾸어 수차의 회전수 변동을 검출하는 것이다. 스피더의 감도를 증진시키기 위해서는 기구의 마찰이 적고, 회전 부분의 관성이 적어야 한다.

(2) 배압 밸브

스피더의 동작으로 밸브를 조작함으로써 유압의 통로를 바꾸는 것이다. 배압 밸브에는 스피더의 동작에 의해서 직접 배압 밸브를 조작하는 것과, 보조 배압 밸브를 조작해서 유압에 의하여 주배압 밸브를 동작시키는 것이 있다.

(3) 서보모터

오일 피스톤으로 배압 밸브에 의해서 조작되며, 큰 힘을 갖는 안내 날개 또는 니들 밸브로 하여금 개폐운동을 하게 하므로 조속기의 크기는 서보모터 피스톤의 전행정으로 이룩되는 일의 양에 의해서 표시된다.

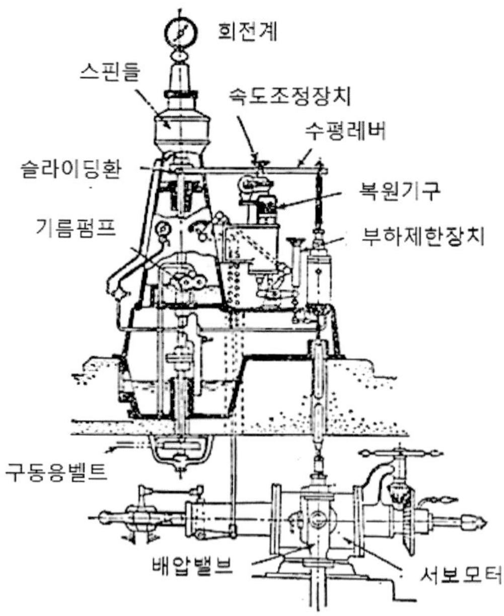

그림 20.20 조속기 구조도

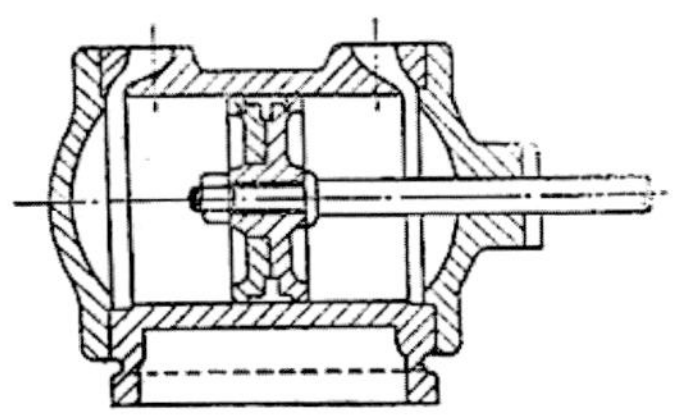

그림 20.21 서버모터의 구조

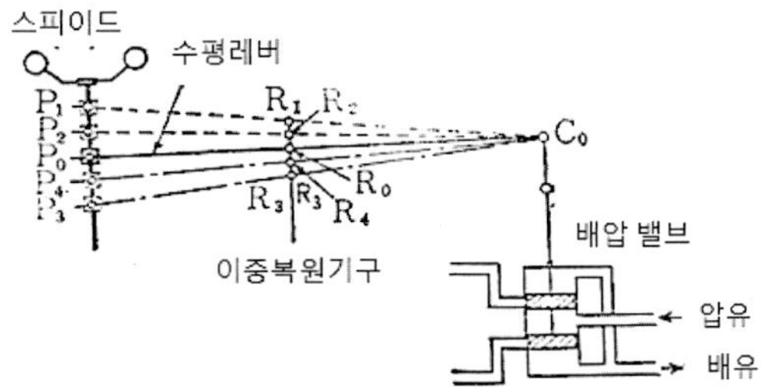

그림 20.22 이중 복원기구

(4) 복원기구(return relay mechanism)

수평 레버와 서보모터 rot의 중간에 있으며, 속도 변화 때 생기는 안내 날개나 니들 밸브의 지나친 움직임을 방지하는 것이다. 여기에는 단식복원(single return)과 이중복원(double return)의 두 가지 방식이 있다. 단식복원방식에 관해서는 앞에서 설명했으나, 이중복원방식은 수차 발전기와 같이 플라이휠 효과가 크고, 또 수구의 개폐조작에 수초를 요하는 데 주로 사용되며, 이 기구의 설명은 그림 20.22과 같다. 즉, P_0, R_0, C_0인 수평레버 위치에서 운전되고 있다가 부하가 급변하는 경우, 1차의 복원 기구에 의해서 P_1, R_1, C_0(또는 P_3, R_3, C_0)로 복원된 다음 회전이 안정하여 P_1(P_3)가 P_2(P_4)로 될 때 R_1(R_3)가 R_2(R_4)로 되도록 제 2단계 복원 조작을 자동적으로 행하게 되어 한층 더 안전한 운전을 행하는 것이다.

(5) 속도조절 및 부하 제한장치

수차 운전 중 인위적으로 수구를 가감하든지 병렬 후 부하 제어를 하려면 그림 20.22의 수평 레버의 지점 R_0를 상하로 이동시키면 된다.

이것은 배전반에서 원방 조작을 하기 위하여 제어 전동기가 조속기에 붙어 있다. 또, 계통의 주파수에는 관계없이 주어진 조건으로 운전이 가능하도록 부하 제한장치가 있다. 이 장치는 어떤 부하가 되면 C_0점을 억제하여 부하를 제한하는 것으로서, 수차 기동 시 수구개도를 규정 이상으로 열지 않도록 일정한 제한 장치를 겸용하고 있다. 이 장치도 전동조작으로 배전반에서 원방 조작된다.

(6) 급유장치

배압 밸브, 서보모터에 공급하는 압유를 만드는 압유 펌프와 압유를 모아두는 압유 탱크로 구성된다. 옛날에는 조속기 자체의 중앙에 벨트 구동용 압유 펌프를 갖고 있었으나, 최근에는 수차 입구의 밸브, 그 밖에 자동장치로 공급하는 압유와 공용되기 때문에 별개의 압유장치가 설비되어 있다. 유압은 15~20[kg/cm^2] 정도의 범위가 대부분이다.

(7) **긴급 정지장치**(emergency stop mechanism)

어떤 고장으로 인하여 스피더의 운동을 제어할 수 없는 경우에는 수차의 회전수가 급상승하는 위험이 있기 때문에 이를 방지하기 위해서 배압 밸브를 바로 닫는 방향으로 움직이도록 동작하는 장치이다.

20.20.4 조속기의 부동시간과 개폐시간

(1) **부동시간**(dead time)

부하에 변동이 생겨 서보모터의 피스톤이 움직이기 시작할 때까지의 시간 [s]를 부동시간이라 한다. 이 시간이 짧을수록 좋고, 보통 0.2~0.5초 이다.

(2) **폐쇄시간**(closing time)

안내 날개 또는 이들 밸브가 동작하기 시작해서부터 전개할 때까지 요하는 시간으로서 보통 2~5초이다. 단, 펠턴 수차의 경우에는 디플렉터의 폐쇄시간은 20~40초 정도로 조정된다.

20.20.5 속도 변동률(speed regulation)

정격 회전수, 일정 출력으로 운전되고 있는 수차가 순간적으로 무부하로 되었을 때 상승한 회전수를 정격회전수로 나누어 %로 표시한 것을 속도 변동률이라고 한다. 곧, 속도 변동률 δ 는 그림 20.23에서도 알 수 있는 것과 같이 다음 식으로 표시된다. 그림 중 N_0는 무부하 회전수이다.

$$\delta = \frac{N_m - N}{N} \times 100[\%]$$

여기서, N_m : 상승된 최대 회전수[rpm], N : 정격 회전수[rpm]

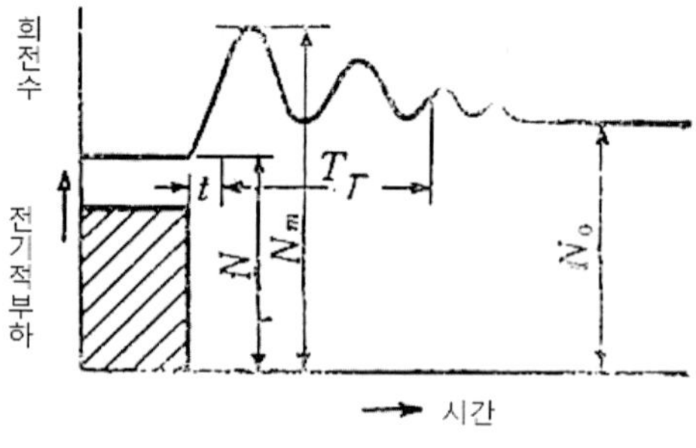

그림 20.23 회전수 상승곡선

는 전부하에서 30[%] 정도되도록 설계되나, 부분 부하에서는 이것보다 적다. 속도 변동률 회전체의 플라이휠 효과가 클수록 작다.

20.20.6 속도 변동의 영향

수차의 속도가 규정속도보다도 저하하면 다음과 같은 영향이 있다.

① 효율은 일반적으로 저하하나, 프란시스 수차에서는 경부하시의 효율이 매우 상승한다.

② 여자기 직렬 발전기에서는 발전기 전압이 저하할 위험이 있다.

③ 현저히 속도가 저하하면 조속기 스피더의 스프링 특성상 비직선적인 부분을 사용하는 결과가 되어 속도 조절의 원활이 결여된다.

④ 기계적 불평형에 기인한 진동은 감소한다.

⑤ 주파수 저하에 따른 유압 및 윤활유펌프의 속도가 늦어 송유량이 준다.

⑥ 배수, 급수 펌프 등의 양정과 수량이 준다.

속도가 상승했을 때의 영향은 대체로 위와 반대이지만, 특히 계통에 관련된 기기의 과속도 내력에 관해 고려하지 않으면 안 된다.

20.20.7 속도 조정률(speed regulation or permanent speed variation)

(1) 정의

조정률 a는 조속기의 각 조정부분을 일정하게 설정해 두고, 안내 날개 개도를 규정낙차에서 정격출력을 내는 개도에서 무부하 개도까지 감소시켰을 때의 속도 변화를 정격속도에 대한 %로 표시한 것이다. 즉,

$$\alpha = \frac{N_0 - N_m}{N} \times 100\,[\%] \tag{20.26}$$

여기서, N_0 : 무부하의 회전수[rpm]

N_m : 정격 출력 시의 회전수[rpm]

N : 정격 회전수[rpm]

보통 Nm는 N과 같다. [식 (20.28)에서 P1=P, P2=0인 경우가 바로 위 식이다.]

속도 조정률은 다른 수차 발전기와 병렬 운전을 하는 경우에 부하 분담을 정하는 중요한 요소로서 보통 3~5[%]이다.

또, 속도 조정률에는 부분 부하 조정률, 부하 간 조정률 등도 그 목적에 따라 사용되고 있다.

$$\alpha_1 = \frac{\frac{N_0 - N_p}{N}}{\frac{P_p}{P}} \times 100[\%] \qquad \text{분부하조정률} \qquad (20.27)$$

여기서, P_p : 발전기의 임의 출력[kW]

N_p : 임의 출력시의 회전수[rpm]

P : 발전기의 정격출력[kW]

$$\alpha_2 = \frac{\frac{N_2 - N_1}{N}}{\frac{P_1 - P_2}{P}} \times 100[\%] \qquad \text{부하 간 조정률} \qquad (20.28)$$

여기서, N_1 : 발전기 출력이 P_1일 때의 회전수[rpm]

N_2 : 발전기 출력이 P_2일 때의 회전수[rpm]

이상 세 식에서 회전수는 그대로 사이클이라고 취급해도 관계없다.

(2) Incremental Permanent 속도 조정률

수차의 Incremental 속도 조정률이라 함은 어떤 유효 낙차에서 어떤 출력으로써 운전중에 있는 수차의 조속기를 조정하지 않은 경우, 정상 상태에 있어서 회전수의 미소 변화 부분과 발전기 부하의 미소 변화 부분과의 비를 말한다. 단, 정격회전속도 및 기준출력에 있어서 발전기 부하에 대한 비는 알고 있다고 한다.

예제 20.1

정격 출력 50,000[kW]의 수차 발전기가 60[Hz]의 전력계통에 정격 주파수로 운전중에 있다. 여기서 이 계통에 접속되어 있던 일부의 부하가 갑자기 차단되어 주파수가 60.3[Hz]로 상승하였다고 하면 발전기 출력[kW]는 얼마로 변하겠는가? 단, 수차 발전기의 속도 조정률은 4[%]라 하고 조속기 특성은 직선이라고 한다.

풀이

속도 조정률의 일반식은

$$\delta_0 = \frac{\frac{N_1 - N_2}{N_n}}{\frac{P_2 - P_1}{P_n}} \times 100 \text{이다.}$$

$\delta_0 = 4[\%]$, $P_n = P_2 = 50{,}000[\text{kw}]$ 이고,
회전주는 주파수에 비례하므로 k를 비례상수라 하면
$N_n = N_2 = 60k$
$N_1 = 60.3k$
를 위 식에 대입하면

$$4 = \frac{\dfrac{60.3k - 60k}{60k}}{\dfrac{50{,}000 - P_1}{50{,}000}} \times 100 = \frac{25{,}000}{50{,}000 - P_1}$$

$P_1 = 43{,}750[\text{kW}]$
즉, 주파수가 60.3[Hz]로 올라간 후 발전기 출력은 43,750[kW]로 된다.

20.20.8 수압 변동률(pressure variation)

수차가 일정 부하로 운전하던 중 부하가 급격히 변화한 경우, 수차에 가해지는 수압의 변화를 수차의 부하 변동 전의 수압과의 %로 표시해서 이것을 수압 변동률이라 하고, 다음과 같은 식으로 표시한다.

$$\sigma_p = \frac{p_m - p_m}{p_m} \times 100[\%] \tag{20.29}$$

여기서, σ_p : 수압 변동률, p_m : 부하 변동 후의 최대수압, p_n : 부하 변동 전의 수압

수압 변동률이 부하의 값일 때에는 수차의 부하가 급증한 경우로 별로 문제되지는 않으나, 부하가 급감했을 때에는 수격작용에 의해서 수압이 상승하기 때문에 수압관의 강도와 밀접한 관계가 있어서 보통 30[%] 이내가 되도록 설계한다.

이 수압 변동률과 앞에서 말한 속도 변동률은 모두 강도상의 문제에 관계되어 너무 클 때에는 수압철관과 수차 발전기에 악영향을 미치기 때문에 중요한 요소이다.

20.9 흡출관

20.9.1 흡출관의 목적

펠턴 수차는 수압관의 종단에서 대기 중으로 물을 분사하기 때문에 분사수의 압력은 대기압과 같고, 물의 운동에너지만이 러너에 작용한다. 따라서 노즐단에서 방수로까지의 높이는 손실수두로 되어 러너에 유효한 이용이 못된다. 그러나 펠턴 수차는 비교적 고낙

차가 많으므로 이 손실수두가 그렇게 큰 손실비율이 못되지만, 반동 수차에서는 주로 저낙차이기 때문에 러너 출구에서 방수면 까지의 낙차를 유효하게 이용하는 것은 큰 의의를 갖는다. 따라서 러너의 출구에 흡출관(draft tube)을 설치해서 이것을 방수면 내에 삽입하여 물이 관내에 충만하여 흐르게 함으로써 흡출관 정부를 대기압 이하로 낮추어 이 사이의 낙차를 유효하게 이용하는 것이다.

흡출관을 사용하면,

① 러너를 방수면에서 약간 높은 위치에 설치한 경우에, 러너와 방수면 사이의 낙차를 유효하게 이용할 수 있다.

② 러너에서 방출되는 물이 갖는 운동에너지를 회수 이용할 수 있다.

20.9.2 흡출관의 이론

반동 수차의 방수면에서 러너 출구까지의 높이를 흡출고(draft haed)라 하면 그림 20.24에서,

w_a : 물의 단위 체적당 무게[kg/m^2]

p_n : 대기압[kg/m^2]

p_2 : 러너 출구의 압력[kg/m^2]

v_2 : 러너 출구에서의 유수의 절대속도[m/s]

v_4 : 흡출관 출구에서의 유수의 절대속도[m/s]

H_2 : 흡출관 러너 출구에서 방수면까지의 정수두[m]

$\dfrac{v_2^2}{2g}$: 러너 출구에서 흡출관 출구까지의 수두양실[m]

이라 하면, 러너 출구에서 흡출관 출구까지의 물의 유동은 베르누이 식에서,

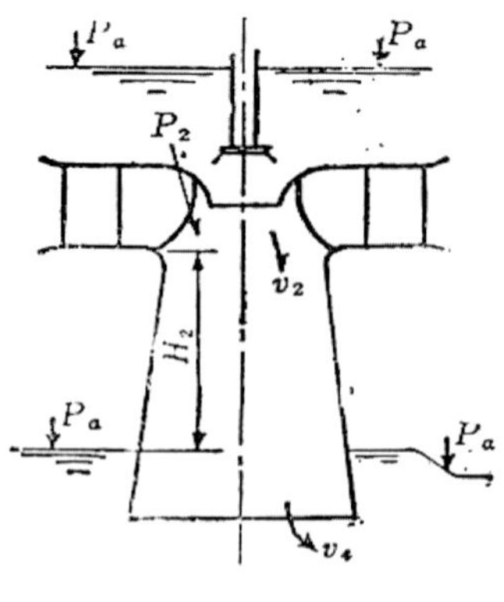

그림 20.24 흡출관

$$\frac{p_2}{w}+H_2+\frac{v_2^2}{2g} = \frac{p_a}{w}+\frac{v_4^2}{2g}+\zeta\frac{v_2^2}{2g} \tag{20.30}$$

식 (20.30)의 우변의 $\frac{p_a}{w}$를 제외한 2항은 흡출관의 배기손실을 포함한 모든 손실을 의미하므로

$$h_d=\frac{v_4^2}{2g}+\zeta\frac{v_2^2}{2g} \text{ 라 하면,}$$

$$\frac{p_2}{w}+H_2+\frac{v_2^2}{2g}=\frac{p_a}{w}+h_d \tag{20.31}$$

이 식에서 $\frac{p_2}{w}$를 계산할 수 있다. 또, $\frac{p_2}{w}$를 가정하면 H_2를 구할 수 있다.

$$H_2=\frac{1}{w}(p_a-p_2)+h_d-\frac{v_2^2}{2g} \tag{20.32}$$

이 식 중에서 $\frac{p_2}{w}$가 부의 값을 갖지 않은 것은 당연하나, 그때의 수온에 대한 증발압력 p_d에 대응하는 값 이하로 되어서는 안 된다. 그렇지 않으면 물의 증발 및 물 중에 있는 공기의 발산 등으로 캐비테이션을 일으켜 진공도를 파괴한다. 따라서 p_2는 최소한도 $p_2=p_4$가 되어야 한다. 그러나 수차는 자주 운전 상태가 변하기 때문에 이 변동이 조속기에서 급격히 일어나면 수차 러너 내에 유량이 변하게 되므로 상당한 수두를 요하게 된다.

이것을 가속수두라 부르고 h_{acc}라 표시한다. h_{acc}를 고려해서 p_2가 p_4로 되는 H_2를 러너 출구의 최대 허용 높이라 하여 $H_{2\max}$로 표시하면,

$$H_{2\max}=\frac{1}{w}(p_a-p_d)+h_d-\frac{v_2^2}{2g}-h_{acc} \tag{20.33}$$

에서

$\frac{p_a}{w}$: 대기압

$\frac{p_d}{w}$: 수온에 의하여 정해지는 포화증기의 성질로 결정된다.

h_d : $\frac{v_4^2}{2g}+\zeta\frac{v_2^2}{2g}$[m]

ζ : 0.15 ~ 0.5

v_2 : $(0.2 \sim 0.5)\sqrt{2gH}$[m/s]

h_{acc} : $\frac{v_2^2}{2g}$

의 [%]로 표시한다.

흡출고는 보통 5~6[m] 한도이고, 7[m]를 넘지 않는다. 실제로는 저낙차의 대용량 수차에서는 흡출고가 2[m]를 넘으면 좋지 않다.

20.9.3 캐비테이션계수

흡출고를 결정하는 데 관해서 토마는 다음 식으로 표시되는 흡출고계수라는 것을 제창했다. 즉,

$$\sigma = \frac{H_a - H_d - H_2}{H} \tag{20.34}$$

여기서, σ : 토마의 계수
H_a : 그 지점의 대기압에 의한 수두[m]
H_d : 물의 증기압에 상당하는 수주의 높이[m]
H_2 : 흡출고[m], H : 유효낙차[m]

이 σ는 cavitation coefficient 라고도 한다. 또, 캐비테이션을 유발시키는 한계치 σ를 임계 캐비테이션계수라 하고 σ_c로 표시하는데, 이것은 수차의 용량, 크기에는 관계없고, 특유속도 N_s에 의해서 정해진다.

실제 조사한 보고에 의하면, 프란시스 수차에서는

$$\sigma_e = 0.0348(\frac{Ns}{100})^{1.283} \tag{20.35}$$

프로펠러 수차에서는

$$\sigma_e = 0.0304(\frac{N_s}{100})^{1.737} \tag{20.36}$$

라고 한다.

20.9.4 흡출관의 종류

흡출관에는 ① cone type ② Moody's spreading type ③ hydrocone type ④ elbow type 등이 있고, 주로 쓰이는 것은 cone type와 elbow type이다.

cone type는 중용량 이하에서 낙차가 비교적 높은 경우 및 횡축기에 쓰고, elbow type는 6~9[mm] 두께의 강판제 라이너의 주위를 콘크리트로 묻은 구조가 대부분이다.

흡출관은 처음에 기초 콘크리트를 친 다음 소정 위치에 소정의 높이에 설치하는데, 흡출관의 위치에 의하여 그 상부에 설치되는 수차 발전기의 중심이 결정되기 때문에 충분히 정확성을 기해야 할 필요가 있다.

20.10 수차의 마모와 진동

20.10.1 수차에 생기는 고장

주된 것을 들면 아래와 같다.

① 캐비테이션에 의한 부식
② 물 속에 토사, 점토 등이 혼입되기 때문에 생기는 마멸(abrasion)
③ 물 속에 산이 포함되기 때문에 생기는 침식(erosion)
④ 기계적, 수력적으로 발생하는 각 부분의 진동(vibration)

이들 모두가 수차효율의 저하, 출력의 감퇴, 구조 재료의 피로 등을 발생시키는 원인이 된다.

20.10.2 캐비테이션(cavatation)

(1) 캐비테이션

캐비테이션은 공동현상 또는 공소발생현상이라고도 하는데, 물에 잠기는 기계 부분의 표면 및 표면 근처에서 물이 완전히 차지 않는 빈 곳에 생기는 현상이다. 이 현상이 일어나면 수차의 효율이 저하할 뿐만 아니라, 진동과 소음이 일어나고, 재료는 침식을 받아 마침내 파손하게 된다.

(2) 발생 원인

공동현상의 발생 원인은 흐르고 있는 물 속에 어느 정도의 저압부 내지 진공 부분이 생기면, 물 속에 포함되어 있는 공기가 유리되어 그 곳에 기포가 형성되든지 일부의 물이 수증기로 변해서 유수와 함께 흐르게 된다. 그러나 일단 압력이 높은 곳에 닿게 되면 그 상태를 계속 유지할 수가 없게 되어 다시 액화하려는 순간에 붕괴하는데, 이때의 충격 압력에 의한 기계적 원인이 주된 것으로 알려져 있다.

(3) 캐비테이션에 의한 부식

캐비테이션이 발생하면 수차를 구성하는 금속 재료에 영향을 주어 공동의 침식 작용이 일어난다. 즉, 캐비테이션에 의하여 발생한 기포와 공동은 앞에서 말한 바와 같이 그 주위의 물과 함께 흘러서 압력이 높은 곳에 달하게 되면 갑자기 파괴되어 그 순간 상당한 고압력을 발생한다. 이때, 고압은 주위의 물체와 재료에 커다란 충격을 주고 또 충격이 연속적으로 일어나기 때문에 맹렬한 충격을 반복하게 하는 결과가 되어 금속면이 이 압력에 의해 손상을 받아 수면부에 접한 부분 이 침식된다. 캐비테이션이 일어나는 곳은 수차의 형식에 따라 다르지만 프란시스 수차에서는 러너, 스피드 링, 수차 케이싱, 흡출관 등이고 러너가 그중에서 가장 피해가 크다. 카플란 수차에서는 러너 선단, 러너와 보스와의 접합부, 러너의 후부 등 특히 많다. 펠턴 수차에서는 제트 노즐, 내부, 니들 팁 버킷내부, 버킷 선단 이면 및 측이면 등이다. 그 밖에 나비형 밸브의 밸브, 밸브체, 수압 조정기의 입구 등에서도 일어나는 경우도 있다.

(4) 수차에 생기는 진동

캐비테이션이 러너 출구에 발생한 경우, 경부하나 과부하 때에는 흡출관 측의 저주파 진동과 중복해서 고조파진동을 일으키게 된다.

(5) 캐비테이션의 방지대책

캐비테이션의 방지대책에는 다음과 같은 사항이 있다.

① 반동 수차의 흡출관의 높이를 과대하게 하지 말 것, 또, 특유 속도도 높은 것은 취하지 말 것

② 저압부에 공기를 넣는다. 즉, 흡출관에 구멍을 뚫어 입구에 적당량을 공기를 주입하여 일시 진공을 파고할 것

③ 유수와 접하는 곳을 될 수 있는 한 평활하게 하고 표면 다듬질을 충분히 할 것.

④ 수차를 될 수 있는 한 부분부하로 운전하지 말 것, 이것은 경부하시 러너 출구에서 물이 선회 운동하는 결과 중심부에 캐비테이션이 생기기 때문이다.

⑤ 침식에 강한 재료를 사용할 것. 여기에 적당한 재료는 18-8 Ni-Cr, 13 Cr, Ni-Cr-Mo, 스텔라이트, Be 청동, Al 청동이 있다.

⑥ 피해 부분의 수리와 교체를 신속히 할 것

20.10.3 수질 불량에 의한 마모

수차는 공동작용에 의한 침식 외에 수차 유입수중에 토사, 점토 등의 잡물과 산분 등을 포함하고 있기 때문에 버킷, 노즐, 니들 팁, 러너 날개, 안내 날개, 케이싱, 라이너 등에 손상을 받는다. 이에 대비해서 수차의 재질을 고려하여 침사 설비의 완비 등 대책이 필요하다.

20.10.4 진동과 소음

(1) 진동(vibration)

수차에 일어나는 진동은 수력적 진동, 기계적 진동, 전기적 진동으로 크게 나눈다. 일반적으로 회전기의 진동은 운전 보수상 가장 위험한 것 중의 하나인데, 그 원인은 단순하지 않고 여러 종류의 원인이 복합된 경우가 많기 때문에 대책도 곤란하다. 또, 수차의 진동은 발전기에도 관계가 있고, 수압관의 진동에 영향을 주기도 한다.

(2) 소음

소음은 진동체가 음원이 되어 공기에 전해지는 것인데, 진동과 소음이 동일 원인인 경우가 많다. 그 원인을 들면

① 수차에서 생기는 소음
수력적 소음에 그 원인이 있으나, 러너의 소음과 흡출관의 소음도 있다.

② 발전기에서 생기는 소음
냉각용 공기의 기기구성 부품과의 충돌과 마찰 등에 의한 통풍소음과 자극의 흡인 반발력, 강판의 진동, 권선의 진동 등의 자기 소음, 그 밖의 기계적 진동과 활동부의 마찰 등에 의한 기계 소음 등이 있다.

20.11 수차의 특성

20.11. 1 특유속도(specific speed)

(1) 특유속도의 정의

수차의 특유속도라 함은 그림 20.25에서와 같이 어떤 러너와 기하학적으로 닮은 러너를 가상하여, 이것을 단위 낙차의 위치에서 운전시켜 단위 출력을 발생시키기 위한 1분당 필요한 회전수를 말한다.

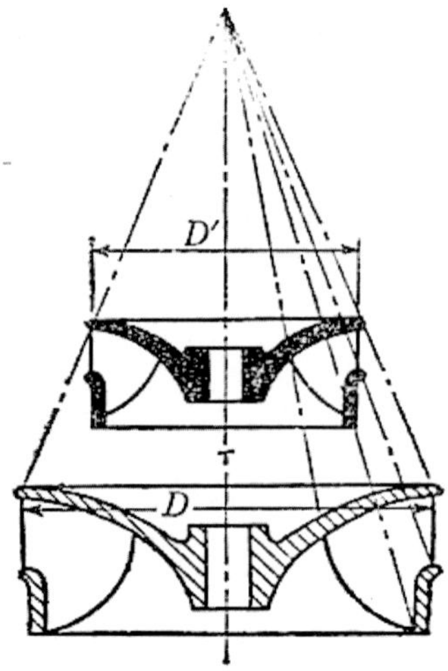

그림 20.25 상사 수차

수차의 러너 모양은 낙차, 수량, 회전수에 따라서 다르나, 일반적으로 기하학적으로 서로 닮은 러너는 그 크기의 대소에 관계없이 대개 동일한 특성을 갖는다고 생각된다. 이 특유 속도를 설명하기 위해서 지금 2개의 닮은형 러너 A, B를 생각해서 같은 조건으로 운전되는 경우를 생각했을 때의 회전수 N_1과 N_2의 관계를 구해 보자. 단, 이하의 K_1~K_5는 정수이다.

$$v_1 = k_1\sqrt{2gH_1} = k_2 H_1^{1/2} \tag{20.37}$$

$$v_2 = k_1\sqrt{2gH_2} = k_2 H_2^{1/2} \tag{20.38}$$

식 (20.37)과 식 (20.38)식에서

$$\frac{v_1}{v_2} = \frac{k_2 H_1^{1/2}}{k_2 H_2^{1/2}} = \left(\frac{H_1}{H_2}\right)^{\frac{1}{2}} \tag{20.39}$$

또, 유량은

$$Q_1 = k_3 v_1 D_1^2 \tag{20.40}$$

$$Q_2 = k_3 v_2 D_2^2 \tag{20.41}$$

식 (20.40)과 식 (20.41)식에서

$$\frac{Q_1}{Q_2}=\frac{k_3 v_1 D_1^2}{k_3 v_2 D_2^2}=(\frac{v_1}{v_2})(\frac{D_1}{D_2})^2 \tag{20.42}$$

식 (20.42)에 식 (20.39)를 대입하면,

$$\frac{Q_1}{Q_2}=(\frac{H_1}{H_2})^{\frac{1}{2}}(\frac{D_1}{D_2})^2 \tag{20.43}$$

다음에 출력은

$$P_1 = k_4 Q_1 H_1 \tag{20.44}$$

$$P_2 = k_4 Q_2 H_2 \tag{20.45}$$

식 (20.44)과 식 (20.45)에서

$$\frac{P_1}{P_2}=\frac{k_4 Q_1 H_1}{k_4 Q_2 H_2}=(\frac{Q_1}{Q_2})(\frac{H_1}{H_2}) \tag{20.46}$$

식 (20.46)에 식 (20.43)을 대입하면,

$$\frac{P_1}{P_2}=(\frac{H_1}{H_2})^{\frac{1}{2}}(\frac{D_1}{D_2})^2(\frac{H_1}{H_2})=(\frac{H_1}{H_2})^{\frac{3}{2}}(\frac{D_1}{D_2})^2 \tag{20.47}$$

또 회전수는

$$N_1 = k_5\frac{v_1}{D_1} \tag{20.48}$$

$$N_2 = k_5\frac{v_2}{D_2} \tag{20.49}$$

$$\frac{N_1}{N_2}=\frac{k_5\frac{v_1}{D_1}}{k_5\frac{v_2}{D_2}}=(\frac{v_1}{v_2})(\frac{D_2}{D_1}) \tag{20.50}$$

식 (20.47)에서 $\frac{D_1}{D_2}$을 구하면

$$(\frac{D_1}{D_2})^2 = (\frac{P_1}{P_2})(\frac{H_2}{H_1})^{\frac{3}{2}} \tag{20.51}$$
$$\therefore \frac{D_1}{D_2} = (\frac{P_1}{P_2})^{\frac{1}{2}}(\frac{H_2}{H_1})^{\frac{3}{4}}$$

또, $\frac{v_1}{v_2}$에 식 (20.39)을 써서 식 (20.51)과 함께 식 (20.50)에 대입하면,

$$\begin{aligned}\frac{N_1}{N_2} &= (\frac{v_1}{v_2})(\frac{D_2}{D_1}) = (\frac{v_1}{v_2})(\frac{D_1}{D_2})^{-1} \\ &= (\frac{H_1}{H_2})^{\frac{1}{2}}[(\frac{P_1}{P_2})^{\frac{1}{2}}(\frac{H_2}{H_1})^{\frac{3}{4}}]^{-1} \\ &= (\frac{P_1}{P_2})^{-\frac{1}{2}}(\frac{H_1}{H_2})^{\frac{5}{4}}\end{aligned} \tag{20.52}$$

지금 B러너 쪽의 $H_2 = 1[\text{m}]$, $P_2 = 1[\text{kW}]$라 하면 특유 속도의 정의에 의하여 $N_2 =$ $= N_s$ 특유속도로 되기 때문에 식 (20.52)에 이들 값을 대입하면

$$\frac{N_1}{N_s} = P_1^{-\frac{1}{2}} H_1^{\frac{5}{4}} \qquad \therefore N_s = N_1 \times \frac{P^{\frac{1}{2}}}{H_1^{\frac{5}{4}}}$$

따라서 일반적으로

$$N_s = N \times \frac{P^{\frac{1}{2}}}{H^{\frac{5}{4}}}[\text{m} - \text{kW 단위}] \tag{20.53}$$

여기서 P는 러너 한 개당 또는 노즐 한 개당의 출력이고, 복류형에서는 러너 1개당의 출력의 $\frac{1}{2}$을 취한다.

(2) 각 수차의 특유 속도

프란시스 수차에서 러너 입구부의 직경을 D_1[m], 출구부의 직경을 D_3[m]라 하면, 특유 속도는 $\frac{D_3}{D_1}$에 비례한다. 따라서 N_s의 증가와 더불어 $\frac{D_3}{D_1}$을 크게 해야 한다. 그러기 위해서는,

㉮ 러너의 폭을 크게 해야 할 필요가 생기고 난류 때문에 효율이 저하한다.

㉯ 흡출관도 크게 할 필요가 있으나, 너무 크게 하면 러너 외측 벽에 따라 물의 흐름에 무리가 생겨 유수가 벽을 벗어나게 되고, 경부하의 효율이 아주 낮아진다.

따라서 프란시스 수차에는 N_s에 한도가 있다. 이와 같이 N_s가 큰 범위에서는 프로펠러 수차가 사용된다. 또, N_s가 작아져서 $\frac{D_3}{D_1}$가 작아지면 러너의 폭이 작아지기 때문에 물의 통로가 좁아져서 러너와 고정부와의 사이에 누설이 커져 마찰 손실이 커지게 된다. 이와 같은 범위에서는 펠턴 수차가 사용된다. 프란시스 수차에서는 특유 속도가 150 근방이고, $\frac{D_3}{D_1}$은 1이다. $\frac{D_3}{D_1}$이 1근방인 러너를 정규 속도형이라 하고, 이보다 특유 속도가 작은 것을 저속형, 큰 것을 고속형 이라 하는데, 오늘날 각종 수차의 N_s값은 대략 다음과 같다.

펠턴 수차 10~28[m-kW], 프란시스 수차 40~350[m-kW], 카플란 수차 250~800 [m-kW]이다. 일반적으로 주어진 낙차에 대하여 N_s를 될 수 있는 한 크게 하는 쪽이 러너 직경을 작게 할 수 있고, 발전기 중량도 적어져서 염가이기 때문에 유리하다. 그러나 같은 낙차에 대해서 너무 높은 N_s값의 러너를 채용하면 수차효율이 작아질 뿐만 아니라, 러너에 캐비테이션이 일어나 날개가 부식되고 흡출관에 잡음과 진동이 일어나 운전 상태가 나빠진다. 이 때문에 경험상 낙차 H에 대해서 다음과 같은 N_s값에 한도가 정해져 있다.

① 펠턴 수차

펠턴 수차에서는 N_s가 수차 성능에 큰 영향을 미치지 않고, 또 원래 회전수가 높은 수치이기 때문에 강도상의 문제로 제작이 곤란하여 대개 다음과 같은 제한을 두고 있다.

$$12 \leq N_s \leq 21 \tag{20.54}$$

② 프란시스 수차

프란시스 수차에 대해서는 다음과 같은 식이 있다.

$$N_s = \frac{13000}{H+20} + 50[\text{m}-\text{kW}] \tag{20.55}$$

③ 프로펠러 수차

프로펠러 수차에서는 다음과 같은 식이 있다.

$$N_s = \frac{16000}{H+20} + 50[\text{m}-\text{kW}] \tag{20.56}$$

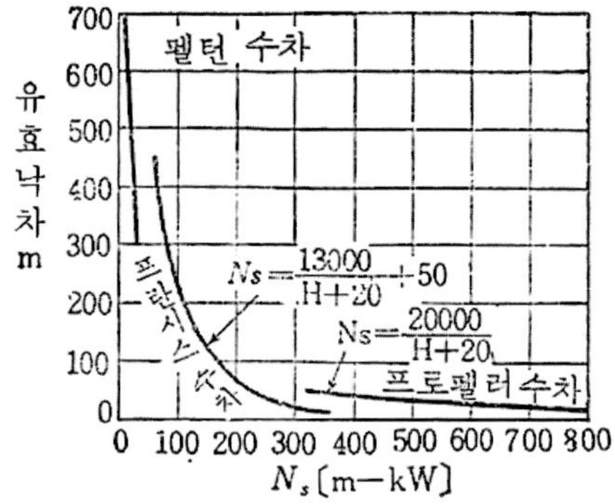

그림 20.26 $N_s - H$ 곡선

④ 사류 수차

$$N_s = \frac{16000}{H+20} + 50[\mathrm{m-kW}]$$

이들 관계는 그림 20.26과 같다. 그러나 이들 값은 전부 경험식으로서, 제작 기술의 진보에 따라 이 한계도 대충 큰 값으로 되어가는 경향이 있다.

또, 통계적 연구 결과 프란시스 수차에서는 $N_s = \frac{\sqrt{H}}{1600}$라는 설이 제창되고 있는데 이것은 H가 약 380, 80, 14[m]에서는 식 (20.55)과 일치하고 있다.

20.11.2 회전수의 결정법

수차와 발전기의 회전수가 될 수 있는 한 큰 것으로 하면 수차 및 발전기의 형태가 작아지고, 소요 자료가 적게 들어 가격이 싸진다. 또, 고속도 발전기는 효율도 높아질 뿐 아니라, 건물이 작아져 건설 비용이 저감 된다. 그러나 설계제작, 강도, 공동작용 등을 고려하면 어떤 한도가 있게 되어 수차 및 발전기가 가장 경제적이도록 회전수를 선정할 필요가 생기므로 낙차, 사용유량, 수차의 종류, 형식, 효율, 계통의 주파수 등도 고려해야한다.

회전수의 결정에는 이와 같은 부대 조건이 있지만, 일반적으로 회전수를 결정하는 순서로서는 낙차에 의한 한계식 20.55~20.57 식에서 우선 N_s를 구하고, 다음에 식(20.54)에서 회전수를 역산해서 결정한다. 그러나 직결된 동기 발전기는 자극수와 계통의 주파수 때문에 임의의 회전수를 취할 수 없고, 다음 식에 만족하지 않으면 안 된다.

$$N = 120\frac{f}{p}[\mathrm{rpm}] \tag{20.57}$$

여기서, N : 회전수(50 또는 60[c/s]), p : 극수

예제 20.2

유효 낙차 160[m], 출력 22,500[kW], 주파수 60[Hz]의 수차 발전기의 정격 회전속도를 구하여라.

풀이

① 유효 낙차가 160[m]이므로 수차의 종류는 프란시스 수차가 적합하다.

② 프란시스 수차의 비속도 한계값은 식 (20.55)로부터 아래와 같이 정의한다.

$$N_s = \frac{13000}{H+20} + 50[\mathrm{m-kW}] = \frac{20,000}{160+20} + 50 ≒ 123[\mathrm{m\ kw}]$$

③ 비속도의 계산식으로부터 회전속도 N[rpm]은

$$N = N_s \frac{H^{5/4}}{P^{1/2}} = 123 \times \frac{160^{5/4}}{\sqrt{22500}} = 466.62[\mathrm{rpm}]$$

④ 동기속도= $120 \times f/p$로 부터 극수 p는

$$p = \frac{120 \times f}{N_0} = \frac{120 \times 60}{470} = 15.32$$

로 되어 이 수치보다 크면서 가장 가까운 짝수는 16이므로 이것을 극수로 한다.

⑤ 최종적인 수차 발전기의 정격 회전속도는

$$N = \frac{120 \times 60}{16} = 450[\mathrm{rpm}]$$

20.11.3 효율

(1) 각 수차의 효율곡선

각 수차는 유입하는 수량을 각각 조정함으로써 출력을 변화시킨다. 즉, 펠턴 수차에서는 니들 밸브를 전후진시키고, 프란시스 수차에서는 안내 날개의 개도를 변화시키고, 카플란 수차에서는 안내 날개의 개도와 함께 조정축으로 날개를 움직임으로써 출력 변화가 가능해지는 것이다.

수차는 일반적으로 이에 작용하는 최대유량의 $\frac{3}{4}$ 내지 $\frac{7}{8}$의 유량을 정격유량으로 정하고, 이때의 출력을 정격출력으로 삼고 있다. 수차는 이 정격출력에서 최대 효율이 되게 설계된다.

현재 실용되고 있는 수차의 효율은 소용량인 것은 70~75[%], 대용량인 것은 90[%] 이상이나, 수차의 출력과 효율의 관계는 수차의 종류에 따라서 달라진다. 수차의 효율 곡선의 특징으로서는

① 펠턴 수차는 프란시스 수차에 비해 부분 부하에서 효율이 좋다.

② 프로펠러 수차는 부분 부하에서 효율이 낮으나, 카플란 수차에서는 높다.

이와 같은 특징이 나타나는 이유는 펠턴 수차에서는 용량이 변해도 분사수의 방향이 변하지 않기 때문에 모든 손실 이 그렇게 크게 증가하지 않으나, 프란시스 수차에서는 물의 유입 방향이 변함에 따라 부분 부하에 있어서의 모든 손실이 크게 증가하기 때문이다. 또, 프로펠러 수차에서는 고정 날개형은 부하 변동에 대하여 물의 유입 방향이 일정하기 때문에 부분 부하에서 손실증가가 많으나, 가동 날개형인 카플란 수차에서는 유량의 변화에 대하여 유입 방향도 변하여 날개가 자동적으로 경사져서 이론적으로 유입 방향에 적응하기 때문에 손실이 적다.

(2) 특유속도와 효율

특유속도 N_s의 대소에 따라서 수차의 효율은 상당히 달라진다.

같은 형식의 수차에서도 용량에 따라 효율이 다르다. 이에 의하면 펠턴 수차에서는 N_S가 10~15정도일 때 최고 효율을 나타내고, N_s가 이보다 커지거나 작아져도 수차의 효율은 저하한다. 프란시스 수차에서는 N_s가 150 근처이고, 프로펠러 수차에서는 400 부근이다. 또, 각 수차에서도 용량이 크면 최고 효율이 크다.

(3) 회전수와 출력 및 효율의 관계

반동 수차는 동일 낙차, 동일수구개도에서 회전수를 올리면 출력은 증가하나, 어느 값에 도달하면 저하해서 다시 0으로 된다. 이 때의 출력, 효율의 변화는 출력곡선이 다시 횡축과 만나는 점을 뒤에 설명하는 무구속속도라 한다. 펠턴 수차에서는 노즐 출구 압력이 대기압과 같기 때문에 회전속도가 변해도 유량은 일정하다.

20.11.4 무구속속도(run away speed)

수차의 안내 날개나 니들 밸브의 개도를 일정히 하고 회전수를 울리면, 출력과 효율은 점차 증가해서 어떤 최대치를 경과하면 다시 떨어져 0점에 도달한다. 이것은 수차의 부하가 갑자기 0으로 되었을 때에도 회전수는 무한히 상승하지는 않음을 의미하는 것으로, 이 때의 수차 회전수가 어떤 값에서 최고로 된다. 이에 도달하는 속도의 상승점을 무구속속도라 한다. 이 경우 수차는 수차 및 발전기의 회전수에 의한 기계적 손실만을 공급하게 된다.

무구속속도 값은 수차에 따라 다르지만 대략 다음과 같다.

- 펠턴 수차 : 정격 회전수의 150~200[%]
- 프란시스 수차 : 정격 회전수의 160~220[%]
- 프로펠러 수차 : 정격 회전수의 200~250[%]
- 카플란 수차 : 정격 회전수의 200~240[%]

무구속속도는 입구의 개도와 특유 속도 및 낙차의 변동 등에 영향을 받아 특유 속도가 큰 쪽 일수록 그 값이 크다.

카플란 수차에서는 안내 날개와 러너 날개가 예정된 상관 관계가 있는 경우와 아닌 경우에서는 이 값이 다르다. 수차와 발전기의 회전 부분의 강도는 만일의 경우를 고려하여 그 수차가 도달하려는 무구속속도에서 1분간 이상 운전하여도 그때의 원심력에 충분히 견디도록 설계된다. 또, 러너에 작용하는 원심력은 그 속도의 제곱에 비례하기 때문에 러너의 본체, 회전계자형의 자계와 철심과의 접속 부분, 회전 전기자형에서는 bind 선에 큰 기계적인 힘이 작용한다. 그러나 오늘날은 진보되고 확실한 조속기가 여러 종류의 자동 제어 장치를 갖추고 있기 때문에, 운전 중인 수차가 과속되어 무구속속도에 도달하는 일은 거의 없다.

또, 사용 낙차 H가 기준 낙차 H_0보다도 높은 경우, 무구속속도는 $(\frac{H}{H_0})^{\frac{1}{2}}$에 비례해서 증가하기 때문에 기준 낙차를 너무 낮게 선정하면 발전기의 기계적 강도가 큰 것을 요구하기 때문에 기준 낙차 결정에 있어서는 검토를 요하게 된다.

20.11.5 낙차변동에 대한 특성

수로식 발전소와 고낙차 발전소에서는 유효낙차의 변화에 대한 영향이 비교적 작으나, 댐식 발전소 특히 낙차가 낮은 경우에는 낙차의 변화가 수차의 특성에 큰 영향을 미친다. 이 낙차 변동에 대한 수차의 특성을 생각해 보면, 우선 효율에 관해서 보면 지금 물의 속도를 v[m/s], η를 효율(일정하다고 생각함)이라 하고, H를 유효 낙차[m], $C_1 \sim C_3$를 계수라 하면

$$\begin{aligned} Q &= C_1 v \\ v &= C_2 \sqrt{2gH} \\ P &= 9.8QHr \\ \therefore P &= 9.8C_1C_2\eta H\sqrt{2gH} = C_3 H^{\frac{3}{2}} \end{aligned} \qquad (20.58)$$

즉, 출력은 낙차의 $\frac{3}{2}$승에 비례함을 안다. 따라서 H_1인 경우 회전수를 N_1[rpm], 사용 유량 Q_1[m^3/s], 출력을 P_1[kW]라 하고, H_2인 경우 각각을 N_2, Q_2, P_2라 하면

$$\frac{H_1}{H_2} = (\frac{N_1}{N_2})^2 \qquad (20.59)$$

$$\frac{Q_1}{Q_2} = (\frac{H_1}{H_2})^{\frac{1}{2}} = \frac{N_1}{N_2} \tag{20.60}$$

$$\frac{P_1}{P_2} = (\frac{H_1}{H_2})^{\frac{3}{2}} = (\frac{N_1}{N_2})^2 \tag{20.61}$$

로 된다. 이상 3식에서 변화 낙차 시의 수차의 특성을 구할 수가 있다. 예를 들면 낙차의 변화는 회전수의 제곱에 비례하기 때문에 변화 낙차 시의 특성은 그 낙차의 $\frac{1}{2}$승의 변화에 대응하는 점을 구하면 된다. 또, 효율 및 출력에 관해서 생각해 보면 수차는 항상 일정 속도로 운전되나, 지금 속도와 수구개도를 일정하게 유지하고 낙차를 변화시키면 출력은 낙차의 $\frac{3}{2}$승에 비례해서 증감할 뿐이나, 실제는 낙차의 변화와 더불어 효율도 변화한다. 정확히 말하면 출력은 $\eta \times H^{\frac{3}{2}}$에 비례해서 증감하게 된다. 이 경우 낙차가 낮아지는 쪽이 높아질 때 보다도 효율 저하가 현저하다. 고낙차의 수력지점에서는 일반적으로 수량이 변해도 낙차는 큰 변화가 없고, 만약 변한다 해도 그 비율은 작다. 이에 비해서 저낙차인 경우에는 낙차변동이 문제가 된다. 그러나 효율저하는 앞에서 말한 바와 같이 N_s의 대소에 따라 다르고, N_s가 작은 것은 비교적 효율저하가 적으나, N_s가 큰 것은 현저하게 효율이 저하한다. 또, 출력 자체는 낙차가 증가하면 증가하기 때문에 최고 낙차시의 출력을 대상으로 해서 발전소의 모든 설비 용량을 정하면, 저낙차시에는 이용률이 저하해서 나쁘다. 그래서 어느 낙차 이상에서는 안내 날개의 개도를 제한하여 수차, 발전기의 출력을 억제시켜 경제적이 되도록 꾀하고 있다.

20.12 수차의 선정

20.12.1 각 수차의 특징

발전소를 설계함에 있어서 어떤 수차를 사용할 것인가에 대해서는 각 수차의 장단점을 미리 알아둘 필요가 있다.

(1) 펠턴 수차

① N_s가 낮아 고낙차에 적당하다.

② 러너 둘레의 물은 압력을 갖지 않기 때문에 문제가 없다.

③ 마모 부분의 교체가 비교적 간단하다.

④ 효율특성이 출력에 대해서 평탄하기 때문에 부하 변동에 대해 유리하다.

⑤ 노즐 수가 많은 것은 자동적으로 바꾸어 고효율 운전을 행할 수 있다.
⑥ 디플렉터(deflector)에 의해 분사수를 수차 밖으로 내뿜을 수가 있어서 수압상승이 15[%] 정도이므로, 프란시스 수차의 30[%]에 비해서 수압 상승이 작다.
⑦ 제트 노즐(jet nozzle)의 채용으로 러너를 급정거시킬 수 있다. 또 횡축형에 비해서 입축형은 다음과 같은 이점이 있어, 주로 대용량에 적합하다.
⑧ 입구 밸브 하나만으로써 좋고, 수압철관의 분기가 필요없다.

또, 횡축형에 비하여 일륜당 노즐 수를 많이 취할 수 있으므로, 다음과 같은 이점이 있다. 즉, 이 입구 밸브 1개로써 족하다.

⑨ 취부 면적이 작다.
⑩ 러너 수가 한 개만 있어도 되므로 풍손이 적다.
⑪ 러너의 점검과 취출이 용이하다.

(2) 프란시스 수차

① 적응 낙차는 30~400[m] 정도 이므로 광범위 하여 이용이 편리하다.
② 구조가 간단하며 가격이 싸다.
③ 흡출관이 있으므로 배기손을 줄일 수 있다.
④ 고낙차 영역에서 펠턴 수차와 비교하면, 같은 방법으로서도 N_s가 높기 때문에 고속소형으로 되어 경제적이다.
⑤ 저낙차 영역에서는 일반적으로 카플란 수차가 유리하나, 낙차 및 부하 변동이 없는 곳의 발전소에서는 보수가 용이하기 때문에 프란시스 수차가 유리한 경우도 있다.

(3) 프로펠러 수차

① N_s가 높고 80[m] 이하의 저낙차 지점에 적당하다.
② 날개의 분해가 가능하므로 수송과 가공이 편리하다.
③ 카플란 수차는 부분 부하에서도 효율의 저하가 적기 때문에 변낙차, 변부하의 발전소에 유리하다.
④ 고정 날개 프로펠러 수차는 구조가 간단하고 가격이 싸기 때문에 낙차, 부하가 일정한 경우, 댓수가 많은 발전소의 base load로 사용하면 경제적이다.
⑤ 프로펠러 수차 중 튜뷸러 수차는 효율이 높고 건립 비용이 싸기 때문에 15[m] 이하의 저낙차에 대해서 유리하다.

(4) 사류 수차

① N_s 200 전후의 영역, 즉 40~100[m]의 영역에 적합하다. 고낙차 카플란 수차보다 효율이 좋다.

② 가동 날개형이기 때문에 카플란 수차와 같은 평탄한 효율 특성을 갖고 변낙차, 변부하에 대해서 우수하다.

20.12.2 수차의 형식

수차의 형식은 수차의 출력과 낙차에 의해서 대개 결정된다. 즉, 펠턴 수차에서는 고낙차이고 비교적 유량이 작을 때, 프란시스 수차는 중낙차로서 유량이 비교적 클 때, 또한 프로펠러 수차는 저낙차에서 특히 유량이 클 때 사용된다. 즉, 발전소에 사용하는 수차를 선정하는 데는 우선 유효 낙차와의 관계를 생각하지 않으면 안 된다. 발전지점의 출력과 유효 낙차가 결정되면 특유속도를 구할 수 있기 때문에 이것에 의해서 N도 구할 수 있게 된다.

그러나 수차의 회전수를 높게 취하면 발전기의 형도 작아져서 효율도 좋게 되고 소형 기기를 채용할 수 있는 결과 건물도 작아져서 경제적이다. 따라서 될수 있는 한 높은 특유 속도의 수차를 써서 실제의 회전수를 높이는 것이 좋다. 이처럼 하여 발전소에 적당한 수차는 N_s를 고려하여 결정해야 한다. 그러나 변낙차 발전소에서는 최고 낙차 외의 각 낙차에 대해서도 N_s가 한계 내에 들도록 해야 한다. 또, N_s가 펠턴, 프란시스, 프로펠러 등 각종 수차의 적용범위에 있어서는 곧 형식이 선정될 수 있지만, 그 낙차가 2종의 수차에 대하여 동시에 적용범위를 만족할 때, 즉 낙차 300[m] 부근과 80~30[m] 부근인 경우에는 수차의 형식 선정에 각별한 주의를 요한다.

최근의 경향은 기계의 회전수를 크게 또 발전기의 가격을 싸게 하기 위하여 카플란 수차가 프란시스 수차의 영역을, 프란시스 수차는 펠턴 수차의 영역을 침범하고 있다. 또, 입축 펠턴 수차를 채용함으로써 러너 1개당의 노즐 수가 증가하여 회전수를 높이고 프란시스 수차의 영역에 진출하고 있다. 이러한 경우에는 다음의 모든 점을 고려할 필요가 있다.

20.12.3 수차 대수의 선정

수차 대수는 일반적으로 말해서, 보통 대용량일수록 kW당의 가격이 싸고, 수압관도 줄어지고 전체로서의 장소도 좁아지므로 수차 댓수를 줄이고 대용량의 수차를 설비하는 것이 경제적이다. 그러나 계절에 따라서 유량에 변화가 있을 때와 갈수기에 장기간 운전하는 경우는 한 대의 수차만으로는 효율이 저하하기 때문에 댓수를 2대 이상 설치하는 경우도 있다. 따라서 대용량 한 대만 설치하느냐, 작은 것을 2대 이상 설치하느냐는 주위 사정과 환경 조건을 고려해서 결정해야 할 문제이다.

연.습.문.제

01 댐의 종류에 대하여 설명하시오.

02 압력터널과 무압터널의 구조 및 성능상의 차이에 대하여 설명하시오.

03 조압수조의 기능 및 종류에 대하여 설명하시오.

04 수압관의 두께를 계산하는 방법을 설명하시오.

05 반동 수차와 충동 수차의 차이를 비교 설명하시오.

06 사용 낙차에 따른 수차를 열거하고 각각의 특징을 기술하시오.

07 부하변동에 따른 수량 조절방법을 설명하시오.

08 캐비테이션현상을 설명하고 방지대책을 설명하시오.

09 가동 댐의 종류를 열거하고 특징을 기술하시오.

10 다음 용어를 설명하시오.

(1) 침사지

(2) 수조

(3) 역조정지

11 펠턴 수차의 최고효율 조건식을 계산하시오.

단, 노즐에서 분사되는 물의 유입속도 v_1이고 러너의 회전속도는 u라고 한다.

12 프란시스의 부분 부하인 경우 효율이 저하되고 카플란 수차의 우수성을 설명하시오.

13 신재생 에너지원인 소수력 발전을 위한 수차의 종별을 설명하시오.

14 조속기 기능을 설명 하고 부하 변동 시 조속기 작용을 설명하시오.

15 조속기의 속도 조정률과 부하 간 조정률과의 관계를 설명하시오.

16 흡출관 기능을 충동 수차 및 반동 수차의 비교하여 설명하시오.

17 수차의 특유속도를 정의하고 각 수차별로 개략식을 설명하시오.

18 발전기 회전수의 결정방법을 설명하시오.

19 각 수차의 특징을 요약하여 설명하시오.

20 정격 출력 700[MW] 및 1,000[MW]의 발전기가 무부하로 병렬 운전하고 있다. 발전기의 속도 조정률이 각각 2.5[%], 3[%]로 설정되어 있다면 부하 1,300[MW]일 때 각 발전기의 출력은 얼마인가?

21 정격 출력 100,000[kW], 속도 조정률 4[%]의 수차 발전기와 정격 출력 5,000[kW], 속도조정률 5[%]의 수차 발전기가 60[Hz]의 전력계통에 접속되어 양자 공히 80[%] 부하, 정격 주파수로 병렬 운전 중에 부분부하 탈락으로 합계 출력이 85,000[kW]로 변화하였다고 하면 각각 발전기의 출력은 얼마로 되겠는가? 또 이때의 주파수는 얼마인가?

제5편

신재생 에너지

ELECTRIC ENERGY

21
신재생 에너지의 특성

ELECTRIC ENERGY

21.1 개요

지구의 화석연료는 한정적이고, 세계의 석유, 가스, 석탄의 생산량은 다음 세기에 극도의 사용으로 가격상승은 계속될 것이다. 동시에 세계의 많은 지역에서는 증가되는 핵발전에 대하여 강력한 정치적인 반대에 직면하고 있다. 이러한 상황에서 신재생 에너지는 미래에 세계 에너지 사용에 부합될 수 있어야 만 한다. 신재생 에너지는 환경에 대한 해로운 물질 배출이 없는 친 기후적인 에너지 형태이다. 특히, 탄산화물, 유황산화물 배출의 감소는 화석연료 발전보다 중요한 장점이다. 고로, 신재생 에너지를 기후변화에 대한 최선의 수단으로 생각한다.

신재생 에너지의 주된 것은 태양 및 달과 지구에서 갖는 어떤 형태의 에너지들이다.

표 21.1은 에너지 변환 방법에 의해 사용된 주된 1차 에너지원들이다. 현재 신재생 에너지원 중 점유율이 큰 것은 물, 바람, 태양 에너지, 바이오매스이다. 신재생 에너지의 사용은 대다수 전기 에너지로 변환한다.

표 21.1 신재생 에너지원

1차 에너지원	에너지 매체	자연 변환	기술적 변환
태양	물 바람 태양 에너지	증발, 강수, 용해 대기 공기류 파도 해양조류 대기 지구표면 열화 태양광	수력 발전 풍력 발전 파력 발전 해양 발전 히트 펌프 태양열 변환 태양광 변환
	바이오매스	바이오매스 생산	폐기가스 발전
지구	동위체 부패	지열	지열 발전
달	인력작용	조수간만	조력 발전

수력은 수세기 동안 양수 저장방식과 발전소에서 사용하여 왔지만, 큰 정격용량 풍력 변환의 사용은 1980년에서야 비로소 시작되었다. 급진적인 기술의 발달로 단위용량은 MW규모로 빠르게 성장하였고, 집단 풍력단지는 상당한 용량의 증가를 가져왔다.

태양 에너지는 태양광 발전에 의한 직접 변환과 집열기와 증기 생산을 통한 태양열 발전방법으로 적용하였다. 신재생 에너지원으로 부분적인 가격 면에서 경쟁력이 있고, 국가적인 장려책에 의해 사용이 증대되고 있다. 풍력 에너지 시스템은 오래전부터 가격적인 측면에서 경쟁력이 잇었으나, 태양광 에너지 변환은 여전히 비싸고, 가격경쟁력을 위한 정부의 지원을 요구하고 있다.

세계 발전시장에서 현재 적용되고 있는 에너지원으로는 석탄, 석유, 천연가스가 65[%] 이상을 점유하고 있으며, 핵 에너지(16%)와 수력 에너지(17%)가 거의 같은 점유율을 갖고 있다. 신재생 에너지원으로는 수력을 제외하면 대부분 풍력, 바이오매스, 태양 에너지 등이 점유하고 있다.

이와 같은 에너지 자원중에 화력, 원자력, 수력은 기존 전력계통에서 매우 큰 부분을 차지하며 공급하므로 앞편 에서 기존 발전의 이해와 그에 따른 특징을 이해하고자 상세히 다루어졌다. 이러한 기존의 발전소는 오랫동안 유지되어 왔고 신재생원으로 발전되는 전력량의 증가를 보완할 수 있는 대체 공급 계통으로 변화되어지고 있다. 따라서 각각의 신재생 에너지 자원의 다양한 특징들을 알아보도록 한다.

기존의 에너지란 화석연료와 원자력 에너지를 포함하는 에너지원으로 일반적으로 부하에 맞추어 운전자에 의해 요구될 때 제시된 출력을 발전한다. 반면, 대부분의 신재생 에너지는 시간에 따른 에너지원의 변화에 의해 생산된다. 이러한 시간에 의한 변화는 특히 풍력, 태양, 파력, 조력 발전을 예로 들 수 있으며, 그 변화량은 각각 다르고 예측하기가 어려워서 이러한 사실이 전력 시스템의 운용효율에 있어서 매우 중요한 요소가 됨을 알 수 있다.

21.2 기존 발전(석탄, 가스, 원자력)의 특성

전력계통 연계에서 각기 다른 화석 연료에 의해 운용되는 다양한 발전 운용 특징은 그 발전 설비의 기능으로 정의할 수 있다. 원자력 발전은 일반적으로 융통성이 없으며 일정 전력만 생산하도록 설계되었다. 이러한 운용방식을 영어로 Base Load 즉, 기저 부하라고 알려져 있으며, 이러한 전력은 항상 필요로 하는 전력의 부하 일부로 공급된다.

화력 발전의 석탄 발전의 효율은 30~40[%]대이며, 이 효율은 발전 설비가 어떻게 운용되는지에 따라 많이 달라진다. 높은 효율은 기저 부하로 운전되고 있는 발전에서 출력되고, 사이클링(시동, 정지)의 증가와 낮은 부하에서 운전되는 발전소에서는 운전효율이 매주 낮아지는 문제점이 있다.

열 변환 기술은 복합 사이클 가스 터빈(CCGT)의 발전에 따라 지난 20년간 꾸준히 발전해 왔다. CCGT에서 천연가스는 약 1,000[℃]에서 연소되고 터빈을 가동한 후 배출 가스는 증기 터빈을 위한 증기를 생성한다. 이 2개의 터빈 모두 각각의 발전기를 가동해서 전력을 공급한다. 연료를 연소시키는 온도를 올림으로써 발전효율을 50[%]로 올리는 것에 성공했으며, 그 효율을 60[%]로 끌어올리는 프로젝트가 진행되고 있다. 현재 이러한 발전시설들은 높은 제어단계에 있으나, 이러한 높은 효율은 발전 시설에 높은 부하에 맞는 연료가 공급이 되어야 함으로 억제되고 있는 실정이다. 따라서 대부분의 가스 발전소는 일정한 전력을 생산하면서 기저부하에 맞게 전력을 송전한다. 그러나 최근 가스 가격이 유럽에서 상승함에 따라 이러한 발전은 의미가 없어지면서 CCGT 발전보다 석탄 화력 발전이 경제적으로 선호되고 있는 실정이다. 발전소의 설계는 발전 반응시간과 범위를 개선하여 부하추종 능력을 향상시키고 있다. 따라서 큰 보일러를 가진 석탄 화력 발전소는 정지로부터 전 출력에 도달하는 데에는 많은 시간이 필요하나, 가스 터빈 발전소는 수 분 안에 원하는 출력으로 도달할 수 있고, 복합 사이클 발전소는 석탄 화력과 직접 가스 화력 사이에 설치되는 것이다. 발전소 설계의 혁신은 열 변환 효율의 향상에 목적을 두지만 그에 따른 융통성의 감소는 감수해야한다.

원자력 발전은 핵분열과 핵융합이라는 원리를 사용하는데, 핵융합을 이용한 전력생산은 비용 대 효율과 기술적인 어려움으로 아직 사용되고 있지 않으며, 이러한 핵융합 발전은 기존의 발전 방법이라고 간주할 수는 없다. 그럼에도 불구하고, 최근 국제 원자력 컨소시엄을 통해 동의되어 국제적으로 주목할 만 한 연구가 진행됨에 따라 이 분야 기술에 영향을 미칠 것으로 본다. 이와 반대로 핵분열을 이용한 발전방식은 전 세계적으로 괄목할 만한 전력 생산을 차지했다. 하지만 핵에너지는 방사능의 위험과 핵 폐기물이라는 논쟁의 여지가 남아 있다. 물을 끓여 사용하는 원자로와 가스를 이용해 냉각시키는 원자로를 포함해 많은 기술이 개발되었다.

그러한 발전소는 제어되고 있는 환경에서 핵 연쇄 분열반응을 이용하고 있다. 핵분열 반응은 일반적으로 안전하게 보호 되어있는 압력 용기에서 원자로 중심부에서 일어나고 있는데 보통 흑연 혹은 물이 중성자의 속도를 제어하거나 연쇄반응을 조절하는 조정물질로 사용되고 있다. 제어봉은 노심에 삽입되어 원자로를 조절하고 이러한 제어봉들은 중성자를 흡수할 수 있는 보론과 같은 물질로 만들어진다. 노심도 역시 핵분열 연료봉으로 구성된다. 냉각재는 일반적으로 물이나 가스가 사용되는데 이 냉각재는 원자로를 통과하면서 증기가 생성되는 보일러로 공급된다. 전기 발전은 증기 터빈에 의해 생성되는데 이것은 마치 석탄화력 발전과 흡사하다. 열을 이용해 증기를 발생시키는 데 다만 그 열을 발생시키는 원료가 다른 것이다. 핵 원자로는 일반적으로 운용에 융통성이 없으며, 기저부하로 운용된다. 초기 자금과 설치 비용이 매우 비싸지만 원료와 운전 비용이 저렴한 점이 지속적으로 이와 같은 발전 플랜트가 생기는 이유이다.

21.3 수력 발전

수력 발전은 태양 에너지의 간접 형태 발전 방법이라고 할 수 있다. 일반적인 태양복사가 바다에서 물을 증발시키고 적은 양이지만 대지에서의 증발 그리고 따뜻한 물이 자연스럽게 증발하는 것으로 인해 대기 중에 수증기가 모이고 다시 냉각되게 되면 구름이 형성되는 것이다. 이로 인해 비는 높은 지역에 내리게 된다. 이러한 비가 태양으로부터 얻어진 위치에너지인 것이다. 수력 발전은 이러한 에너지가 바다로 흘러가는 것을 이용한 발전 방식이다. 큰 규모의 수력 발전은 큰 저장장소를 필요로 하고 이 결과 강에서 댐이 이용되는 것이다. 물은 제어 방법으로 저장장소를 나가서 흘러가면서 터빈을 구동시키고 터빈이 전기를 발생 시키는 원리이다. 저수지의 물의 저장상황에 따라 전력계통의 전력 요구량에 맞게 전기를 발생시킬 수 있다. 그러나 에너지의 저장용량은 한계가 있으므로 일반적으로 가장 높은 부하가 있을 경우 때 전력 생산을 최대로 하는 용량이다. 물의 공급은 계절이나 날씨에 따라 제한적이므로 강우 예측을 해서 수력 발전의 운용방법을 가장 이상적으로 해야 한다.

댐은 높은 수두(댐의 높이에 낙차)를 이용할 수 있음으로써 매우 좋은 시설이며 이러한 댐 건설이 가능한지는 그 지역의 지형에 달렸다. 강은 물이 위치에너지를 자연스럽게 소비하는 통로이고 적은 형태의 저 위치에너지를 추출할 수 있는 방법이라고 할 수 있는 것이다. 이러한 생각을 응용해서 댐이나 수로 없이 강에 터빈을 설치해서 물의 흐름을 이용해 위치에너지에서 운동에너지로 전력을 생성할 수도 있는 것이다. 이러한 터빈은 수두 낙차가 없을 때도 효과적으로 작동하고 설치는 강의 형태에서 운전된다.

21.3.1 대수력

대수력 발전은 앞장에서 기술한 바와 같이 매우 발전되어 있고 널리 사용되고 있는 발전 방법이다. 예상치에 의하면 전세계의 20[%]에서 25[%] 정도 잠재성이 있는 위치에 대수력 발전이 이미 개발되었으며, 이미 널리 설치되어 전력수요가 많은 곳에서 위치적으로 적합하면 사용되고 있다. 현재 전 세계 발전량의 20[%]를 대 수력 발전이 차지하고 있다. 대수력 발전은 다른 신재생 에너지 원천과 비교했을 때 공급에 있어 가장 융통성이 있으며 원활하기 때문에 매우 선호되고 있다. 물은 저수지에 저장이 가능하고 필요할 때 사용이 가능하므로 저수지가 크거나 전력 요구량에 맞으면 되는 것이다. 이러한 에너지 저장방법은 짧은 시간 몇 분 이내로 전력 요구량이 늘거나 줄 때 공급할 수 있는 능력에 있어 훌륭한 이점을 가진다.

따라서 이러한 발전소는 예측 가능하거나 예측 가능할 수 없는 소비자들의 전력요구량에 적절히 맞출 수 있는 모델인 것이다. 이러한 특징은 영국과 같이 대 수력 발전시설이 적합지 않은 지형을 가진 국가에서도 매우 중요한 가치를 가지게 되고 양방향 사용 가능한 양수 발전이 개발되었다.

대수력 발전의 단점은 초기 높은 건설비용을 매우 오랜 기간에 걸쳐서 투자비 회수가 가능하다는 것이다. 그리고 이러한 대수력 발전소의 개발은 자연적으로도 옳지 않기 때문에 중국 삼협 발전소 건설현장과 같은 넓은 지역에 대홍수를 야기 할 수도 있으며 인구유입도 제한된다. 그러나 이러한 선정된 재생 에너지 기술은 수력의 많은 적합한 장소가 선점된 이후 미래에 기여할 수는 없을 것 같으나 구소련 지방과 개발도상국들에서 많은 개발 가능성이 예상되고 있다.

21.3.2 소수력

흔히 5[MW] 이하 발전을 소수력 발전이라고 정의한다. 그리고 100[kW] 이하인 저전력은 초저수력이라 불리고 이러한 초저수력도 물의 저장 공간이 없는 댐 방식과 강 유속 발전으로 나누어진다. 그리고 더 분류를 하게 되면 수두의 높이가 높고 낮음으로 분류할 수 있다.

현재 전 세계 발전량의 5분의 1인 500[GW]가량 소수력 발전이 감당하고 있다. 소수력 발전의 장점으로는 도시로부터 멀리 떨어져 기존의 발전 전력을 공급받기 힘든 산간지방이나 농촌 등지로서 마을의 규모나 에너지 요구가 일정한 그러한 곳에 적합하다. 강의 흐름은 일 년 동안 항상 다를 것이고 특히 북반구 지역은 겨울에는 강의 유량이 풍부하고 여름에는 부족할 것이다. 열대기후가 있는 곳은 우기에 상당한 영향을 받을 것이다. 이러한 계절적인 영향은 매우 중요한데 예를 들어, 영국지방에 있는 작은 발전량의 소수력 발전소는 여름에 충분한 전력을 공급할수 있는 물을 확보하지 못하기 때문에 대다수 소수력 발전은 다른 전력망과 연계되어 있다.

소수력 발전체계에서 시시각각 변하는 출력특징의 변동률은 작은 편이지만, 시간 혹은 하루에 따라 소나기 등의 갑작스런 강우에 의해 급격히 변할 수도 있다. 소수력 발전의 출력은 연도에 따라서도 매우 민감하게 반응을 한다.

모든 수력 발전 시스템은 물의 위치에너지를 이용한다. 엔지니어들은 물이 떨어질 수 있는 높이를 표현하는 수두 *H*라는 용어를 사용하는데 실제로는 손실을 고려한 순수한 혹은 실제의 높이로 사용되고 있다. 위치에너지는 간단히 말해 mgH 즉, g는 중력가속도, V는 물의 체적 질량, 물의 밀도가 ρ은 Vρ gH으로 표현된다. 초당 물의 용량인 유량 Q=m^3/s 와 H 높이가 곱해져서 킬로와트 전력이 도출된다.

$$P=Q\rho\ gH \tag{21.1}$$

터빈 설계에는 두 가지의 접근법이 존재한다. 터빈 휠에 달린 컵에 가해지는 충격으로부터 얻어내는 운동에너지를 이용하는 Pelton 수차방식의 충동 터빈과 이와는 다르게 물속에 잠긴 채로 기동되며 Francis나 Kaplan 설계의 반동 터빈이 있다. 충동 터빈은 높은 압력과 댐의 높은 높이에서 사용하기 적당하며 약 90%의 효율을 가지지만 반동터빈 빠르게 회전하며 낮은 수두 높이에서 사용하기 적당하고 높은 효율을 가진다. 동기 속도는 Ns=n(P)H$^{5/4}$이고, 여기서 P는 출력kW이며, H는 실제 수두 낙차(m) 높이, n은 회전자 스피드(rpm)이다. 이 속도 함수에 정격 1[kW]에서 수두 높이는 1[m]로 하면 속도를 Ns=n로 쉽게 이해할 수 있다.

그림 21.1은 다른 종류의 터빈에 따른 효율곡선을 보여준다. 터빈의 회전수는 회전 날개와 물의 충돌과 연관이 높으며, 이것은 터빈의 효율에 있어 매우 중요한 요소이다. 프로펠러타입의 터빈은 날의 끝이 물보다 빨리 회전할 때 최대의 효율을 만든다. Kaplan터빈의 경우 물의 유속이 약 2배가량 빨리 회전할 때 인 반면 프란시스 수차는 2개의 속도가 거의 같을 때 최대효율을 만든다.

Pelton 터빈은 물의 유속의 절반의 속도로 회전 날개가 회전할 때 최대의 효율을 이론적으로 증명했다.

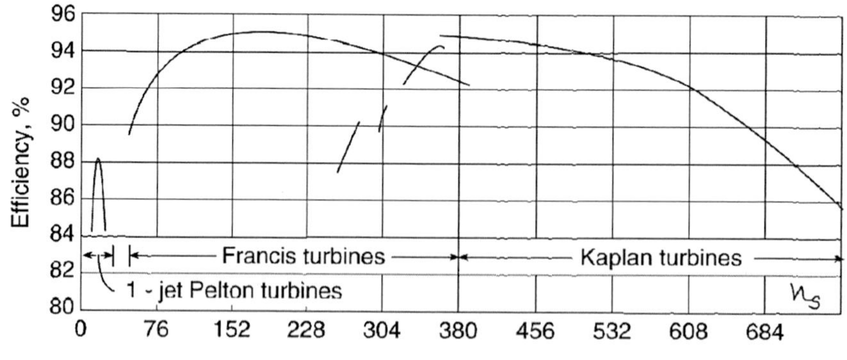

그림 21.1 수차형태에 따른 효율곡선

반동 터빈은 전기적 부하에 맞게 다양한 축 출력을 발생시키기 위해 안내 날개(가이드 베인)를 회전자 입구에서 사용하여 물 인입의 방향과 양을 조절한다. 터빈 러너는 복잡하게 기하적으로 설계조건에서 최대의 출력을 만들도록 설계된 날개를 일렬로 연결한다. 이러한 날개들은 순간적으로 이동될 수 없으며 이러한 날개는 터빈으로부터 전력품질에 대한 적용에 있어 중요한 역할을 한다. 고속의 제어가 필요한 독립형 터빈에서는 부하의 전자 제어가 터빈속도를 유지하기 위해 사용된다.

그림 21.1은 효율이 특정속도에 절대적으로 종속적임을 보여주고 이것은 또 유효 수두의 높이와 관련 있음을 보여준다. 따라서 효율적인 수두 낙차의 변화가 클수록 회전자의 속도 또한 높은 효율을 유지하기 위해 조정되어야 한다. 그러나 대부분의 터빈은 정해진 속도에서 작동하고 효율은 약간의 변화만 있다. 수력 발전편을 참조하기 바란다.

21.4 풍력

21.4.1 자원

바람은 대기 중에서 공기의 이동에 의해 생기는 결과이다. 둥근 지구에 서로 다른 태양열 차이로 인해 범지구적으로 공기의 움직임이 생성된다. 따라서 풍력 에너지는 수력 에너지와 같이 태양열 에너지에 간접적인 영향을 받는다. 적도지방의 공기는 다른 위도의 공기보다 더 강하게 가열되고 이 차이가 더 가볍고 덜 무거운 차이를 야기한다. 이러한 따뜻한 공기는 높은 고도로 상승하고 북향과 남향 즉 표면이 차가운 극점으로 이동한다. 이러한 움직임은 공기가 시원해지고 가라앉으며 차가운 공기가 돌아오는 대기의 가장 낮은 층이 있는 북위 30[°]나 남위 30[°]에서 발생한다.

대기가 하강하는 지역은 고기압을 가지게 된다. 반대로 대기가 상승하는 곳은 저기압이 형성되는데 이러한 수평적인 대기압의 변화는 고기압에서 저기압으로의 공기의 흐름을 유도하고 이것이 바람의 방향과 속도를 결정한다. 큰 기압 차일수록 공기 중에 큰 힘과 높은 속도를 가진다. 힘의 방향이 높은 곳에서 낮은 곳으로 향하기 때문에 초기 바람의 바람이 등압선에 수직적으로 불게 되는 것이다. 그러나 바람의 방향이 정해지면 지구의 자전으로 인해 편향풍이 불게 되고 이러한 지구의 자전이 바람의 방향을 바꾸게 된다. 이러한 힘이 코리올리의 힘(Coriolis force)으로 널리 알려져 있다. 세계의 바람이 많이 부는 곳에서는 코리올리의 힘이 매우 중요하나 적도 부근에서는 미비한 역할을 한다.

게다가 지구의 바람 시스템에는 지역적인 영향도 있다. 서로 다른 땅과 바다의 가열은 일반적인 공기 흐름을 바꾸어 놓는다. 그리고 산에서 협곡, 빌딩과 나무 같은 장애물조

차도 중요한 역할을 한다. 대기의 경계층은 대기의 가장 아래 부분을 의미하고 지표면의 저항으로 인해 바람의 속도가 느린 부분을 말한다. 그 결과 바람의 속도는 고도가 올라갈수록 올라가고 이 사실은 약 1000[m] 정도되는 경계층까지는 사실이지만 대기의 조건에 달렸다. 이러한 고도에 따른 바람의 속도 변환은 풍속 감쇠(wind shear)라고 알려져 있다.

그것은 사용 가능한 자원이 터빈의 허브 높이에 따라 변한다는 것은 분명하고 증가되어왔다. 이것은 현재 100[m] 이상 되는 수 MW 기계의 허브 높이와 풍력 터빈 기술의 발달로 반영되어 최근 몇 년간 증가하고 있다.

풍력 발전은 가장 진보한 신재생 에너지 발전 수준이다. 바람이 많이 부는 곳의 풍력 단지에서는 기존의 발전기를 사용해서 발전하는 것보다 저 경제적으로 전기를 생산할 수 있다.

이러한 기술의 발전으로 인해 경제의 크기인 총 생산과 경험의 축척에 풍력 발전은 전기 생산 부분에 있어 향후 몇 십 년간 큰 도움을 줄 것이라고 예상한다. 그러기 위해 다른 신재생 에너지 자원보다 더 많은 연구가 풍력자원의 통합을 위해 진행되어야 한다.

21.4.2 바람의 변화

특정한 장소에서의 풍속은 계속 변한다. 풍속의 변화는 일 년간 계절따라 변하고 기후 시스템이 변화함에 따라 변하고 일일단위로 매 초간 변한다. 이러한 모든 변화는 시간에 따라 다르고 한 지역에서의 풍력 에너지 획득을 예측하기에 문제를 야기 시킨다. 그리고 이러한 풍력 발전의 변화량은 터빈이 지역 전기 네트워크와 연결됨으로써 불리하지 않게 하여야 한다. 분명히 더 까다로운 점은 짧은 기간의 난기류에 의한 바람의 변화는 심각한 영향을 미친다. 그러나 이후에 보여 지겠지만 이러한 변화가 집합체 효과로 인해 문제는 줄어들 것이다. 발생횟수나 확율 분포는 오랜 시간 풍속변화에 있어 역시 매우 유용하게 사용되어 진다.

21.4.3 풍력 터빈

Watt로 주어지는 풍력 터빈을 추출할 수 있는 바람은 전력과 바람 속도의 세제곱에 비례한다.

$$P = \frac{1}{2}\rho A U^3 C_p \tag{21.2}$$

여기서 ρ는 공기밀도, A 회전자 직경, U는 풍속, Cp는 회전자 풍속 계수이다. 풍력 터빈은 정격 출력이나 정격 풍속 Ur값에 맞는 발전량을 얻기 위해 설계 되었다. 돌입풍인 Uci보다 낮은 속도의 풍속을 가졌다면 풍력 터빈은 충분한 풍력 토크를 가지고 있지 않아서 전력을 얻을 수 있게 가동되지 않는다. 풍속이 정격보다 높은 경우 한계점인 Uco에 도달해 터빈이 꺼지기 전까지 출력은 유지되며 공기역학적으로 제어되며 운전이 가능하다. 힘과 풍속의 관계는 힘의 곡선을 통해 알려져 있다.

평균 출력은 전형적으로 0.25~0.45 범위에 존재하며 이 출력은 그 지역의 풍속평균에 따라 다르다. 회전자의 Cp 공기역학효율 계수의 상한값을 구하는 방법이 있다. Betz 값이라 불리고 대략 0.59의 값을 가진다. 의미는 회전자 안으로 들어가지는 못하나 로터 주변에 맴도는 공기수치를 말하는 것이다. Cp는 날개 끝의 속도 비 λ ($\lambda = \Omega R/U$로 정의되고 여기서 Ω은 회전자의 각속도, R은 반지름, U는 인입풍속)이다. 속도비 λ 일반적으로 발전터빈의 성능을 대표하는 수치이며 인입풍속과 회전자의 회전속도의 조합 결과로 볼 수 있다.

전형적인 Cp-λ 특성 곡선은 그림 21.2에서 볼 수 있다. 최고의 효율을 내기 위해서는 (Cp의 범위가 0.4~0.5인 터빈) 날개 속도비는 항시 최대의 출력을 위해 고정값을 가지고 있어야 하며 이러기 위해서는 회전자의 속도가 풍속에 의해서 제어되고 있어야 한다.

이러한 연유로 최근 큰 풍력 터빈이 다양한 속도에서 작동되게 설계 되었다. 풍력이 짧은 시간 바뀌면서 로터가 그에 맞게 가감속을 하면서 에너지를 배출하고 흡입하는 관성을 가질 수 있는 것은 터빈 회전자의 훌륭한 장점이다. 그 결과 전기 출력의 변화율은 더 적고 더 쉽게 전력 시스템에 연계될 수 있는 것이다.

그림 21.2의 Cp-λ 특성곡선에서는 회전 날개 수치를 고정한 채 나타내었다. 만약 회전 날개의 수치가 변경된다면 효율 또한 바뀌기 때문이다. 실제 만일 회전 날개에는 각도 경사 혹은 수평으로 펴는것과 같은 것이 있다면 바람 사이의 각도와 합성풍을 줄이기 위해 자신의 축에 대해 회전하여, 토크를 발생시키는 날개의 상승력을 감소하게 한다. 이러한 결과가 Cp-λ 특성 곡선에 나타나게 되고 그림 21.2에서 잘 보여준다.

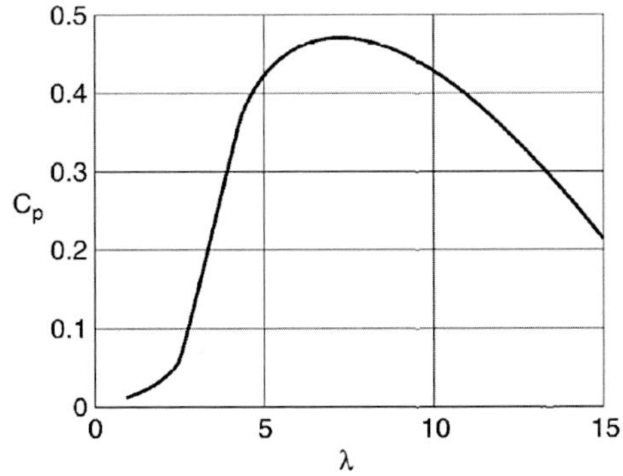

그림 21.2 3날개 로터에 대한 Cp-λ 곡선 예

더 많은 날개가 이상적인 위치에서 벗어날수록 적은 출력이 바람과 회전자의 스피드에 의해 유도되는 것이다. 풍력 터빈은 피칭 컨트롤이라 불리는 회전 날개의 피칭을 조절하는 방법으로써 제어가능하다. 풍력 터빈의 출력을 제어하는 다른 방법으로써는 stall을 진행시키는 방법이 있다. 이러한 stall 조정기기에서는 고정된 회전 날개 피치가 있으며 공칭 정격 회전수에 회전자속도를 가지고 있어서 풍속이 회전 날개의 stall 결과보다 높은 수치에 있으며 그 결과 정격 수치에 이르는 출력 제한을 둘 수 있는 것이다. stall은 (50~500[kW])작은 터빈에서 널리 사용되며, 그러나 수동식 접근법은 전력 제어에 있어 잠재적으로 운전자가 터빈의 출력을 외부 조건에 맞추어 조절하기에 문제가 있다. 이러한 결과로써 모든 MW 규모의 풍력 터빈은 현재 피치 제어법을 사용하고 있다. 능동형 stall 제어라 알려진 접근법은 피치와 stall을 함께 사용한다. 동적 전력 제어는 stall에 의해 운용되고 알맞은 전력 단계에서 stall이 발생하기 위에 회전 날개는 천천히 회전 조절을 한다.

기계적 축 동력은 풍력 터빈의 회전자에 의해 생성되어 큰 발전기일 경우 98%의 효율로 전기 발전기에 의해 다시 전기로 변환된다. 다양한 작동속도는 전력 전자 컨버터에 의해 주파수가 변환이 되어야 하며 이 동작은 전체적인 효율을 떨어뜨린다.

21.5 태양광 · 태양열 발전

21.5.1 자원

대기 중 평균 빛의 세기(태양 상수)는 1353[W/m^2]에 달한다. 대기에 의한 에너지의 감소는 해수면에서 1[kW/m^2]에 달한다는 결과가 있으며, 이것은 24시간씩 연평균 0.2[kW/m^2] 만큼 지구 표면에 조사되어 진다. 전반적으로 퍼지는 에너지에서 상당량의 에너지 생산을 위해서는 넓은 지역을 필요로 한다. 예를 들어, GW급의 전력을 생산하기 위해서는 약 5[km^2] 정도의 지역(변환 효율 20[%])이 필요 하다. 일반적으로 사람들은 계절변화와 시각에 따른 태양 고도 변화에 의한 지역별 조사량의 변동에 대하여 말 한다. 많은 지역이 음영이 진다. 특히, 구름은 상당량의 순복사량을 감소시키며, 수분에서 수 초 동안 다양한 조사량 변화를 야기한다.

연평균 조사량이 가장 높은 지역은 북동아프리카로 약 300[W/m^2]이다. 조건이 좋은 다른 지역으로는 대부분의 아프리카 지역과 남아메리카의 북쪽, 북아메리카 남쪽, 서남아시가 있다. 오스트레일리아는 지역의 절반 가까이가 250[W/m^2]의 조사량을 갖는다. 일반적으로 적도에서 많이 떨어져 있는 지역의 조사량이 적다. 이러한 지역 대부분은 하루 평균 100[W/m^2] 이하의 조사량을 가진다. 물론, 이런 수치는 연평균에 대한 것이며, 계절별 조사량의 평균은 상당히 다양하게 측정된다. 마지막에 언급된 북유럽, 북아메리카, 북아시아 지역의 사람들은 230[V]에서 115[V]의 전력계통망으로 연결되어지며, 현재 뿐만이 아니라 앞으로도 kW급의 설비들이 지붕 위에 연결되어 질 것이다.

21.5.2 관련 기술

태양 에너지를 전기적으로 변환 시키는 것에는 두 가지의 기술이 있다. 태양광을 전기적으로 변환하는 Photovoltaic(PV)셀은 어떤 반도체장치를 사용 하느냐에 따라 효율이 달라진다. 시험 단계에 있는 셀은 30[%] 이상의 효율이 발생되어지나, 현재 주로 사용되는 수정 PV셀의 경우에는 12~18[%] 정도의 효율을 가진다. 이와는 대조적으로, 태양열 시스템의 효율은 터보 발전기를 구동 하는데 사용하는 수증기를 발생시키기 위한 열교환기에 영향을 받는다. 고온을 가질 수 있도록 태양열 시스템에서는 예외 없이 포물선 모양의 골이나 탑 형태의 집열장치를 사용한다. 현재에 태양 에너지원에 의한 발전은 전통적인 방법에 비하여 훨씬 비용이 비싸다. PV 시스템은 잠재적으로 상당한 비용을 감소할 것으로 기대되기 때문에, 아마도 10년 안에 PV 시스템은 신재생 에너지 분야에서 상당한 비율을 차지할 것으로 믿는다. 일본, 독일과 같은 몇몇 나라들은 상당한 가정용 PV셀 시장을 창출해 왔으며, 유럽에서는 지난 2년 사이에 MW규모의 설비가 눈에 띌 정도로 급격하게 성장하였다. 이런 흐름에도 불구하고, 현재의 높은 PV 시스템의 설치비용은 당면한 미래의 전력공급에 있어 큰 기여를 못하게 한다. 무엇보다도 태양열과 태양광 발전의 전력생산 시장에서의 비중을 높이기 위해서는 주요 기술과, 비용과 관련된 해결책이 가장 중요하다. 태양광 발전과, 태양열 발전의 특징은 많은 차이가 있으며, 다음에는 이러한 발전의 개요들에 대하여 말하고자 한다.

21.5.3 태양광 시스템(PV Systems)

태양광 시스템에서 가장 중요한 것은 태양광 모듈이다. 태양광 모듈의 출력은 태양복사량에 의하여 결정 된다. 이 출력은 그림 21.3의 I-V곡선으로 보여진다.

전력(IV)은 동작점에 의해 결정되며, 최대 전력 생산 점은 MPP(Maximum Power Point)로 알려져 있는 특성곡선의 무릎에 가까운 부분이다. 인버터는 PV모듈에서 생산된 DC(직류 전류)를 AC(교류 전류) 형태로 전력계통에 공급하기 위한 변환장치로 사용된다. 모듈에서 셀의 품질은 I-V특성의 사각형 형태의 크기에 따라 판가름 된다. 이것은 개방회로 전압(I-V곡선이 전압축과 만나는 점)과 단락회로 전류(I-V곡선이 전류축과 만나는 점)이 만들어 내는 구간에 대한 것으로, 이때의 구간을 나누는 기준 점은 최대 전력 점이다.

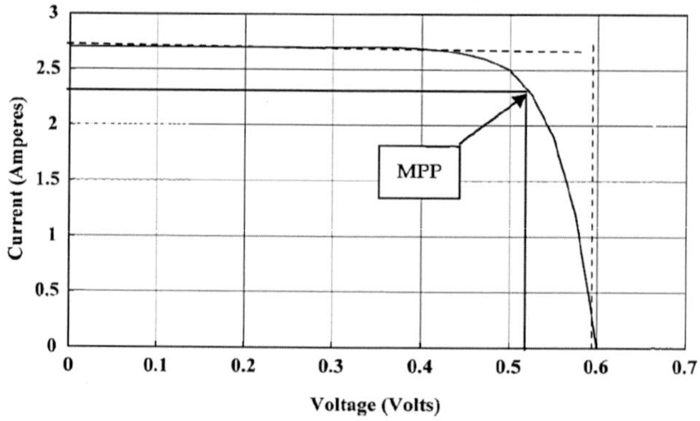

그림 21.3 전류-전압 곡선

그림 21.4는 태양 복사량과 온도가 I-V곡선 형태에 와 MPP발생 전압에 어떤 영향을 끼치는지를 보여 준다. 컨버터는 동작전압이 MPP점에 가능한 가깝도록 전압을 조절하는 데에 사용되며, 또한, 태양복사량의 정도와 모듈의 온도에 따른 영향을 최소화 하는데 사용한다.

이러한 원리와 관련된 함수는 일반적으로 판넬의 연결에 사용되는 인버터에 결합 되어 있다. PV모듈은 아주 작은 전력용량을 가지고 있으며, 태양복사량의 변화에 따라 즉각적으로 전력 시스템의 출력에 영향을 준다.

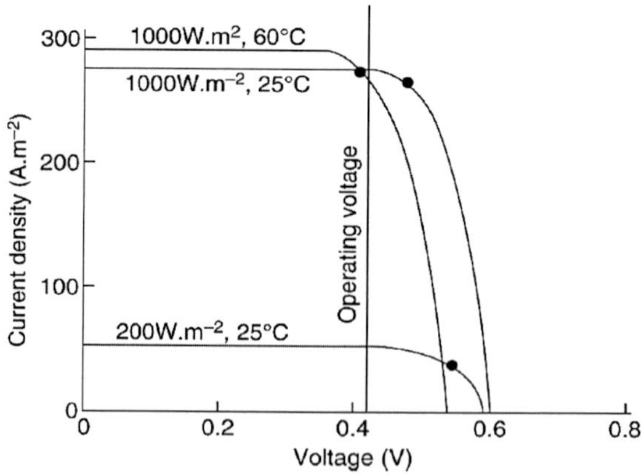

그림 21.4 태양광 온도 및 복사량이 I-V 특성에 미치는 영향

21.5.4 태양열 전력생산 시스템

태양열 발전은 효율적으로 열기관을 운영할 수 있는 높은 온도를 생산해 내기 위해서 태양열 집열장치를 사용한다. 지금 까지 큰 규모의 발전을 위한 주된 두 가지의 발전 방식은 직접적으로 열을 사용하는 방식과, 탑을 이용하여 복사열을 사용하는 방식으로 사용되고 있다. 이러한 이유로 태양복사열이 많이 분산되는 구름이 끼거나 흐린 날씨는 이러한 기술에 알맞지 않다. 두 개의 기술은 다음과 같다.

- 포물선 모양에 골 형태의 반사장치들의 집합체(또는, Solar Farm)는 태양복사열을 열변환장치가 있는 수신부에 비춘다. 이 변환장치는 열 연료를 사용 하는 것으로, 고온에 견딜 수 있으며, 또한 물을 가압하는데 사용된다. 이렇게 모아진 열은 터빈에 공급하기 위한 증기가 발생하는 열교환기나/보일러로 통한다. 동작 온도는 350[℃]~400[℃]까지 다양하며, 설비의 용량도 거의 80[MW]까지 만들어져 있다. 보다 높은 효율을 위해서는 증기 터빈의 온도를 동작 온도를 높게 하여야 하며, 이러한 이유로 태양열 시스템에서 발생되는 증기를 연료를 이용하여 가열시키기도 한다.
- Solar Power Tower(Solar Two)의 중심탑 꼭대기에는 중앙을 기준으로 원형 형태로 설치된 태양복사열을 집중시키는 거울(반사 장치)에 의하여 한 곳에 모인 열을 수용하는 집열장치가 설치되어 있다. 거울은 빛을 반사시키며, 소금물이나 그 밖의 높은 온도에 견딜 수 있는 다른 물질로 구성된 용액이 들어가 있는 열 교환 장치에 의하여 흡수하는 집열장치로 집적한다. 온도가 1,000[℃]정도의 높은 경우에 도달할 수도 있다. 태양열 시스템의 크기는 200[MW]까지 고려되었으나, 지금까지 큰 규모로 구상된 시스템들은 별로 없다.

두 가지 기술 모두 효율적인 가동을 위한 직접적인 태양열을 사용하는 것에 달려 있는데, 이것과 관련된 기능은 단지 가동시간을 조절하는 것이며, 또한 이에 따라 항상 최대 출력을 낼 수 있는 것이 아니다. 그러나 이 기술들은 중간 단계를 거치기 때문에, 이 단계에서 시스템은 화석연료를 이용한 장치, 또는 설계 변경에 의한 열저장소의 통합기능이 고안 될 수 있을 것이다. 이러한 조절장치의 주요 장점은 태양열이 공급되지 않는 시간에도 전력공급을 할 수 있는 것으로, 다시 말해 언제나 전력공급이 가능하다는 것이다.

21.6 조력

21.6.1 자원

달과 태양의 중력장은 해수의 상승과 하강을 일으킨다. 비록 달은 훨씬 가볍지만 지구에 더 가깝기 때문에 수위의 상승과 하강에 더욱 영향을 미친다. 달이 태양에 비해 2.2배 더 영향을 미치기 때문에 조력은 달의 에너지의 한 형태로 생각되어질 수 있다.

지구는 축을 기준으로 매 24시간 동안 한 바퀴를 돈다. 그리고 지구를 기준으로 태양은 지구를 매 24시간 동안 한 바퀴를 돈다. 달은 지구를 약 29일마다 한 바퀴 돈다. 지구를 기준으로 하였을 때 달은 24시간 50분마다 지구를 도는 것처럼 보인다. 태양과 달의 궤도에 따른 기간의 차이는 변화단계들을 야기한다. 달과 태양이 영향이 미칠 동안은 대조가 일어나며 달과 태양의 영향이 없을 때는 소조가 일어난다. 대조는 소조의 2배 정도의 크기일수 있다.

21.6.2 조수의 증가

해수의 표면에서 조수의 범위(해수가 상승과 하강 시 수직 범위)는 비교적 좁다. (보통 1미터보다 적다.) 그러나 특정 장소에서는 범위가 증가된다. 조수 범위 증가 현상은 다음에 소개한다.

① 깔때기 통로현상(Funnelling)

천천히 조수가 가둬지고 높이가 올라간다. 혹은 이 사이클의 반대일 경우는 높이가 줄어든다.

② 공진현상(Resonance)

하구는 조수 시간 때와 유사한 시간인 공진주기를 가지고 있다. 하구의 길이와 깊이는 공진현상에 매우 중요하다.

③ 코리올리 효과(Coriolis Effect)

지구의 자전으로 인해 편향된 힘을 갖는 Coriolis Effect를 일으킨다. 조수는 코리올리 효과에 영향을 받고 몇몇 지역에서는 증가한 조수의 범위에 따른 연쇄효과로 해수 상승 시 높이가 증가하는 경향이 있다. 그리고 해수가 낮아질 때 해안으로부터 물이 빠지게 된다.

이 증가는 매우 예측적으로, 조수 계획에 따른 출력을 몇 년 앞서 결정될 수 있게 한다.

21.6.3 조수 댐

하구에 댐을 짓고 해수가 수문을 통해 채워지게 하고 터빈을 통해 이것을 내보내면 에너지를 발생할 수 있다. 하구에 건설되는 댐은 수문들과 터빈들로 구성되어 있다. 하구의 상부 부분에 배의 이동이 유지되어야 하는 장소에서는 항로 갑문 설치가 요구되어 진다.

조수 댐은 현재 가능한 기술이다. 하지만 전 세계적으로 매우 적게 사용되어 진다. 즉, 큰 투자비 규모와 건설 후 늦게 이익을 얻는 점은 민영 전기 회사들이 투자를 안 하게 하는 원인을 제공하였다. 더욱이 환경고려는 큰 규모의 발전에 장벽을 만들었다.

21.6.4 조수 댐 운용

썰물 발전은 조수 댐 전략의 가장 간단한 형태이다. 운전 사이클은 4단계로 구성된다.

① 물탱크에 물을 채우기 위한 매우 높은 해수의 상승에서의 물의 흐름이 필요

② 썰물 때까지 물을 잡아놓고 대기

③ 해수가 차올라 최소 작동지점까지 오를 때까지 채워놓았던 물을 바다로 터빈을 통해 방출

④ 조류가 첫 단계를 반복할 수 있을 정도로 오를 때까지 물을 잡아놓기

펌핑에 의한 썰물 발생은 증가된 에너지 출력을 가능하게 한 변화의 한 형태이다. 펌프로 터빈을 반대로 이용하면서 물을 저장하는 곳의 레벨을 발생 수두 부분이 상승할 수 있다. 펌핑에 요구되는 에너지는 외부에서 인가되어야 하고 펌핑은 높은 해수 때 작은 헤드부분에 대해 수행되어야 하므로 이것은 약간의 재 출력의 가능성과 함께 에너지 이득 망을 생산할 수 있다. 이 에너지 이득은 작을 수 있으나 유용하고 보통 3~13[%]이다.

밀물 발전은 썰물 발전의 반대 형태이다. 독자적으로 사용되는 것이 권장되지 않는데 그 이유는 이것은 물 저장장소가 보통 강으로 채워져 작은 저장을 할 수 밖에 없기 때문이다.

썰물과 밀물 발전을 같이하는 발전방식도 가역성의 터빈으로 가능하다. 밀물 발전에서 추가로 얻는 에너지는 추가 비용과 터빈의 복잡성을 생각해 보면 합리적이라 생각할 수 없다.

고로 대부분 운용은 썰물 발전을 제안한다. 모든 자원은 단지 만약 댐이 급속으로 물을 채우고 방출하는 것을 하기위해 매우 큰 밀물 그리고 썰물 발전 용량을 가지고 있다면 사용되어질 수 있다. 그러나, 실제로 이것은 경제적이지 못할 뿐 아니라 충분한 터빈을 설치할 물리적 장소도 부족하다.

썰물 발전을 선호하는 또 다른 이유는 물 저장 탱크의 수위가 평균 수위 아래로 떨어지지 않아서 물 저장 장소는 육지의 물탱크와 같이 이용 가능하다. 하지만 썰물 시 새들을 위해 먹이를 제공하는 진흙의 사라지는 문제점이 있다. 높은 첫 설립비용과 환경변화를 일으킬 것이라는 의견은 조류를 이용한 방법이 가능한 단계로 더 나아가는 것을 방해한다.

21.6.5 조류 이용 형태

조류의 흐름을 이용한 전기생산은 새로운 개념이다. 이 이론은 기존의 조수 댐 이론과 다른 접근을 요구하며 거대한 투자비를 요구하지 않기에 매력적인 장점을 지닌다.

조류의 흐름을 이용하는 기술은 썰물과 밀물시의 흐름으로부터 에너지를 직접적으로 뽑아낸다. 보통 이 흐름은 1[m/s]의 느린 속도를 가진다. 그러나 지형에 의해 증가되어질 수 있다. 특히 속도는 섬들 사이 혹은 섬과 육지 사이에서 크게 증가할 수 있다. 조류는 매우 정교하게 예측되어 질 수 있다. 따라서 한 장소에서 측정이 이루어진 후에 이용 가능한 에너지가 정교하게 예측되어질 수 있다.

조류로부터 에너지를 추출하는 기술은 개념적으로 간단하다. 터빈이 적당한 해수의 흐름이 있는 곳에 배치되고 이 흐름은 발전기를 돌린다. 이것은 풍력 터빈과 유사하다 하지만 물의 거대한 힘에 따른 결과로 훨씬 높은 에너지 밀도를 같은 속도의 바람을 이용한 것보다 얻을 수 있다. 하지만 물의 속도는(보통 좋은 지역에서는 2~3[m/s]) 풍력 터빈에 사용되는 바람의 속도보다 훨씬 느리다. 조류를 이용하는 발전기의 회전자는 물의 미로 때문에 같은 크기의 풍력 터빈보다 훨씬 큰 출력을 일반적으로 만들어낸다. 바람과 비교하여 물의 흐름 속도는 덜 역동적이다. 따라서 회전자의 부담을 줄이고 매우 작은 단기 변화로 전기를 발생하게 한다. 다른 지역에서 최대점과 최저점을 갖는 횟수가 다르다. 최대와 최저 전기 생성을 암시하는 조류 흐름속도의 3승과 유사한 전력은 다른 때에 가능하다. 장소들의 발전을 조합하여 낮 동안의 변화를 적게 하는 것이 가능하다.

두 번째 타입의 다양성 역시 조류 속도에 영향을 끼친다. 소조는 14일 동안 일어나고 조류범위(해수가 상승했을 때와 하강 했을 때의 높이 차이)를 최소에서 최대 그리고 다시 최대에서 최소로 변화시킨다. 낮 시간 때와 달리 소조 때는 같은 시간 같은 방식으로 모든 지역에 영향을 미치므로 많은 곳의 발전소를 조합해도 변동을 줄 일수 있는 방법이 없다.

21.7 파력

21.7.1 자원

바다 표면의 바람은 파도를 생성하기 위한 물로 에너지 전환이 점차적으로 일어난다. 그래서 태양 에너지의 간접적 형태라 할 수 있다. 바람 에너지는 보통 1.2에서 1.8[kW/m^2]의 밀도를 가진다. 미터당 50[kW]의 파워 밀도를 가진 파도는 사실 태양에너지의 집중된 한 형태이다. 파가 발생하는 과정이 일어나는 거리를 경로(fetch)라 부르고 경로가 길수록 크고 강한 파와 바람이 만들어 진다. 파도는 파의 높이(H)와 기간(T) 그리고 진폭에 따라 특성을 가진다. 파고의 단위 길이당 전력은 파고(H)의 2승과 주기에 비례한다.

파의 기록은 바다에서 파도의 높이와 길이가 계속적으로 변화한다는 것을 보여준다. 그리고 이것은 파력의 계속되는 변화를 야기한다. 그러나 파력의 에너지를 전기 출력으로 변화는 파력의 변동성을 부분적으로 완화하는 경향이 있다. 이 같은 불규칙함 때문에 파워 밀도 계산 시 평균화가 요구된다. 파도의 높이 Hs는 파고 최대 높이의 약 삼분의 일의 평균과 유사하고 영점 주기 Te는 평균 수위를 열 번 이상을 넘는 동안의 평균시간으로 정의된다. 파고치의 미터 당 평균 전력은 Te 그리고 Hs의 2승과 비례한다는 것을 보여준다.

세계의 파도 에너지원에 대해 완전히 분석되지 못한 상태이나, 크다는 것에는 의심할 여지가 없다.

21.7.2 관련 기술

파력을 전기로 바꾸는 데에 파도를 가로채는 장치를 요구한다. 그리고 에너지를 첫 째로 기계적 에너지로 바꾸고 이후에 전기적 형태로 바꾼다. 파도의 에너지를 기계적 에너지로 바꾸는 것은 파도에 의한 강압력으로 움직일 수 있는 능동적요소를 중앙 구조물로 안정되게 동작되도록 요구하고, 기계력을 생성하는 변위나 힘을 생성하기 위해 중앙 구조물에 대응하도록 반작용할 수 있어야 한다.

파력의 연구와 발전은 25년 동안 이루어져 왔다. 바다의 큰 잠재적 에너지를 사용할 수 있는 기술의 방향으로 큰 진전이 이루어져 왔다. 바다의 파도는 보통 강력하다. 그러나 약 0.1[hz]의 극도로 낮은 저주파를 가지고 있다(6[rpm]과 같다). 그리고 전기가 발생하려면 주파수를 500~1,500[rpm]까지 올리기를 요구하고 있다.

파도 에너지의 변화 기술은 태양광이나 풍력에 비해서 여전히 초기발전단계로서, 다양한 접근법들이 연구 추진 중이다. 자원과 효율적인 에너지 변환 속성 때문에 자원을 효율적으로 변환시키는 장치는 장치 단위 면적당 입방 메터의 수톤 정도가 되어져야 한다. 고로, 물리적으로 크고 드물지만 일어날 수 있는 강한 파도에 의한 손상 없이 견딜 수 있게 설계 되어져야한다. 실험실 탱크에서 연구된 모델에서 시험용 시스템으로의 개념 변화는 많은 돈을 요구하며 정부로부터의 막대한 자금이 계획된 것은 최근이고 관련 산업은 다가올 것으로 확신한다.

다양한 개념과 연관된 하드웨어에 대해 상세하게 묘사하고자 하는 것은 아니다. 장치들은 의도한 지역이나 민족에 따라 다양한 방식으로 분류되어질 수 있다. 적어도 12개 장치들이 세계적으로 개발되고 있고 그들 중 누가 에너지를 경재력있게 안정적으로 제공할 수 있을지 여전히 추측하기 이르다. 그러나 유럽의 한정된 지역에서는 상당한 연구가 진행되고 있다.

21.8 바이오매스(Biomass : 폐기물 생체 에너지)

21.8.1 개요

바이오매스는 연료의 형태로서 저장하고 화석연료의 방식과 유사하게 연료의 형태를 뛰고 필요 시에 전기 발생에 사용된다는 점에서 다른 신재생에너지원과 상당히 다르다. 그러나 화석연료와 달리 바이오매스는 저장된 연료의 에너지 밀도에 제한을 받는다. 따라서 이것은 지역적으로 생산되거나 소비되어야 한다. 먼 길의 운송에 필요한 에너지가 연료 그 자체보다 많을 수 있기 때문이다. 이것은 바이오매스 발전 설비가 기존의 발전소와 비교하여 상대적으로 적고, 조그만 부대 발전 설비의 특성을 갖고 있다는 것을 의미한다.

고체의 바이오매스를 전기 생성을 위한 주요 연로로서 기본 세 가지 열 화학적 변환기술인 직접 연소, 가스화, 열분해 등이 있다. 더해서 혐기성 생물분해에 의한 매탄을 생성하기 위한 액체의 바이오매스의 사용은 크게 공통적이다.

고체 바이오매스를 사용한 전기 생성은 여전히 발전 산업이고, 결과적으로 가격측면에서 어떤 종류의 정책적인 국고나 정치적인 지원 없이 화석연료로 전기를 생산하는 것에 비해 경쟁적이지 못하다. 정책적인 지원으로 최근의 영국에서 석탄연소와 결합한 바이오매스는 상품적으로 매우 매력적이다. 장기적으로 바이오매스 발전은 갈수록 경쟁적력이 있게 될 것이다. 가장 큰 잠재력은 고속 스팀엔진이나 가스화나 열분해를 사용하는 작은 규모의 부가 발전이다. 단기적으로 100~500[KWe]의 농장이나 지역 경제에 상용되는 작은 규모 공장은 최고의 잠재력을 가진다. 중기적으로 전기에 대한 증가한 수요가 전력계통의 불안전과 초과부하를 일으킬 수 있다. 그때 바이오매스 공장이 매력적이 대안이 될 수 있을 것이다.

21.8.2 자원의 지속성

바이오매스는 산업화된 나라들에게 점점 덜 중요해지고 있고 선진 개발 국가에서는 에너지의 3[%] 미만이다. 반대로 개발도상국들은 에너지의 30[%] 이상을 나무와 다른 자연 바이오매스에 높게 의존하고 있다. 물론 늘어나는 인구로 이 공급은 지속적일 수 없다. 역설적으로 산업화된 나라들이 바이오매스의 사용이 필요하게 되고 있고 미발달된 지역은 이 자원의 사용량을 제한하고 있다.

바이오매스의 핵심사항은 이 에너지는 성장하고 있다는 것이다. 즉, 나무, 물, 곡식의 수확량을 증가하기 위해서 화학물과 농약의 사용은 무시할 수 없다. 특히, 운송을 위한 연료로서 에탄올 생산을 위해, 정유공장들은 수확물을 발효하기 위해 화석연료를 사용하고 발효물로부터 에탄올을 정제하기 위해 화석연료를 사용한다. 미국 농업부는 옥수수 바이오 에탄올로부터 에너지를 추출하기 위해 입력 생산 에너지의 8[%]을 초과한 것을 발견하였다. 발효로부터가 아니고 셀룰로스로부터의 바이오 에탄올을 생산하려는 노력이 현재 이루어지고 있다. 이 방법은 1헥타르마다 2배의 에탄올 생산을 약속한다.

바이오매스가 전기를 생산하기 위해 사용된다면 특히, 소규모 분산 발전소인 CHP에서 훨씬 좋다. 만약 작물이 유기적으로 길러지면 장점은 배가된다. 작물의 선택 또한 CO_2 저감 효과에 필수적이다.

큰 규모의 생물연료 생산은 에너지 집약일 뿐 아니라 좋지 않은 환경과 사회에 반향을 일으킬 수 있다. 그러한 발전은 조밀한 경작 면적에서 물 자원은 허용할 수 없는 수준으로 낮춰서 일련의 물 자원을 요구한다. 생물연료 작물의 확장은 또한 CO_2 흡수량을 낮추므로서 산을 황폐화시키고, 동물과 식물의 수천종을 파멸시키는 위협을 촉진시킨다. 만일 그러한 수확물이 충분히 확대되어 곡식물의 생산량이 저하되면 식량 부족현상이 발생할 수도 있다. 바이오매스는 이처럼 현명히 사용을 하지 못하였을 때 심각한 환경 문제를 일으킬 수 있다.

상기의 신재생 에너지원을 이용한 발전에서 우리나라에서 현실적으로 이용 가능 자원을 고려하여 보편적인 태양광, 풍력 발전 시스템을 개념적으로 다음 장에서 소개하고자 한다.

22
태양광 발전 시스템

ELECTRIC ENERGY

태양광 전지는 p-n 반도체가 태양빛을 흡수하면 비에너지로 인해 전자와 정공을 발생한다. 태양전지 내부의 전계로 인하여 전자는 n형에 모이고 정공은 p형에 모여서 p형과 n형 사이에 부하를 연결하면 전류가 흐르게 된다. 이와 같이 태양전지는 빛에너지를 전기 에너지로 직접 변환하기 때문에 청정 에너지이다.

22.1 태양광 발전 시스템의 구성

태양광 발전 시스템은 그림 22.1과 같이 태양전지와 PCS(Power Conditioning System) 등으로 이루어진다. 외부에 설치한 태양전지가 직류전원을 발전하고 PCS에서 직류를 교류로 변환하여 계통연계형인 경우 전력회사 배전망과 연계한다.

PCS는 인버터와 계통연계 보호 장치로 이루어진다. 인버터는 직류를 교류로 변환 할 뿐 아니라 주파수와 전압, 전류, 위상, 유효와 무효전력, 동기 등을 제어한다. 그리고 자동운전정지와 최대전력 추종제어 및 단독운전 방지와 자동전압조정, 이상 발생 시 차단과 정지기능을 갖는다. 계통 연계보호 장치는 태양광 발전 시스템이나 전력계통의 이상을 검출해 인버터를 정지시켜 전력계통과의 연계를 즉시 차단해 계통 측의 안전을 확보한다.

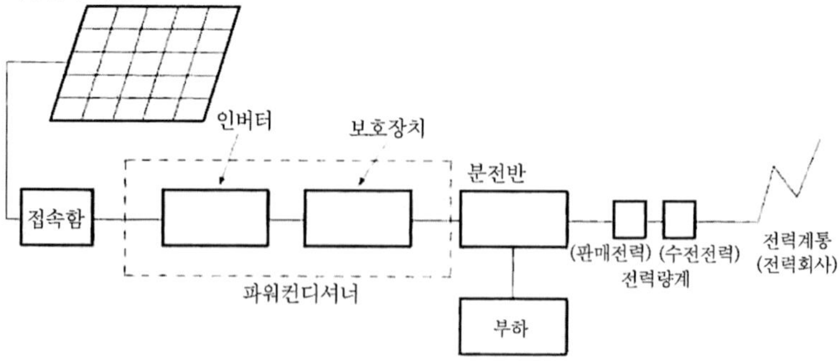

그림 22.1 태양광 발전 시스템 구성도

22.2 태양광 발전 시스템의 종류

전력변환과 계통연계장치를 통칭하여 PCS(Power Conditioning System)라 하고 부하가 태양광에 직접 연결되는 계통연계형 및 독립형 태양광 시스템의 유형 등에 대해 설명하기로 한다.

22.2.1 계통 연계형 시스템(grid-connected system)

주택용 및 공공 산업용 태양광 발전의 가장 일반적인 형태이며 상용계통과 직접 연계되어 시스템에서 발전된 전력을 부하에 공급하고 야간 혹은 우천 시에는 부족한 전력을 상용계통으로부터 공급받는 시스템이다(그림 22.2).

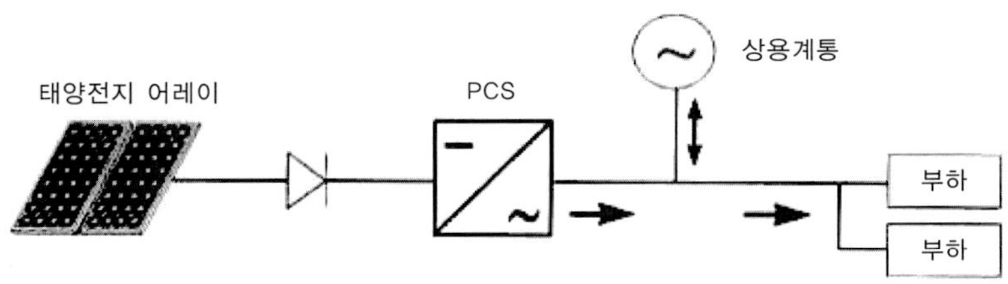

그림 22.2 연계형 시스템

22.2.2 독립형 시스템(stand-alone system)

상용계통과 직접 연계되지 않고 태양광 발전 시스템의 발전전력만으로 부하에 전력을 공급하는 시스템이다. 독립형 시스템은 소형가전, 오지, 도서지역의 전력공급용이나 통신, 양수펌프, 백신용의 약품냉동보관, 안전표지, 제어 및 항해 보조도구 등 소규모 전력 공급용으로 사용된다(그림 22.3).

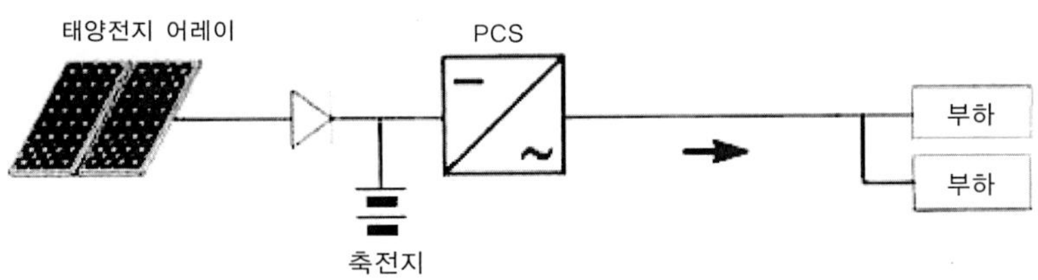

그림 22.3 독립형 시스템

22.2.3 하이브리드형 시스템(hybrid system)

하이브리드 시스템은 태양광 발전 시스템에 풍력 발전, 열병합 발전, 디젤 발전 등의 타에너지원의 발전 시스템과 결합하여 전력저장 부하 혹은 상용계통에 전력을 공급하는 된 시스템이다. 하이브리드 시스템은 시스템 구성 및 부하종류에 따라 계통연계형 및 독립형 시스템에 모두 적용 가능하다(그림 22.4).

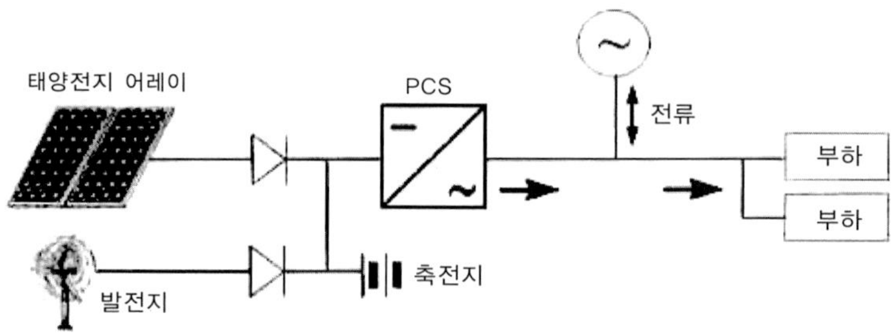

그림 22.4 하이브리드형 시스템

22.3 부하전류-전압곡선

태양광 전지나 모듈, 어레이에 대한 전류-전압곡선은 태양광 시스템에 연결된 부하에 의해 결정되며 그림 22.5에 보이는 것처럼 태양광 시스템과 부하의 전류-전압곡선이 교차하는 지점이 태양광 발전 시스템과 부하를 모두 만족시키는 점이 되며 이것을 소위 운전점이라고 부른다.

전류와 전압관계 도표상에 부하 저항이 증가하게 되면 전류 전압곡선이 교차하는 지점은 V-I 특성곡선을 따라 왼쪽에서 오른쪽으로 이동하게 된다. 여기서 부하로 전달되는 전력은 전류와 전압의 곱이므로 최대전력을 만드는 특정한 부하 저항 값이 있게 된다.

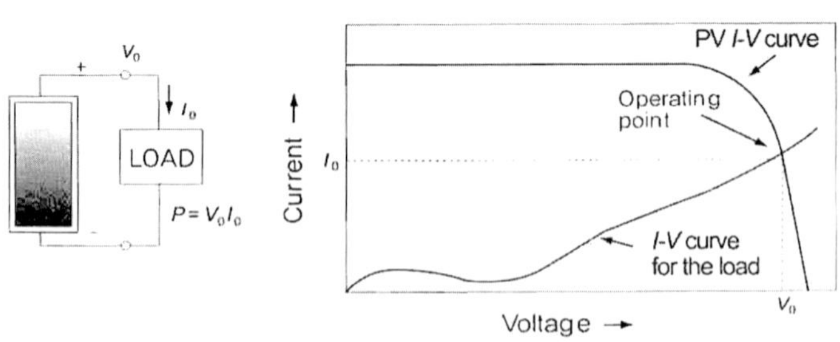

그림 22.5 태양광 전지의 전류-전압곡선

그러나, 부하 저항값에 대한 조건이 바뀌고, 모듈의 조건이 변함으로서 교차점이 최대 전력점을 벗어나게 된다. 이런 이유로 최대 전력점 추적기 MPPT(Maxmum Power Point Tracker)라 불리는 장치가 개발되어 태양광 시스템이 항상 최대 효율에서 작동하도록 유지하는 기능을 확보하게 된다.

22.4 MPPT(Maxmimum Power Point Tracker): 최대전력점 추적

저항성의 직류전동기와 배터리 부하들에 대한 운전점들이 계속적으로 변동하는 주간에 태양광 전류-전압곡선의 굴곡부 근처에서 유지될 수 있다면 높은 효율을 유지할 수 있다. 이것을 위해 최대전력점 추적장치(Maximum Power Point Tracker, MPPT)가 이용 가능하고 계통에 연계된 많은 태양광시스템에서 적용된다.

강압컨버터(buck converter)는 전압을 낮추는데 사용되는 반면, 승압컨버터(boost converter)는 직류전압을 높이는데 사용된다. 그림 22.6은 이 두 컨버터의 조합이며 승-강압 컨버터(buck-boost converter)라 불린다. 승-강압 컨버터는 부하에 어떤 직류전압이 필요하여 그 전원으로 부터 직류전압을 높이거나 낮출 수 있다. 이 경우 전원은 태양광모듈이 되고 부하는 다양한 전기 기기가 된다.

그림 22.6에서 스위치가 닫히면 입력 전압 V_i는 인덕터를 통해 전류 I_L을 흘리게 되면 다이오드 때문에 전원 전류 전체는 인덕터를 통해 흐르게 된다. 따라서 전류가 증가됨에 따라 인덕터에 있는 자기장 에너지가 증가하게 되고 스위치가 닫힌 상태로 유지되면 인덕터는 결국 단락 상태와 같이 되어 태양광 시스템은 0[V]에서 단락전류를 흘리게 될 것이다.

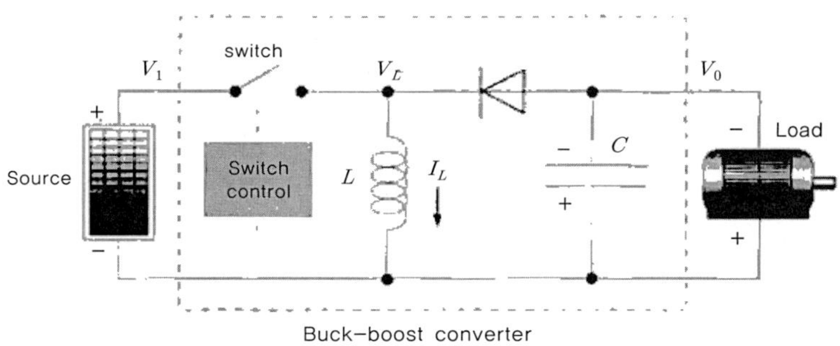

그림 22.6 최대전력 추적장치 승강압 컨버터

스위치가 개방되면 인덕터의 전류는 자기장이 붕괴되기 시작함에 따라 연속적으로 축전지와 부하, 다이오드를 통하여 흐르게 된다. 축전지를 충전하는 인덕터 전류는 스위치가 다시 닫힌 후 부하에 극성반전(polarity reversal)을 가진 전압을 공급하게 된다.

스위치가 충분히 빠르게 전환한다면 인덕터로부터의 전류는 급격히 충전되어 스위치가 닫혀 있는 동안 축전지에 걸리는 전압이 많이 떨어질 가능성은 없다. 그러므로 스위치가 충분히 빠르게 전환하고 축전지가 충분히 크다면 축전지와 부하에 걸리는 출력 전압이 거의 일정하다고 볼 수 있는 것이다. 이처럼 스위치 자체의 동작 사이클 D를 다소 높이거나 낮추도록 주기적으로 변경시키는 마이크로프로세서를 내장하여 동작한다.

태양광 시스템으로부터의 전력 즉 전류와 전압의 곱은 최대전력점 추적장치(MPPT)에 의하여 부하에 전달되는 전류-전압의 곱과 같으므로 최대전력점 추적장치(MPPT)의 효과를 위해 도식화하는 한 방법은 파라미터로 D를 이용하여 태양광 전류-전압곡선을 다시 그리는 것이다. 이와 같은 최대전력점 추적을 위한 방법들은 아직도 많은 연구가 이루어지고 있는 실정이다.

연.습.문.제

01 태양광 발전 시스템의 원리를 설명하시오.

02 태양광 발전 시스템의 종류를 들고 설명하시오.

03 태양광 발전 시스템의 최대전력점 추적장치(MPPT)의 필요성을 설명하시오.

04 MPPT의 동작원리를 설명하시오.

05 어떤 조건에서 Vm=17[V], Im=6[A]일 때 최대전력을 갖는 PV 모듈이 있다. 10[Ω] 저항에 전력을 전달하려면 MPPT는 duty D를 얼마로 하여야 하는가?

23
풍력 발전 시스템

ELECTRIC ENERGY

풍력이용 기술의 역사는 2000년 이상이 되었다. 현대 풍력의 이용 기술은 1920년대에 들어서 개발됐으나, 1980년 이후에야 풍력발전이 신재생에너지로서 각광을 받기 시작했다.

풍력 터빈은 발전기에 연결된 블레이드에서 기류를 공기역학적(aero dynamic) 운동에너지의 특성을 이용해 회전자를 회전시켜 전기 에너지로 변환하는 장치로서 풍력 에너지의 이용률을 높이기 위해 높은 위치에 터빈을 설치하고 일정한 풍속을 유지하므로 전력 에너지를 생산할 수 있다. 기류의 에너지를 이용해서 전기 에너지로 바꾸는데 블레이드는 이론상 바람 에너지 중 59.3[%]만 전기 에너지로 바꿀 수 있지만 블레이드의 형상에 따른 효율 기계적인 마찰 발전기의 효율 등을 고려하면 실제적으로 20~40[%]만이 전기 에너지로 이용 가능하다.

23.1 풍력 발전의 주요 구성 부품

주요 구성요소로는 블레이드(blade)와 허브(hub)로 구성된 회전자 회전을 증속하여 발전기를 구동시키는 증속장치(gearbox), 전기를 생산하는 발전기(generator), 각종 안전장치를 제어하는 제어장치, 브레이크장치와 전력 제어장치 및 철탑 등으로 구성되어지며 블레이드 길이가 10[%] 증가 시 효율은 약 21[%] 정도 향상되고 출력은 swept area에 비례하여 증가하는 특성이 있다.

풍력 터빈의 종류는 크게 나누어 수평축형과 수직축형으로 분류한다. 현재 가장 많이 사용하는 것은 수평축형으로 특히 3개 블레이드 형이 대부분을 차지하고 있다. 이에 관한 개요도는 그림 23.1과 같다.

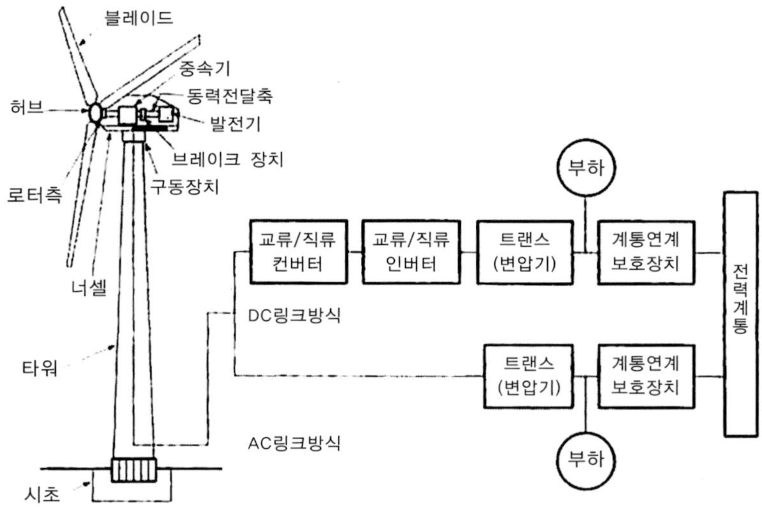

그림 23.1 풍력 발전 시스템 개요도

23.1.1 블레이드

터빈 블레이드는 고밀도인 목재와 강화유리 에폭시 혼합재료로 구성되어 2~3개의 블레이드를 가지고 있지만 원심력과 거센 바람에 의한 지속적인 진동으로 기계적 약화현상의 문제점이 나타나게 되는데 이를 해결하기 위해 회전자의 속도를 조절함으로써 블레이드의 과부하(overloading)와 과열(overheating)로부터의 보호와 발전기를 동시에 보호하게 되는데 한 가지 방법은 스톨(stall)을 조절하는 것이다. 스톨은, 바람의 흐름을 블레이드 외형을 타고 지나도록 멈추게 하지만, 꼬리 끝 부분에 도달하기 전에 분리된다. 그 결과 블레이드 디자인은 계속적으로 변화되었고, 특히 캔틸레버(cantilever) 효과 때문에 공기 역학적인 블레이드의 디자인은 중요하다. 크고 작은 블레이드는 상당히 다른 디자인 원리가 존재한다. 구조적인 하중의 특성 재료성능 블레이드 디자인 및 수명을 고려하여 Glass Fiber Reinforced Plastics(GFRP)을 많이 사용하는데, 이는 가장 대표적인 내식성, 내약품성 재료로서 높은 강도를 가지기 때문이며 대부분의 대형 풍력 발전기에 사용하고 있다. 블레이드는 주로 1개, 2개, 그리고 3개를 사용하여 발전에 이용하고 있는데 현재는 대다수가 3개 날개 시스템을 채용하고 있다.

23.1.2 공력블레이드 시스템

풍력 발전기의 주된 브레이크 시스템으로 스톨 제어 발전기에 사용되는 전형적인 브레이크 시스템이며, 발전기 및 기계 브레이크 시스템에 과부하 방지, 블레이드 주코드

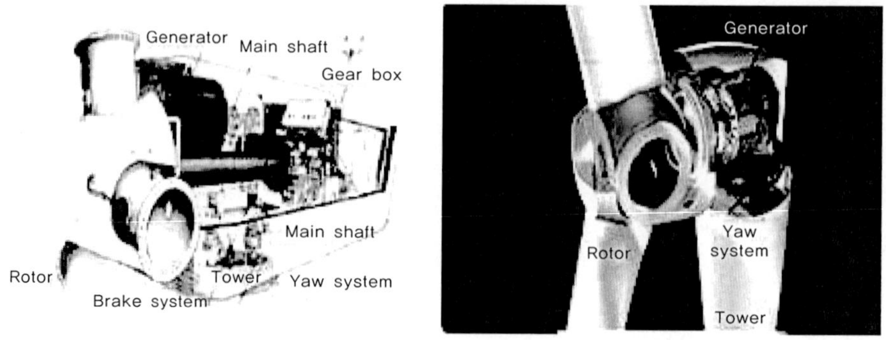

Geared Type　　Gearless Type

그림 23.2 너셀 내부 구조

방향이 회전면과 수직이 되도록 피치각을 90[°]로 회전시켜 최대의 공력저항을 발생시켜 회전자를 제동시키는 방법이다(그림 23.2).

23.2 운전 시스템

풍력 발전기는 무엇보다 운전 시스템이 중요하며 운전 시스템은 블레이드 회전수와 그 패턴에 따라 구분되며 정속회전 시스템은 기류 속도가 변하더라도 회전 속도가 변하지 않는 시스템을 말하고 가변속 회전 시스템은 기류의 세기에 따라 날개의 속도가 변하는 시스템을 말하는 것이다.

23.2.1 정속회전 시스템

유도 발전기와 증속장치를 사용하며 발전기의 회전수 제어가 불필요하며, 또 발전기가 견고하고 저렴하지만 설계풍속 이탈 시 에너지 변환효율이 감소한다는 단점이 있다.

23.2.2 가변속 회전 시스템

풍속증가에 맞춰 로터 회전수를 증가시킴으로서 정격 이상에서는 회전자의 공력토크와 발전기의 출력이 일정하며 설계풍속 이탈 시 출력 제어로 일정 회전수를 유지할 수 있다.

23.2.3 운전 시스템 제어방식

능동 제어(Active S. C)방식과 수동 제어(Passive S . C)방식이 있는데, 능동 제어방식은 가변피치를 사용하여 정확한 제어가 가능하나 구조적으로 복잡해지며 고장의 여지가 많아지는 문제점이 있다. 수동 제어방식은 정도는 떨어지나 고정피치를 이용하므로 구조가 간단하고 견고하다.

23.3 기계 설비 시스템

기류로부터 회전력을 생산하는 회전 날개 회전축을 포함한 회전자와 이를 적정속도로 변환하는 증속장치, 제통과 운용 효율성 향상을 위한 브레이크, 피칭, 요잉 시스템 등의 제어장치로 구성되지만 기어리스(Gearless)형 풍력발전기는 보통 증속장치가 없다.

23.4 전기 및 제어 시스템

발전기 및 기타 안정된 전력을 공급토록 하는 전력안정화장치와 풍력 발전기의 무인운전 제어 시스템 및 요잉 및 피칭 제어기와 원격지 제어 및 지상에서 시스템 상태 판별을 가능케 하는 모니터링 시스템으로 구성되어 있다.

(1) **요(yaw) 제어** : 기류 방향을 향하도록 블레이드의 방향조절

(2) 풍력 발전 출력제어방식은 날개각(pitch), 수동형 실속(passive stall), 능동형 실속(active pitch) 제어로 구분된다.

23.5 Tower

풍력타워는 터빈 및 기계장치, 발전기, yaw mechanism과 스톨 제어장치를 구성하고 있는 나셀을 지지하고 전력 및 제어선의 보호 수납통로의 역할도 한다. 과거 소용량의 타워 높이는 20~50[m] 정도 되었지만 중간 또는 큰 용량의 터빈 개발로 타워는 회전자의 직경보다 대체로 약간 높은 곳에 설치하는데 강철과 콘크리트 타워를 모두 사용할 수 있다. 그 구조는 관 모양이거나 격자 모양으로 타워를 설계 하는데 가장 중요한 점은 구조역학으로 타워의 공진주파수와 바람의 변동주파수로부터 회전자 및 나셀에 피해가 가지 않도록 설계해야 된다.

23.6 풍속과 풍력 에너지 관계

풍속 V라는 속도로 움직이는 질량 m의 공기 운동에너지는 다음과 같다.

$$운동에너지=\frac{1}{2}mv^2 \tag{23.1}$$

공기가 움직이는 힘은 초당 운동에너지 유속이다.

$$즉,\ 힘=\frac{1}{2}(초당\ 질량\ 유속)\cdot V^2 \tag{23.2}$$

다음과 같이 가정한다. P : 기계적 에너지

ρ : 공기 밀도, kg/m^3

A : 회전자 블레이드가 거치는 면적, m^2

V : 공기속도, m/s

체적에 대한 유속은 A·V로, 초당 킬로그램으로 나타나는 공기의 질량유속은 ρ·A·V로, 힘은 다음과 같이 나타낸다.

$$P=\frac{1}{2}(\rho A V)\cdot V^2=\frac{1}{2}\rho A V^3[W] \tag{23.3}$$

두 개의 잠재적 풍력지점에 회전하는 블레이드가 거치는 면적은 제곱미터당 W로 표현되며, 비풍력이라는 용어로서 비교된다. 이는 또한 힘의 밀도로 표현되기도 하는데 다음과 같이 나타낸다.

$$사이트의\ 구체적인\ 힘=\frac{1}{2}\rho V^3[W/m^2] \tag{23.4}$$

이는 블레이드 상류 바람에서의 에너지며 블레이드를 스치는 공기의 밀도 및 풍속의 3승에 비례하여 변하게 된다. 상류 풍력이 블레이드로 모두 출력화될 수는 없으며, 어느 정도는 하류에 남게 되어 감소된 속도로 계속 움직이게 되는 방식이다.

23.7 풍력 발전 시스템 설계

23.7.1 블레이드 숫자

풍력기기에서 설계 시 최초의 결정사항으로 2~40개의 블레이드이다. 다수의 블레이드는 낮은 TSR(Tip Speed Ratio, TSR) 로터 높은 시동 토크를 필요로 하는 기기에 사용되었으나 전력을 발생시키기 위한 높은 TSR은 2~3개의 블레이드이다.

23.7.2 전력 변환장치

전력 변환장치의 기술 수준 또한 제어대상인 풍력 발전기의 발전속도에 거의 정비례하므로 소용량 발전에 주력하여 사용되는 발전기 또한 전기기기의 기본원리에 충실한 일반 동기 발전기와 유도 발전기를 사용하던 풍력 발전 초기에는 주로 V.V.V.F(Variable Voltage Variable Frequency) 방식의 인버터가 전력변환장치로서 주로 사용되었지만 발전기의 고효율화를 위한 가변속 제어와 대용량화를 위해 이중여자 유도 발전기, 다극형 저속 동기 발전기, 다극형 하이브리드방식 동기 발전기 등이 풍력 발전기의 새로운 주류를 형성함에 따라, 전력변환장치 또한 정속운전 유도 발전기용 인버터, 가변속 운전 이중여자 유도 발전기용 인버터, 가변속 운전 동기 발전기용 인버터 등이 개발되어 사용되고 있다.

23.7.3 속도 및 출력 제어와 고려사항

풍력 설치 장소에서 풍속은 '0'에서 돌풍 수준까지 변할 수 있다. 따라서 Rayleigh의 통계적 분포는 풍속을 표현하는데 가장 근접한 것으로 알려져 있고 그것은 넓은 범위에 걸쳐 변한다. 다음과 같은 첨단 속도비(Top Speed Ratio, TSR)를 활용하기로 한다.

$$TSR = \frac{\text{외부 첨단에서의 블레이드 선형속도}}{\text{자유흐름풍속}} = \left(\frac{\omega \cdot R}{V}\right) \tag{23.5}$$

여기서, R : 회전자반경, ω : 각속도

주어진 풍속에 대해 로터효율 Cp는 TSR에 따라 변한다. 강풍에서 고전력을 얻기 위해서 회전자는 TSR을 최적 수준에서 또한 강풍으로 전환해야 한다.

- 블레이드 재료가 같은 풍속에서 같은 출력으로 설계되어 있다면 높은 TSR에서의 작동하고 있는 기계가 더 슬림한 블레이드를 갖게 된다.
- TSR은 최대 동력을 추출하기 위한 최대 로터효율 Cp는 특정 TSR에서 얻어질 수 있다.

최대 에너지를 추출하기 위한 유일한 운전모드는 TSR이 지속적으로 최대전력비 Cp로 요구되는 것과 항상 같도록 풍속을 변화시킴으로써 터빈속도를 변화시키는 것으로 가변속도 운전이 고정속도 운전보다 20~30[%] 많은 에너지를 생산할 수 있다.

가변속도 운전에 이용되는 가능한 시스템은 다음과 같다.

23.7.3.1 팁속도비(Tip Speed Ratio, TSR)

시스템은 최적 TSR이 모든 풍속에서 일정하게 유지될 때 최고 에너지가 추출된다는 사실에 기초하여 적정값이 컨트롤 컴퓨터에 기준 TSR로 저장된다. 풍속이 연속으로 측정되고 블레이드 탑(blade tip) 속도와 비교 제어되어 터빈속도를 변화시킨다. 이 system은 지역 풍속 측정을 요구 하는 불이익을 가지고 있고 특히 그림자효과(shadow effect)를 가진 커다란 풍력단지에서 중요한 문제점을 가지고 있다. 블레이드 면적 변화에 민감하여 최적 TSR은 점차적으로 변하므로 컴퓨터의 기준 TSR은 적절히 조정되어져야 하며 비싸다.

23.7.3.2 피크전력 트래킹(Tracking)

동력 속도곡선은 단일의 명백한 피크를 가지고 있으며 최고의 파워포인트로 되기 위한 속도에 대한 필요한 조건은 다음과 같다.

$$\frac{dP}{d\omega}=0 \tag{23.6}$$

이러한 원리는 컨트롤 시스템에서 이용된다. 그 속도는 조그마한 증분에서 증가되거나 감소되고, 출력은 계속적으로 측정되고, $\Delta P/\Delta\omega$는 지속적으로 구해진다. 이 비율이 양의 값이고 우리가 속도를 증가시킴으로써 더 많은 출력을 얻는다는 것을 의미한다면 그 속도는 더 증가된다. 한편, 그 비율이 음의 값이고 그 속도를 훨씬 더 변화시킨다면 출력발전이 감소할 것이다. $\Delta P/\Delta\omega$가 제로에 근접한 수준에서 그 속도가 유지된다.

회전자 속도는 다음의 세 가지 때문에 자동 제어되어야 한다.

- 더 많은 에너지를 생산하기 위해
- 강풍에 의한 과부하로부터 회전자 발전기와 동력전기장치를 보호하기 위해
- 발전기가 일시적 또는 부하를 줄이기 위해 연결되지 않을 때, 이런 상태에서 속도가 제어되지 않으면 로터가 무구속(runaway) 상태가 될 수 있다.

블레이드의 커다란 회전 관성이 속도 제어 시 고려되어야 한다. 가속과 감속이 블레이드, 허브, 그리고 발전기와 동력장치에 걸린 전기부하에 동적인 기계응력을 제한하도록

제어 되어야 한다. 블레이드에 의해 생산된 기계동력과 발전기에 의해 생긴 전기 동력과 동시적 차이는 회전자속도를 다음과 같이 변화시킬 것이다.

$$J\frac{dP}{d\omega}=\frac{P_m-P_e}{\omega} \tag{23.7}$$

여기서, J : 회전자관성의 극 모멘트(polar moment)
ω : 회전자의 각속도
P_m : 블레이드에 의해 생산된 기계동력
P_e : 발전기에 의해 생긴 전기동력

식 (23.7)을 적분하면

$$\frac{1}{2}J\cdot(w_2^2-w_1^2)=\int_{t1}^{t2}(P_m-P_e)\cdot dt \tag{23.8}$$

관성 J=7500kgm^{2}의 모멘트로 회전자에 대한 양상을 검사해 보자. 5초 내에 분당 100~95의 회전자속도를 변화시키는 것은 800[kW]의 ΔP를 요구한다. 결과적으로 80[Nm]의 torque는 회전자구조와 허브구성에 비틀림(torsional) 응력을 생산할 것이다. 같은 속도 변화가 1초 내에 행해진다면 요구동력 4,000[kW]와 400[Nm]의 토크가 될 것이다. 그러한 높은 토크는 과도한 응력을 주고, 회전자부분을 손상시키거나 수명을 짧게 할 수도 있다. 이러한 이유로 가속과 감속은 설계 제한치 이내에서 적합한 여유를 가지도록 제어되어야 한다. 풍속 터빈을 제어하기 위한 전략은 유도기, 동기 또는 직류기와 같이 사용되는 전기기계의 유형에 따라 달라진다.

23.7.3.3 터빈등급과 발전기

(1) 터빈등급

바람의 속도에 의해 회전자의 직경이 같더라도 매번 다른 전력을 생산해 낸다. 7[m/s]에 300[kW]를 생산할 수 있는 터빈은 8[m/s]의 풍속에서는 450[kW]까지 전력을 만들어 낸다. 정격 풍속은 10~15[m/s]의 속도를 말한다. 전력 피크치를 발전하는 풍력 터빈의 직경에 대해 결합된 등급을 지정하는 것을 많은 제조업자들이 선택하고 있다.

특정정격용량 SRC(Specific Rated Capacity)는 풍력 터빈 디자인의 비교지수로써 자주 쓰이는데 이것의 정의는 다음과 같다.

SRC=발전기 용량/회전자 커브지역 (23.9)

300/30바람 터빈의 경우 특정 정격용량(SRC)은 300/Π 152=0.42kW/m^2

특정 정격용량은 직경에 따라 증가한다. 이것은 10[m]의 회전자 직경의 경우 0.2[kW/m^2]에서 40[m] 회전자 직경을 가졌을 경우 0.5[kW/m^2]정도의 범위가 된다. 특수한 정격 터빈은 0.7[kW/m^2]의 SRC를 가지고 있고 1.0[kW/m^2]까지 도달하는 경우도 종종 있다. 높은 SRC에서의 회전자 블레이드에 미치는 압력은 대단이 높고, 이는 기계를 약화시켜 수명을 짧게 한다. 집중된 압력이 미치는 부분에 대하여 높은 SRC을 바로 확인하고 제거해야만 한다. 정격 터빈은 아주 중요하고 이는 유도 발전기의 크기와 변압기, 변전소를 잇는 케이블 연결 그리드에 접속하는 전송선과 같은 시스템 구성을 보여주기 때문이다. 전원 시스템(Power System)은 발전기 최대 용량에 의해 크기가 결정되어야만 하고, 발전기는 풍력 터빈의 특정에 따라 결정되어진다. 터빈의 힘은 바람속도의 세제곱에 비례한다.

23.7.3.4 발전기

발전기의 개발 단계에서 소용량 발전에 주력하던 시대에는 변동하는 입력 풍속에 대하여 회전속도가 일정한 정속회전 제어방식을 사용하여 효율보다는 안정적인 전기 에너지 생산에 발전의 주목적을 두었기 때문에 여기에 사용되는 발전기 또한 전기기기의 기본원리에 충실한 동기 발전기와 유도 발전기가 주로 사용되었으나 최근에는 인버터 기술의 발전에 힘입어 발전기의 고 효율화를 위한 가변속 제어와 대용량화가 가능해짐에 따라 저 풍속, 고 효율의 대용량 발전을 위하여 이중여자 유도 발전기, 다극형 저속동기 발전기, 다극형 하이브리드방식 동기 발전기 등 크게 3종류의 발전기가 사용되고 있다.

23.7.3.5 증속장치

회전자의 회전수는 날개끝 속도의 한계와 최적 출력계수를 내기 위하여 대형일수록 수십 rpm에서 수십 rpm이하의 저속이 될 수밖에 없지만 풍력 발전 시스템에 적용되는 발전기가 4극의 경우 60[Hz] 전력계통에서 1,800[rpm]이 되므로 회전자와 발전기 사이에 증속장치가 요구된다. 발전기의 극수를 늘리면 발전기 회전수를 풍력 날개의 회전수 정도로 낮출 수 있지만 발전기 회전자의 질량은 거의 토크와 비례하기 때문에 발전기 무게가 매우 무거워지므로 극수가 늘어남에 따라 가격도 올라가게 된다.

따라서 일반적으로 저속회전에 큰 토크를 가진 풍력 에너지를 고속회전에 작은 토크를 지닌 발전기에 사용하기 위해서는 동력전달장치로 증속기를 사용하여야 한다. 소형 풍력 발전기의 경우 대부분 증속기를 사용하지 않으나 마찰원판 벨트 체인 등이 사용되는 경우도 있으며 대형 풍력 발전기의 경우 기어를 많이 사용하며, 동력전달 효율이 좋고 내구성이 큰 헬리컬기어(helical gear) 및 유성기어를 많이 사용된다. 용량이 커짐에 따라 고속 회전운동이 원활하고 충격에도 잘 견디며, 소음이나 진동발생 적은 특정이 있다.

23.7.3.6 출력 제어방식

(1) 수동형 실속 제어(Passive stall control)

일정 풍속에서 최대의 추력계수가 발생되도록 날개의 붙임 각이 고정되어 일정한 날개 각이 유지되게 함으로써 정격풍속 이상에서 날개에 실속이 유발되게 하는 방식이지만 근본적인 기술적 한계로 일정한 정격출력 유지가 어렵고 어느 정도 범위의 변동이 발생한다.

(2) 능동형 실속 제어(Active stall control)

회전자 날개의 붙임각을 조절하는 피치 제어 메커니즘을 두고 정격풍속 이상에서 풍차의 출력을 정격출력으로 일정하게 유지하기 위하여 유입 공기의 에너지 전환효율이 감소되도록 회전자 블레이드의 받음각을 크게 해줌으로써 실속현상이 유발되어 출력계수가 낮아지도록 한 방식으로 단순하고 효율적인 장점을 갖고 있어 정속 운전방식에 널리 적용되고 있지만, 실속현상에 의한 양력계수의 감소와 함께 항력계수의 증기를 가져오게 되어 블레이드에 걸리는 공력하중이 커지게 됨으로 블레이드의 휨, 떨림 등 소음 발생의 기술적 문제가 발생될 수 있다.

(3) 블레이드각(Pitch) 제어

정격풍속 이상에서 정격출력을 일정하게 유지하기 위하여 회전자 블레이드를 조절하는 방식이며 경사도 조절장치는 초기에는 유압식이 많이 이용되어 장기간 운전 혹은 돌풍 시에 유압장치실린더와 회전자 간의 기계적 링크부분의 손상이 발생되었지만 근래에는 주로 전기식을 사용하여 어느 정도 능동형 실속 제어방식이 갖고 있는 문제의 해결 가능해 졌으나 섬세한 제어가 요구되고 있다.

연·습·문·제

01 다음 용어 및 기능을 설명하시오.

(1) 나셀

(2) 요잉 제어

(3) 피칭 제어

(4) 스톨 제어

02 풍력 발전 시스템의 속도 및 출력 제어의 고려사항을 설명하시오.

03 15[℃] 1atm, 면적 1[m^2] 공간에서 다음 풍속에 따른 전력 생산량을 계산하시오.

(1) 풍속 6[m/s], 100시간 동안 전력 생산량은?

(2) 풍속 3[m/s]로 50시간, 풍속 9[m/s]로 50시간 가동 시 전력 생산량은?

04 직경 40[m], 3개 날개를 가진 대형 풍력 터빈은 초속 14[m/s]에서 600[kW] 전력을 생산한다. 공기 밀도는 표준 조건에서 1.225[kg/m^3]이다.

(1) 4.0 TSR로 운전될 때 로터는 몇 rpm으로 회전하는가?

(2) 로터의 Tip 속도는 얼마인가?

(3) 만약 발전기가 1,800[rpm]에서 회전한다면 로터의 기어비는?

(4) 상기조건에서 풍력터빈의 효율은 얼마인가?

본 과제(결과물)는 교육과학기술부의 재원으로 한국연구재단의 지원을 받아 수행된 광역경제권 선도산업 인재양성사업의 연구결과입니다.

Following are results of a study on the "Human Resource Development Center for Economic Region Leading Industry" Project, supported by the Ministry of Education, Science & Tehnology(MEST) and the National Research Foundation of Korea(NRF).

정가 27,000원

전기 에너지 공학

2012년 2월 20일 초판 인쇄
2012년 2월 28일 초판 발행

저 자 : 오 용 택
발행자 : 우 명 찬 · 송 준
발행처 : 홍릉과학출판사
주 소 : ㊝ 142-885 서울시 강북구 인수동 455-60
등 록 : 1976년 10월 21일 제5-66호
전 화 : 999－2274~5, 996-8341, 903－7037
팩 스 : 905-6729
ISBN : 978-89-7283-938-5

hongpub@hongpub.co.kr
www.hongpub.co.kr

저자와의 협의하에 인지생략